面向新工科普通高等教育系列教材

机器学习原理及应用

主　编　殷丽凤　郑广海
副主编　刘　震　曲英伟　王　斐
参　编　徐　蕗　杜铨熠　丁子原

机械工业出版社

机器学习是人工智能领域的重要组成部分，其深度和广度都在持续扩展。本书不仅对机器学习基础知识进行了全面介绍，而且深入讨论了各种经典和常用的机器学习方法。通过理论与实践相结合的方式，帮助读者理解机器学习的基本原理，掌握常用的方法，并能够在实际问题中应用这些技术。本书共10章，可分为两部分。第一部分主要介绍机器学习的背景知识，包括其定义、应用领域、发展历程等。这部分旨在为读者提供一个全面的视角，从而了解机器学习的概貌。第二部分则侧重于技术的讨论，包括各种经典和常用的机器学习方法的具体实现和应用。这部分的内容深入浅出，通过丰富的案例，帮助读者理解各种方法的应用场景和优劣势。此外，每章都提供了习题供读者巩固所学知识。

本书不仅适合作为高等院校计算机、软件工程、自动化及相关专业的本科生或研究生教材，也适合作为对机器学习感兴趣的研究人员和工程技术人员的参考书。

本书配有电子课件，需要的教师可登录 www.cmpedu.com 免费注册，审核通过后下载，或联系编辑索取（微信：13146070618，电话：010-88379739）。

图书在版编目（CIP）数据

机器学习原理及应用 / 殷丽凤，郑广海主编．
北京：机械工业出版社，2024. 12. -- （面向新工科普通高等教育系列教材）. -- ISBN 978-7-111-77150-0

Ⅰ. TP181

中国国家版本馆 CIP 数据核字第 2024K02Q61 号

机械工业出版社（北京市百万庄大街 22 号　邮政编码 100037）
策划编辑：解　芳　　　责任编辑：解　芳　侯　颖
责任校对：张昕妍　陈　越　责任印制：任维东
天津嘉恒印务有限公司印刷
2025 年 1 月第 1 版第 1 次印刷
184mm×260mm・17.5 印张・456 千字
标准书号：ISBN 978-7-111-77150-0
定价：75.00 元

电话服务　　　　　　　　　网络服务
客服电话：010-88361066　　机 工 官 网：www.cmpbook.com
　　　　　010-88379833　　机 工 官 博：weibo.com/cmp1952
　　　　　010-68326294　　金　书　网：www.golden-book.com
封底无防伪标均为盗版　　　机工教育服务网：www.cmpedu.com

前　言

作为人工智能领域的核心技术之一，机器学习正在深刻地改变着人们的生产和生活。它已广泛应用于医疗、金融、交通和通信等领域，给人们带来前所未有的机遇和挑战。本书旨在为读者提供一种系统、全面的学习机器学习的方法。本书从机器学习的基本原理出发，逐步深入探讨各种经典和常用的机器学习算法，并结合实际应用场景进行案例研究和实践。

编写本书的目的在于分享和传达机器学习的基本原理、核心概念和算法，帮助初学者打下扎实的理论基础，普及机器学习技术，让更多人了解和认识机器学习的价值和潜力。本书通过实践指导和应用案例，指导读者将机器学习算法应用于实际问题中。本书将指导读者使用 Python 中的 NumPy、Pandas、Matplotlib、Scikit-Learn 等开源机器学习工具和库进行编程实践和项目开发。通过实践，读者能更好地掌握机器学习的技能和应用。

本书围绕机器学习的基本概念展开，包括机器学习的定义、发展历史和分类。同时，重点介绍模型评估与调优的方法，如留出法、交叉验证法和网格搜索等。接着，详细讲解了回归分析、决策树、神经网络、支持向量机、贝叶斯分类器、聚类分析和降维技术等常用机器学习方法。最后，介绍了集成学习的方法，包括自助聚合法、可提升算法和堆叠算法。通过实践案例，读者可以学习如何应用这些方法解决实际问题。

本书内容丰富、结构清晰，不仅适合初学者入门，还适合有一定基础的读者深入学习。本书的主要内容如下。

第 1 章——绪论：介绍了机器学习的定义、发展历史和分类；同时，还讲解了机器学习的基本术语和符号，以及如何将 Python 用于机器学习。

第 2 章——模型评估与调优：介绍了机器学习模型的评估方法和优化技巧；讨论了评估方法，如留出法、交叉验证法、自助法等，以及通过学习和验证曲线调试算法及网格搜索调优机器学习模型的方法；还介绍了常用的性能度量方法，如错误率、准确率、查准率、查全率、ROC 与 AUC 等。

第 3 章——回归分析：详细介绍了回归分析的基本概念和方法；讨论了一元线性回归、多元线性回归、对率回归、多项式回归和正则化回归等；通过实例帮助读者理解如何构建波士顿房价预测模型和信用卡欺诈行为分类模型。

第 4 章——决策树：介绍了决策树的基本原理和建立方法；讨论了决策树的划分准则、建立和剪枝策略，以及多变量决策树和集成方法等；通过实例实现巴黎住房分类模型和航班价格预测模型的构建。

第 5 章——神经网络：详细介绍了神经网络的发展历史、神经元模型和激活函数等神经网络基础知识；讨论了感知机模型和多层前馈神经网络模型的原理和实现方法；通过实例实现南瓜子分类模型的构建。

第 6 章——支持向量机：介绍了支持向量机的原理和方法；讨论了线性分类、最大间隔分类，以及硬间隔支持向量机、核支持向量机和软间隔支持向量机等，通过实例实现手机价格分类模型的构建。

第 7 章——贝叶斯分类器：介绍了贝叶斯分类器的基本原理和方法；讨论了朴素贝叶斯分类器、半朴素贝叶斯分类器和贝叶斯网络等；通过实例实现鸢尾花分类模型的构建。

第 8 章——聚类分析：详细介绍了聚类的基本概念和方法；讨论了基于划分的聚类算法、基于层次的聚类算法、基于密度的聚类算法等；通过实例实现对客户进行细分。

第 9 章——降维技术：介绍了降维的原因和主成分分析算法；还讨论了奇异值分解方法和应用；通过实例实现对生物体的基因进行降维。

第 10 章——集成学习：介绍了集成学习的基本概念和方法；讨论了自助聚合算法、可提升算法和堆叠算法等集成学习方法；通过实例实现红酒分类模型的构建。

每章都包含实践案例和习题，以帮助读者巩固所学知识。希望本书能够激发读者对机器学习的兴趣和热情，并帮助读者在机器学习的旅程中取得成功。我们相信，学习机器学习不仅是一种知识的积累，更是一种思维方式的转变。机器学习的核心思想是从数据中发现规律，做出预测和决策。通过学习机器学习，培养数据驱动思维和解决问题的能力，会在个人和职业发展上产生深远的影响。

本书由大连交通大学的殷丽凤、郑广海、刘震、曲英伟、王斐等共同编写，具体分工如下：殷丽凤编写第 6~8 章；郑广海编写第 2、3 章；刘震编写第 4、5 章；曲英伟编写第 9 章；王斐编写第 10 章；杜铨熠编写第 1 章。同时，大连科技学院的徐蕗和大连交通大学软件学院的研究生丁子原，在本书编写过程中进行了案例寻找和插图绘制工作。

在撰写本书的过程中，我们广泛借鉴了众多国内外的权威著作、学术论文以及互联网上的精选资源。我们衷心感谢所有为本书提供知识和智慧的作者和研究者们，正是他们的不懈努力，为本书的编撰贡献了不可或缺的参考资料和启发。鉴于参考文献众多，尽管我们尽力整理，但仍可能有所疏漏，对未能提及姓名的作者，我们深表歉意。

祝愿您在学习机器学习的过程中收获满满，成为优秀的机器学习从业者！感谢您的阅读！希望这本书能成为您学习机器学习的宝贵资源。

由于编者水平有限，本书难免有缺漏和错误之处，恳请广大读者批评指正。在此，对读者给予本书的反馈意见表示衷心的感谢！

编　者

目 录

前言
第1章 绪论 ………………………………… 1
 1.1 机器学习的定义 …………………… 2
 1.2 机器学习的发展历史 ……………… 2
 1.3 机器学习的分类 …………………… 3
  1.3.1 监督学习 ……………………… 3
  1.3.2 无监督学习 …………………… 5
  1.3.3 半监督学习 …………………… 6
  1.3.4 强化学习 ……………………… 7
 1.4 基本术语与符号 …………………… 8
  1.4.1 基本术语 ……………………… 8
  1.4.2 基本符号 ……………………… 8
 1.5 机器学习的过程 …………………… 10
 1.6 将Python用于机器学习 …………… 11
  1.6.1 安装Python解释器 …………… 11
  1.6.2 安装PyCharm ………………… 12
  1.6.3 安装Anaconda ………………… 15
  1.6.4 用于科学计算、数据科学和
        机器学习的软件包 …………… 17
 1.7 本章小结 …………………………… 18
 1.8 习题 ………………………………… 19
第2章 模型评估与调优 …………………… 20
 2.1 概述 ………………………………… 20
 2.2 评估方法 …………………………… 21
  2.2.1 留出法 ………………………… 22
  2.2.2 交叉验证法 …………………… 23
  2.2.3 留一法交叉验证 ……………… 25
  2.2.4 自助法 ………………………… 27
 2.3 优化 ………………………………… 29
  2.3.1 用学习和验证曲线调试
        算法 …………………………… 30
  2.3.2 通过网格搜索调优机器学习
        模型 …………………………… 32
 2.4 性能度量 …………………………… 35
  2.4.1 错误率与准确率 ……………… 35
  2.4.2 查准率、查全率与F1 ………… 35
  2.4.3 ROC与AUC …………………… 39
  2.4.4 多元分类评估指标 …………… 41
 2.5 本章小结 …………………………… 42
 2.6 习题 ………………………………… 42
第3章 回归分析 …………………………… 43
 3.1 引言 ………………………………… 44
  3.1.1 回归分析概述 ………………… 44
  3.1.2 回归分析的目标 ……………… 44
  3.1.3 回归分析的步骤 ……………… 45
 3.2 一元线性回归 ……………………… 45
  3.2.1 一元线性回归模型 …………… 45
  3.2.2 参数w和b的推导过程 …… 46
  3.2.3 一元线性回归模型的代码
        实现及应用 …………………… 48
 3.3 多元线性回归 ……………………… 49
  3.3.1 多元线性回归模型和参数
        求解 …………………………… 49
  3.3.2 多元线性回归模型的代码
        实现及应用 …………………… 50
 3.4 对率回归 …………………………… 51
  3.4.1 对率回归模型 ………………… 51
  3.4.2 参数w和b的推导过程 …… 53
  3.4.3 参数更新公式的推导 ………… 53
  3.4.4 对率回归模型的代码实现及
        应用 …………………………… 54
 3.5 多项式回归 ………………………… 55
 3.6 正则化回归 ………………………… 56
  3.6.1 岭回归模型 …………………… 56
  3.6.2 最小绝对收缩与选择
        算子(LASSO回归) ………… 57
  3.6.3 弹性网络 ……………………… 57
 3.7 回归模型的评价指标 ……………… 57
 3.8 回归分析实践 ……………………… 59

3.8.1　构建波士顿房价预测模型 … 59
　　　3.8.2　构建信用卡欺诈行为分类
　　　　　　模型 …………………… 76
　3.9　本章小结 ……………………… 80
　3.10　习题 …………………………… 80
第4章　决策树 ……………………………… 81
　4.1　决策树概述 …………………… 82
　　　4.1.1　决策树的概念 …………… 82
　　　4.1.2　决策树的优缺点 ………… 82
　4.2　决策树的划分准则 …………… 83
　　　4.2.1　信息增益 ………………… 83
　　　4.2.2　增益率 …………………… 84
　　　4.2.3　基尼指数 ………………… 84
　4.3　决策树的建立 ………………… 85
　　　4.3.1　决策树的归纳过程 ……… 85
　　　4.3.2　决策树实例分析 ………… 87
　　　4.3.3　决策树停止准则 ………… 93
　　　4.3.4　决策树剪枝 ……………… 94
　4.4　多变量决策树 ………………… 94
　4.5　集成方法 ……………………… 95
　　　4.5.1　随机森林 ………………… 95
　　　4.5.2　梯度提升树 ……………… 96
　4.6　回归树 ………………………… 96
　　　4.6.1　回归决策树 ……………… 97
　　　4.6.2　回归加权平均树 ………… 97
　　　4.6.3　随机森林回归树 ………… 98
　　　4.6.4　梯度提升回归树 ………… 98
　4.7　决策树实践 …………………… 98
　　　4.7.1　构建巴黎住房分类模型 … 99
　　　4.7.2　构建航班价格预测模型 … 102
　4.8　本章小结 ……………………… 104
　4.9　习题 …………………………… 104
第5章　神经网络 …………………………… 105
　5.1　神经网络的发展历史 ………… 106
　5.2　神经元模型 …………………… 109
　　　5.2.1　生物学的神经元模型 …… 109
　　　5.2.2　M-P神经元模型 ………… 110
　5.3　激活函数 ……………………… 111
　　　5.3.1　Sigmoid激活函数 ……… 111
　　　5.3.2　tanh激活函数 …………… 112

　　　5.3.3　ReLU激活函数 ………… 112
　　　5.3.4　采用激活函数的原因 …… 114
　　　5.3.5　激活函数的特点 ………… 114
　5.4　感知机模型 …………………… 114
　　　5.4.1　感知机模型的结构 ……… 114
　　　5.4.2　感知机模型的原理 ……… 115
　　　5.4.3　感知机模型的实现 ……… 116
　　　5.4.4　感知机模型的优缺点 …… 117
　5.5　多层前馈神经网络模型 ……… 118
　　　5.5.1　多层前馈神经网络的工作
　　　　　　原理 …………………… 119
　　　5.5.2　多层前馈神经网络参数的
　　　　　　学习过程 ……………… 122
　　　5.5.3　多层前馈神经网络算法的
　　　　　　实现 …………………… 124
　5.6　训练方法 ……………………… 126
　　　5.6.1　梯度下降法 ……………… 126
　　　5.6.2　随机梯度下降法 ………… 126
　　　5.6.3　小批量梯度下降法 ……… 127
　5.7　梯度消失和梯度爆炸 ………… 127
　　　5.7.1　产生原因 ………………… 127
　　　5.7.2　解决方案 ………………… 128
　5.8　神经网络实践：构建南瓜子
　　　分类模型 ……………………… 129
　　　5.8.1　数据的简单分析 ………… 129
　　　5.8.2　利用感知机 ……………… 131
　　　5.8.3　利用多层感知机 ………… 132
　5.9　本章小结 ……………………… 136
　5.10　习题 …………………………… 136
第6章　支持向量机 ………………………… 138
　6.1　支持向量机概述 ……………… 138
　　　6.1.1　线性分类 ………………… 139
　　　6.1.2　最大间隔分类 …………… 140
　6.2　硬间隔支持向量机 …………… 141
　　　6.2.1　硬间隔支持向量机模型 … 141
　　　6.2.2　利用对偶问题求解 ……… 143
　　　6.2.3　硬间隔支持向量机求解
　　　　　　实例 …………………… 145
　6.3　核支持向量机 ………………… 147
　　　6.3.1　核函数 …………………… 147

6.3.2 核函数求解实例 ……………… 149
6.4 软间隔支持向量机 ……………… 149
　6.4.1 松弛变量 …………………… 150
　6.4.2 对偶问题 …………………… 151
6.5 感知机与 SVM 线性可分的
　　区别 ………………………………… 152
6.6 SVM 的优缺点 …………………… 153
6.7 支持向量机实践：构建手机
　　价格分类模型 …………………… 153
　6.7.1 数据的简单分析 ………… 154
　6.7.2 利用硬间隔支持向量机 … 155
　6.7.3 利用软间隔支持向量机 … 157
6.8 本章小结 ………………………… 158
6.9 习题 ……………………………… 158

第7章 贝叶斯分类器 ……………… 159

7.1 贝叶斯分类器概述 ……………… 160
　7.1.1 贝叶斯定理 ………………… 160
　7.1.2 贝叶斯定理的应用 ……… 161
　7.1.3 贝叶斯思想 ………………… 162
7.2 贝叶斯分类器的原理 …………… 162
　7.2.1 贝叶斯决策论 …………… 162
　7.2.2 极大似然估计 …………… 164
7.3 朴素贝叶斯分类器 ……………… 164
7.4 半朴素贝叶斯分类器 …………… 168
　7.4.1 超父独依赖分类器 ……… 168
　7.4.2 平均独依赖估计 ………… 169
　7.4.3 树增广朴素贝叶斯 ……… 170
7.5 贝叶斯网络 ……………………… 170
　7.5.1 贝叶斯网络的定义 ……… 171
　7.5.2 贝叶斯网络的结构特征 … 171
　7.5.3 贝叶斯网络的学习 ……… 173
　7.5.4 贝叶斯网络的推断 ……… 175
7.6 贝叶斯分类器实践：构建
　　鸢尾花分类模型 ………………… 175
　7.6.1 数据的简单分析 ………… 176
　7.6.2 利用朴素贝叶斯 ………… 177
　7.6.3 利用半朴素贝叶斯 ……… 179
　7.6.4 利用贝叶斯网络 ………… 180
7.7 本章小结 ………………………… 182
7.8 习题 ……………………………… 182

第8章 聚类分析 …………………… 183

8.1 聚类概述 ………………………… 184
　8.1.1 聚类的相关概念 ………… 184
　8.1.2 聚类与分类的区别 ……… 184
　8.1.3 聚类算法的分类 ………… 185
　8.1.4 相似性度量 ………………… 185
　8.1.5 归一化处理 ………………… 186
8.2 基于划分的聚类算法 …………… 187
　8.2.1 K-Means 算法 …………… 187
　8.2.2 K-Means++算法 ………… 190
　8.2.3 K-Medoid 算法 …………… 191
　8.2.4 Kernel K-Means 算法 …… 194
　8.2.5 Mini-Batch K-Means
　　　　算法 ………………………… 194
　8.2.6 K-Means with Triangle
　　　　Inequality 算法 …………… 195
8.3 基于层次的聚类算法 …………… 195
　8.3.1 层次聚类算法的基础 …… 195
　8.3.2 Hierarchical K-Means
　　　　算法 ………………………… 196
　8.3.3 Agglomerative Clustering
　　　　算法 ………………………… 197
　8.3.4 BIRCH 算法 ……………… 200
8.4 基于密度的聚类算法 …………… 205
　8.4.1 DBSCAN 算法 …………… 206
　8.4.2 OPTICS 算法 ……………… 210
8.5 谱聚类算法 ……………………… 212
　8.5.1 图划分思想 ………………… 212
　8.5.2 相似度矩阵 ………………… 213
　8.5.3 拉普拉斯矩阵 …………… 214
　8.5.4 谱聚类算法的步骤 ……… 215
8.6 基于网格的聚类算法 …………… 215
8.7 基于模型的聚类算法 …………… 216
8.8 聚类评估 ………………………… 217
　8.8.1 估计聚类趋势 …………… 217
　8.8.2 确定簇数 …………………… 218
　8.8.3 测定聚类质量 …………… 218
8.9 聚类分析实践：对客户进行
　　细分 ……………………………… 221
　8.9.1 数据预处理 ………………… 222

8.9.2　利用 K-Means 算法 ……… 229
　　8.9.3　利用 Agglomerative Clustering 算法 …………………… 233
8.10　本章小结 ………………… 234
8.11　习题 ……………………… 234

第 9 章　降维技术 …………………… 236
9.1　降维的重要性 ………………… 236
　　9.1.1　维度爆炸 ………………… 236
　　9.1.2　降维的原因 ……………… 237
9.2　主成分分析算法 ……………… 237
　　9.2.1　向量投影和矩阵投影的含义 ………………… 238
　　9.2.2　向量降维和矩阵降维 …… 239
　　9.2.3　PCA 的优化目标 ………… 240
　　9.2.4　PCA 算法的原理 ………… 243
　　9.2.5　PCA 算法的步骤 ………… 243
　　9.2.6　PCA 的应用 ……………… 244
　　9.2.7　核主成分分析 …………… 246
9.3　奇异值分解 …………………… 247
　　9.3.1　矩阵的特征分解 ………… 247
　　9.3.2　SVD 的定义 ……………… 247
　　9.3.3　SVD 算法的步骤 ………… 249
　　9.3.4　SVD 的重要性质 ………… 249
9.4　降维技术实践：对生物体的基因进行降维 ……………… 250
　　9.4.1　数据的简单分析 ………… 250
　　9.4.2　利用 PCA 进行降维 ……… 251
　　9.4.3　利用 SVD 进行降维 ……… 252
9.5　本章小结 ……………………… 253
9.6　习题 …………………………… 254

第 10 章　集成学习 …………………… 255
10.1　自助聚合算法 ……………… 255
　　10.1.1　Bagging 算法的思想 …… 255
　　10.1.2　随机森林 ………………… 256
10.2　可提升算法 ………………… 257
　　10.2.1　Boosting 的基本概念 …… 257
　　10.2.2　AdaBoost ………………… 259
　　10.2.3　Bagging 与 Boosting 的区别 ………………… 263
　　10.2.4　梯度提升算法 …………… 263
10.3　堆叠算法 …………………… 264
10.4　集成学习实践：构建红酒分类模型 ………………… 266
　　10.4.1　利用 Bagging 实现 ……… 267
　　10.4.2　利用 Boosting 实现 …… 268
　　10.4.3　利用 Stacking 实现 …… 269
10.5　本章小结 …………………… 271
10.6　习题 ………………………… 271

参考文献 ……………………………… 272

第 1 章 绪 论

现如今计算机已经不再是简单的工具，而是解决复杂问题、模拟人类智能的强大工具。机器学习作为人工智能的核心，正引领着人类走向一个前景广阔和充满各种可能性的未来。机器学习的魅力在于，它赋予计算机从数据中自动学习的能力，从而使其能够不断适应和改进。随着海量数据的产生和存储能力的提升，机器学习已经成为实现智能化决策和任务自动化的关键技术。无论是在医疗领域的疾病诊断、金融领域的市场预测，还是在日常生活中的智能推荐，机器学习都在深刻地影响着人们的生活。本章将带您踏入机器学习的精彩世界，开启探索数据驱动、自动学习的奇妙之旅。

本章将讨论机器学习的主要概念及分类，介绍机器学习的相关术语，为使用机器学习技术成功地解决实际问题奠定基础。

▶ **思维导图**

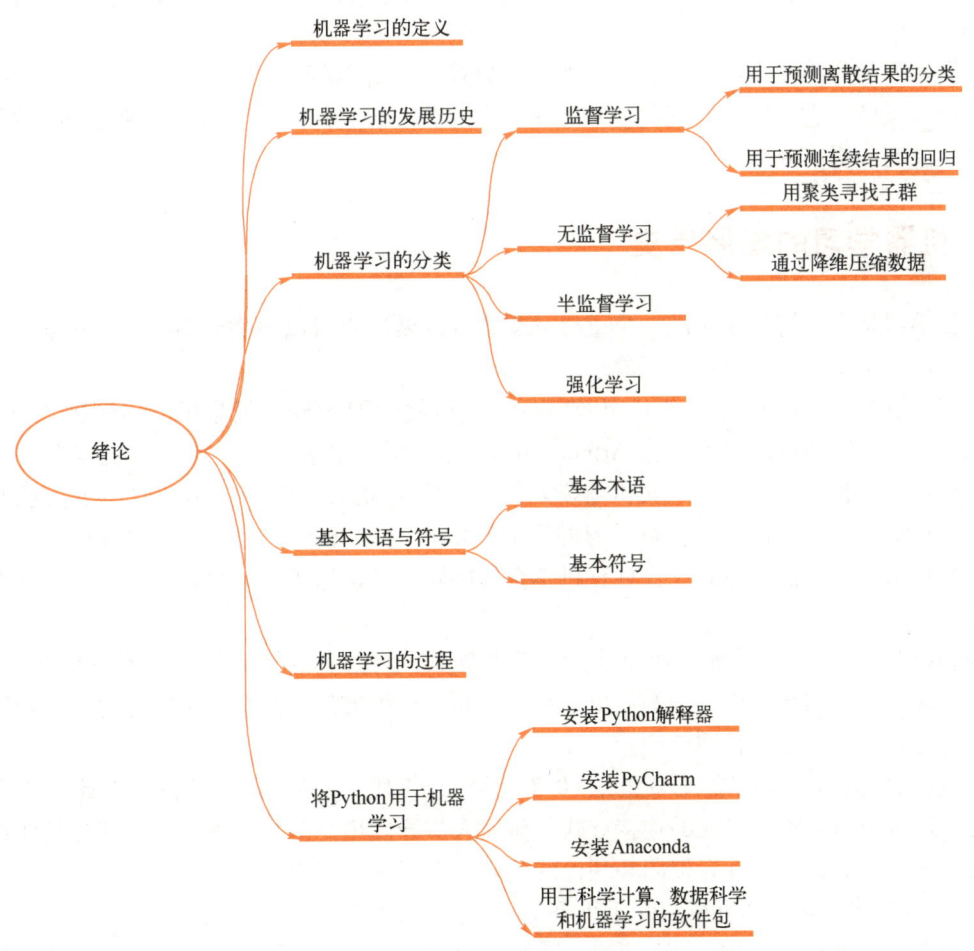

1.1 机器学习的定义

机器学习（Machine Learning）是人工智能（Artificial Intelligence，AI）的一个分支，关注如何设计和开发算法与模型，使计算机系统能够从数据中学习，不断改进和优化，以完成特定任务，而无须明确的程序指令。换句话说，机器学习允许计算机通过数据的模式和趋势来自动学习，并根据学习到的知识做出决策或执行任务。从机器学习的定义可以总结出如下几个要点。

1）数据驱动：机器学习基于数据，通过分析大量数据来提取模式和关系，从而得出有关数据的结论。

2）自动学习：机器学习算法可以自动适应数据，通过优化模型参数或调整算法，提高在特定任务上的性能。

3）泛化能力：机器学习模型不仅适用于训练数据，还能在未见过的数据集上表现良好，称其具有泛化能力。

4）任务多样性：机器学习可以用于各种任务，如分类、回归、聚类、降维、生成等，涵盖了从预测到模式识别多种问题。

5）迭代改进：机器学习系统可以在每次获取新数据时进行迭代训练和优化，从而不断改进性能。

机器学习的应用非常广泛，包括自然语言处理、计算机视觉、智能推荐系统、医疗诊断、金融分析等领域。它已经成为现代技术和业务中的关键组成部分，有助于处理大规模数据、做出自动化决策和提高效率。

1.2 机器学习的发展历史

机器学习是人工智能领域的一个重要分支，其发展历史可以追溯到20世纪50年代。以下是机器学习的主要发展阶段和里程碑事件。

1）起始阶段（20世纪50年代至60年代）：机器学习的概念最早可以追溯到20世纪50年代。当时，美国的计算机科学家Arthur Samuel（亚瑟·塞缪尔）提出了"机器学习"这个术语并开始研究相关领域。他定义机器学习为"使计算机具有学习能力，以便不需要对每一种情况进行编程，计算机也能自行学习并适应新的情况"。Samuel主要在游戏领域进行研究，他的工作包括利用机器学习算法让计算机学会下国际象棋，这被视为早期机器学习的一个重要里程碑。

2）知识表达与专家系统（20世纪70年代至80年代）：这个时期，专家系统开始兴起，它们基于人类专家的知识构建规则做出推理。然而，这种方法在处理复杂问题时面临限制，因为手工构建知识库是耗时且困难的。

3）连接主义与神经网络（20世纪80年代至90年代）：神经网络的概念在此阶段重新受到关注。通过模拟人脑神经元的连接方式，研究人员开发出一些用于模式识别和分类任务的神经网络模型。然而，由于计算资源和理论的限制，发展较为有限。

4）统计机器学习（20世纪90年代至21世纪最初十年）：统计方法在机器学习中变得更加流行。支持向量机（SVM）、决策树、随机森林等算法被广泛应用于分类、回归和聚类问题。在此阶段，机器学习逐渐在实际应用中找到了立足点。

5）深度学习复兴（21世纪第二个十年）：基于神经网络的深度学习在这个时期迎来了巨大的发展。随着大规模数据集的出现和强大的计算资源的广泛可用，深度学习在图像识别、自然语言处理、语音识别等领域取得了突破性成果。卷积神经网络（CNN）和循环神经网络（RNN）等架构对这一进展起到了关键作用。

6）强化学习和自动化（2010年至今）：强化学习成为另一个重要的研究方向，它主要关注智能体如何在环境中采取行动以最大化累积奖励，在游戏、机器人控制和金融交易等领域有着广泛应用。

7）解释性和可解释性（2010年至今）：随着机器学习应用的增多，人们开始关注模型的解释性和可解释性。特别是在涉及法律、医疗等对解释性有要求的领域，解释模型的决策过程变得至关重要。

当前，机器学习仍在不断发展中。人们正面临着数据隐私、公平性、泛化能力等方面的挑战，并致力于开发更加高效、可解释且适用于不同领域的机器学习算法和模型。总的来说，机器学习经历了从符号处理到统计方法再到深度学习的演进，取得了令人瞩目的成就，并在人类生活的各个领域产生了深远的影响。

1.3 机器学习的分类

机器学习的分类标准有很多，按照学习方式的不同可划分为监督学习、无监督学习、半监督学习和强化学习。本节将讨论这四种不同类型的机器学习，了解四者之间的本质差别，并通过概念性示例，形成可应用于实际问题领域的见解。

1.3.1 监督学习

监督学习是指在给定输入和输出的情况下，学习输入与输出之间的映射关系，以便对未知数据进行预测。通常，监督学习的输入数据称为特征，输出数据称为标签或目标变量。在这里，"监督"一词指的是已经知道训练数据中期待的标签（输出数据）。带有离散分类标签的监督学习任务被称为分类任务，带有连续的数值标签的监督学习任务被称为回归任务。图1-1所示为一个典型的监督学习流程。

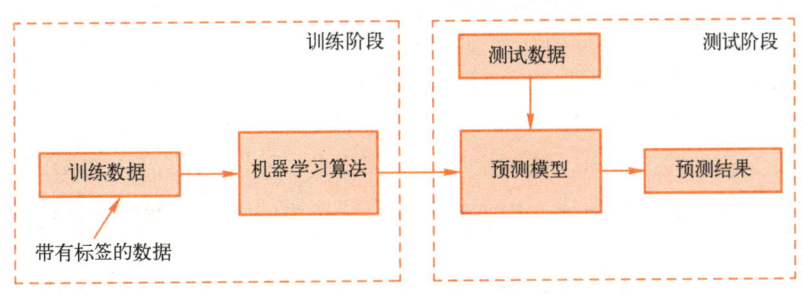

图1-1 监督学习流程

1. 用于预测离散结果的分类

分类是监督学习的一个分支，其目的是根据过去的观测结果预测新样本的分类标签，这些分类标签是离散的无序值。在医疗诊断中，预测患者是否患有某种疾病就是典型的分类任务。

假设有患者医疗信息的数据集,每个患者都有一些生理指标、症状和检测结果的数据,以及一个标签,该标签表示他们是否患有该疾病(1 表示患病,0 表示未患病),机器学习算法根据给定的医疗信息数据集学习规则以区分是否患有该疾病。

图 1-2 通过 50 个训练样本阐述二元分类任务的概念。其中,34 个标签为负类(0),在图中用圆点表示;另外 16 个标签为正类(1),在图中用叉号表示。该数据集有两个特征 x_1 和 x_2。通过监督机器学习算法来学习一个规则,此规则为图中虚线所表示的决策边界,用以区分两类数据。给定新的数据 x_1 和 x_2 的值,可以通过此决策边界对其进行预测,如果位于虚线上方,就属于正类,否则为负类。

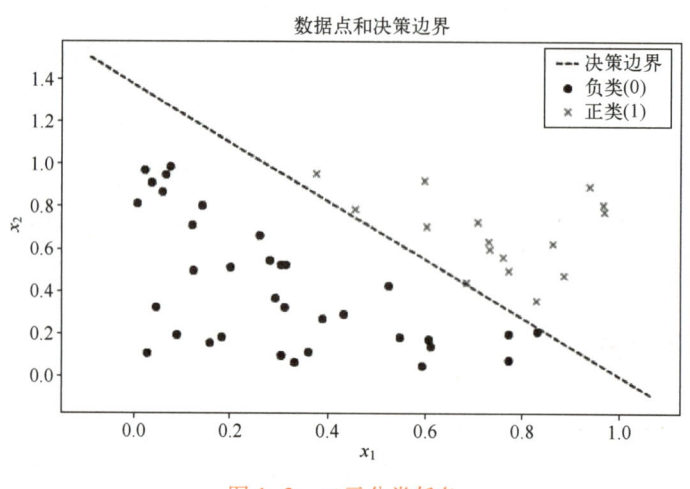

图 1-2 二元分类任务

但是类标签并非都是二元的,即并非都是二分类任务,存在很多多分类任务。例如:鸢尾花(Iris)样本数据集分为 setosa、versicolor 和 virginica 三个类别;情感分析可将文本中的情感分为积极、消极和中性三个类别;手写数字识别可针对 0~9 共 10 种数字符号进行分类,即分为 10 个类别。经过监督学习算法学习所获得的预测模型可以将训练数据集中出现的任何维度的类标签分配给新样本。

2. 用于预测连续结果的回归

上面讲到分类任务是为样本分配无序的类别标签,而另一类监督学习是对连续结果的预测,也称为回归分析。回归分析用于研究自变量(输入特征)与因变量(输出)之间的关系。它旨在建立一个数学模型,该模型可以描述自变量如何影响因变量,并用于预测因变量的值。

以预测房价为例。假设房屋价格和房屋的面积有关,已知房屋面积和房屋价格的数据集,以此通过监督学习为训练数据建模,可为将来打算买房子的客户根据房屋面积的需求来预测其房屋价格。

图 1-3 说明了一元线性回归的概念。给定自变量 x 和因变量 y,对数据进行线性拟合,最小化样本点和拟合线之间的距离。衡量预测值与实际观测值之间的差异程度的最常用方法为均方误差(Mean Squared Error,MSE),它计算的是预测误差的平方的均值。可以根据图 1-3 从数据中学习到的截距和斜率所确定的直线来预测新数据的因变量。

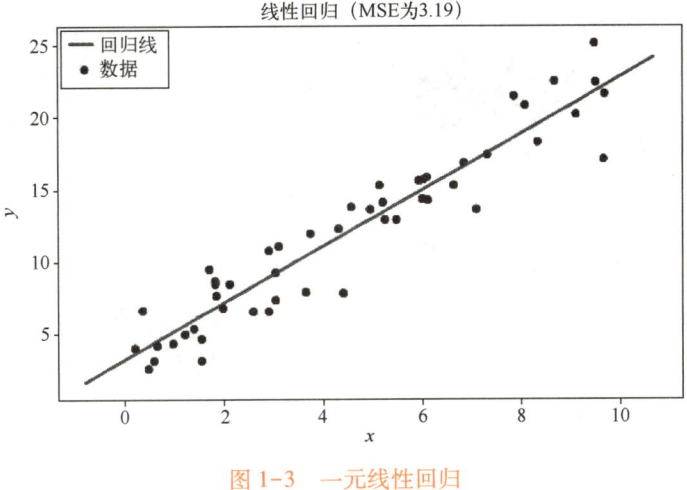

图 1-3　一元线性回归

1.3.2　无监督学习

无监督学习关注从无标签数据中发现模式、结构和关系，而无须提供明确的输出标签。在无监督学习中，算法的目标是从数据中学习数据的内在结构，以便进行数据的聚类、降维、密度估计等任务。与监督学习不同，无监督学习没有预先标记的输出结果。因此，算法必须通过分析数据的特征、相似性和分布等来找到数据的有意义的模式。无监督学习通常用于探索数据的特征、发现隐藏的关系以及生成新的有关数据的见解。

1. 用聚类寻找子群

聚类是一种无监督学习技术，可以在事先不了解成员关系的情况下，将信息分成有意义的子群（簇）。聚类的目标是在没有预先定义类别标签的情况下，发现数据中的内在结构和模式。在聚类中，数据点被组织成一簇簇的，每个簇代表具有相似性的数据点的集合。簇内的数据点应该尽可能相似，而簇之间的数据点应该有明显的差异。聚类算法尝试最大限度地将相似的数据点放在同一个簇中，而将不相似的数据点放在不同的簇中。聚类是一种构造信息和从数据中推导有意义关系的有用技术。例如：在市场分析中，根据购买行为将客户划分为不同的市场细分，以便更好地定位市场营销策略；在社交网络中，识别具有相似兴趣和关系的用户群体；在图像分割中，将图像中相似颜色和纹理的像素分组，从而实现图像的分割。

图 1-4 展示了如何应用 K-Means（k 均值）聚类把无标签数据根据两个特征 x_1 和 x_2 的相似性分成四组，五角星代表每个簇的聚类中心。

2. 通过降维压缩数据

无监督学习的另一个应用是降维。高维数据指的是具有大量特征（维度）的数据集，在高维数据中，每个样本可能由数百、数千甚至更多的特征组成，这使得数据的维度远远超过样本数。高维数据在现实世界中广泛存在，如基因组学、图像处理、自然语言处理及金融等领域，人们经常要面对高维数据。高维数据的每个观察通常都伴随着大量的测量数据，这对有限的存储空间和机器学习算法的计算性能提出了挑战。

无监督降维是特征预处理中一种常用的数据去噪方法，用于减少数据的特征维度，保留最重要的信息，同时降低数据的复杂性。降维可以帮助处理高维数据、减少存储空间和计算成本。例如，当涉及房地产价格预测时，可能有许多属性来描述一个房产，比如"面积""房间

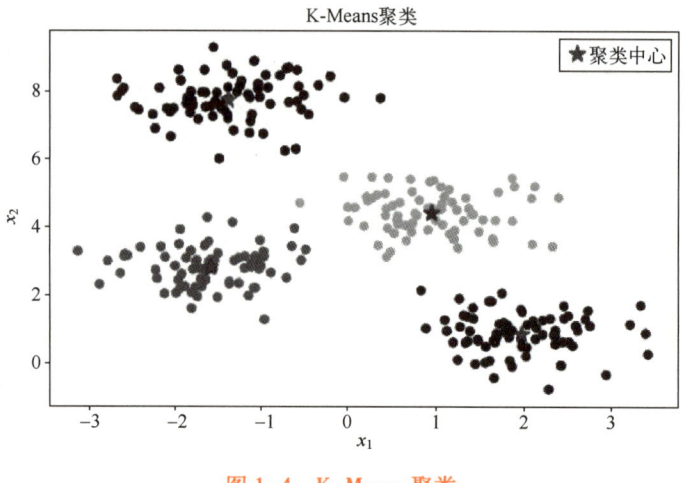

图 1-4　K-Means 聚类

数""位置""建筑风格""建筑材料""设计师"等。然而，并不是所有这些属性都对房价预测起到重要作用，有些属性可能对预测结果影响较小，甚至是噪声或冗余信息。这时，降维技术可以帮助从这些属性中提取最有用的信息，以便更有效地进行房地产价格预测。图 1-5 展示了二维数据通过 PCA（主成分分析）降维转换为一维数据的结果。

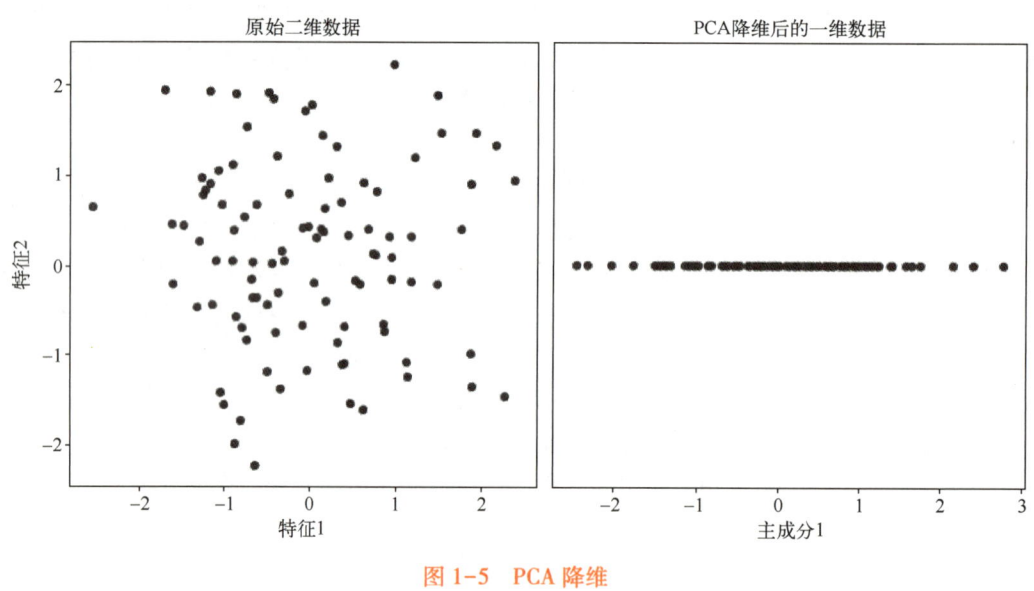

图 1-5　PCA 降维

1.3.3　半监督学习

半监督学习处于监督学习和无监督学习之间。在半监督学习中，训练数据集同时包含有标签（已标记）和无标签（未标记）的样本。其目标是利用这些未标记样本的信息来提高模型的性能和泛化能力。

半监督学习的主要思想是：未标记的数据仍然包含有关数据分布和特征之间关系的有用信息。通过结合已标记和未标记的数据，半监督学习可以更好地捕捉数据的特点，提高模型的性能，尤其是在标注数据有限的情况下。常见的半监督学习方法包括以下几种。

1）自训练（Self-Training）：在自训练中，使用已标记数据训练初始模型，然后使用这个初始模型来预测未标记数据的标签，并将其作为新的已标记数据。这样迭代多次，逐渐提高模型的性能。

2）伪标签（Pseudo-Labeling）：伪标签方法类似于自训练，但在每次迭代时，将模型对未标记数据的预测作为"伪标签"来处理。这样可以将未标记数据转化为带标签的数据，并与已标记数据一起训练模型。

3）半监督SVM（Semi-Supervised Support Vector Machine）：这是一种基于支持向量机的方法，通过优化一个目标函数，同时考虑已标记和未标记样本，以找到一个决策边界。

4）图半监督学习（Graph-Based Semi-Supervised Learning）：该方法利用数据中的相似性来构建一个图，其中节点表示数据样本，边表示样本之间的关系。然后，已标记样本的标签信息可以在图上进行传播，从而为未标记样本分配标签。

5）生成模型半监督学习（Generative Model Semi-Supervised Learning）：通过生成模型，如生成对抗网络（GAN）和变分自编码器（VAE），可以从已标记和未标记数据中学习数据分布，以提高分类性能。

半监督学习在现实世界中很有用，特别是在标注数据有限但未标记数据丰富的情况下。通过利用未标记数据，半监督学习方法可以改善模型的泛化能力，并在某些情况下甚至超过仅使用有标签数据的监督学习方法。

1.3.4 强化学习

强化学习通过智能体（Agent）与环境的交互，在不断试错中学习如何采取行动以最大化奖励信号，从而实现自主决策。强化学习与监督学习和无监督学习不同，它不需要给定数据的标签或类别，也不需要直接对数据进行处理，而是通过智能体与环境的交互，学习如何从环境中获取最大的奖励信号。

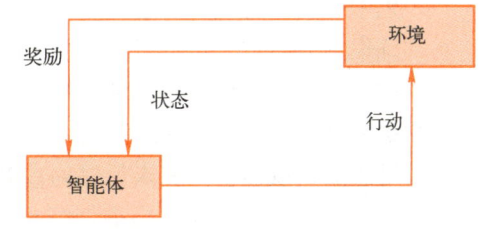

图1-6 强化学习

强化学习的过程如图1-6所示。

下面以一个智能体学习在迷宫中找到宝藏为例来说明强化学习的过程。

1）定义环境：首先需要定义一个环境，描述智能体在其中运动的情境。在本例中，环境是一个迷宫，包含迷宫的结构、墙壁、宝藏和陷阱等。

2）初始化：在每个学习回合开始时，智能体会被放置在迷宫的起始位置。同时，环境也会被初始化。

3）选择动作：智能体根据当前状态选择一个动作。动作可能是向上、向下、向左、向右等。

4）与环境交互：智能体执行所选的动作，并与环境交互，环境根据智能体的动作和当前状态提供反馈，包括下一个状态和奖励。

5）更新策略：智能体根据获得的奖励更新其决策策略。目标是调整策略，以使智能体在未来获得更多的累积奖励。

6）迭代学习：智能体不断重复选择动作、与环境交互、更新策略的过程。通过不断的尝试和反馈，智能体逐渐学习到如何在迷宫中移动以找到宝藏，并尽量避免陷阱。

7）训练终止：学习回合可能通过达到预定的时间步数、目标状态（找到宝藏）或某个终止条件而终止。

8）评估性能：在训练结束后，可以评估智能体的性能。通过让训练好的智能体在新的迷宫中运行，可以看到它是否能够快速找到宝藏，而不是陷入陷阱。

这个实例展示了一个基本的强化学习过程。智能体通过与环境的交互，逐渐学习到如何在迷宫中做出正确的决策以获得最大的奖励。在实际应用中，强化学习可以更复杂，涉及更多的状态、动作和策略。

1.4 基本术语与符号

本节来介绍机器学习的基本术语和基本符号。

1.4.1 基本术语

机器学习有一些基本的术语，了解这些术语有助于更好地理解机器学习的概念和方法。以下是一些常见的术语。

- 数据集（Data Set）：机器学习模型需要从数据中学习，数据集是机器学习模型使用的数据的集合。
- 特征（Feature）：也称为属性，是描述数据的一些量。例如在房价预测中，房屋面积和卧室个数都是特征。
- 标签（Label）：也称为类别、目标变量或因变量，是描述数据的一个变量，例如在图像识别中，图像所代表的物体就是标签。
- 训练集（Training Set）：训练集是用于训练机器学习模型的数据子集。模型根据训练集中的样本学习数据的模式和规律。
- 测试集（Test Set）：测试集是用于评估机器学习模型性能的数据子集。模型在测试集上进行预测，以衡量其在未见过的数据上的泛化能力。
- 模型（Model）：模型是根据训练数据学习到的数据模式和规律的表示。它可以用于进行预测、分类、聚类等任务。
- 训练（Training）：使用数据集来学习模型的过程。
- 测试（Testing）：使用训练好的模型对未知数据进行预测的过程。
- 特征工程（Feature Engineering）：特征工程是指选择、提取、转换和创造特征，以改善模型的性能和泛化能力。
- 过拟合（Overfitting）：过拟合是指机器学习模型在训练集上表现非常好，但在测试集上表现不佳的情况，这是因为模型过度拟合了训练集中的噪声和随机性。
- 欠拟合（Underfitting）：欠拟合是指机器学习模型在训练集和测试集上表现都不好的情况，这是因为模型过于简单，无法捕捉数据中的复杂性和变化。

以上是一些机器学习中的基本术语，这些术语是理解和实践机器学习的基础。

1.4.2 基本符号

图1-7展示了波士顿房价数据集的部分数据，该数据集是机器学习领域用于回归问题的典型数据集。该数据集包含506个波士顿房价的测量结果。数据集的每一行代表一个房屋的样

本数据，每一列存储每个房屋的度量数据，也称为数据集的特征。

```
        CRIM    ZN  INDUS  CHAS    NOX     RM   AGE     DIS  RAD  TAX  PTRATIO       B  LSTAT  MEDV
0    0.00632  18.0   2.31   0.0  0.538  6.575  65.2  4.0900    1  296     15.3  396.90   4.98  24.0
1    0.02731   0.0   7.07   0.0  0.469  6.421  78.9  4.9671    2  242     17.8  396.90   9.14  21.6
2    0.02729   0.0   7.07   0.0  0.469  7.185  61.1  4.9671    2  242     17.8  392.83   4.03  34.7
3    0.03237   0.0   2.18   0.0  0.458  6.998  45.8  6.0622    3  222     18.7  394.63   2.94  33.4
4    0.06905   0.0   2.18   0.0  0.458  7.147  54.2  6.0622    3  222     18.7  396.90    NaN  36.2
```

图 1-7 波士顿房价数据集的部分数据

为了简单高效地实现符号表示，会用到线性代数中的一些基础知识。后面章节中会用矩阵和向量符号来表示数据，按照约定将每个样本表示为特征矩阵 X 的一行，每个特征表示为一列。

波士顿房价数据集包含 506 个样本和 14 个特征，可以用 506×14 矩阵（$X \in \mathbf{R}^{506 \times 14}$）表示：

$$\begin{bmatrix} x_1^{(1)} & x_1^{(2)} & \cdots & x_1^{(j)} & \cdots & x_1^{(14)} \\ x_2^{(1)} & x_2^{(2)} & \cdots & x_2^{(j)} & \cdots & x_2^{(14)} \\ \vdots & \vdots & & \vdots & & \vdots \\ x_i^{(1)} & x_i^{(2)} & \cdots & x_i^{(j)} & \cdots & x_i^{(14)} \\ \vdots & \vdots & & \vdots & & \vdots \\ x_{506}^{(1)} & x_{506}^{(2)} & \cdots & x_{506}^{(j)} & \cdots & x_{506}^{(14)} \end{bmatrix}$$

其中，下标 i 表示第 i 个训练样本，上标 (j) 指训练样本的第 j 个特征。

用小写和黑体字符表示向量（如 $\boldsymbol{x} \in \mathbf{R}^{n \times 1}$），用大写和黑体字符表示矩阵（如 $\boldsymbol{X} \in \mathbf{R}^{n \times m}$），用斜体字符 x_i 表示向量中的某个元素，用斜体字符 $x_m^{(n)}$ 表示矩阵中的第 m 行第 n 列的元素。

例如，$x_{506}^{(1)}$ 表示第 506 个房屋样本的第一个特征，即 "CRIM"。因此，该矩阵的每行代表一个房屋的数据，可以写成 14 维行向量 $\boldsymbol{x}_j \in \mathbf{R}^{1 \times 14}$：

$$\boldsymbol{x}_j = \begin{bmatrix} x_j^{(1)} & x_j^{(2)} & \cdots & x_j^{(14)} \end{bmatrix}$$

每个特征维度是 506 个元素的列向量 $\boldsymbol{x}^{(j)} \in \mathbf{R}^{506 \times 1}$：

$$\boldsymbol{x}^{(j)} = \begin{bmatrix} x_1^{(j)} \\ x_2^{(j)} \\ \vdots \\ x_{506}^{(j)} \end{bmatrix}$$

类似地，可以把目标变量存储为 506 个元素的列向量：

$$\boldsymbol{y} = \begin{bmatrix} y_1 \\ \vdots \\ y_{506} \end{bmatrix}$$

机器学习中常用的符号规定如下。

- $\boldsymbol{x}$：单个输入特征向量。
- $\boldsymbol{y}$：单个标签或目标变量。
- $\boldsymbol{X}$：输入样本矩阵，每行是一个样本向量。
- $\boldsymbol{Y}$：一组目标标签值，特别是在多标签分类情况下。
- $\boldsymbol{w}$：模型的权重或系数向量，也称为参数。

- b：模型的偏置项。
- W：模型的权重或系数矩阵。
- θ：模型参数。
- h：模型（假设函数），将输入特征映射到输出。
- L：损失函数，用于衡量模型预测结果与真实结果之间的差距。
- J：代价函数，是损失函数的平均值或正则化项加权后的结果，用于衡量整个模型的性能。
- $\hat{y}$：模型的预测输出。
- ε：模型预测与实际标签的误差。
- α：学习率，用于控制模型参数更新的步长。
- σ：激活函数，将输入转化为输出。
- E：期望值，通常在概率和统计的上下文中使用。
- D：数据集。
- H：假设空间，即模型可以取值的所有可能。
- R：实数集合。

1.5 机器学习的过程

上一节讨论了机器学习的基本概念、四种不同类型以及基本术语和符号。本节将讨论机器学习的过程，具体如图1-8所示。

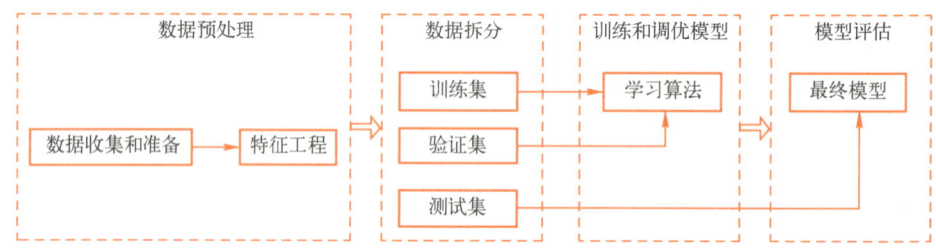

图1-8 机器学习的过程

1) 数据预处理：收集与问题相关的数据，并对数据进行清洗、处理和转换，使其适用于机器学习算法。选择合适的特征，进行特征提取、变换和选择，创建能够表达问题本质的特征，以提高模型性能。

2) 数据拆分：将数据集划分为训练集、验证集和测试集。训练集用于训练模型，验证集用于调整超参数，测试集用于评估模型性能。

3) 训练和调优模型：使用训练集对选定的模型进行训练。根据损失函数不断地调整模型的参数，以使其适应数据。根据验证集不断调整模型的超参数，可使用交叉验证等技术来确定最佳的超参数组合。

4) 模型评估：使用测试集来评估最终模型的性能。如果对最终模型的表现满意，那么就可以用它来预测未来的新数据。

以上是机器学习的基本过程，实际应用中还需要根据具体问题和数据情况进行调整和优化。

1.6 将 Python 用于机器学习

Python 作为一种编程语言,为机器学习提供了便捷的实现工具。具体来说,以下几点原因使得 Python 成为机器学习领域的首选编程语言。

1)语法简洁易懂:Python 具有简洁明了的语法,易于阅读和编写。这使得开发者能够更快地实现机器学习算法,并专注于算法的优化和调试。

2)丰富的库和框架:Python 拥有众多用于实现机器学习任务的库和框架,如 Scikit-Learn、TensorFlow、Keras、PyTorch 等。这些库和框架已经封装了许多机器学习算法,简化了开发过程,这使得开发者可以快速搭建和训练模型。

3)跨平台:Python 是一种跨平台的编程语言,可以在 Windows、macOS 和 Linux 等操作系统上运行。这使得使用 Python 开发的机器学习模型具有较强的可移植性。

4)易于集成:Python 可以轻松地与其他编程语言(如 C++和 Java)进行集成,以实现高性能计算。这使得 Python 可以与其他编程语言相结合,发挥各自的优势,提高机器学习模型的运行效率。

5)庞大的社区支持:Python 拥有庞大的用户社区和丰富的学习资源。无论是初学者还是专家,都可以在社区中找到解决问题的方法和灵感。此外,许多顶级机器学习会议和竞赛(如 NeurIPS、ICML、Kaggle 等)也倾向于使用 Python 作为主要编程语言。

综上所述,Python 作为一种编程语言,为机器学习提供了强大的支持。开发者可以利用 Python 的简洁语法、丰富的库和框架、跨平台特性、易于集成性及庞大的社区支持,快速实现和部署机器学习模型。

1.6.1 安装 Python 解释器

在 Windows 操作系统下安装 Python 的过程相对简单,具体安装步骤如下。

1)下载 Python 安装包:访问 Python 官方网站的下载页面(https://www.python.org/downloads/windows/),根据实际的 Windows 操作系统(32 位或 64 位)选择合适的 Python 安装包。推荐下载最新的稳定版本(如 Python 3.9.x 或更高版本)。

2)运行安装程序:双击下载好的安装包,启动 Python 安装程序。在安装界面中,选中"Add Python to PATH"复选框(这将使得 Python 在系统环境变量中可用,方便在命令提示符中使用 Python 命令)。若选择"Customize installation"(自定义安装),可以自行设定 Python 的安装位置和需要安装的组件,例如 pip(Python 包管理工具)、IDLE(Python 的集成开发环境)等。如果不确定如何自定义安装,可以直接单击"Install Now"(立即安装)按钮,按默认设置进行安装。

3)安装过程:单击安装按钮后,Python 安装程序开始安装。在安装过程中,安装程序会显示安装进度,请耐心等待,直到安装完成。

4)安装完成:当看到"Setup was successful"(安装成功)的提示后,单击"Close"(关闭)按钮,完成 Python 的安装。

5)验证安装:为了验证 Python 是否安装成功并正确配置,进入命令提示符(按〈Win〉键,然后输入"cmd"命令并按〈Enter〉键)并输入以下命令:

```
>>>python --version
```

如果安装成功,将显示安装的 Python 版本信息,例如:

```
Python 3.9.7
>>>
```

至此，Python 已经成功安装到 Windows 操作系统上，可以开始使用 Python 进行编程了。建议使用一个合适的代码编辑器或者集成开发环境（IDE），如 Visual Studio Code、PyCharm 等，以提高编程效率和便捷性。

另外，还可以使用 Python 自带的包管理工具 pip 来安装所需的第三方库。例如，要安装 NumPy 库，只需在命令提示符中输入以下命令：

```
>>>pip install numpy
```

正确输入命令后将下载并安装 NumPy 库及其依赖项。这时就可以开始使用 Python 进行各种编程任务，包括机器学习、数据分析、Web 开发等。如果在安装或使用 Python 过程中遇到任何问题，可以参考 Python 官方文档（https://docs.python.org/3/）或者搜索相关教程和问答，以获取帮助和解决方案。利用好 Python 社区丰富的资源，对快速掌握 Python 编程大有益处。

1.6.2 安装 PyCharm

PyCharm 是一款由 JetBrains 开发的集成开发环境，专门用于 Python 编程语言的开发。它提供了丰富的功能，包括代码编辑、调试、版本控制、代码分析、测试等，旨在提高 Python 开发效率。

PyCharm 有两个主要版本：PyCharm Community Edition（社区版）和 PyCharm Professional Edition（专业版）。社区版是免费的，适用于大部分的 Python 开发任务，而专业版则提供了更多高级功能，如数据库工具、科学计算支持、Web 开发框架支持等。对于机器学习的学习与研究，PyCharm 能提供非常大的助力。

下面介绍 PyCharm 的下载和安装过程。

1）下载 PyCharm：访问 JetBrains 官方网站下载 PyCharm。官网下载网址为 https://www.jetbrains.com/pycharm/download/，如图 1-9 所示。

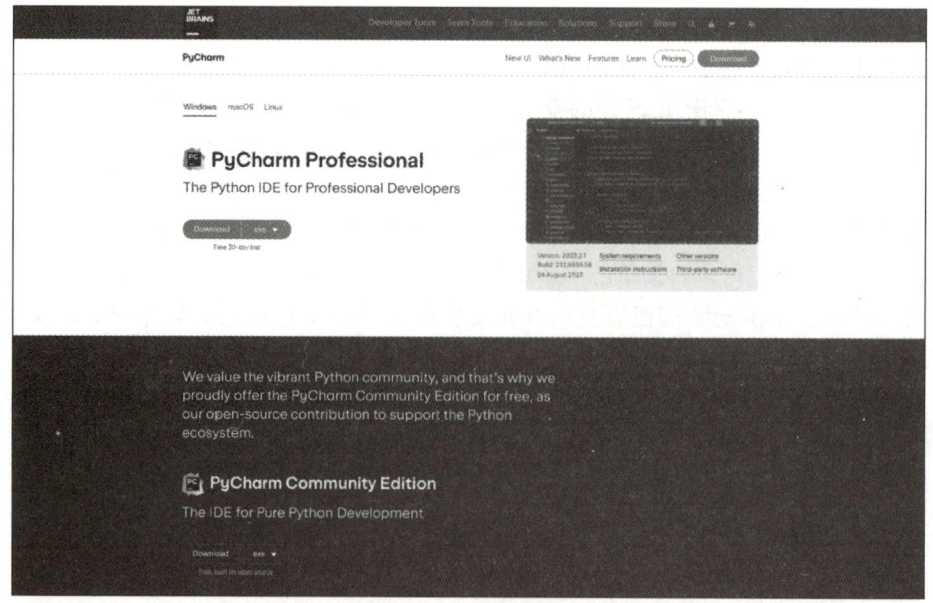

图 1-9　PyCharm 官网下载界面

2）选择版本：在下载页面中可以看到有两个版本：Community Edition 和 Professional Edition。根据需求选择一个版本进行下载。Community Edition 是免费的，适用于大多数用户，而 Professional Edition 则提供更多高级功能。

3）选择操作系统：选择操作系统的版本，如 Windows、macOS 或 Linux。

4）下载安装程序：选中相应版本和操作系统后，下载安装程序。下载完成后，运行安装程序。

5）进入安装向导：打开安装程序，进入图 1-10 所示的安装向导，按照步骤提示进行操作。通常情况下，只需要单击"Next"按钮即可完成安装过程。

图 1-10　PyCharm 安装向导欢迎界面

6）选择安装位置：在安装过程中，需要选择 PyCharm 的安装位置。可以保持默认的安装位置，也可以自定义安装路径，如图 1-11 所示。

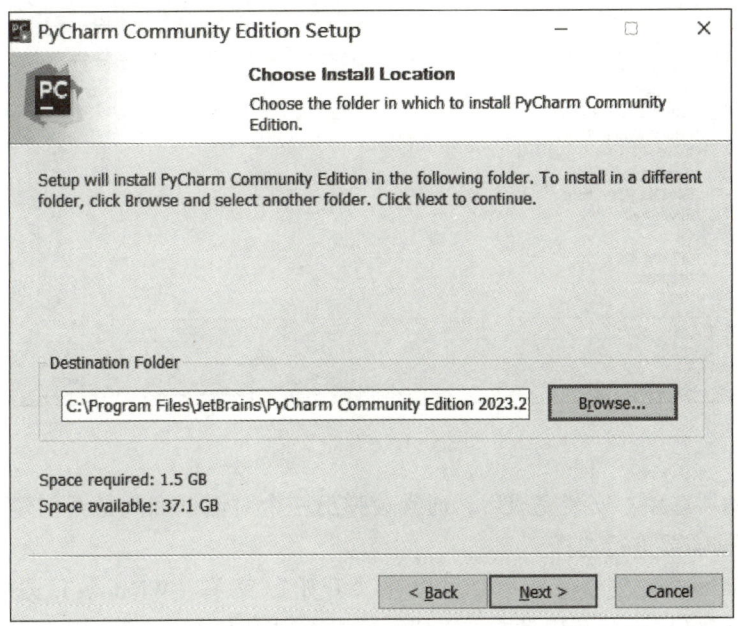

图 1-11　选择安装位置

7）设置安装选项：在图 1-12 所示的界面中，选择需要的选项。

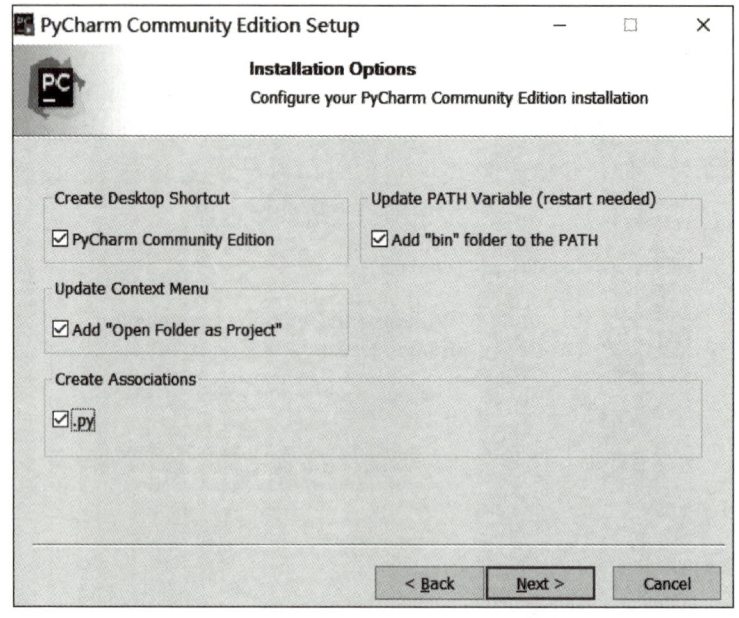

图 1-12　设置安装选项

8）开始安装：在图 1-13 所示的界面中，单击"Install"按钮，开始安装。

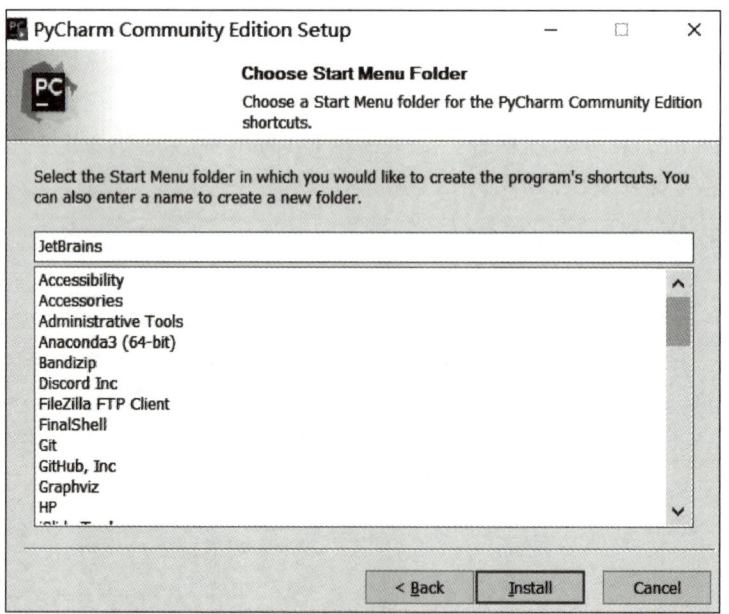

图 1-13　开始安装

9）选择启动器选项：安装完成后，通常会弹出一个对话框询问是否创建桌面快捷方式或启动器图标。根据需要进行选择。

10）启动 PyCharm：安装完成后，可以在"开始"菜单（Windows）或应用程序文件夹（macOS）中找到 PyCharm，并启动它。PyCharm 界面如图 1-14 所示。

图 1-14　PyCharm 界面

11）开始使用：进入 PyCharm 后，可以创建新项目、导入现有项目或者直接开始编写代码。PyCharm 提供了丰富的功能，包括代码补全、调试、版本控制等，可以极大地提高开发效率。

以上是安装 PyCharm 的一般步骤，可能会因操作系统版本和 PyCharm 版本的不同而有所不同。在安装过程中，如果遇到问题，可以参考官方文档、在社区寻找支持资源或者在网上搜索相关教程。

1.6.3　安装 Anaconda

Anaconda 是一个用于科学计算和数据科学的开源工具，它包含了许多用于数据分析、机器学习和科学计算的工具、库与环境。Anaconda 发行版附带了 Python 解释器及众多常用的科学计算库，如 NumPy、Pandas、Matplotlib、SciPy 等。此外，它还提供了一个名为 conda 的包管理器，可以帮助用户轻松地创建、管理和切换不同的 Python 环境，并安装所需的软件包。

使用 Anaconda，用户可以方便地建立独立的环境，以适应不同项目的需求，而不会干扰彼此。这在开发和部署数据科学项目时非常有用。Anaconda 还提供了图形界面和命令行工具，使用户能够轻松管理环境、安装软件包及项目。

总之，Anaconda 是一个受欢迎的工具，特别适用于数据分析、机器学习和科学计算。Anaconda 的安装过程如下。

1）访问 Anaconda 官方网站（https://www.anaconda.com/），首页如图 1-15 所示。

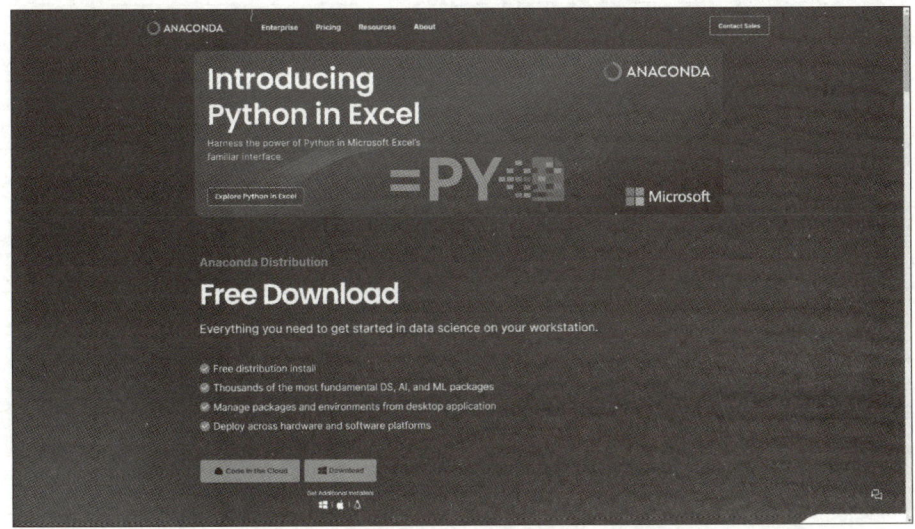

图 1-15　Anaconda 官网首页

2）选择并下载适用于具体操作系统的 Anaconda 发行版（通常是 Python 3.x 版本）。

3）打开下载的安装程序（可能是一个 .exe 文件（Windows），或是一个 .pkg 文件（macOS））。

4）在图 1-16 所示的界面中，选中"Just Me"（仅为我安装）单选按钮，然后单击"Next"（下一步）按钮。

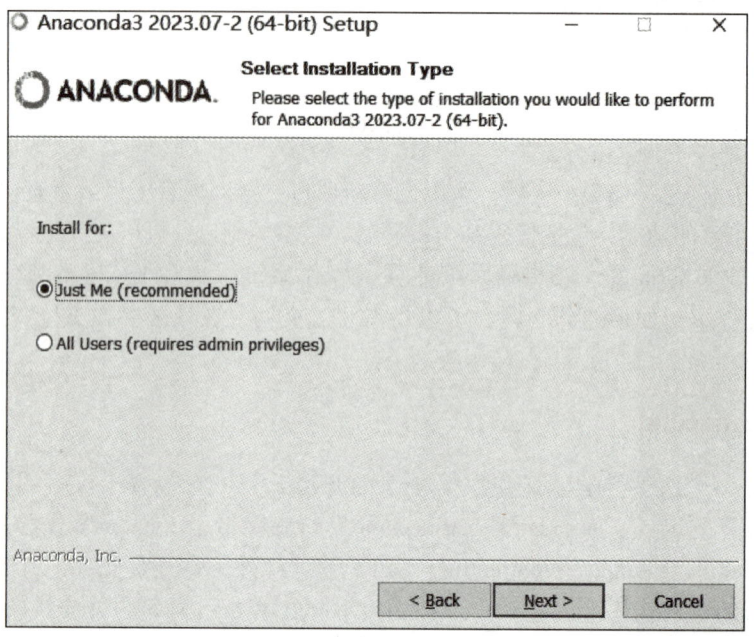

图 1-16　Anaconda 安装选项

5）在图 1-17 所示的界面中，选择安装路径，然后单击"Next"（下一步）按钮。

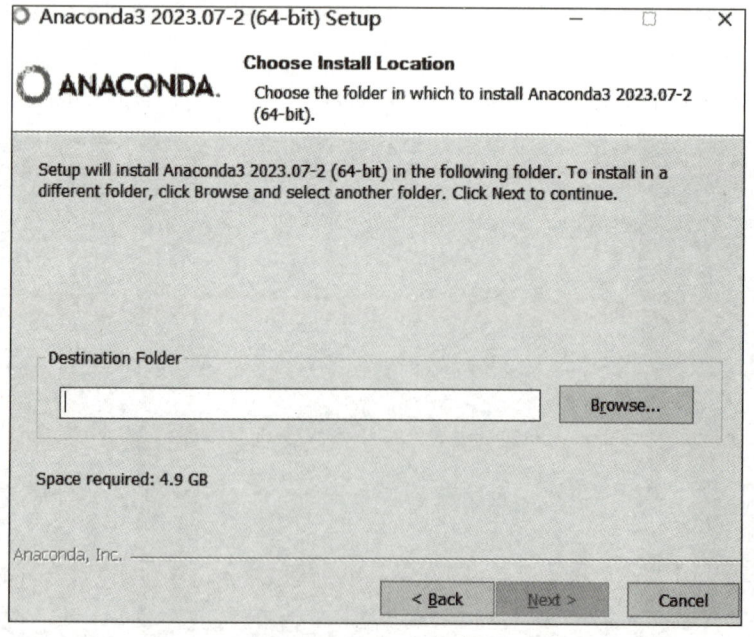

图 1-17　选择安装路径

6) 在图 1-18 所示的界面中，选中"Register Anaconda3 as my default Python 3.x"（将 Anaconda 注册为我的默认 Python 3.x）复选框，然后单击"Install"（安装）按钮开始安装。

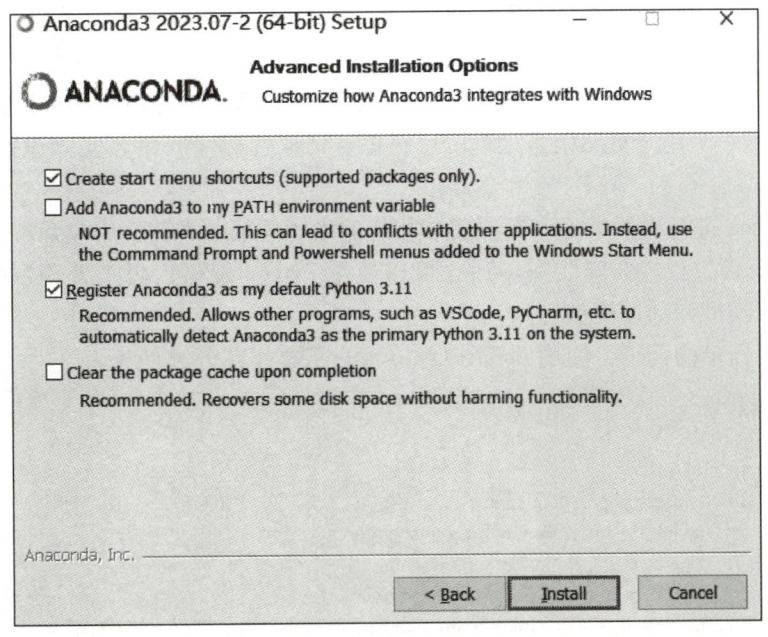

图 1-18 开始安装

7) 安装完成后，打开 cmd，输入"conda-version"命令验证 Anaconda 是否成功安装，并查看其版本。

至此就可以开始使用 Anaconda 了，利用指令创建虚拟环境、Python 包等。

这只是一个简单的 Anaconda 安装指南，如果想要更深入地了解详细的步骤，请查阅 Anaconda 官方文档或在线资源。记得随时查阅最新信息，以确保准确性。

1.6.4 用于科学计算、数据科学和机器学习的软件包

以下是一些常用的 Python 的库和框架，它们在科学计算、数据科学和机器学习领域广泛应用。

1) NumPy：一个用于科学计算的库，提供了高性能的多维数组对象及相关操作。

2) Pandas：一个用于数据处理和分析的库，提供了数据结构和函数，用于处理结构化数据。

3) Matplotlib：一个数据可视化库，支持绘制各种图表，如折线图、散点图、柱状图等。

4) seaborn：seaborn 是基于 Matplotlib 的高级绘图库，专注于统计数据可视化。它提供了一些函数，可以用更少的代码创建漂亮的图表，如热力图、分布图、散点图等。

5) Scikit-Learn：一个提供了各种机器学习算法的库，如分类、回归、聚类、降维等。它还包含了用于数据预处理、模型评估和调优的工具。

6) TensorFlow：Google 开发的一个开源机器学习框架，可以用于构建、训练和部署深度学习模型。

7) Keras：一个基于 TensorFlow 的高级神经网络 API，提供简洁易用的界面，用于构建和训练深度学习模型。

8）PyTorch：Facebook 开发的一个开源机器学习框架，提供了灵活且易用的深度学习 API。

9）XGBoost：一个高效的梯度提升树（Gradient Boosting Tree）实现，适用于各种监督学习任务。

10）LightGBM：一个高效的梯度提升树实现，具有较低的内存占用和更快的训练速度。

11）spaCy：一个用于自然语言处理的库，提供了词性标注、命名实体识别、依存关系解析等功能。

要使用 Python 进行机器学习，需要安装相应的库和框架。推荐使用包管理工具，如 pip 或 conda，以简化安装过程。在安装完毕后，可以使用 Python 编写代码来处理数据、构建模型、训练模型、评估模型和部署模型等。

这里举一个简单的例子，使用 Scikit-Learn 库进行鸢尾花分类任务。

```
# Python 代码
# 导入所需的库
import numpy as np
from sklearn.datasets import load_iris
from sklearn.model_selection import train_test_split
from sklearn.preprocessing import StandardScaler
from sklearn.neighbors import KNeighborsClassifier
from sklearn.metrics import accuracy_score
# 加载数据
iris = load_iris()
X = iris.data
y = iris.target
# 划分训练集和测试集
X_train, X_test, y_train, y_test = train_test_split(X, y, test_size=0.3, random_state=42)
# 数据预处理
scaler = StandardScaler()
X_train = scaler.fit_transform(X_train)
X_test = scaler.transform(X_test)
# 构建模型
model = KNeighborsClassifier(n_neighbors=3)
# 训练模型
model.fit(X_train, y_train)
# 预测
y_pred = model.predict(X_test)
# 评估模型
accuracy = accuracy_score(y_test, y_pred)
print("Accuracy: {:.2f}".format(accuracy))
```

在上述代码中，首先导入了所需的库，然后加载了鸢尾花数据集，并对其进行了预处理，接下来使用 k 近邻分类器构建模型，并进行训练，最后利用测试集评估模型性能。

1.7 本章小结

本章奠定了机器学习的基础，深入介绍了机器学习的定义、发展历史、基本符号和术语、分类、机器学习过程及相关工具的使用。机器学习是让计算机从数据中学习，无须明确编程指令。回顾机器学习的历史，从符号推理开始发展到数据驱动，机器学习可分为监督学习、无监督学习、半监督学习和强化学习。监督学习涉及预测离散结果的分类和预测连续结果的回归；无监督学习通过聚类发现子群，通过降维压缩数据提取关键信息；半监督学习结合已标记和未标记数据来提升性能；强化学习则是基于奖励信号的决策过程。每种机器学习都有不同的用途。本章还详细介绍了机器学习的基本术语与符号，如特征、标签、模型等，为后续深入学习打下基础。机器学习的过程涵盖了数据预处理、数据拆分、训练和调优模型、模型评估多个步骤，强调数据驱动的模型构建过程。Python 作为一种常用的编程语言在机器学习中应用广泛，本章详细描述了 Python、PyCharm 和 Anaconda 的安装过程，为后续实际操作做好准备。最后，给出了鸢尾花分类任务的代码实现，让读者更深刻地了解机器学习的实现过程。

本章是机器学习的入门指南，包括从基本概念到工具的使用，为深入学习和实践机器学习算法及应用打下了坚实的基础。在接下来的章节中，将进一步探索不同类型的机器学习算法及其应用。

1.8 习题

1. 简述机器学习的定义。
2. 请列举机器学习领域的里程碑事件。
3. 机器学习按照学习方式可以分为哪几种？
4. 说明监督学习和无监督学习之间的主要区别。
5. 什么是半监督学习？
6. 什么是强化学习？
7. 描述机器学习的一般过程。
8. 为什么 Python 是一种流行的编程语言？用于机器学习，它有哪些优势？

第 2 章 模型评估与调优

在机器学习中，需要对模型进行评估和调优，以确保其性能达到最佳状态。本章首先概述了评估方法的重要性；然后详细介绍了留出法、交叉验证法、留一法交叉验证和自助法等常用的评估方法；接着，讨论了通过学习和验证曲线及网格搜索来优化模型的方法；最后，介绍了常用的性能度量指标，包括错误率、准确率、查准率、查全率、F1 分数、ROC 曲线和 AUC 值，以及多元分类评估指标。通过学习本章，读者将掌握模型评估与调优的关键概念和方法，为构建高性能机器学习模型打好基础。

▶ 思维导图

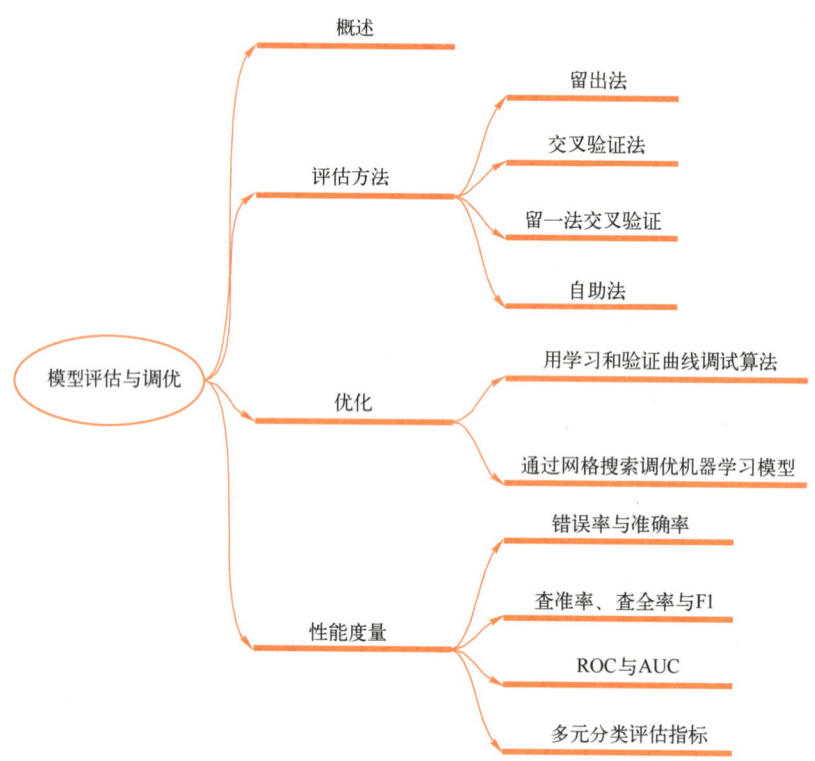

2.1 概述

错误率（Error Rate）是指分类错误的样本数占总样本数的比例。也就是说，如果在 m 个样本中有 a 个样本分类错误，则错误率 $E=a/m$。相应地，$1-a/m$ 称为准确率（Accuracy），即"准确率=1-错误率"。更一般地，把学习器的实际预测输出与样本的真实输出之间的差异称为"误差"，学习器在训练集上的误差称为"训练误差"（Training Error）或经验误差（Empirical Error），在新样本上的误差称为"泛化误差"。希望得到训练误差小还是泛化误差小的学习器呢？当然是泛化误差小的学习器。但事先并不知道新样本的具体信息，实际能做的努力就是使训练误差最小化。

那是不是训练误差越小越好？图 2-1 给出了三种多项式拟合数据点的图像。

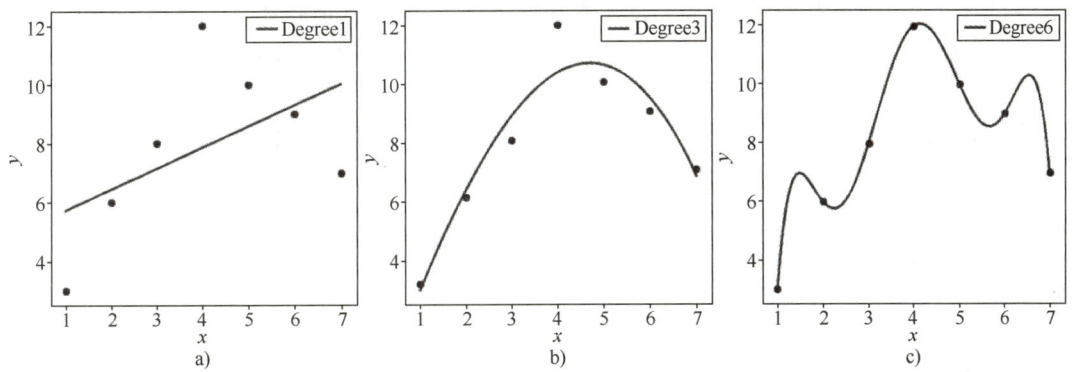

图 2-1　不同拟合结果的学习器
a) 一次多项式拟合　b) 三次多项式拟合　c) 六次多项式拟合

图 2-1a 用一次多项式拟合数据点，拟合直线与数据点之间的误差很大，学习器尚未学习完整训练集实例的普适特性。从误差角度来说，欠拟合时训练误差大，测试误差也大。

图 2-1b 用三次多项式拟合数据点，拟合曲线与数据点之间的误差较小，学习到了数据的普适特性，所以此学习器是比较好的选择。

图 2-1c 用六次多项式拟合数据点，此曲线拟合了所有的数据点，即分类错误率为零，分类准确率为 100%。这是不是想要的学习器？遗憾的是，这样的学习器在大多数情况下都不好。为了实现对新样本表现出色，应该从训练样本中尽可能学习到适用于所有潜在样本的"普遍规律"，这样才能在遇到新样本时做出正确的判别。然而，学习器过度学习了训练集所有特性，即训练样本学得"太好"时，会导致学习器把训练样本自身的一些特点当作所有潜在样本都会具有的一般性质。从误差角度来说，过拟合训练误差小但测试误差大。

欠拟合比较容易克服，在决策树学习中扩展分支、在神经网络中增加训练轮数即可。过拟合比较难处理，是机器学习面临的关键障碍。各类学习算法都带有一些针对过拟合的措施，然而必须认识到，过拟合是无法彻底避免的，所能做的只是缓解，或者说减少风险。

2.2　评估方法

在现实任务中，有多种学习算法可供选择，甚至对同一个学习算法，当使用不同的参数配置时，也会产生不同的模型。那么，应该选用哪一种学习算法（模型）、使用哪一种参数配置？这就是机器学习中的模型选择问题。理想解决方案是对候选模型的泛化误差进行评估，然后选择泛化误差最小的那个模型。但实际是无法直接获得泛化误差，训练误差又由于过拟合现象的存在不适合作为标准。现实解决方案是将测试误差作为泛化误差的近似，使测试误差最小。

通常，可通过试验测试来对学习器的泛化误差进行评估进而做出选择。为此，需使用一个"测试集"（Test Set）来测试学习器对新样本的判别能力，然后以测试集上的"测试误差"作为泛化误差的近似。通常，假设测试样本也是从样本真实分布中独立同分布地采样而得，但需注意的是，测试集和训练集应尽可能互斥，即测试样本尽量不在训练集中出现、未在训练过程中使用过。

测试样本为什么要尽可能不出现在训练集中？为理解这一点，不妨考虑这样的场景：老师让同学们练习10道模拟练习题，然后期末考试时老师又用这10道题作为考试题，这个考试成绩能否真实反映出同学们学得好与不好？答案是否定的，可能有的同学只会做这10道题却能得高分。回到问题上来，希望得到泛化性能强的模型，好比是希望同学们对课程学得很好、获得了举一反三的能力；训练样本相当于老师给同学们的模拟练习题；测试过程相当于考试。显然，若测试样本被用于训练了，则得到的将是过于"乐观"的估计结果。

对于一个包含 m 个样本的数据集 D，既要用于训练又要用于测试，怎样才能实现呢？答案是将数据集 D 分成训练集和测试集，使用训练集来训练模型，然后使用测试集来评估模型的性能。

2.2.1 留出法

留出法（Hold-out Validation）是一种常用的模型评估方法，它将数据集（D）随机地分成训练集（train_set）和测试集（test_set）两部分——这两个集合互斥，然后使用训练集来训练模型，使用测试集来评估模型的性能，用测试误差作为对泛化误差的估计。

（1）留出法的具体操作步骤

1）将数据集随机划分成训练集和测试集。通常将数据集的70%~80%作为训练集，剩下的部分作为测试集。

2）使用训练集来训练模型。

3）使用测试集来评估模型的性能。通常使用一些指标来衡量模型的性能，如准确率、查全率、查准率、F1分数、AUC值等。

4）根据测试集上的性能指标来选择最优的模型。

（2）留出法存在的问题

留出法的优点是简单易用、计算速度快，适用于小规模的数据集。但留出法也有缺陷，要注意的问题如下。

1）训练集和测试集的划分要尽可能保持数据分布的一致性，避免因数据划分过程中引入额外的偏差而对最终结果产生影响。例如，在分类任务中至少要保持样本的类别比例相似。如果从采样的角度来看待数据集的划分过程，常用采样方式为"分层采样"。以二分类任务为例，假定数据集 D 包含1000个样本，其中500个样本属于正例，500个样本属于反例。采用留出法将数据集划分为训练集和测试集，其中训练集占70%，测试集占30%，则训练集为700个样例，测试集为300个样例，要保证样本类别比例相似，那么采样结果是训练集需要有350个正例和350个反例，测试集有150个正例和150个反例。

即使在给定训练/测试集的样本比例后，对初始数据集 D 的划分仍存在很多种方式。例如在上面的例子中，可以先对数据集 D 进行排序，然后把前350个正例放在训练集中，也可以把前350个反例放在训练集中。相应地，训练集不同，模型评估也会有差别。因此，单独使用留出法得到的估计结果往往不够稳定可靠。在使用留出法时，一般采用若干次随机划分、重复进行试验评估，最后取平均值作为留出法的结果。

2）希望评估的是用 D 训练出的模型的性能，但留出法需把 D 划分为训练集和测试集，这就会导致一个窘境：若令训练集包含绝大多数样本，则这样训练出的模型更接近 D 训练出的模型，但由于测试集比较小，评估结果可能不够稳定准确；若令测试集包含多一些样本，则训练集与 D 差别会更大，这样被评估的模型可能与直接用 D 训练出的模型有更大的差别，最终导致评估结果的保真性降低。

（3）解决方法

为了克服数据集划分的随机性和评估结果的不稳定性，使评估结果接近保真性，可以采用下面的方法。

1）留出法的评估结果可能会受到数据集划分的随机性影响，单次使用留出法得到的评估结果往往不够稳定可靠，一般需要进行若干次随机划分，重复进行试验评估，最后取平均值作为留出法的评估结果。例如，进行 100 次随机划分，每次产生一个训练集和测试集用于试验评估，100 次后就得到 100 个结果，然后取平均值作为最终结果。留出法还可以结合交叉验证使用，具体在 2.2.2 小节介绍。

2）使评估结果接近保真性，这个问题没有完美的解决方案。常见的做法是测试集不能太大也不能太小，一般将 2/3~4/5 的样本用于训练，剩余样本用于测试。

2.2.2 交叉验证法

交叉验证（Cross-Validation）法是将数据集 D 分成 k 个大小相似、分层采样的互斥子集，即 $D=D_1\cup D_2\cup\cdots\cup D_k$，$D_i\cap D_j=\varnothing$（$i\neq j$），依次使用其中 $k-1$ 个子集的并集来训练模型，然后使用留下的 1 个子集来测试模型，重复 k 次，可得到 k 个模型和 k 次测试结果（性能估计），最终得到 k 个测试结果的平均值。显然，交叉验证法评估结果的稳定性和保真性在很大程度上取决于 k 的取值，为强调这一点，通常把交叉验证法称为"k 折交叉验证"。k 最常用的取值为 10，此时称为 10 折交叉验证，如图 2-2 所示。其他常用的 k 值有 5、20 等。

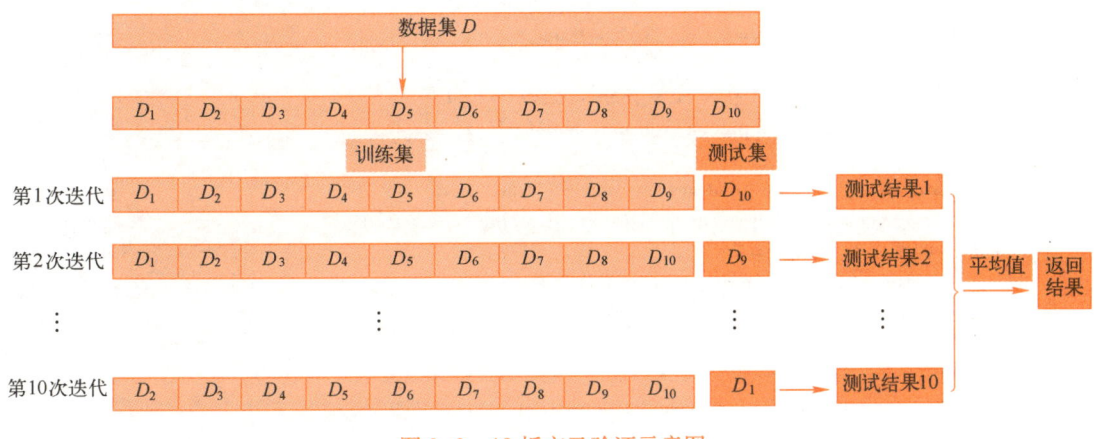

图 2-2　10 折交叉验证示意图

交叉验证法的操作步骤如下。

1）将数据集随机划分成 k 个子集。通常将数据集平均分成 k 个子集，每个子集包含相同数量的样本。

2）依次使用其中 $k-1$ 个子集来训练模型，使用留下的 1 个子集来测试模型，重复 k 次。每次测试使用的子集不同，保证所有的样本都被用于训练和测试。

3）计算 k 次测试结果的平均值，作为模型的性能指标。

【例 2-1】对包含 100 个样本点的数据集用一元线性回归进行拟合。此数据集使用

np.random.rand(80)来生成一个包含100个随机样本的数组 x，然后通过正弦函数和噪声生成对应的标签 y。然后对100个样本点使用KFold类来执行 k 折交叉验证。将数据集分为10个折（$k=10$），然后迭代每个折，依次将每个折作为验证集，其他折作为训练集，训练模型并计算训练误差和测试误差。最后，绘制训练误差和测试误差随折数变化的图表，以便对模型的性能进行比较。用Python实现的代码如下。

```python
import numpy as np
from sklearn.model_selection import KFold
from sklearn.linear_model import LinearRegression
import matplotlib.pyplot as plt

# 生成示例数据
np.random.seed(0)
x = np.sort(5 * np.random.rand(100))
y = np.sin(x) + np.random.normal(0, 0.2, len(x))

# 设置k值
k = 10
kf = KFold(n_splits=k)

train_errors = []
test_errors = []

for train_index, test_index in kf.split(x):
    x_train, x_test = x[train_index], x[test_index]
    y_train, y_test = y[train_index], y[test_index]

    model = LinearRegression()
    model.fit(x_train.reshape(-1, 1), y_train)

    y_train_pred = model.predict(x_train.reshape(-1, 1))
    y_test_pred = model.predict(x_test.reshape(-1, 1))

    train_errors.append(np.mean((y_train - y_train_pred) ** 2))
    test_errors.append(np.mean((y_test - y_test_pred) ** 2))
# 输出训练误差和测试误差
average_train_error = np.mean(train_errors)
average_test_error = np.mean(test_errors)

print(f'Average Train Error: {average_train_error:.4f}')
print(f'Average Test Error: {average_test_error:.4f}')
```

运行结果如下所示。

```
Average Train Error: 0.2130
Average Test Error: 0.3360
```

训练误差和测试误差随折数不同而变化，可视化代码如下。

```python
# 绘制训练误差和测试误差
plt.plot(range(1, k + 1), train_errors, label='Train Error')
plt.plot(range(1, k + 1), test_errors, label='Test Error')
plt.xlabel('Fold')
plt.ylabel('Mean Squared Error')
```

```
plt.title('K-Fold Cross Validation')
plt.xticks(range(1, k + 1))
plt.legend()
plt.show()
```

运行结果如图 2-3 所示。

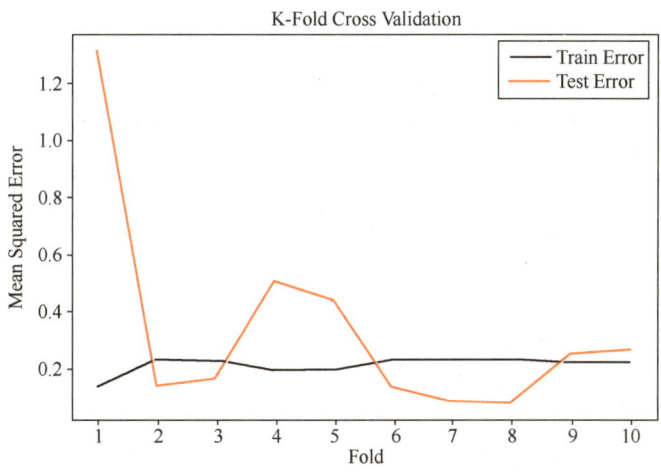

图 2-3　训练误差和测试误差随折数的变化图

由图 2-3 可见，训练误差趋于稳定，测试误差刚开始下降比较迅速，但在第 6 次迭代以后，也趋于稳定。10 折交叉验证回归模型的平均训练误差为 0.2130，说明模型在训练数据上拟合得不错。平均测试误差为 0.3360，略高于训练误差，但相对来说，这个误差值仍然较小，说明该模型在未见过的数据上也能表现良好。

为减少因样本划分带来的偏差，通常重复 p 次不同的划分，最终结果是 p 次 k 折交叉验证结果的均值。

交叉验证法的优点是可以充分利用数据集中的所有样本，减少因数据集划分不合理而造成的评估结果偏差。同时，交叉验证法也可以有效地防止过拟合的问题。除了 k 折交叉验证法，常用的交叉验证方法还有留一法交叉验证。

2.2.3　留一法交叉验证

留一法交叉验证是 k 折交叉验证的特殊情况，即当 k 等于数据集的大小时，每个子集只包含一个样本。假设数据集 D 中包含 m 个样本，此时 $k=m$。留一法不受随机采样划分方式的影响，因为 m 个样本划分 m 个子集只有唯一的一种划分方式。留一法使用的训练集与初始数据集相比只少了一个样本，这就使得在大多数情况下，留一法中被实际评估的模型与期望评估的用 D 训练出的模型很相似。因此，留一法的评估结果往往被认为比较准确。但是，留一法也存在缺陷：当数据集 D 比较大时，训练 m 个模型的计算开销可能是难以忍受的（如数据集包含 10^7 个样本，则需要训练出 10^7 个模型），而这还是在未考虑算法调参的情况下的，所以需要很强的算力；另外，留一法的估计结果也未必永远比其他评估方法准确。

【例 2-2】假设有 100 个样本（生成方式与例 2-1 相同，用一元线性回归模型拟合数据点），用 99 个样本作为训练集，留 1 个样本用于测试。完成之后每份数据都恰好被用作一次测试集，对这 100 次测试的拟合度取平均值，则可以得出这个模型的拟合度。用 Python 实现的代码如下。

```python
import numpy as np
from sklearn.model_selection import LeaveOneOut
from sklearn.linear_model import LinearRegression
import matplotlib.pyplot as plt

# 生成示例数据
np.random.seed(0)
x = np.sort(5 * np.random.rand(100))
y = np.sin(x) + np.random.normal(0, 0.2, len(x))

loo = LeaveOneOut()

train_errors = []
test_errors = []

for train_index, test_index in loo.split(x):
    x_train, x_test = x[train_index], x[test_index]
    y_train, y_test = y[train_index], y[test_index]

    model = LinearRegression()
    model.fit(x_train.reshape(-1, 1), y_train)

    y_train_pred = model.predict(x_train.reshape(-1, 1))
    y_test_pred = model.predict(x_test.reshape(-1, 1))

    train_errors.append(np.mean((y_train - y_train_pred) ** 2))
    test_errors.append(np.mean((y_test - y_test_pred) ** 2))

# 输出训练误差和测试误差
average_train_error = np.mean(train_errors)
average_test_error = np.mean(test_errors)

print(f'Average Train Error: {average_train_error:.4f}')
print(f'Average Test Error: {average_test_error:.4f}')
```

上述代码的运行结果如下所示。

```
Average Train Error: 0.2185
Average Test Error: 0.2284
```

可见训练误差和测试误差都较小,说明该模型较好。

训练误差和测试误差随样本数变化的可视化代码如下。

```python
# 绘制训练误差和测试误差
plt.plot(range(len(x)), train_errors, label='Train Error')
plt.plot(range(len(x)), test_errors, label='Test Error')
plt.xlabel('Sample Index')
plt.ylabel('Mean Squared Error')
plt.title('Leave-One-Out Cross Validation')
plt.legend()
plt.show()
```

上述代码的运行结果如图 2-4 所示。

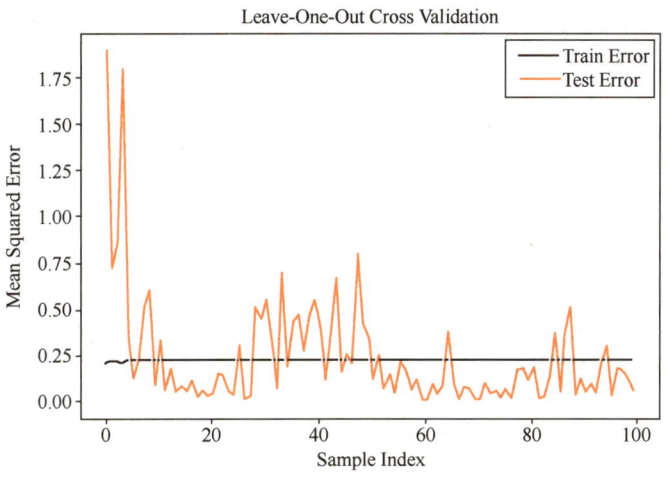

图 2-4　留一法的测试误差和训练误差变化图

由图 2-4 可见，留一法的训练误差比较稳定，平均值为 0.2185，说明模型在训练数据上拟合得不错。留一法的测试误差在刚开始时下降迅速，当迭代 4 次以后逐渐趋于稳定。平均测试误差为 0.2284，略高于训练误差，但相对来说，这个误差值仍然较小，说明该模型在未见过的数据上也能表现良好。对比例 2-1 的 10 折交叉验证的平均测试误差 0.3360，说明留一法表现较好。

2.2.4　自助法

希望评估使用 D 训练出的模型。但在留一法和交叉验证法中，由于保留了一部分样本用于测试，因此用于训练实际评估模型的数据集比训练集 D 小，这必然会引入一些因训练样本规模不同而导致的估计偏差。留一法受训练样本规模变化的影响较小，但计算复杂度太高。有没有什么办法可以减少因训练样本规模不同而造成的影响，同时还能比较高效地进行试验估计呢？

"自助法"（Bootstrapping）是一个比较好的解决方案，它以自助采样法为基础。假设数据集 D 有 m 个样本，通过有放回的方式从数据集 D 中采样 m 次，产生 m 个样本的训练集，记作 D'。当然，D 中肯定有部分样本从来没被抽到过，那么没被抽到过的这些数据集 $D-D'$ 就能用作测试集。显然，每个样本被选中的概率是 $1/m$，因此未被选中的概率就是 $(1-1/m)$，这样一个样本在训练集中未出现的概率就是 m 次都未被选中的概率，即 $(1-1/m)^m$。当 m 趋近于无穷大时，这一概率就趋近于 $e^{-1} \approx 0.368$，所以训练集中的样本大概就占原来数据集的 63.2%。

【例 2-3】采用 100 个数据样本点（其生成方式与例 2-1 和例 2-2 相同，用一元线性回归模型拟合数据点），训练集和测试集的划分采用自助采样法，这里选择 100 次采样。用 Python 实现的代码如下。

```python
import numpy as np
import matplotlib.pyplot as plt
from sklearn.linear_model import LinearRegression

# 原始数据集
np.random.seed(0)
x = np.sort(5 * np.random.rand(100))
```

```python
y = np.sin(x) + np.random.normal(0, 0.2, len(x))

# 设置采样次数
num_samples = 100

train_errors = []
test_errors = []

for _ in range(num_samples):
    # 随机有放回采样
    indices = np.random.choice(range(len(x)), size=len(x), replace=True)
    x_bootstrap = x[indices]
    y_bootstrap = y[indices]

    # 划分训练集和测试集
    split_idx = len(x_bootstrap) // 3
    x_train, x_test = x_bootstrap[split_idx:], x_bootstrap[:split_idx]
    y_train, y_test = y_bootstrap[split_idx:], y_bootstrap[:split_idx]

    # 一元线性回归
    model = LinearRegression()
    model.fit(x_train.reshape(-1, 1), y_train)

    y_train_pred = model.predict(x_train.reshape(-1, 1))
    y_test_pred = model.predict(x_test.reshape(-1, 1))

    train_errors.append(np.mean((y_train - y_train_pred) ** 2))
    test_errors.append(np.mean((y_test - y_test_pred) ** 2))

average_train_error = np.mean(train_errors)
average_test_error = np.mean(test_errors)

print(f'Average Train Error: {average_train_error:.4f}')
print(f'Average Test Error: {average_test_error:.4f}')
```

运行结果如下。

```
Average Train Error: 0.2167
Average Test Error: 0.2292
```

自助采样法训练误差和测试误差随采样次数的变化的可视化代码如下。

```python
# 绘制训练误差和测试误差随采样次数的变化
plt.plot(range(num_samples), train_errors, label='Train Error')
plt.plot(range(num_samples), test_errors, label='Test Error')
plt.xlabel('Bootstrap Iteration')
plt.ylabel('Mean Squared Error')
plt.title('Bootstrap Linear Regression')
plt.legend()
plt.show()
```

上述代码的运行结果如图 2-5 所示。

自助法在数据集较小、难以有效划分训练集和测试集时很有用。此外，自助法能从初始数据集中产生多个不同的训练集，这对集成学习等方法有很大的好处。然而，自助法产生的数据

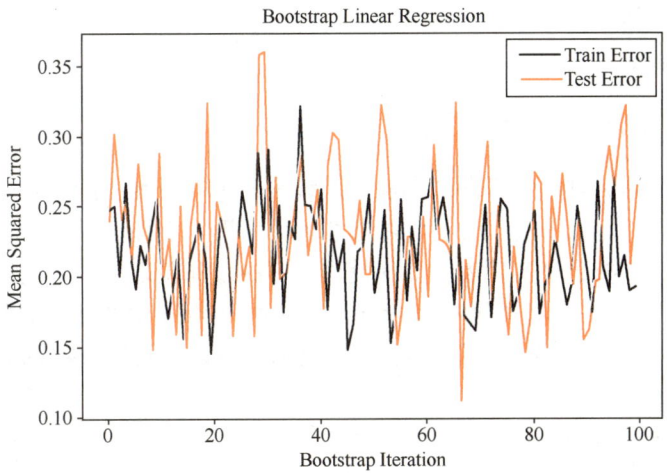

图 2-5　自助采样法训练误差和测试误差变化情况

集改变了初始数据集的分布,这会引入估计偏差。因此,在初始数据量足够大时,留一法和交叉验证法更常用一些。

2.3 优化

大多数学习算法都需要设定参数(Parameter),有两类参数:一类是从训练数据集中学习到的参数,如逻辑斯谛回归的权重;另一类是单独优化的参数,此类参数一般由人工设定,也称为超参数,如逻辑斯谛回归的正则化参数或者决策树的深度参数。

参数配置不同,学得的模型的性能往往有显著差别。因此,在进行模型评估与选择时,除了要对适用的算法进行选择,还需对参数进行设定,这就是通常所说的"参数调节",简称"调参"。

模型选择的基本思路:针对每种参数配置都训练出模型,然后把最好模型的参数作为结果。这就有以下三个问题。

(1) 参数取值问题

学习算法的很多参数是在实数范围内取值的,针对每种参数配置都训练出模型来是不可行的。常用的做法是对每个参数选定一个范围和变化步长,例如在[0,0.2]范围内以0.05为步长,则实际要评估的候选参数值有5个,最终是从这5个候选值中产生选定值的。显然,这样选定的参数值往往不是"最佳值",但这是在计算开销和性能估计之间进行折中的结果,通过这种折中,学习过程才变得可行。

(2) 参数组合问题

事实上,即便在进行这样的折中后,调参往往仍很困难。可以简单估算一下:假定算法有5个参数,每个参数仅考虑5个候选值,这样对每一组训练/测试集就有 $5^5 = 3125$ 个模型需要考查。很多强大的学习算法需要的参数甚至达到上百万、千万,这将导致极大的调参工程,以至于在许多应用任务中,参数调得好不好往往对最终模型的性能有关键性影响。

(3) 验证集

很多强大的学习算法有许多参数需要设定,因此会从训练集划分出一个集合(称为验证集)专门用来调参,这样就可以通过验证集确定参数,也就是确定最终的模型,然后再用测试集来对模型进行评估。

下面介绍三种调参方法。

2.3.1 用学习和验证曲线调试算法

在调试机器学习算法时，学习曲线和验证曲线是两个非常有用的工具，它们可以帮助人们了解模型的性能和训练过程中的问题。学习曲线可以帮助人们评估模型，验证曲线通过调整模型参数来调优模型。下面通过实例展示如何使用学习曲线和验证曲线来调试分类算法。

【例2-4】用支持向量机对鸢尾花进行分类，使用Python中的Scikit-Learn包来创建和训练模型，然后使用Matplotlib库来绘制学习曲线和验证曲线。具体实现代码如下。

```
import numpy as np
import matplotlib.pyplot asplt
from sklearn.datasets import load_iris
from sklearn.model_selection import train_test_split
from sklearn.svm import SVC
from sklearn.model_selection import learning_curve, validation_curve

# 加载数据集
iris = load_iris()
X, y = iris.data, iris.target

# 将数据集分为训练集和验证集
X_train, X_val, y_train, y_val = train_test_split(X, y, test_size=0.2, random_state=42)

# 创建一个SVM分类器
svm_classifier = SVC(kernel='linear', C=1)

# 绘制学习曲线
train_sizes, train_scores, val_scores = learning_curve(svm_classifier, X_train, y_train,
                                    train_sizes=np.linspace(0.1, 1.0, 10), cv=5,
                                    scoring='accuracy')

plt.figure(figsize=(10, 6))
plt.plot(train_sizes, np.mean(train_scores, axis=1), label='Training Accuracy')
plt.plot(train_sizes, np.mean(val_scores, axis=1), label='Validation Accuracy')
plt.xlabel('Training Examples')
plt.ylabel('Accuracy')
plt.title('Learning Curve')
plt.legend()
plt.grid()
plt.show()

# 绘制验证曲线
param_range = np.logspace(-3, 3, 7)
train_scores, val_scores = validation_curve(svm_classifier, X_train, y_train, param_name='C', param_range=
                                    param_range, cv=5,
                                    scoring='accuracy')

plt.figure(figsize=(10, 6))
plt.plot(param_range, np.mean(train_scores, axis=1), label='Training Accuracy')
plt.plot(param_range, np.mean(val_scores, axis=1), label='Validation Accuracy')
```

```
plt.xscale('log')
plt.xlabel('C (Regularization Parameter)')
plt.ylabel('Accuracy')
plt.title('Validation Curve')
plt.legend()
plt.grid()
plt.show()
```

在上述代码中，用 svm_classifier = SVC(kernel='linear', C=1) 创建了一个支持向量机（SVM）分类器的实例。其中，kernel='linear' 表示使用线性核函数，线性核函数适用于线性可分问题；C=1 表示正则化参数，用于控制模型的复杂度和拟合程度。较小的 C 值会使模型更加倾向于选择边界附近的支持向量，以避免过拟合；较大的 C 值则会使模型更加倾向于分类正确，但可能会导致过拟合。

学习曲线的绘制：可以通过 learning_curve 的参数 train_sizes 控制用于生成学习曲线的训练样本的绝对或相对数量。这里 train_sizes=np.linspace(0.1,1.0,10) 表示使用训练数据集上等距离间隔的 10 个样本。默认情况下，learning_curve() 函数采用分层 k 折交叉验证来计算交叉验证的准确率，通过设置参数 cv=5 来实现 5 折交叉验证。learning_curve() 函数的参数 scoring='accuracy' 表示用准确率来衡量验证结果。根据不同规模训练数据集上的交叉验证返回的训练和测试分数，简单地计算平均准确率（accuracy）。最后调用 Matplotlib 的 plot() 函数绘图。

验证曲线的绘制：验证曲线描述随着参数 C 的变化训练准确率和验证准确率的变化情况。参数的范围 param_range = np.logspace(-3,3,7) 表明 C 的取值为 10^{-3}、10^{-2}、10^{-1}、10^{0}、10^{1}、10^{2}、10^{3}，共计 7 个值。验证曲线函数 validation_curve() 与学习曲线 learning_curve() 函数相似，validation_curve() 通过设置参数 cv=5 来实现 5 折交叉验证，从而评估 SVM 的性能。与前面的学习曲线类似，绘制平均训练准确率和验证准确率。

本例的学习曲线和验证曲线如图 2-6 和图 2-7 所示。

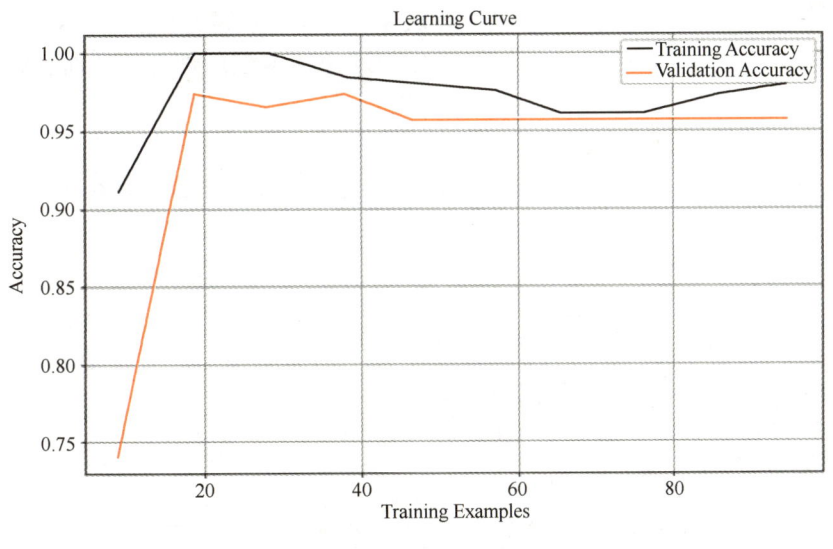

图 2-6　学习曲线

学习曲线可以帮助了解模型在不同训练样本数量下的表现，以及是否存在过拟合或欠拟合。如图 2-6 所示的学习曲线随着训练样本数量增加到 40 之后，训练误差和验证误差逐渐趋

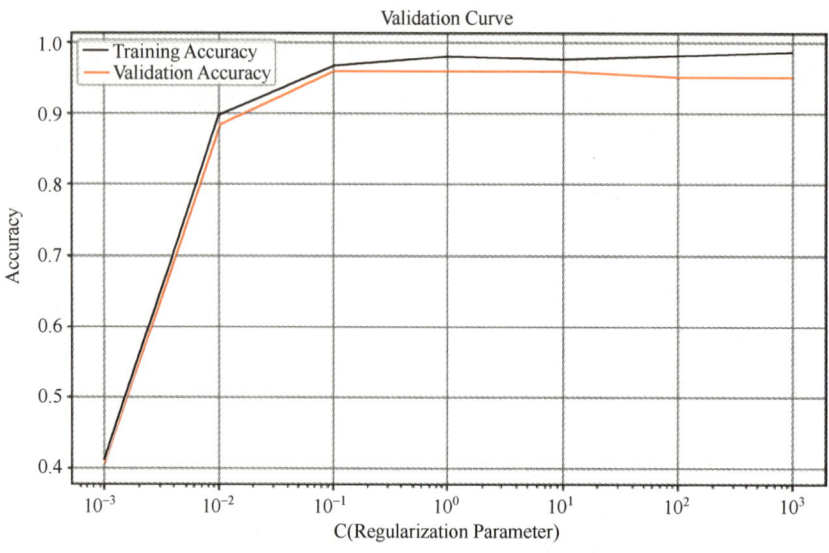

图 2-7 验证曲线

近,最终在一个相对较低的错误率附近稳定,训练数据的准确率和验证数据的准确率趋于稳定且较高(0.95 以上);在小于 40 个样本时,模型的训练准确率较高,验证准确率和训练准确率的差距较大,这就是过拟合程度越来越大的标志。验证曲线可以帮助选择合适的超参数,以提高模型的性能。由图 2-7 所示的验证曲线可知,当正则化参数为 0.01~0.1 时,训练准确率和验证准确率基本相同,此时误差最小、模型的准确率最高,即此时的模型最优。

2.3.2 通过网格搜索调优机器学习模型

本节将介绍一种被称为网格搜索的常用超参数优化技术,该技术可以通过寻找超参数的最优组合来进一步改善模型的性能。网格搜索方法非常简单,它属于暴力穷举类型,预先定义好不同的超参数值,然后让计算机针对每种组合分别评估模型的性能,从而获得最优组合参数值。

1. 通过网格搜索调优超参数

利用网格搜索交叉验证来寻找 SVM 模型在鸢尾花数据集上的最佳参数组合,并在测试集上评估模型的性能。实现代码如下。

```
import numpy as np
from sklearn.datasets import load_iris
from sklearn.model_selection import train_test_split
from sklearn.svm import SVC
from sklearn.model_selection import GridSearchCV

# 加载数据集
iris = load_iris()
X, y = iris.data, iris.target

# 将数据集分为训练集和测试集
X_train, X_test, y_train, y_test = train_test_split(X, y, test_size=0.2, random_state=42)

# 创建一个 SVM 分类器
```

```
svm_classifier = SVC()

# 定义参数网格
param_grid = {'C': [0.1, 1, 10], 'gamma': [0.1, 1, 10], 'kernel': ['linear', 'rbf']}
# 创建 GridSearchCV 实例
grid_search = GridSearchCV(svm_classifier, param_grid, cv=5, scoring='accuracy')
# 在训练集上执行网格搜索
grid_search.fit(X_train, y_train)
# 输出最佳参数和对应的交叉验证准确率
print("Best Parameters:", grid_search.best_params_)
print("Best Cross-Validation Accuracy:", grid_search.best_score_)
# 在测试集上评估模型性能
best_model = grid_search.best_estimator_
test_accuracy = best_model.score(X_test, y_test)
print("Test Accuracy:", test_accuracy)
```

在上面的代码中，param_grid 是一个字典，由 "param_grid = {'C': [0.1, 1, 10], 'gamma': [0.1, 1, 10], 'kernel': ['linear', 'rbf']}" 可知，设置了三个参数'C'、'gamma'和'kernel'，'C'代表正则化参数，它控制错误项的权重。'gamma'为核函数系数，在 RBF 核函数中，它控制数据点的影响范围。'kernel'参数指定 SVM 模型中使用的核函数类型，'linear'代表线性核函数，'rbf'代表径向基核函数（RBF）。线性核函数在特征空间中定义线性决策边界，而 RBF 核函数可以定义更复杂的非线性决策边界。根据三个参数的不同取值构造出了 3×3×2=18 种模型。在用数据进行网格搜索之后，通过调用 grid_search.best_params_ 属性访问该模型的最优参数，通过调用 grid_search.best_score_ 属性获得性能最优模型的分数，通过调用 grid_search.best_estimator_ 属性获取在交叉验证中表现最优的 SVM 模型，然后在测试集上评估其性能。

运行结果如下。

```
Best Parameters: {'C': 0.1, 'gamma': 0.1, 'kernel': 'linear'}
Best Cross-Validation Accuracy: 0.9583333333333334
Test Accuracy: 1.0
```

2. 通过嵌套交叉验证选择算法

嵌套交叉验证是一种更加严格的模型评估方法，用于选择算法或比较不同算法的性能。它将数据集划分为多个训练集和测试集的组合，用于选择最佳的算法或模型，并且不会导入过于乐观的性能估计。

如图 2-8 所示，嵌套交叉验证的过程为：外层循环将原始数据集分为训练集和测试集，内层循环将训练集进一步划分为训练子集和验证子集，内层循环通过网格搜索等方式选择最佳的参数组合或模型，在外层循环中，使用选定的算法、参数或模型在测试集上评估性能。

【例 2-5】使用嵌套交叉验证来比较支持向量机和随机森林的性能。

具体代码如下。

```
import numpy as np
from sklearn.datasets import load_iris
from sklearn.model_selection import cross_val_score
from sklearn.svm import SVC
from sklearn.ensemble import RandomForestClassifier
from sklearn.model_selection import GridSearchCV

# 加载数据集
```

```
iris = load_iris()
X, y = iris.data, iris.target

# 定义算法
svm_classifier = SVC()
rf_classifier = RandomForestClassifier()

# 定义参数网格
svm_param_grid = {'C': [0.1, 1, 10], 'gamma': [0.1, 1, 10], 'kernel': ['linear', 'rbf']}
rf_param_grid = {'n_estimators': [50, 100, 150], 'max_depth': [None, 10, 20]}

# 使用嵌套交叉验证选择算法
svm_scores = cross_val_score(GridSearchCV(svm_classifier, svm_param_grid, cv=3), X, y, cv=5, scoring='accuracy')
rf_scores = cross_val_score(GridSearchCV(rf_classifier, rf_param_grid, cv=3), X, y, cv=5, scoring='accuracy')

# 输出每个算法的性能
print("SVMAccuracy Scores:", svm_scores)
print("Random Forest Accuracy Scores:", rf_scores)
print("Mean SVM Accuracy:", np.mean(svm_scores))
print("Mean Random Forest Accuracy:", np.mean(rf_scores))
```

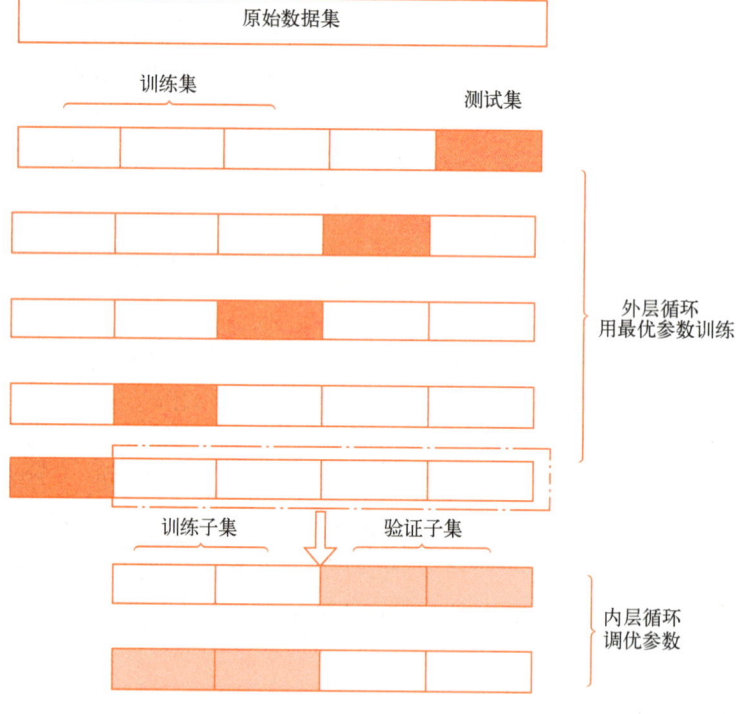

图 2-8 嵌套交叉验证的过程

内层循环通过网格搜索方式 GridSearchCV(svm_classifier, svm_param_grid, cv=3) 确定最佳 SVM 模型，外层循环 cross_val_score(GridSearchCV(svm_classifier, svm_param_grid, cv=3), X, y, cv=5, scoring='accuracy') 对此模型进行评估。随机森林与支持向量机的方法相同。运行结果如图 2-9 所示。

```
SVM Accuracy Scores: [0.96666667 1.         0.9        0.96666667 1.        ]
Random Forest Accuracy Scores: [0.96666667 0.96666667 0.9        0.96666667 1.        ]
Mean SVM Accuracy: 0.9666666666666668
Mean Random Forest Accuracy: 0.9600000000000002
```

图 2-9 评估结果

2.4 性能度量

如何评估模型的性能优劣？也就是说，如何对学习器的泛化性能进行评估？这里不仅需要有效可行的估计方法，还需要有衡量模型泛化能力的评价标准，这就是性能度量。性能度量反映了任务需求，在对比不同模型的能力时，使用不同的性能度量往往会导致不同的评判结果。这也意味着模型的好坏是相对的，模型的好坏，不仅取决于算法和数据，还决定于任务需求。例如，回归任务最常用的性能度量是"均方误差"。本节主要介绍分类任务中常用的性能度量。

2.4.1 错误率与准确率

错误率表示分类器在所有样本中预测错误的比例。混淆矩阵是用于描述分类任务中分类器性能的一种矩阵，可将样本根据真实类别与学习器预测类别的组合构建混淆矩阵（Confusion Matrix），见表 2-1。它通常由四个元素组成，分别是真阳性（True Positive，TP）样本数量、假阳性（False Positive，FP）样本数量、假阴性（False Negative，FN）样本数量和真阴性（True Negative，TN）样本数量。假阳性和假阴性也称为误报和漏报。

表 2-1 混淆矩阵

实际类别	预测为阳性	预测为阴性
实际为阳性	TP	FN
实际为阴性	FP	TN

错误率的计算公式为

$$错误率（Err）= 预测错误的样本数/总样本数$$

也可以表示为

$$Err = \frac{FP+FN}{TP+TN+FP+FN} \tag{2-1}$$

准确率是分类任务中常用的性能度量之一，其公式为

$$准确率 = 预测正确的样本数/总样本数$$

也可以表示为

$$Acc = 1 - Err = 1 - \frac{FP+FN}{TP+TN+FP+FN} = \frac{TP+TN}{TP+TN+FP+FN} \tag{2-2}$$

2.4.2 查准率、查全率与F1

错误率和准确率虽常用，但并不能满足所有任务需求。例如，做研究时经常查阅资料，假如想搜索关于分类学习目前有哪些算法，在搜索结果中会关心"检索出的信息中有多大比

例是关于分类学习算法的",或者"所有分类学习算法有多大比例被挑选出来了",此时错误率的评价太单一了,满足不了这种需求。"查准率"和"查全率"是更适合此类需求的性能度量。

查准率(Precision)表示分类器预测为正例的样本中,实际为正例的比例。查准率的计算公式为

$$P=\frac{TP}{TP+FP} \tag{2-3}$$

查准率可以理解为在分类器所有预测为正例的样本中,有多少是真正的正例。分类器的查准率越高,表示分类器预测为正例的样本中真正为正例的比例越高,说明分类器的性能越好。

有时候单独使用查准率可能会有一定的局限性,因为查准率只考虑了分类器预测为正例的样本中真正为正例的比例,而没有考虑其他方面的情况。例如,在对某种疾病进行分类时,如果分类器的查准率很高,但分类器的漏诊率也很高,即分类器漏诊了很多实际为正例的样本,那么这个分类器的实际应用效果就不是很好。因此,在实际应用中,还需要结合其他性能指标综合评价分类器的性能,如查全率、F1值等。

查全率(Recall)又称召回率,表示实际为正例的样本中,被分类器正确预测为正例的比例。查全率的计算公式为

$$R=\frac{TP}{TP+FN} \tag{2-4}$$

查全率可以理解为分类器能够正确预测出多少实际为正例的样本。分类器的查全率越高,表示分类器能够正确预测出更多实际为正例的样本,说明分类器的性能越好。

需要注意的是,查全率与查准率是两个互相影响的指标。一般来说,查准率高时,查全率往往偏低;而查全率高时,查准率往往偏低。例如,若希望将关于分类的算法尽可能多地挑选出来,则可通过增加关于分类算法的模糊搜索结果的数量来实现;如果将所有的搜索结果都选上,那么所有分类算法必然都被选上了,但这样查准率就会较低;如果希望选出的结果中分类算法比例尽可能高,则只挑选最有把握的搜索结果就可以,但这样就难免会漏掉许多分类算法,使得查全率较低。通常只有在一些简单任务中,查全率和查准率才会很高。

如果一个分类器的查准率很高,但查全率很低,说明分类器更倾向于把反例判为反例,且把正例判为反例,可能会漏掉一些实际为正例的样本。相反,如果一个分类器的查全率很高,但查准率很低,说明分类器更倾向于把正例判为正例,且把反例判为正例,可能会将很多实际为反例的样本误判为正例。因此,在实际应用中,需要综合考虑查准率和查全率,并根据不同的应用场景选择合适的性能指标进行评价。

P-R曲线(Precision-Recall Curve)是用于评价分类器性能的一种曲线,它反映了分类器在查准率和查全率之间的平衡。在训练集上训练出二分类模型后将测试集中的数据输入模型,这时可以计算得到这些数据属于某个类别的概率,将这些预测概率从小到大排列,然后将分类阈值依次设为[0,1]区间不同的概率值,并计算这时的查准率和查全率,最后将这些查准率和查全率在二维坐标系中连起来就得到了P-R曲线。P-R曲线的横坐标是查全率,纵坐标是查准率,曲线上的每个点对应一个不同的分类阈值。P-R曲线的形状与分类器的性能有关,通常情况下,P-R曲线越靠近右上角,表示分类器的性能越好。

【例2-6】分别用逻辑斯谛回归、随机森林和支持向量机对随机生成的1000个样本点进行分类,画出不同模型的P-R曲线。

用 Python 语言实现的代码如下。

```python
import numpy as np
import matplotlib.pyplot as plt
from sklearn.datasets import make_classification
from sklearn.model_selection import train_test_split
from sklearn.linear_model import LogisticRegression
from sklearn.ensemble import RandomForestClassifier
from sklearn.svm import SVC
from sklearn.metrics import precision_recall_curve, auc

# 生成示例数据
X, y = make_classification(n_samples=1000, n_features=20, n_classes=2, random_state=42)

# 划分数据集为训练集和测试集
X_train, X_test, y_train, y_test = train_test_split(X, y, test_size=0.3, random_state=42)

# 创建并训练三个不同的模型
models = [
    ('Logistic Regression', LogisticRegression()),
    ('Random Forest', RandomForestClassifier()),
    ('Support Vector Machine', SVC(probability=True))
]

plt.figure(figsize=(8, 6))

for name, model in models:
    # 训练模型
    model.fit(X_train, y_train)

    # 获取预测概率
    y_scores = model.predict_proba(X_test)[:, 1]

    # 计算 P-R 曲线的查准率、查全率和阈值
    precision, recall, thresholds = precision_recall_curve(y_test, y_scores)

    # 计算 AUC-PR (P-R 曲线下面积)
    auc_score = auc(recall, precision)

    # 绘制 P-R 曲线
    plt.plot(recall, precision, label=f'{name} (AUC-PR = {auc_score:.2f})')

plt.xlabel('Recall')
plt.ylabel('Precision')
plt.title('Precision-Recall Curves')
plt.legend()
plt.grid(True)
plt.show()
```

运行结果如图 2-10 所示。

由 P-R 曲线可直观地看出学习器在样本总体上的查全率、查准率，在进行比较时，曲线越靠近右上方，性能越好。在图 2-10 中，浅红色和红色曲线相对来说比较靠近右上方，性能较好。当一个曲线被另一个曲线完全包含时，则后者性能优于前者，图 2-10 中没有这种情

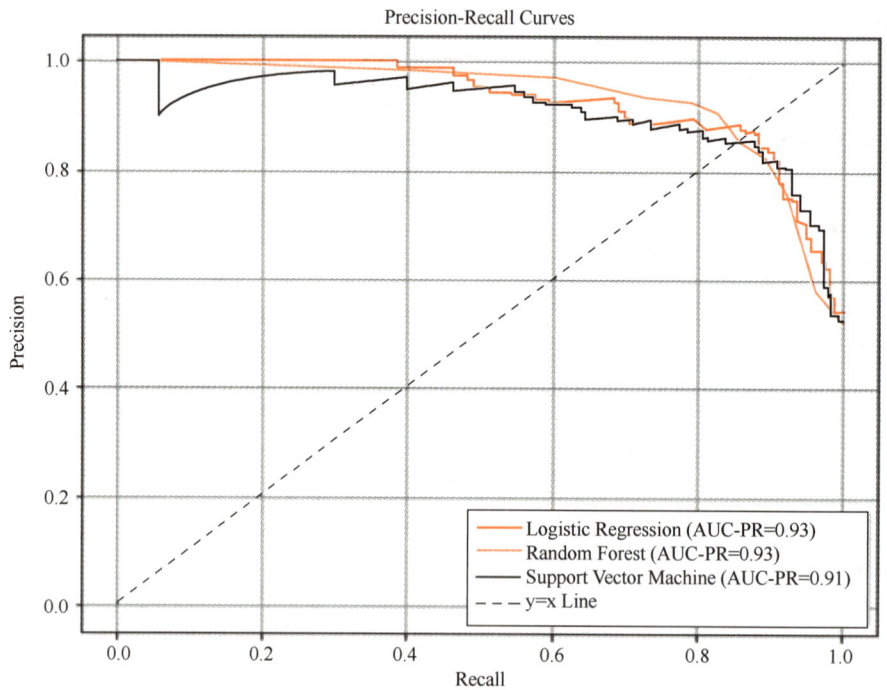

图 2-10　三种分类模型的 P-R 曲线

况。如果曲线发生交叉（图 2-10 中的三条曲线都存在交叉），则根据曲线下方面积（Area Under the Curve，AUC）的大小进行判断，面积大的优于面积小的。在图 2-10 中红色曲线下方面积与浅红色曲线下方面积相同，都等于 0.93，大于灰色曲线下方面积 0.91，所以红色曲线和浅红色曲线对应的模型性能较优。

更常用的一种性能度量是 F1，其计算公式为

$$F1 = \frac{2 \times P \times R}{P+R} \tag{2-5}$$

F1 的值越大，说明分类器的性能越好。

在一些应用中，对查准率（P）和查全率（R）的重视程度有所不同。例如，在商品推荐系统中，为了尽可能少地打扰用户，更希望推荐的内容的确是用户感兴趣的，此时查准率更重要；再如，在逃犯信息检索系统中，更希望尽可能少地漏掉逃犯，此时查全率更重要。F1 度量的更一般形式是 F_β，它能表达出对查准率和查全率的不同偏好，它的计算公式为

$$F_\beta = \frac{(1+\beta^2) \times P \times R}{\beta^2 \times P + R} \tag{2-6}$$

其中，$\beta > 0$ 度量查全率对查准率的相对重要性。$\beta = 1$ 时退化为标准的 F1，$\beta > 1$ 时查全率有更大影响，$\beta < 1$ 时查准率有更大影响。

很多时候会产生多个二分类混淆矩阵，例如：进行多次训练/测试，每次得到一个混淆矩阵；或者在多个数据集上进行训练/测试，希望估计算法的"全局"性能；或者执行多分类任务，每两两类别的组合都对应一个混淆矩阵。总之，希望在 n 个二分类混淆矩阵上综合考查查准率和查全率。

直接的做法是先在各混淆矩阵上分别计算出查准率和查全率，记为 $(P_1, R_1), (P_2, R_2), \cdots,$

(P_n, R_n)，再计算平均值，这样就得到平均查准率和平均查全率，以及相应的平均 F1 值。

$$\overline{P} = \frac{1}{n} \sum_{i=1}^{n} P_i \tag{2-7}$$

$$\overline{R} = \frac{1}{n} \sum_{i=1}^{n} R_i \tag{2-8}$$

$$\overline{F1} = \frac{2 \times \overline{P} \times \overline{R}}{\overline{P} + \overline{R}} \tag{2-9}$$

还可以先将各混淆矩阵的对应元素进行平均，得到 TP、FP、TN、FN 的平均值，再计算平均查准率和平均查全率，以及相应的平均 F1 值。

2.4.3 ROC 与 AUC

ROC 曲线（Receiver Operating Characteristic Curve，接收者操作特征曲线）是评估二分类模型性能的常用工具。它可以帮助理解模型在不同分类阈值下的表现，以及在真阳性率（True Positive Rate，TPR）和假阳性率（False Positive Rate，FPR）之间的权衡。

某数据实际包含 100 个阳性样本、900 个阴性样本。假设有一个常数模型，它没有任何的自变量，模型总是输出一个恒定的概率常数 0.1。若阈值为 0.5，由于 0.1<0.5，所有样本都会被认为是阴性的。它所对应的混淆矩阵见表 2-2。

表 2-2 某混淆矩阵

预测类别	实际观测为阳性的样本数	实际观测为阴性的样本数
预测为阳性的样本数	0	0
预测为阴性的样本数	100	900

显然该模型的准确率达到 0.9，但实际上，模型一个阳性样本都没有鉴别出来。可见，单纯用准确率来衡量模型的优劣有些片面。因此，引入几个新的指标。

1）真阳性率也称为灵敏度、召回率，是指实际观测为阳性的样本中，模型能够正确识别出来的比例。计算公式为

$$\text{TPR} = \frac{\text{TP}}{\text{TP} + \text{FN}} \tag{2-10}$$

其中，TP 表示模型正确预测为阳性的样本数；FN 表示实际为阳性的样本被模型错误地预测为阴性的样本数。

TPR 反映了模型在识别真实正例时的能力，高 TPR 意味着模型能够较好地捕捉到实际正例。

2）假阳性率是指实际观测为阴性的样本中，被模型错误地划分成阳性的比例。

$$\text{FPR} = \frac{\text{FP}}{\text{FP} + \text{TN}} \tag{2-11}$$

其中，FP 表示模型错误预测为阳性但实际为阴性的样本数；TN 表示实际为阴性且被模型正确预测为阴性的样本数。

FPR 反映了模型在识别真实阴性样本时的错误率，较低的 FPR 表示模型较少将阴性样本错误地预测为阳性样本。

可以同时使用 TPR 和 FPR 来评价一个模型的预测能力。TPR 越高 FPR 越低，说明模型的

预测能力越好。

ROC 曲线以 FPR 为横轴,以 TPR 为纵轴绘制,具体步骤如下。

1)计算模型在不同阈值下的 TPR 和 FPR。

2)根据计算得到的 TPR 和 FPR 的值,绘制 ROC 曲线。

3)通过计算曲线下方面积(AUC)评估模型性能。AUC 的值越大,说明模型的性能越好。

【例 2-7】使用 ROC 曲线和 AUC 评估模型的性能。

具体代码如下。

```python
import numpy as np
import matplotlib.pyplot as plt
from sklearn.datasets import make_classification
from sklearn.model_selection import train_test_split
from sklearn.linear_model import LogisticRegression
from sklearn.metrics import roc_curve, auc

# 生成示例数据
X, y = make_classification(n_samples=1000, n_features=20, random_state=42)
X_train, X_test, y_train, y_test = train_test_split(X, y, test_size=0.3, random_state=42)

# 创建逻辑斯谛回归模型
model = LogisticRegression()

# 在训练集上训练模型
model.fit(X_train, y_train)

# 预测概率
y_pred_prob = model.predict_proba(X_test)[:, 1]

# 计算 ROC 曲线
fpr, tpr, thresholds = roc_curve(y_test, y_pred_prob)

# 计算 AUC
roc_auc = auc(fpr, tpr)

# 绘制 ROC 曲线
plt.figure(figsize=(8, 6))
plt.plot(fpr, tpr, color='darkorange', lw=2, label='ROC curve (AUC = %0.2f)' % roc_auc)
plt.plot([0, 1], [0, 1], color='navy', lw=2, linestyle='--')
plt.xlim([0.0, 1.0])
plt.ylim([0.0, 1.05])
plt.xlabel('False Positive Rate')
plt.ylabel('True Positive Rate')
plt.title('Receiver Operating Characteristic (ROC)')
plt.legend(loc="lower right")
plt.show()

print("AUC:", roc_auc)
```

在上述代码中,使用 make_classification()函数生成了一个示例数据集,并训练了一个逻辑斯谛回归模型。然后,计算了预测的概率,并使用 roc_curve()函数计算了 ROC 曲线上的 FPR 和 TPR。最后,使用 auc()函数计算了 AUC,用于量化模型性能。运行结果如图 2-11 所示,它展示了 ROC 曲线,并输出了 AUC 值。

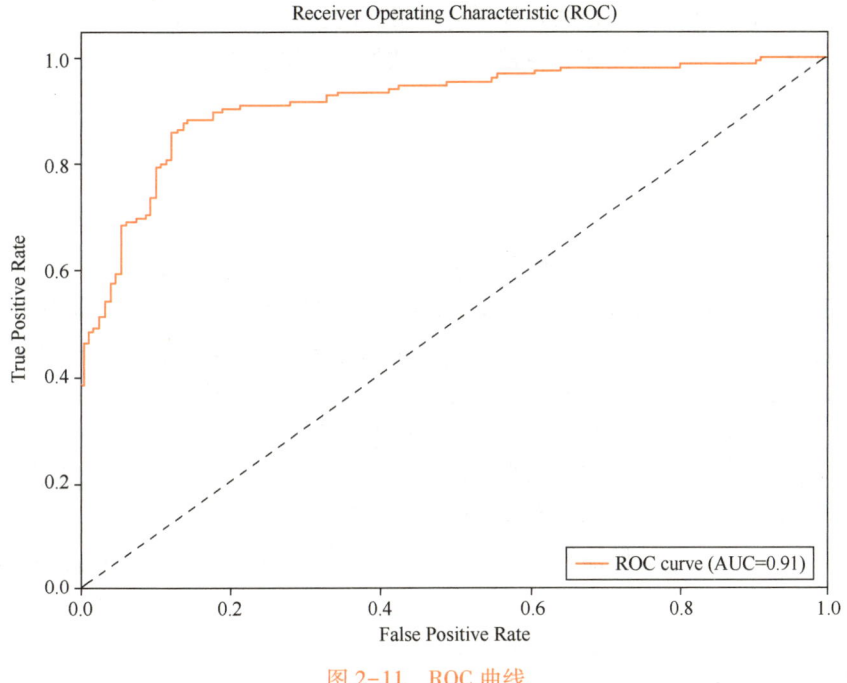

图 2-11　ROC 曲线

此模型的 AUC=0.91，可见此模型性能较好。

2.4.4　多元分类评估指标

在多分类问题中，可以计算宏平均（Macro Average）和微平均（Micro Average）来汇总评估指标。

宏平均是指计算每个类别的指标后取平均值。它在计算每个类别的指标时给每个类别都赋予了相同的权重，不考虑各类别样本数量的差异。宏平均适用于每个类别都很重要的情况，它可以帮助了解模型在不同类别上的表现。

在多分类问题中，对于每个类别 i，查准率的宏平均计算公式为

$$P_{\text{macro}} = \frac{P_1 + P_2 + \cdots + P_K}{K} \tag{2-12}$$

其中，K 为类别数量，P_i 代表第 i 个类别的查准率。同样的计算方法可以应用于其他评估指标，如查全率和 F1 等。

微平均则是指在所有类别上求和后计算指标。微平均考虑每个样本的贡献，而不是每个类别的贡献。微平均适用于关注整体性能而不考虑各个类别之间的重要性或样本数量差异的情况。

在多分类问题中，微平均的计算公式为

$$P_{\text{micro}} = \frac{\text{所有类别真阳性样本总数}}{\text{所有类别真阳性样本总数} + \text{所有类别假阳性样本总数}} \tag{2-13}$$

同样的计算方法可以应用于其他评估指标，如查全率和 F1 等。

如果每个样本的权重相同，那么微平均是有用的；而宏平均则平等地赋予所有类别相同的权重，以评估分类器在最频繁分类标签上的整体性能。

加权宏平均（Weighted Macro Average）是对宏平均的一种扩展，它考虑了不同类别样本数量的差异，并在计算宏平均时对不同类别赋予不同的权重。这种方法旨在在计算宏平均时考

虑每个类别的实际重要性，而不是简单地平均各类别的指标。在加权宏平均中，每个类别的权重是基于实际的样本数量来计算的。通常，样本数量多的类别会被赋予更高的权重，以便更准确地反映整体性能。

2.5 本章小结

本章讨论了在机器学习中评估和优化模型的方法，介绍了几种常用的评估方法，包括留出法、交叉验证法、留一法交叉验证和自助法，这些方法有助于在有限的数据上估计模型的性能，提供了对模型泛化能力的估计。此外，探讨了如何调整模型参数以优化模型性能，讨论了如何使用学习曲线和验证曲线来判断模型的拟合情况，并介绍了通过网格搜索来寻找最佳参数组合的方法。本章介绍了不同的性能度量，如错误率、准确率、查准率、查全率、F1、ROC 曲线和 AUC 等。这些性能度量有助于了解模型在不同方面的表现，适应不同的问题需求。

通过本章的学习，读者应能够更好地理解如何评估模型的性能、选择合适的评估方法、调整模型参数，以及选择适当的性能度量。这些技巧在实际应用中对于构建高效的机器学习模型至关重要。

2.6 习题

1. 某医院针对某种罕见疾病进行了一项新的诊断试验，该试验用于检测患者是否患有这种疾病。为了评估这个试验的性能，医院从 500 名疑似患者中随机选择了 200 名进行测试，其中有 50 名实际患有这种疾病。测试结果显示，试验诊断出了 40 名患者，其中 35 名实际患有这种疾病。

请根据留出法原理，计算该试验的查准率、查全率和 F1 度量。请解释交叉验证法的原理，并讨论其优缺点。

2. 假设有一个包含 1000 个样本的数据集，对其进行二分类任务。假设需要评估新的分类器的性能，并决定使用 5 折交叉验证。

1）请描述一下如何划分数据集来进行 5 折交叉验证。
2）如果选择了 5 折交叉验证，那么每个折的训练集和测试集的样本数量分别是多少？
3）在完成 5 折交叉验证后，如何计算模型的平均性能指标？

3. 留一法交叉验证适用于什么样的数据集？它的优缺点是什么？

4. 自助法是如何进行模型评估的？它的优缺点是什么？

5. 假设有一个包含 100 个样本的数据集，对其进行二分类任务。假设需要评估新的分类器的性能，并决定使用自助法进行模型评估。

1）如果选择了自助法，那么每次重采样的训练集的样本数量是多少？
2）在完成自助法重采样后，如何计算模型的性能指标？

6. 请解释学习曲线和验证曲线的作用？

7. 请简述网格搜索是如何进行模型调优的。

8. 请解释错误率、准确率、查准率、查全率和 F1 分数的含义。

9. 什么是 ROC 曲线和 AUC 值？它们在模型评估中有什么作用？

10. 多元分类评估指标有哪些？请简要介绍每个指标的含义。

第 3 章 回 归 分 析

回归分析是用来预测一个或多个连续型变量的方法。本章首先介绍了回归分析的基本概念和步骤、一元线性回归和多元线性回归的模型和参数求解过程；然后讨论了对率回归、多项式回归和正则化回归等其他类型的回归模型；最后，通过实例展示了如何构建波士顿房价预测模型和信用卡欺诈行为分类模型。

▶ **思维导图**

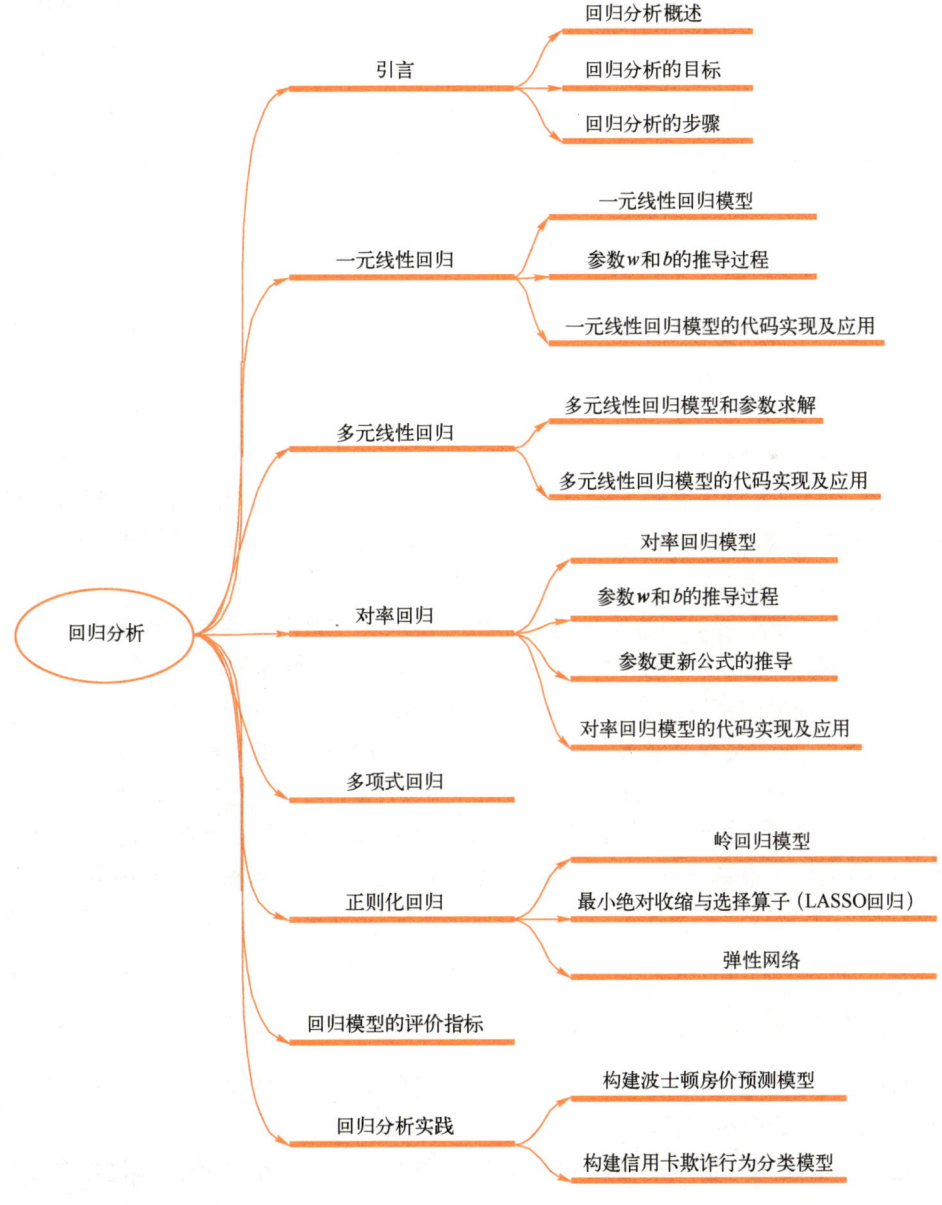

3.1 引言

"回归"这一术语最早来源于生物遗传学,由英国著名统计学家弗朗西斯·高尔顿(Francis Galton)提出的。他对父母身高与儿女身高之间的关系很感兴趣,并致力于此方面的研究。高尔顿发现,虽然有一个趋势——父母高,儿女也高,父母矮,儿女也矮,但从平均意义上说,给定父母的身高,儿女的身高趋同于或者说回归于总人口的平均身高。换句话说,尽管父母都异常高或异常矮,儿女身高也并非普遍地异常高或异常矮,而是具有回归于人口总平均身高的趋势。更直观地解释就是,父辈高的群体,子辈的平均身高低于其父辈的身高;父辈矮的群体,子辈的平均身高高于其父辈的身高。用高尔顿的话说,子辈的身高"回归"到中等身高。这就是"回归"一词的最初由来。

回归一词的现代解释是非常简洁的:回归分析是研究因变量与自变量之间的依存关系,用自变量的已知值或固定值来估计或预测因变量的总体平均值。使用回归分析的益处良多,它可以指示自变量和因变量之间的显著关系;指示多个自变量对一个因变量的影响强度;可以用于比较那些通过不同计量测得的变量之间的相互影响,如价格变动与促销活动数量之间的联系。这些益处有利于市场研究人员、数据分析人员及数据科学家等排除和衡量出一组最佳的变量,用以构建预测模型。

3.1.1 回归分析概述

回归分析是一种统计学方法,用于研究自变量(或预测变量)与因变量之间的关系。在回归分析中,试图建立一个数学模型来描述自变量与因变量之间的关系,并使用该模型进行预测和推断。

回归分析的应用领域非常广泛,涵盖了各个学科和行业,常见的应用领域如下。

1)经济学。回归分析在经济学中被广泛用于分析经济变量之间的关系,如 GDP 与失业率之间的关系、通货膨胀率与利率之间的关系等。它也常被用于经济预测和政策评估。

2)金融学。在金融学中,回归分析被应用于研究股票价格与各种因素之间的关系,如市盈率、市净率、财务指标等。它也常被应用于风险管理和投资组合优化等领域。

3)医学。回归分析在医学研究中被广泛应用于探索疾病与各种因素之间的关系,如遗传因素、生活方式、环境因素等。它可以用于预测疾病的发病风险和评估治疗效果。

4)社会科学。在社会科学领域,回归分析被用于研究社会现象和行为的关系,如教育成果与家庭背景、犯罪率与社会经济因素等。它也常被应用于调查研究和舆情分析。

5)市场营销。回归分析在市场营销中被广泛应用于研究市场需求和消费者行为,如广告效果分析、产品定价、市场细分等。它可以帮助企业做出市场决策和制定营销策略。

6)工程和科学领域。回归分析在工程和科学领域中被用于建立物理模型和预测性模型,如工程设计、环境监测、气象预测等。它也被应用于质量控制和过程优化。

3.1.2 回归分析的目标

回归分析的目标是通过建立一个数学模型来描述自变量与因变量之间的关系,并利用该模型进行以下几个方面的分析和预测。

1)描述关系。回归分析可以帮助理解自变量和因变量之间的关系。通过拟合回归模型,可以确定自变量对因变量的影响方向和程度。这有助于揭示变量之间的相关性和关联性。

2）预测因变量。回归分析可以用于预测因变量的值。若已经建立了一个可靠的回归模型，输入自变量的值，就可以预测因变量的值。这对于进行趋势预测、市场预测、需求预测等具有重要意义。

3）确定影响因素。回归分析可以帮助人们确定哪些自变量对因变量的影响最为显著。通过分析回归模型的参数估计和显著性检验，可以确定哪些自变量具有统计显著性，即对因变量的预测具有实质性影响。

4）模型比较和选择。回归分析可以用于比较不同模型之间的拟合程度和预测能力。通过比较不同模型的统计指标（如拟合优度、残差分析等），可以选择最佳的模型来描述和预测数据。

总之，回归分析的目标是通过建立一个合适的数学模型，揭示自变量与因变量之间的关系，进行预测和解释，以帮助理解数据、做出决策和预测发展趋势。

3.1.3 回归分析的步骤

回归分析的过程可以概括为以下几步。

1）数据收集。收集包含自变量和因变量的数据样本。这些数据样本应该是随机选择的，并且充分代表总体。

2）建立假设。根据研究目的和领域知识，建立关于自变量和因变量之间关系的假设。例如，可以假设自变量与因变量之间存在线性关系。

3）模型选择。选择适当的回归模型来描述自变量和因变量之间的关系。常见的回归模型包括线性回归、多项式回归、逻辑斯谛回归等。模型的选择需要考虑数据的性质和假设的合理性。

4）模型拟合。利用选定的回归模型，通过最小化预测值与实际观测值之间的误差来估计模型的参数。常用的拟合方法是最小二乘法，它寻找最优参数使得残差平方和最小化。

5）模型评估。评估回归模型的拟合程度和统计显著性。通过检验模型的拟合优度、参数估计的显著性和残差分析等来评估模型的质量和可靠性。

6）解释和预测。利用拟合好的回归模型进行解释和预测。通过模型的参数估计和显著性检验，可以解释自变量对因变量的影响，并进行因变量的预测。

综上所述，回归分析是基于统计学和数学原理的，通过对数据进行建模和拟合，来揭示自变量和因变量之间的关系。它的目标是通过数学模型对因变量进行预测和解释，帮助理解变量之间的关系，并进行相关的推断和预测。

3.2 一元线性回归

本节先介绍一元线性回归模型及其损失函数，然后展示参数 w 和 b 的推导过程，最后给出用一元线性回归模型进行预测的实例。

3.2.1 一元线性回归模型

一元线性回归是针对单个特征（解释变量、自变量 x）和连续响应值（目标变量、因变量 y）之间的关系进行建模，其定义为

$$y = f(x) = wx + b \tag{3-1}$$

其中，b 代表轴截距；w 代表特征变量 x 的加权系数。

建立一元线性回归模型的过程实质上是学习式（3-1）中的 w 和 b，找到最佳的拟合直线的过程，从而使得建立的模型能够描述解释变量和目标变量之间的关系，实现对未见过的解释变量的预测。

【例 3-1】 如图 3-1 所示，圆点代表样本点，这些样本点散落在特征空间中，用两条直线来拟合这些样本点，一条是实线，另一条是点画线，哪条直线拟合得更好呢？这就是模型优化问题。由数学知识可知，拟合的直线方程是 $y = wx + b$，此时 (x, y) 已知，目标是求出 w 和 b，以构建这样一条直线去更好地拟合这些点。

假设拟合直线的效果图如图 3-2 所示，线段为预测值 $f(x_i)$ 与真实值 y_i 之间的误差。可以用平方误差来度量真实值与预测值之间的误差，并采用最小二乘法来优化模型。其损失函数为

$$L(w, b) = \sum_{i=1}^{m} (f(x_i) - y_i)^2 \tag{3-2}$$

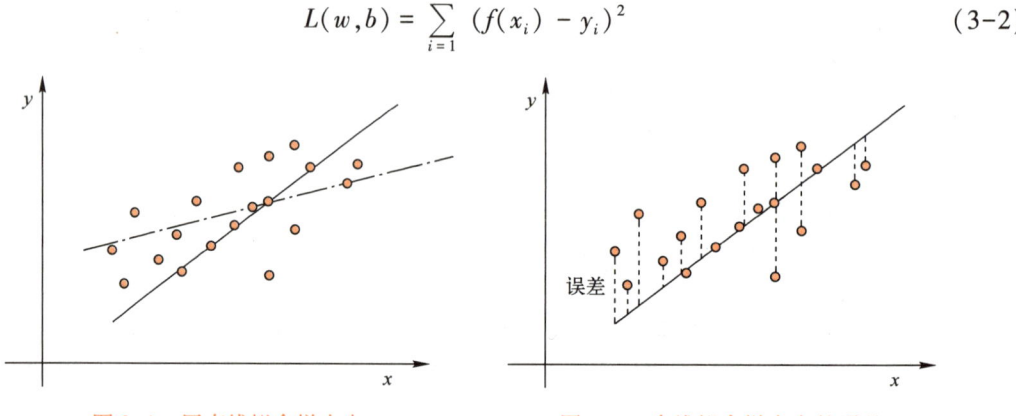

图 3-1　用直线拟合样本点　　　　图 3-2　直线拟合样本点的误差

3.2.2　参数 w 和 b 的推导过程

由于 $L(w, b)$ 是凸函数，利用凸函数的充分性定理，分别求 $L(w, b)$ 对 w 和 b 的偏导数，并令偏导数为 0，可求得 w 和 b 的值，此时的 w 和 b 能够保证 $L(w, b)$ 的值全局最小，即损失最小，此时的 w 和 b 即为要得到的最优参数值。以上过程为最小二乘法求参数 w 和 b 的过程，推导过程如下所示。

首先，求 $L(w, b)$ 对 b 的偏导。

$$\begin{aligned}
\frac{\partial L(w, b)}{\partial b} &= \frac{\partial \sum_{i=1}^{m} (f(x_i) - y_i)^2}{\partial b} \\
&= \frac{\partial \sum_{i=1}^{m} (wx_i + b - y_i)^2}{\partial b} \\
&= 2 \sum_{i=1}^{m} (wx_i + b - y_i) \\
&= 2mb + 2 \sum_{i=1}^{m} (wx_i - y_i)
\end{aligned} \tag{3-3}$$

令式(3-3)推导的最终结果为 0,可得

$$b = \frac{1}{m}\sum_{i=1}^{m}(y_i - wx_i) \tag{3-4}$$

为了方便后续求解 w,对 b 进行化简,得

$$b = \frac{1}{m}\sum_{i=1}^{m}y_i - w\frac{1}{m}\sum_{i=1}^{m}x_i = \bar{y} - w\bar{x} \tag{3-5}$$

再求 $L(w,b)$ 对 w 的偏导。

$$\frac{\partial L(w,b)}{\partial w} = \frac{\partial \sum_{i=1}^{m}(f(x_i) - y_i)^2}{\partial w}$$

$$= \frac{\partial \sum_{i=1}^{m}(wx_i + b - y_i)^2}{\partial w} \tag{3-6}$$

$$= 2\sum_{i=1}^{m}(wx_i + b - y_i)x_i$$

令式(3-6)推导的最终结果为 0,可得

$$w\sum_{i=1}^{m}x_i^2 = \sum_{i=1}^{m}x_iy_i - \sum_{i=1}^{m}bx_i \tag{3-7}$$

把 $b = \bar{y} - w\bar{x}$ 代入式(3-7),得

$$w\sum_{i=1}^{m}x_i^2 = \sum_{i=1}^{m}x_iy_i - \sum_{i=1}^{m}(\bar{y} - w\bar{x})x_i \tag{3-8}$$

式(3-8)的整个推导过程如下。

$$w\sum_{i=1}^{m}x_i^2 = \sum_{i=1}^{m}x_iy_i - \bar{y}\sum_{i=1}^{m}x_i + w\bar{x}\sum_{i=1}^{m}x_i$$

$$w\sum_{i=1}^{m}x_i^2 - w\bar{x}\sum_{i=1}^{m}x_i = \sum_{i=1}^{m}x_iy_i - \bar{y}\sum_{i=1}^{m}x_i$$

$$w\left(\sum_{i=1}^{m}x_i^2 - \bar{x}\sum_{i=1}^{m}x_i\right) = \sum_{i=1}^{m}x_iy_i - \bar{y}\sum_{i=1}^{m}x_i \tag{3-9}$$

$$w = \frac{\sum_{i=1}^{m}x_iy_i - \bar{y}\sum_{i=1}^{m}x_i}{\sum_{i=1}^{m}x_i^2 - \bar{x}\sum_{i=1}^{m}x_i}$$

其中,式(3-9)满足如下条件。

$$\bar{y}\sum_{i=1}^{m}x_i = \frac{1}{m}\sum_{i=1}^{m}y_i\sum_{i=1}^{m}x_i = \bar{x}\sum_{i=1}^{m}y_i$$

$$\bar{x}\sum_{i=1}^{m}x_i = \frac{1}{m}\sum_{i=1}^{m}x_i\sum_{i=1}^{m}x_i = \frac{1}{m}\left(\sum_{i=1}^{m}x_i\right)^2 \tag{3-10}$$

最终 w 的值如下。

$$w = \frac{\sum_{i=1}^{m} x_i y_i - \bar{y} \sum_{i=1}^{m} x_i}{\sum_{i=1}^{m} x_i^2 - \bar{x} \sum_{i=1}^{m} x_i} = \frac{\sum_{i=1}^{m} x_i y_i - \bar{x} \sum_{i=1}^{m} y_i}{\sum_{i=1}^{m} x_i^2 - \frac{1}{m} \left(\sum_{i=1}^{m} x_i \right)^2} = \frac{\sum_{i=1}^{m} y_i (x_i - \bar{x})}{\sum_{i=1}^{m} x_i^2 - \frac{1}{m} \left(\sum_{i=1}^{m} x_i \right)^2} \quad (3-11)$$

根据求出的 w 和 b，可以对新的样本进行预测。

3.2.3 一元线性回归模型的代码实现及应用

求解一元线性回归模型的参数 w 和 b，并利用模型进行预测，实现代码如下。

```python
class SimpleLinearRegression:
    def __init__(self):
        self.w = None
        self.b = None

    def fit(self, x, y):
        n = len(x)
        sum_x = sum(x)
        sum_y = sum(y)
        sum_x_squared = sum(x_i * x_i for x_i in x)
        sum_xy = sum(x[i] * y[i] for i in range(n))

        self.w = (n * sum_xy - sum_x * sum_y) / (n * sum_x_squared - sum_x * sum_x)
        self.b = (sum_y - self.w * sum_x) / n

    def predict(self, x):
        return [self.w * xi + self.b for xi in x]

# 示例用法
x = [1, 2, 3, 4, 5]
y = [2, 3, 4, 5, 6]

# 创建模型实例
model = SimpleLinearRegression()

# 拟合模型
model.fit(x, y)

# 输出参数
print("斜率 w:", model.w)
print("截距 b:", model.b)

# 进行预测
new_x = [6, 7, 8]
predicted_y = model.predict(new_x)
print("预测结果:", predicted_y)
```

在上述代码中，定义了一个名为 SimpleLinearRegression 的类，其中包括拟合模型和预测的方法。在拟合方法 fit() 中，利用最小二乘法求解参数 w 和 b；在预测方法 predict() 中，根据求解的参数进行预测。

运行结果如下。

```
斜率 w: 1.0
截距 b: 1.0
预测结果: [7.0, 8.0, 9.0]
```

3.3 多元线性回归

举一个现实生活中的例子：买房子不单只有"房间数"因素会影响房子的价格，还会有其他因素共同影响房子的价格，如城市犯罪率、税率、地理位置等，所以需要考虑多个自变量对因变量的影响，这样才能提供全面的分析。在回归分析中，如果有两个或两个以上的自变量，就称为多元回归。多元线性回归比一元线性回归的实际意义更大。

3.3.1 多元线性回归模型和参数求解

给定 m 个样本 d 个特征的数据集 $D=\{(\boldsymbol{x}_1,y_1),(\boldsymbol{x}_2,y_2),\cdots,(\boldsymbol{x}_m,y_m)\}$，其中 $\boldsymbol{x}_i=[x_i^{(1)},x_i^{(2)},\cdots,x_i^{(d)}]$，$y_i \in \mathbf{R}$。多元线性回归模型 $f(\boldsymbol{x}_i)=w_1x_i^{(1)}+w_2x_i^{(2)}+\cdots+w_dx_i^{(d)}+b$，转换为矩阵相乘的形式 $\boldsymbol{y}=f(\boldsymbol{X})=\boldsymbol{XW}+\boldsymbol{b}$，其中，$\boldsymbol{y}$ 是 m 行 1 列的矩阵，$\boldsymbol{X}$ 为 m 行 d 列的矩阵，$\boldsymbol{W}$ 为 d 行 1 列的矩阵，$\boldsymbol{b}$ 为 m 行 1 列的矩阵。

$$\boldsymbol{y}_{m \times 1}=\begin{bmatrix} y_1 \\ y_2 \\ \vdots \\ y_m \end{bmatrix}, \quad \boldsymbol{X}_{m \times d}=\begin{bmatrix} x_1^{(1)} & x_2^{(1)} & \cdots & x_d^{(1)} \\ x_1^{(2)} & x_2^{(2)} & \cdots & x_d^{(2)} \\ \vdots & \vdots & & \vdots \\ x_1^{(m)} & x_2^{(m)} & \cdots & x_d^{(m)} \end{bmatrix}, \quad \boldsymbol{W}_{d \times 1}=\begin{bmatrix} w_1 \\ w_2 \\ \vdots \\ w_d \end{bmatrix}, \quad \boldsymbol{b}_{m \times 1}=\begin{bmatrix} b \\ b \\ \vdots \\ b \end{bmatrix} \tag{3-12}$$

再进一步，令 $\hat{\boldsymbol{W}}=\begin{pmatrix} \boldsymbol{W} \\ b \end{pmatrix}$，相应地，把数据集 D 表示为一个 $m \times (d+1)$ 大小的矩阵 $\boldsymbol{X}$。其中每行对应一个示例，该行前 d 个元素对应于示例的 d 个属性值，最后一个元素恒为 1，并相应可得 $f(\boldsymbol{X})=\boldsymbol{X}\hat{\boldsymbol{W}}$。

$$\boldsymbol{y}_{m \times 1}=\begin{bmatrix} y_1 \\ y_2 \\ \vdots \\ y_m \end{bmatrix}, \quad \boldsymbol{X}_{m \times (d+1)}=\begin{bmatrix} x_1^{(1)} & x_2^{(1)} & \cdots & x_d^{(1)} & 1 \\ x_1^{(2)} & x_2^{(2)} & \cdots & x_d^{(2)} & 1 \\ \vdots & \vdots & & \vdots & \vdots \\ x_1^{(m)} & x_2^{(m)} & \cdots & x_d^{(m)} & 1 \end{bmatrix}, \quad \hat{\boldsymbol{W}}_{(d+1) \times 1}=\begin{bmatrix} w_1 \\ w_2 \\ \vdots \\ w_d \\ b \end{bmatrix} \tag{3-13}$$

也可以把 $\boldsymbol{y}$ 和 $\boldsymbol{W}$ 写成行向量的形式。

$$\boldsymbol{y}_{(1 \times m)}=[y_1,y_2,\cdots,y_m]$$

$$(\hat{\boldsymbol{W}}_{(d+1) \times 1})^{\mathrm{T}}=[w_1,w_2,\cdots,w_d,b]$$

$$(\boldsymbol{X}_{m \times (d+1)})^{\mathrm{T}}=\begin{bmatrix} x_1^{(1)} & x_1^{(2)} & \cdots & x_1^{(m)} \\ x_2^{(1)} & x_2^{(2)} & \cdots & x_2^{(m)} \\ \vdots & \vdots & & \vdots \\ x_d^{(1)} & x_d^{(2)} & \cdots & x_d^{(m)} \\ 1 & 1 & \cdots & 1 \end{bmatrix} \tag{3-14}$$

则 $f(\boldsymbol{X})=\boldsymbol{X}\hat{\boldsymbol{W}}=\hat{\boldsymbol{W}}^{\mathrm{T}}\boldsymbol{X}^{\mathrm{T}}$ 成立。误差可以用行向量和列向量来计算。采用列向量计算的推导

过程如下。

$$\boldsymbol{y}^T = [y_1, y_2, \cdots, y_m]$$

$$f(\boldsymbol{X}) = \hat{\boldsymbol{W}}^T \boldsymbol{X}^T$$

$$= [f(\boldsymbol{x}_1), f(\boldsymbol{x}_2), \cdots, f(\boldsymbol{x}_m)]$$

$$E = \boldsymbol{y}^T - f(\boldsymbol{X}) \tag{3-15}$$

$$= [y_1 - f(\boldsymbol{x}_1), y_2 - f(\boldsymbol{x}_2), \cdots, y_m - f(\boldsymbol{x}_m)]$$

$$= \boldsymbol{y}^T - \hat{\boldsymbol{W}}^T \boldsymbol{X}^T$$

$$= (\boldsymbol{y} - \boldsymbol{X}\hat{\boldsymbol{W}})^T$$

采用行向量计算的推导过程如下。

$$\boldsymbol{y}_{m \times 1} = \begin{bmatrix} y_1 \\ y_2 \\ \vdots \\ y_m \end{bmatrix}, \quad f(\boldsymbol{X}) = \boldsymbol{X}\hat{\boldsymbol{W}} = \begin{bmatrix} f(\boldsymbol{x}_1) \\ f(\boldsymbol{x}_2) \\ \vdots \\ f(\boldsymbol{x}_m) \end{bmatrix}$$

$$E = \boldsymbol{y} - f(\boldsymbol{X}) \tag{3-16}$$

$$= \begin{bmatrix} y_1 - f(\boldsymbol{x}_1) \\ y_2 - f(\boldsymbol{x}_2) \\ \vdots \\ y_m - f(\boldsymbol{x}_m) \end{bmatrix}$$

$$= \boldsymbol{y} - \boldsymbol{X}\hat{\boldsymbol{W}}$$

最后得到损失函数:$L(\hat{\boldsymbol{W}}) = (\boldsymbol{y} - \boldsymbol{X}\hat{\boldsymbol{W}})^T(\boldsymbol{y} - \boldsymbol{X}\hat{\boldsymbol{W}})$。对其求偏导且令其结果等于 0 求解 $\boldsymbol{W}$。

$$\frac{\partial L(\boldsymbol{W})}{\partial \boldsymbol{W}} = 2\boldsymbol{X}^T \boldsymbol{X} \boldsymbol{W} - 2\boldsymbol{X}^T \boldsymbol{y} = 0 \Rightarrow \hat{\boldsymbol{W}} = (\boldsymbol{X}^T \boldsymbol{X})^{-1} \boldsymbol{X}^T \boldsymbol{y} \tag{3-17}$$

令式(3-17)为 0 可得最优解的闭式解,但涉及矩阵逆的计算,需做讨论。

1)若 $\boldsymbol{X}^T \boldsymbol{X}$ 满秩或 $\boldsymbol{W}$ 正定,则 $\boldsymbol{W} = (\boldsymbol{X}^T \boldsymbol{X})^{-1} \boldsymbol{X}^T \boldsymbol{y}$。

2)若 $\boldsymbol{X}^T \boldsymbol{X}$ 不满秩,则可解出多个 $\boldsymbol{W}$,需要引入模型的归纳偏好或者正则化,可理解为加约束。

当属性特征数量为 2 时,拟合的函数就是一个平面。当属性特征数量超过 2 时,拟合的函数是一个超平面,无法用三维坐标系表示。

3.3.2 多元线性回归模型的代码实现及应用

求解多元线性回归模型参数 $\boldsymbol{W}$,并利用模型进行预测,实现代码如下。

```python
import numpy as np

class MultipleLinearRegression:
    def __init__(self):
        self.coefficients = None

    def fit(self, X, y):
        n, m = X.shape
```

```
            X_design = np.column_stack([X, np.ones(n)])      # 加入一列常数项
            self.coefficients = np.linalg.inv(X_design.T @ X_design) @ X_design.T @ y

      def predict(self, X):
            n, m = X.shape
            X_design = np.column_stack([X, np.ones(n)])      # 加入一列常数项
            return X_design @self.coefficients

# 示例用法
X = np.array([[1,2,3],[2,3,4],[3,4,5],[4,5,6]])      #输入数据 X 为非奇异矩阵
y = np.array([3,4,5,6])

# 创建模型实例
model = MultipleLinearRegression()

# 拟合模型
model.fit(X, y)

# 输出参数
print("回归系数:", model.coefficients)
# 进行预测
new_X = np.array([[5,6,7]])                          #新的输入数据
predicted_y = model.predict(new_X)
print("预测结果:", predicted_y)
```

在上述代码中,使用了 NumPy 的 column_stack()函数创建设计矩阵 X_design,并对输入数据进行相应的处理。运行结果如下。

```
回归系数:[-1.75  -1.875  3.   0.  ]
预测结果:[1.]
```

3.4 对率回归

前面讲解的一元线性回归和多元线性回归模型,统称为线性回归模型。线性回归模型用简单的线性方程实现了对数据的拟合,然而这只能完成回归任务,无法完成分类任务。本节要讲述的对率回归就是在线性回归的基础上进行扩展,构建出的一种分类模型。对率回归的名字中有回归二字,这是由于在其线性部分隐含地做了一个回归,但最终目标还是以解决分类问题为主。

3.4.1 对率回归模型

线性模型的变化:对于样例$(\boldsymbol{x},y)$,$y \in \mathbf{R}$,希望线性模型的预测值逼近真实标记,从而得到线性回归模型$y=\boldsymbol{w}^\mathrm{T}\boldsymbol{x}+b$;如果令预测值逼近$y$的其他形式,如$\ln y=\boldsymbol{w}^\mathrm{T}\boldsymbol{x}+b$,这时得到对数的线性回归。但实际需要的是逼近$y$,这样可以用求线性模型的方式去求解非线性模型$y=\mathrm{e}^{\boldsymbol{w}^\mathrm{T}\boldsymbol{x}+b}$。

如果在线性模型$z=\boldsymbol{w}^\mathrm{T}\boldsymbol{x}+b$的基础上做分类,比如二分类任务,即$y \in \{0,1\}$,直觉上会怎么做?可以用线性模型的输出值构造复合函数$y=g(z)$,最简单的就是"单位阶跃函数",如

$$y=\begin{cases}0, & z<0 \\ 0.5, & z=0 \\ 1, & z>0\end{cases} \quad (3-18)$$

也就是说，把 $z=\boldsymbol{w}^\mathrm{T}\boldsymbol{x}+b$ 看作一个分割线，大于 z 的判定为类别 0，小于 z 的判定为类别 1，预测值为 0 的可以任意判别。对应的函数图像如图 3-3 中的红色线段所示。

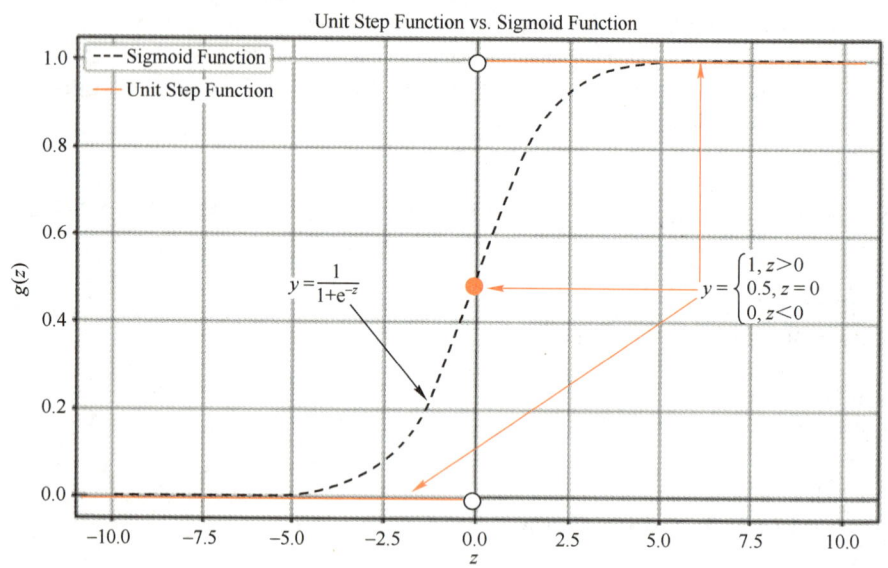

图 3-3　对数几率函数与单位阶跃函数

由图 3-3 可知，单位阶跃函数性质不好，既不连续也不可微。通常在做优化任务时，目标函数最好是连续可微的。于是希望能得到在一定程度上近似单位阶跃函数的替代函数，并希望它单调可微。对数几率函数正是一个这样的函数，所以在此引入对数几率函数。此函数是一种 Sigmoid 函数，它是将 z 值转换为一个接近 0 或 1 的 y 值，并且其输出值在 $z=0$ 附近变化很陡，如图 3-3 中的虚线所示。其对应的函数形式为

$$y = \mathrm{Sig}(z) = \frac{1}{1+\mathrm{e}^{-z}} = \frac{1}{1+\mathrm{e}^{-(\boldsymbol{w}^\mathrm{T}\boldsymbol{x}+b)}} \tag{3-19}$$

若将 y 视为样本 $\boldsymbol{x}$ 作为正例的可能性，$1-y$ 就是 $\boldsymbol{x}$ 为反例的可能性。两者的比值 $\dfrac{y}{1-y}$ 称为几率，反映了 $\boldsymbol{x}$ 作为正例的相对可能性，根据式（3-19）进行推导，得到几率的公式为

$$\frac{y}{1-y} = \mathrm{e}^{-(\boldsymbol{w}^\mathrm{T}\boldsymbol{x}+b)} \tag{3-20}$$

对几率取对数，记为对数几率。对数几率回归简记为对率回归。也有些学者把对率回归称为逻辑斯谛回归。对数几率的公式为

$$\ln\frac{y}{1-y} = \boldsymbol{w}^\mathrm{T}\boldsymbol{x}+b \tag{3-21}$$

由此可以看出，式（3-19）实际上是用线性回归模型的预测结果去逼近真实标记的对数几率，因此，其对应的模型称为"对率回归"。虽然名字是"回归"，但实际上是一种分类学习方法，这种方法有很多优点。

1）对率回归是直接对分类可能性进行建模，无须事先假设数据分布，这样就避免了假设分布不准确所带来的问题。

2）对率回归不仅能预测出类别，还能得到"类别"的近似概率预测，这对许多需要利用概率辅助决策的任务很有用。

3）对率回归求解的目标函数是任意阶可导的凸函数，有很好的数学性质，对于许多数值优化算法都可直接用于求取最优解。

3.4.2 参数 w 和 b 的推导过程

下面来看看如何确定式（3-19）中的 w 和 b。按前面的思路，把 y 视为正例，即 $y=P(y=1|x)$，$1-y=P(y=0|x)$。这里引入变量 $\beta=(w,b)$，$\hat{x}=(x,1)$，使得 $w^T x+b=\beta\hat{x}$，为了方便讨论，将式（3-21）重写为

$$\ln \frac{P(y=1|x)}{P(y=0|x)} = \beta^T \hat{x} \tag{3-22}$$

显然有

$$P(y=1|x) = \frac{e^{w^T x+b}}{1+e^{w^T x+b}} = \frac{e^{\beta^T \hat{x}}}{1+e^{\beta^T \hat{x}}} \tag{3-23}$$

$$P(y=0|x) = \frac{1}{1+e^{w^T x+b}} = \frac{1}{1+e^{\beta^T \hat{x}}} \tag{3-24}$$

于是，可以通过"极大似然法"来估计 w 和 b。给定 m 个样本 d 个特征的数据集 $\{(x_i, y_i)\}$，$i \in [1,m]$，其中 $x_i=[x_i^{(1)}, x_i^{(2)}, \cdots, x_i^{(d)}]$，$y_i \in \mathbf{R}$，令 $p_1=P(y=1|x)$，$p_2=P(y=0|x)$，损失函数写作

$$L(\beta) = \log \prod_{i=1}^{m} (p_1)^{y_i}(1-p_1)^{1-y_i} \\ = \sum_{i=1}^{m} (y_i \log p_1 + (1-y_i)\log(1-p_1)) \tag{3-25}$$

结合 p_i 的定义，式（3-25）的推导过程如下。

$$\begin{aligned} L(\beta) &= \sum_{i=1}^{m} \left(y_i \log \frac{e^{\beta^T \hat{x}_i}}{1+e^{\beta^T \hat{x}_i}} + (1-y_i)\log\left(1-\frac{e^{\beta^T \hat{x}_i}}{1+e^{\beta^T \hat{x}_i}}\right) \right) \\ &= \sum_{i=1}^{m} \left(y_i \log \frac{e^{\beta^T \hat{x}_i}}{1+e^{\beta^T \hat{x}_i}} + (1-y_i)\log\left(\frac{1+e^{\beta^T \hat{x}_i}-e^{\beta^T \hat{x}_i}}{1+e^{\beta^T \hat{x}_i}}\right) \right) \\ &= \sum_{i=1}^{m} \left(y_i \log \frac{e^{\beta^T \hat{x}_i}}{1+e^{\beta^T \hat{x}_i}} + (1-y_i)\log\left(\frac{1}{1+e^{\beta^T \hat{x}_i}}\right) \right) \\ &= \sum_{i=1}^{m} (y_i \beta^T \hat{x}_i - y_i \log(1+e^{\beta^T \hat{x}_i}) + (y_i-1)\log(1+e^{\beta^T \hat{x}_i})) \\ &= \sum_{i=1}^{m} (y_i \beta^T x_i - \log(1+e^{\beta^T x_i})) \end{aligned} \tag{3-26}$$

3.4.3 参数更新公式的推导

要求 $(w,b)=\underset{(w,b)}{\arg\max} L(\beta)$，可转化为求对数似然函数最大化的优化问题。这里采用梯度下

降法使损失函数最小化，那么对式（3-26）加一个负号，则损失函数为

$$J(\beta) = -\frac{1}{m}L(\beta) \tag{3-27}$$

梯度下降法的推导过程如下。

$$-\frac{1}{m}\frac{\nabla}{\nabla \beta}L(\beta) = -\frac{1}{m}\frac{\nabla}{\nabla \beta}\left(\sum_{i=1}^{m}(y_i \log p_1 + (1-y_i)\log(1-p_1))\right)$$

$$= -\frac{1}{m}\frac{\nabla}{\nabla \beta}\sum_{i=1}^{m}(y_i \log(\mathrm{sig}(\beta^T \hat{x}_i)) + (1-y_i)\log(1-\mathrm{sig}(\beta^T \hat{x}_i)))$$

$$= -\frac{1}{m}\sum_{i=1}^{m}\left[\left(y_i \cdot \frac{1}{\mathrm{sig}(\beta^T \hat{x}_i)} + (y_i-1)\cdot \frac{1}{1-\mathrm{sig}(\beta^T \hat{x}_i)}\right)\frac{\nabla}{\nabla \beta}\mathrm{sig}(\beta^T \hat{x}_i)\right]$$

$$= -\frac{1}{m}\sum_{i=1}^{m}\left[\frac{y_i(1-\mathrm{sig}(\beta^T \hat{x}_i)) + (y_i-1)\cdot \mathrm{sig}(\beta^T \hat{x}_i)}{\mathrm{sig}(\beta^T \hat{x}_i)\cdot(1-\mathrm{sig}(\beta^T \hat{x}_i))}\cdot \mathrm{sig}(\beta^T \hat{x}_i)\cdot(1-\mathrm{sig}(\beta^T \hat{x}_i))\hat{x}_i\right]$$

$$= -\frac{1}{m}\sum_{i=1}^{m}\left[(y_i - \mathrm{sig}(\beta^T \hat{x}_i))\hat{x}_i\right]$$

$$= -\frac{1}{m}\sum_{i=1}^{m}\left[(y_i - p_1)\hat{x}_i\right]$$

整理可得

$$\frac{\nabla}{\nabla \beta}J(\beta) = \frac{1}{m}\sum_{i=1}^{m}\left[(p_1 - y_i)\hat{x}_i\right] \tag{3-28}$$

最终，参数更新公式为

$$\begin{aligned}\beta &= \beta - \alpha \cdot \frac{\nabla}{\nabla \beta}J(\beta) \\ &= \beta - \alpha \cdot \frac{1}{m}\sum_{i=1}^{m}\left[(p_1 - y_i)\hat{x}_i\right]\end{aligned} \tag{3-29}$$

3.4.4 对率回归模型的代码实现及应用

求解对率回归模型参数 β，并利用模型进行预测，实现代码如下。

```python
import numpy as np

class LogisticRegression:
    def __init__(self, learning_rate=0.01, num_iterations=1000):
        self.learning_rate = learning_rate
        self.num_iterations = num_iterations
        self.wb = None

    def sigmoid(self, z):
        return 1 / (1 + np.exp(-z))

    def fit(self, X, y):
        n, m = X.shape
        self.wb = np.zeros(m + 1)                              # 初始化权重向量和偏置项
        X_design = np.column_stack([X, np.ones(n)])            # 加入一列常数项
        for i in range(self.num_iterations):
```

```
            linear_model = np.dot(X_design, self.wb)
            y_predicted = self.sigmoid(linear_model)

            dwb = (1/n) * np.dot(X_design.T, (y_predicted - y))
            self.wb -= self.learning_rate * dwb

    def predict(self, X):
        n, m = X.shape
        X_design = np.column_stack([X, np.ones(n)])    # 加入一列常数项
        linear_model = np.dot(X_design, self.wb)
        y_predicted = self.sigmoid(linear_model)
        y_predicted_cls = [1 if i > 0.5 else 0 for i in y_predicted]
        return y_predicted_cls

# 示例用法
X = np.array([[1], [2], [3], [4]])                    # 输入特征
y = np.array([0, 0, 1, 1])                            # 标签

# 创建模型实例
model = LogisticRegression()

# 拟合模型
model.fit(X, y)

# 进行预测
new_X = np.array([[1], [3]])                          # 新的输入特征
predicted_y = model.predict(new_X)
print("预测结果:", predicted_y)
```

在上述代码中，使用一个权重向量来表示模型参数，其中包括原来的权重 w 和偏置 b。此外，对输入数据进行相应的处理，运行结果如下。

预测结果:[0,1]

3.5 多项式回归

多项式回归是研究一个因变量与一个或多个自变量间多项式的回归分析方法。如果自变量只有一个，称为一元多项式回归；如果自变量有多个，称为多元多项式回归。线性回归是运用直线来拟合数据的输入与输出之间的线性关系；不同于线性回归，多项式回归是使用曲线拟合数据的输入与输出的映射关系。线性回归只能拟合直线或平面，对于变量之间存在的非线性关系，需要考虑利用多项式回归模拟非线性关系。一个简单的多项式回归模型可以表示为

$$y = w_0 + w_1 x + w_2 x^2 + \cdots + w_d x^d \tag{3-30}$$

在建立多项式回归模型的过程中，将一个高次方项视为一个特征，从而可将方程转换为多元线性回归的形式，如

$$y = w_0 + w_1 x_1 + w_2 x_2 + \cdots + w_d x_d \tag{3-31}$$

多项式回归可以模拟非线性关系，可以利用线性回归求解。这相当于为样本多添加了一些特征，这些特征是原来样本的多项式项，增加这些特征后，可以用线性回归的方式更好地拟合原来的数据。从本质上讲，求出了对于原来的特征而言的非线性的曲线。图3-4所示为一元

线性回归、一元二次多项式回归和一元三次多项式回归曲线。

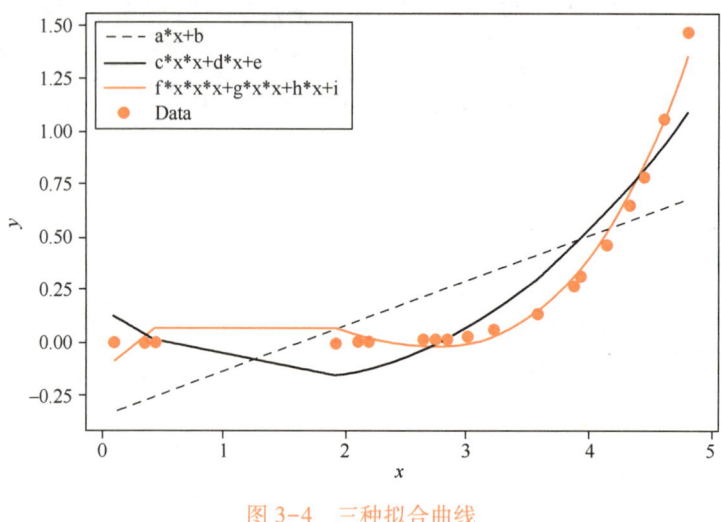

图 3-4　三种拟合曲线

由图 3-4 可以看出，一次函数（虚直线）根本没有拟合效果，二次函数（黑色曲线）的拟合效果较一次函数来说好些，但是也可以明显看到欠拟合，三次函数（灰色曲线）的拟合效果明显较好。这里没有使用更高阶多项式拟合，由于高阶多项式的逼近能力会变高，因此对于高阶多项式，就要考虑到过拟合的问题，选择合适的阶数在使用该算法时很重要。

3.6　正则化回归

前面介绍了一些简单的常用模型，在实际使用这些模型时，经常需要考虑过拟合问题。一个好的模型不但需要对训练集数据有好的拟合效果，还同样要求对未知的新数据（测试集数据）也有好的拟合效果。如果模型过度地拟合了特定数据，会学习一些异常数据，以致模型的泛化能力较差。正则化是解决过拟合问题的一种方法，通过对模型参数进行调整，降低模型的复杂度，可以避免过拟合。应用了正则化方法的模型主要有岭回归模型、最小绝对收缩与选择算子，以及弹性网络。

在线性回归中，模型的目标是最小化预测值与实际值之间的差距，即最小化损失函数。对于简单的线性回归，损失函数可以表示为

$$L = \frac{1}{2n} \sum_{i=1}^{n} (y_i - \hat{y}_i)^2 \tag{3-32}$$

其中，n 是样本数量；y_i 是实际值；$\hat{y}_i$ 是预测值。正则化回归在这个基本损失函数的基础上引入了正则化项，有助于控制模型参数的大小。

3.6.1　岭回归模型

岭回归（Ridge Regression）模型通过在损失函数中添加参数平方和作为惩罚项，来限制模型参数的增长。岭回归模型的损失函数可以表示为

$$L = \frac{1}{2n} \sum_{i=1}^{n} (y_i - \hat{y}_i)^2 + \alpha \sum_{j=1}^{p} w_j^2 \tag{3-33}$$

其中，α 是正则化参数；p 代表特征的数量；w_j 是模型的参数。通过增大或减小 α，就可以收缩或放大模型的权重，控制正则化的强度。受限制的权重会接近于 0 但不会为 0，这也是正则化应用于回归模型的一个特点。

3.6.2 最小绝对收缩与选择算子（LASSO 回归）

LASSO 回归（Least Absolute Shrinkage and Selection Operator Regression）在损失函数中使用参数的绝对值之和作为惩罚项。LASSO 回归的损失函数可以表示为

$$L = \frac{1}{2n} \sum_{i=1}^{n} (y_i - \hat{y}_i)^2 + \alpha \sum_{j=1}^{p} |w_j| \tag{3-34}$$

其中，α 是正则化参数；p 代表特征的数量；w_j 是模型的参数。增大或缩小 α，可以收缩或放大模型的权重。LASSO 回归倾向于产生稀疏系数，会导致 W 矩阵中的某些参数为 0，当某一个参数为 0 时，其对应的特征项也就为 0，相当于丢弃了一个变量（特征），这会使得模型的复杂度下降，达到了避免过拟合的效果。因此，最小绝对收缩与选择算子（LASSO 回归）有选择变量的能力。

3.6.3 弹性网络

弹性网络（Elastic Net）的损失函数中同时包含岭回归和 LASSO 回归中的正则化项，其定义为

$$L = \frac{1}{2n} \sum_{i=1}^{n} (y_i - \hat{y}_i)^2 + \alpha_1 \sum_{j=1}^{p} w_j^2 + \alpha_2 \sum_{j=1}^{p} |w_j| \quad (\alpha_1, \alpha_2 > 0) \tag{3-35}$$

弹性网络是岭回归和 LASSO 回归的一个折中：LASSO 回归中的正则化项倾向于产生稀疏系数，使得模型有选择变量的能力；而岭回归中的正则化项可以克服 LASSO 回归的一些限制，如可以克服选择变量个数的限制。

3.7 回归模型的评价指标

分类问题的评价指标主要是准确率，而回归算法的评价指标是均方误差（Mean Squared Error，MSE）、均方根误差（Root Mean Squared Error，RMSE）、平均绝对误差（Mean Absolute Error，MAE）和决定系数（R-Squared，R^2）。评价指标 MSE、RMSE、MAE 从是否预测到了正确的值角度对模型进行评价；而评价指标 R^2 从是否拟合了足够信息的角度对模型进行评价。评价指标 MRE（Mean Relative Error，平均相对误差）反映了预测值相对于真实值的偏离程度。在下面的公式中，m 代表总的样本个数；y_i 代表真实值；$\hat{y}_i$ 代表预测值。

1）MSE 的计算公式为

$$\frac{1}{m} \sum_{i=1}^{m} (y_i - \hat{y}_i)^2 \tag{3-36}$$

MSE 越小，说明模型的预测能力越好。但是，MSE 的值受数据量的影响，因此在比较不同模型时，需要使用其他指标。线性回归用 MSE 作为损失函数。

2）RMSE 的计算公式为

$$\sqrt{\frac{1}{m} \sum_{i=1}^{m} (y_i - \hat{y}_i)^2} \tag{3-37}$$

RMSE 是 MSE 的二次方根，两者的本质是一样的，只是为了更好描述数据。例如做房价预测，每平方米的单位是万元，预测结果的单位也是万元。那么，差值的平方的单位是千万级

别的，这就不太好描述。取二次方根后误差的结果就跟数据是一个级别的，在描述模型的时候，模型的误差就是多少万元。所以，RMSE 的值与 MSE 的值相比更易于理解，因为它与原始数据的单位相同，RMSE 越小，说明模型的预测能力越好。

3）MAE 的计算公式为

$$\frac{1}{m}\sum_{i=1}^{m}|(y_i - \hat{y}_i)| \tag{3-38}$$

平均绝对误差是预测值与真实值之间差异的绝对值的平均值。MAE 越小，说明模型的预测能力越好。与 MSE 相比，MAE 鲁棒性更强，因为它不受异常值的影响。

4）R-Squared。对于回归算法而言，只探索数据预测是否准确是不够的。除了数据本身的数值大小之外，还希望模型能够捕捉到数据的"规律"，比如数据的分布规律、单调性等，而是否捕捉了这些信息无法使用 MSE 来衡量。

如图 3-5 所示，灰色线代表真实标签，而黑色线代表拟合模型（预测值）。前半部分的拟合非常成功，看上去真实标签和预测值几乎重合，但后半部分的拟合非常糟糕，模型向着与真实标签完全相反的方向去了。这是一种比较极端但的确可能发生的情况。

对于这样的一个拟合模型，如果使用 MSE 来对它进行判断，MSE 的值会很小，因为大部分样本其实都被完美拟合了，少数样本的真实值和预测值的巨大差异在被均分到每个样本上之后就会很小。但这样的拟合结果必然不是一个好结果，因为一旦新样本是处于拟合曲线的后半段的，那么预测结果必然会有巨大的偏差，而这不

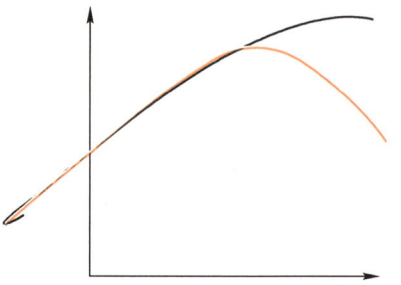

图 3-5　真实值和预测值曲线

是希望看到的。所以，希望找到新的指标，除了判断预测的数值是否正确之外，还能够判断模型是否拟合了足够多的数值之外的信息。

方差的本质是任意一个值和样本均值的差异，这种差异越大，这些值所带的信息就越多。R^2 的计算公式为

$$R^2 = 1 - \frac{\sum_{i=1}^{m}(y_i - \hat{y}_i)^2}{\sum_{i=1}^{m}(y_i - \bar{y}_i)^2} = 1 - \frac{\frac{1}{m}\sum_{i=1}^{m}(y_i - \hat{y}_i)^2}{\frac{1}{m}\sum_{i=1}^{m}(y_i - \bar{y}_i)^2} = 1 - \frac{\mathrm{MSE}(y, \hat{y})}{\mathrm{Var}(y)} \tag{3-39}$$

其中，$\mathrm{Var}(y)$ 代表方差；$\mathrm{MSE}(y, \hat{y})$ 代表预测值与真实值之间的误差。公式中，分子是真实值和预测值之间的差值，也就是模型没有捕获到的信息总量，分母是真实标签所带的信息量，所以两者相除代表模型没有捕获到的信息量占真实标签中所带的信息量的比例。R^2 是评价回归模型拟合优度的指标，表示模型解释因变量变异的比例。R^2 的取值范围为 0~1，越接近 1，说明模型的拟合效果越好。但是，R^2 也存在一些问题，例如当自变量数量增加时，R^2 的值会增加，但并不一定意味着模型的预测能力更好。

5）MRE 是用来衡量预测值与实际值之间误差的统计指标。其计算公式为

$$\frac{\sum_{i=1}^{m}|y_i - \hat{y}_i|}{\sum_{i=1}^{m}y_i} \tag{3-40}$$

MRE 反映了预测值相对于实际值的平均误差程度，能够更直观地理解预测的准确程度。MRE 能够帮助了解预测模型的整体准确度。当 MRE 较小时，说明模型的预测比较准确；而当 MRE 较大时，说明模型的预测相对于实际值的偏差较大，需要进一步改进预测模型。

3.8 回归分析实践

3.8.1 构建波士顿房价预测模型

本小节采用的波士顿住房数据集源自 UCI 机器学习存储库，一共有 506 个房屋数据，每个房屋用 14 个特征进行描述，是关于马萨诸塞州波士顿各个郊区房屋的汇总数据。可以通过网址 https://www.kaggle.com/datasets/schirmerchad/bostonhoustingmlnd 进行下载。波士顿房屋数据集包含 14 个属性（特征），它们分别代表的含义如下。

1) CRIM：城镇人均犯罪率。
2) ZN：住宅用地超过 25 000 平方英尺（1 平方英尺≈0.0923 平方米）的比例。
3) INDUS：城镇非零售商业用地的比例。
4) CHAS：是否靠近查尔斯河（Charles River）。如果房屋位于河边，则为 1；否则为 0。
5) NOX：NO（一氧化氮）的浓度（每千万份）。
6) RM：每个住宅的平均房间数。
7) AGE：1940 年以前建造的自住房屋的比例。
8) DIS：距离五个波士顿就业中心的加权距离。
9) RAD：距离高速公路的便利指数。
10) TAX：每 10 000 美元的全值财产税率。
11) PTRATIO：城镇的师生比例。
12) B：计算方法为 $1000\times(Bk-0.63)^2$，其中 Bk 是城镇中黑人的比例。
13) LSTAT：人口中地位较低人群的百分比。
14) MEDV：自住房屋价值的中位数（以千美元为单位）。

这些属性描述了波士顿地区不同房屋及其所在社区的各种特征。其中，CRIM、ZN、INDUS、CHAS、NOX、RM、AGE、DIS、RAD、TAX、PTRATIO、B 和 LSTAT 作为自变量（特征），用于预测因变量（房屋价格）MEDV。

假设此数据集下载后放在了 d:/data/ 目录下，对应的文件名字为 Boston_Housing_Data.csv。下面使用这些属性来探索不同特征与房屋价格之间的关系，以及各个属性对房屋价格的影响程度。分别利用一元线性回归、多元线性回归、多项式回归（degree=8）、岭回归（alpha=10）、LASS 回归（alpha=0.1）和弹性网络（alpha=0.1，L1 Ratio=0.7）等模型来构建波士顿房价预测模型。实践过程中采用 Pandas、NumPy 和 Scikit-Learn（sklearn）等库进行实现。

1. 一元线性回归

下面分别从如何加载数据集、可视化数据集的重要特点、实现一元线性回归模型、对模型进行评估，以及对新样本进行预测几个角度展示构建一元线性回归模型的过程。

（1）加载数据集

```
import pandas as pd
import numpy as np
from sklearn.model_selection import train_test_split
from sklearn.linear_model import LinearRegression
from sklearn.metrics import mean_squared_error, r2_score

df=pd.read_csv('d:/data/Boston_Housing_Data.csv')
df.head()
```

运行结果如图 3-6 所示。

	CRIM	ZN	INDUS	CHAS	NOX	RM	AGE	DIS	RAD	TAX	PTRATIO	B	LSTAT	MEDV
0	0.00632	18.0	2.31	0.0	0.538	6.575	65.2	4.0900	1	296	15.3	396.90	4.98	24.0
1	0.02731	0.0	7.07	0.0	0.469	6.421	78.9	4.9671	2	242	17.8	396.90	9.14	21.6
2	0.02729	0.0	7.07	0.0	0.469	7.185	61.1	4.9671	2	242	17.8	392.83	4.03	34.7
3	0.03237	0.0	2.18	0.0	0.458	6.998	45.8	6.0622	3	222	18.7	394.63	2.94	33.4
4	0.06905	0.0	2.18	0.0	0.458	7.147	54.2	6.0622	3	222	18.7	396.90	NaN	36.2

图 3-6 数据集的前 5 行数据

（2）可视化数据集的重要特点

探索性数据分析（EDA）是在进行机器学习模型训练之前的重要一步，旨在通过可视化和统计方法来了解数据的特征、结构和潜在模式。在本小节的其余部分将使用图形化的 EDA 工具箱中的一些简单而有用的技术，这些技术有助于直观地发现异常值、进行数据分析及观察特征之间的关系。

1）创建散点图矩阵。这里就是把数据集中不同特征之间的成对相关性放在一张图上直观地表达出来。此数据集包括 14 个属性，若将所有属性之间对应的散点图放在一张图中太大，所以这里首先选择属性 CRIM、ZN、INDUS、CHAS、NOX、RM 和 MEDV 绘制散点图。相应的实现代码如下。

```
# 导入绘图模块
import seaborn as sns
import matplotlib.pyplot as plt

# 选择特定的列
cols=['CRIM','ZN','INDUS','CHAS','NOX','RM','MEDV']

# 使用 seaborn 的 pairplot() 函数绘制散点图矩阵
sns.pairplot(df[cols],height=1.2)

# 调整图表布局
plt.tight_layout()

# 显示图表
plt.show()
```

运行结果如图 3-7 所示。

再选择属性 AGE、DIS、RAD、TAX、PTRATIO、B、LSTAT、MEDV 绘制散点图，相应的实现代码如下。

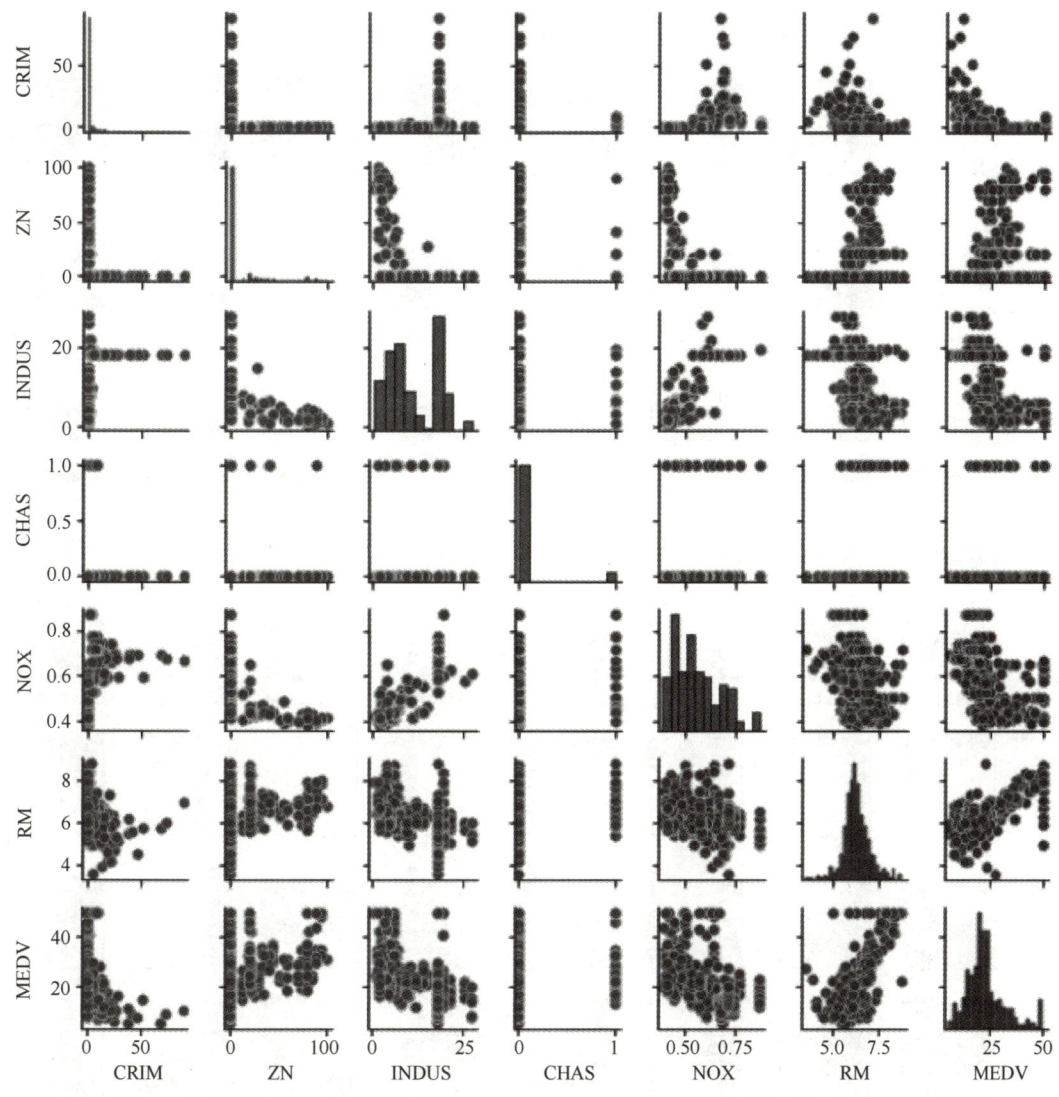

图 3-7 数据集中前 7 个属性对应的散点图

```
# 导入绘图模块
import seaborn as sns
import matplotlib.pyplot as plt

# 选择特定的列
cols = ['AGE','DIS','RAD','TAX','PTRATIO','B','LSTAT','MEDV']

# 使用 seaborn 的 pairplot 绘制散点图矩阵
sns.pairplot(df[cols], height=1.2)

# 调整图表布局
plt.tight_layout()

# 显示图表
plt.show()
```

运行结果如图3-8所示。

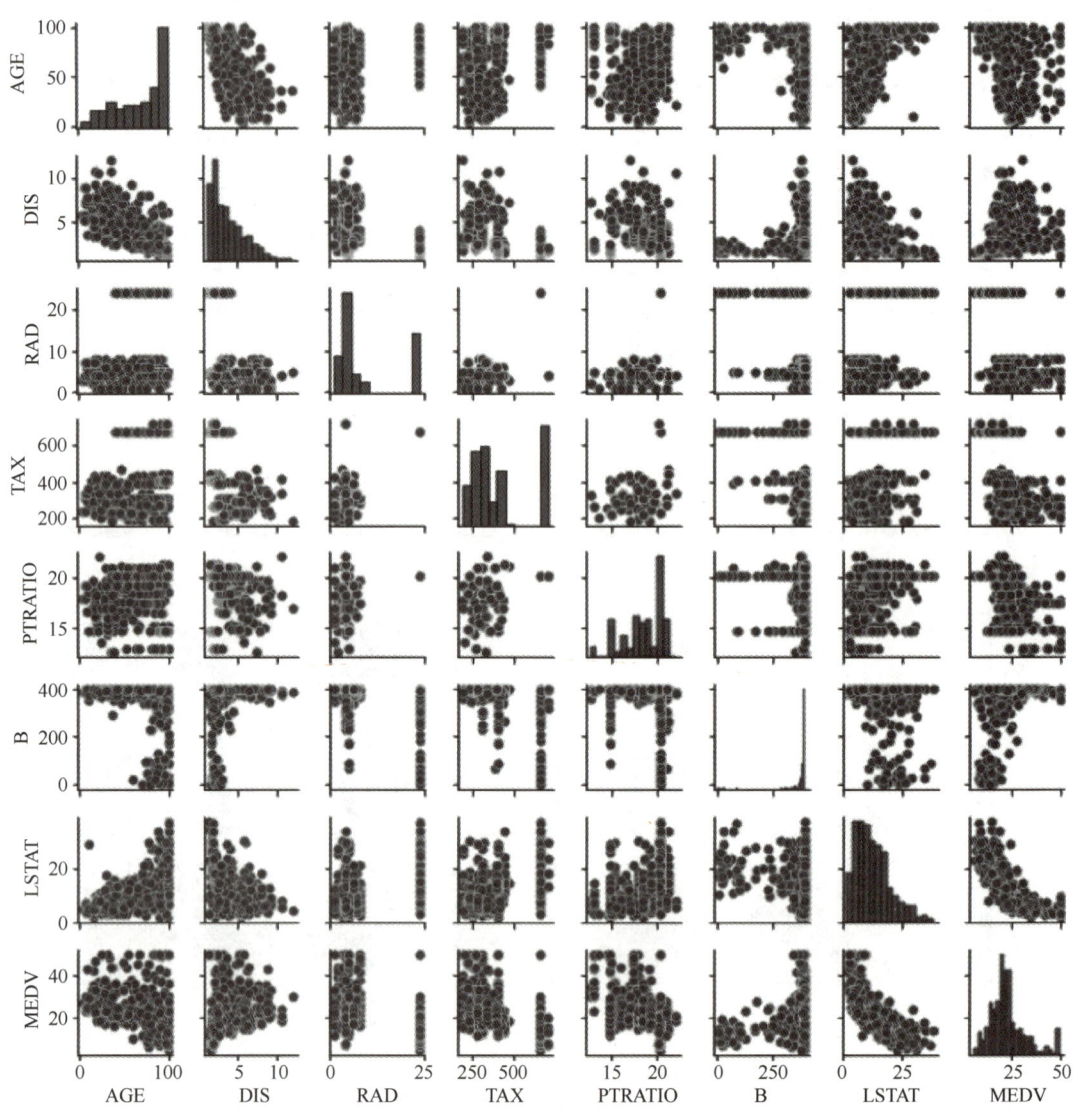

图3-8 数据集中后7个属性对应的散点图

根据图3-7和图3-8所示的散点图矩阵能够快速分辨出数据的分布情况以及是否含有异常值。可以看出，MEDV与RM和LSTAT之间存在线性关系。此外，可以从图3-7和图3-8右下角的直方图看到，MEDV似乎成正态分布，但也包含几个异常值。

2）用相关系数矩阵查看关系。上面把住房数据集属性的数据分布以直方图和散点图的形式可视化，下一步创建相关系数矩阵来量化和概括各个属性之间的线性关系。这里的相关系数矩阵与线性代数中的协方差矩阵密切相关，相关系数（r）的值范围为-1~1。如果$r=1$，说明两个特征之间完全正相关；如果$r=0$，说明两个特征之间完全不相关；如果$r=-1$，说明两个特征之间完全负相关。相关系数矩阵的实现代码如下。

```
import pandas as pd
import seaborn as sns
import matplotlib.pyplot as plt
```

```python
# 从 CSV 文件读取数据
csv_file_path = 'd:/data/Boston_Housing_Data.csv'    # 替换为实际的 CSV 文件路径
df = pd.read_csv(csv_file_path)

# 计算相关系数矩阵
correlation_matrix = df.corr()

# 绘制热力图
plt.figure(figsize=(10, 8))
sns.heatmap(correlation_matrix, annot=True, cmap='coolwarm', center=0)
plt.title('Correlation Matrix Heatmap')
plt.show()
```

上述代码通过 df.corr() 计算相关系数矩阵,最后使用 seaborn 的 heatmap() 函数绘制热力图,以可视化相关系数矩阵。运行结果如图 3-9 所示。

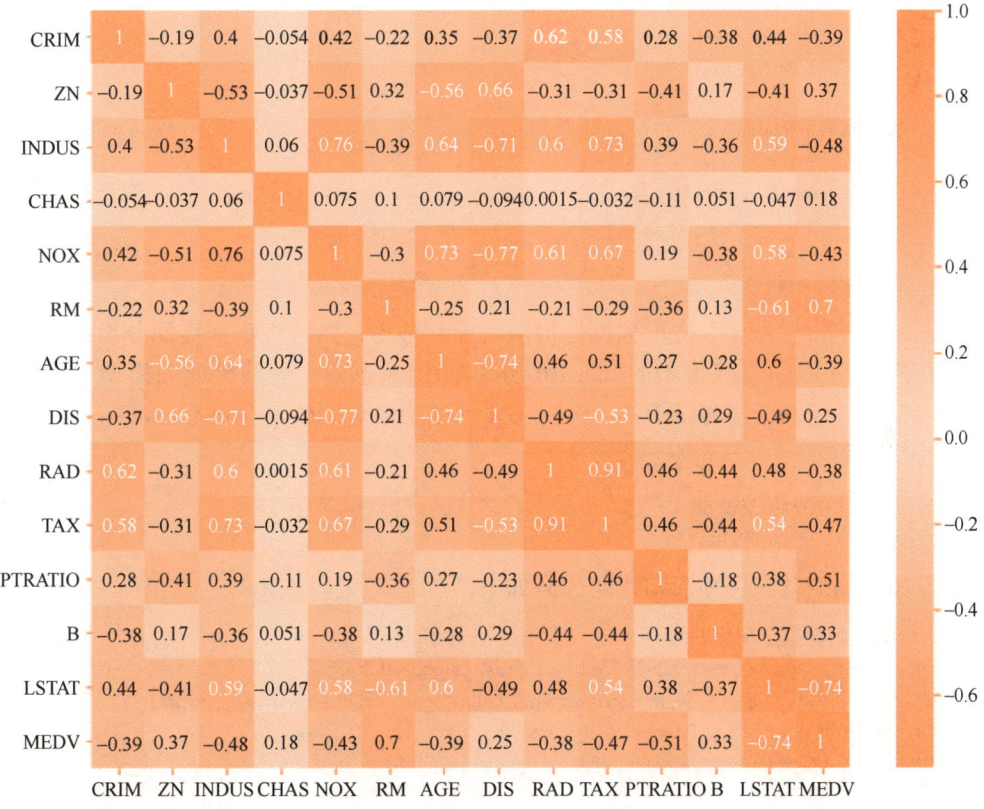

图 3-9 相关系数矩阵

相关系数矩阵提供了另外一个有用的概要图,它有助于根据各自的线性相关性选择特征。为了拟合线性回归模型,只对那些与目标变量 MEDV 高度相关的特征感兴趣。分析图 3-9,目标变量 MEDV 与变量 LSTAT 的相关系数为-0.74,说明两者之间的负相关性很大;目标变量 MEDV 与变量 RM 的相关系数为 0.7,说明两者之间的正相关性很大。根据图 3-7 和图 3-8 的散点图也发现 MEDV 与 LSTAT 负相关、MEDV 与 RM 正相关。

(3)实现一元线性回归模型

下面把 RM 作为自变量,MEDV 作为因变量,建立一元线性回归模型。实现代码如下。

```python
import pandas as pd
import numpy as np
from sklearn.model_selection import train_test_split
from sklearn.linear_model import LinearRegression
import matplotlib.pyplot as plt

# 读取数据集
data = pd.read_csv('d:/data/Boston_Housing_Data.csv')

# 提取自变量和因变量
X = data['RM'].values.reshape(-1, 1)        # 自变量：房间总数
y = data['MEDV']                             # 因变量：房屋中位数价值

# 将数据集拆分为训练集和测试集
X_train, X_test, y_train, y_test = train_test_split(X, y, test_size=0.3, random_state=42)

# 创建并拟合线性回归模型
model = LinearRegression()
model.fit(X_train, y_train)

# 获取回归系数和截距
slope = model.coef_[0]
intercept = model.intercept_

print(f'斜率：{slope}')
print(f'截距：{intercept}')
```

在上述代码中，首先读入房屋数据，提取特征和标签，然后将数据集划分为训练集和测试集；接着，使用 Scikit-Learn 库中的 LinearRegression() 来创建一元线性回归模型，并使用训练集来训练模型；最后，使用 model.coef_[0] 来获得模型系数，使用 model.intercept_来获得模型截距。运行结果如下。

```
斜率：9.118102197303786
截距：-34.662307438406785
```

绘制原始数据的散点图和回归线的代码如下。

```python
# 绘制原始数据点和回归线
plt.scatter(X_test, y_test, label='Actual Prices', alpha=0.5)
plt.plot(X_test, slope * X_test + intercept, color='red', label='Regression Line')
plt.xlabel('RM (Average Number of Rooms)')
plt.ylabel('Price')
plt.legend()
plt.title('Boston Housing Prices Prediction (Linear Regression)')
plt.show()
```

运行结果如图 3-10 所示。

（4）评价一元线性回归模型的性能

可用均方误差和决定系数来评价此模型的性能，均方误差和决定系数的具体定义在第 3.7 节中已介绍过，这里只简单回顾一下。均方误差（MSE）衡量了模型预测值与实际观测值之间的平均差异。决定系数（R^2）度量了模型对因变量变异性的解释程度，取值范围为 0~1，较高的决定系数表示模型能更好地解释因变量的变异性。

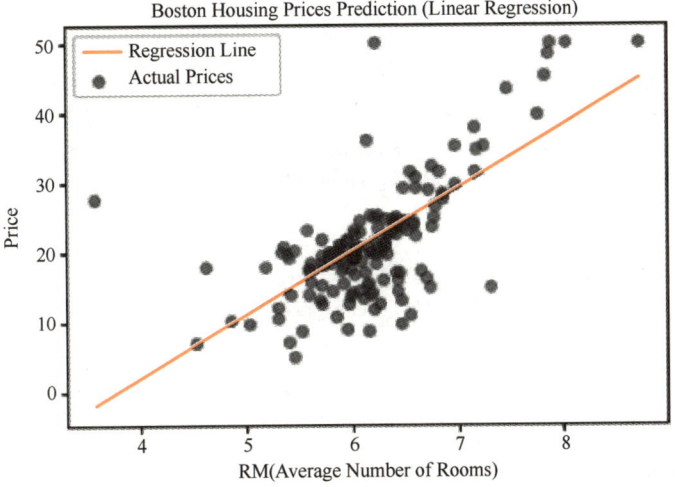

图 3-10 样本点和拟合的直线

用 MSE 和 R^2 评价此模型的实现代码如下。

```
import numpy as np
import pandas as pd
from sklearn.model_selection import train_test_split
from sklearn.linear_model import LinearRegression
from sklearn.metrics import mean_squared_error, r2_score

# 读取数据集
data = pd.read_csv('d:/data/Boston_Housing_Data.csv')

# 提取自变量和因变量
X = data['RM'].values.reshape(-1,1)        # 自变量:房间总数
y = data['MEDV']                           # 因变量:房屋价值中位数

# 数据划分
X_train, X_test, y_train, y_test = train_test_split(X, y, test_size=0.2, random_state=42)

# 创建线性回归模型
model = LinearRegression()

# 使用最小二乘法在训练集上拟合模型
model.fit(X_train, y_train)

# 在训练集上进行预测
y_train_pred = model.predict(X_train)

# 在测试集上进行预测
y_test_pred = model.predict(X_test)

# 计算均方误差和决定系数
train_mse = mean_squared_error(y_train, y_train_pred)
train_r2 = r2_score(y_train, y_train_pred)

test_mse = mean_squared_error(y_test, y_test_pred)
```

```python
test_r2 = r2_score(y_test, y_test_pred)

# 输出评价指标
print("训练集评价指标:")
print(f"Mean Squared Error (MSE): {train_mse:.2f}")
print(f"Coefficient of Determination (R²): {train_r2:.2f} \n")

print("测试集评价指标:")
print(f"Mean Squared Error (MSE): {test_mse:.2f}")
print(f"Coefficient of Determination (R²): {test_r2:.2f}")
```

运行结果如下。

```
训练集评价指标:
Mean Squared Error (MSE): 43.00
Coefficient of Determination (R²): 0.51

测试集评价指标:
Mean Squared Error (MSE): 46.14
Coefficient of Determination (R²): 0.37
```

由运行结果可知：训练集的均方误差为 43，而测试集的均方误差为 46.14，表明此模型的性能比较好；训练集的决定系数为 0.51，而测试集的决定系数为 0.37，可见此模型有过拟合倾向。

（5）对新样本进行预测

对新样本进行预测的实现代码如下。

```python
# 对新样本进行预测
new_rm = np.array([[4]])          # 新样本的 RM 值
predicted_price = model.predict(new_rm)

print(f"预测的房价为: {predicted_price[0]:.2f}")
```

运行结果如下。

```
预测的房价为: 1.15
```

此结果说明具有四个房间的房屋的价格为 1.15 千美元。

2. 多元线性回归

房价预测是回归分析应用中的一个经典案例。一元线性回归模型简单，但房价不可能只与一个自变量有关。下面基于多元回归的理论知识构建多元线性回归模型，来解决波士顿房价的预测问题。根据图 3-7 和图 3-8 所示的数据点的散点图，选择特征 RM、ZN 和 B 作为自变量，MEDV 作为因变量建立一个多元线性回归模型，具体实现代码如下。

```python
import pandas as pd
import numpy as np
from sklearn.model_selection import train_test_split
from sklearn.linear_model import LinearRegression
from sklearn.metrics import mean_squared_error, r2_score
import matplotlib.pyplot as plt

# 读取波士顿房价数据集
df = pd.read_csv('d:/data/Boston_Housing_Data.csv')
```

```python
# 计算 RM 特征的均值
rm_mean = df['RM'].mean()
# 使用均值代替 NaN 值
df['RM'].fillna(rm_mean, inplace=True)

# 计算 ZN 的特征均值
zn_mean = df['ZN'].mean()
# 使用均值代替 NaN 值
df['ZN'].fillna(zn_mean, inplace=True)

# 计算 B 的特征均值
b_mean = df['B'].mean()
# 使用均值代替 NaN 值
df['B'].fillna(b_mean, inplace=True)

# 提取自变量和因变量
X = df[['RM','ZN', 'B']]            # 自变量
y = df['MEDV']                       # 因变量

# 将数据集拆分为训练集和测试集
X_train, X_test, y_train, y_test = train_test_split(X, y, test_size=0.3, random_state=42)

# 创建并拟合多元线性回归模型
model = LinearRegression()
model.fit(X_train, y_train)

# 在训练集上进行预测并计算残差
y_train_pred = model.predict(X_train)
train_residuals = y_train - y_train_pred

# 在测试集上进行预测并计算残差
y_test_pred = model.predict(X_test)
test_residuals = y_test - y_test_pred

# 输出训练集和测试集的模型评价结果
train_mse = mean_squared_error(y_train, y_train_pred)
train_r2 = r2_score(y_train, y_train_pred)
test_mse = mean_squared_error(y_test, y_test_pred)
test_r2 = r2_score(y_test, y_test_pred)

print('Train Data - Mean Squared Error (MSE):', train_mse)
print('Train Data - Coefficient of Determination (R²):', train_r2)
print('Test Data - Mean Squared Error (MSE):', test_mse)
print('Test Data - Coefficient of Determination (R²):', test_r2)
```

上述代码选择均方误差（MSE）和决定系数（R^2）作为模型的评价指标。运行结果如下。

```
Train Data - Mean Squared Error (MSE): 39.01988844681579
Train Data - Coefficient of Determination (R²): 0.5560702031454775
Test Data - Mean Squared Error (MSE): 33.210008333895374
Test Data - Coefficient of Determination (R²): 0.5543064198205606
```

测试数据的均方误差比训练数据的均方误差小，且两者的决定系数都约为 0.55，说明此模型在预测房价方面性能一般。但与前面的利用一元线性回归模型相比，该模型的 MSE 减少

了，决定系数得到了提高，证明多元线性回归模型比一元线性回归模型优秀。

由于本模型使用了多个特征，因此无法在二维图中可视化线性回归线（更准确地说是超平面），但是可以通过绘制残差（实际值与预测值之间的差异）图来判断回归模型。残差图是判断回归模型常用的图形工具，有助于检测非线性和异常值，并检查这些误差是否是随机分布的，绘制残差图的代码如下。

```python
# 绘制训练数据和测试数据的残差图
plt.figure(figsize=(12, 6))

plt.subplot(1, 2, 1)
plt.scatter(y_train_pred, train_residuals, c='blue', label='Train Data')
plt.axhline(y=0, color='r', linestyle='--')
plt.xlabel('Predicted Values')
plt.ylabel('Residuals')
plt.title('Train Data Residual Plot')
plt.legend()

plt.subplot(1, 2, 2)
plt.scatter(y_test_pred, test_residuals, c='green', label='Test Data')
plt.axhline(y=0, color='r', linestyle='--')
plt.xlabel('Predicted Values')
plt.ylabel('Residuals')
plt.title('Test Data Residual Plot')
plt.legend()

plt.tight_layout()
plt.show()
```

上述代码的运行结果如图 3-11 所示。

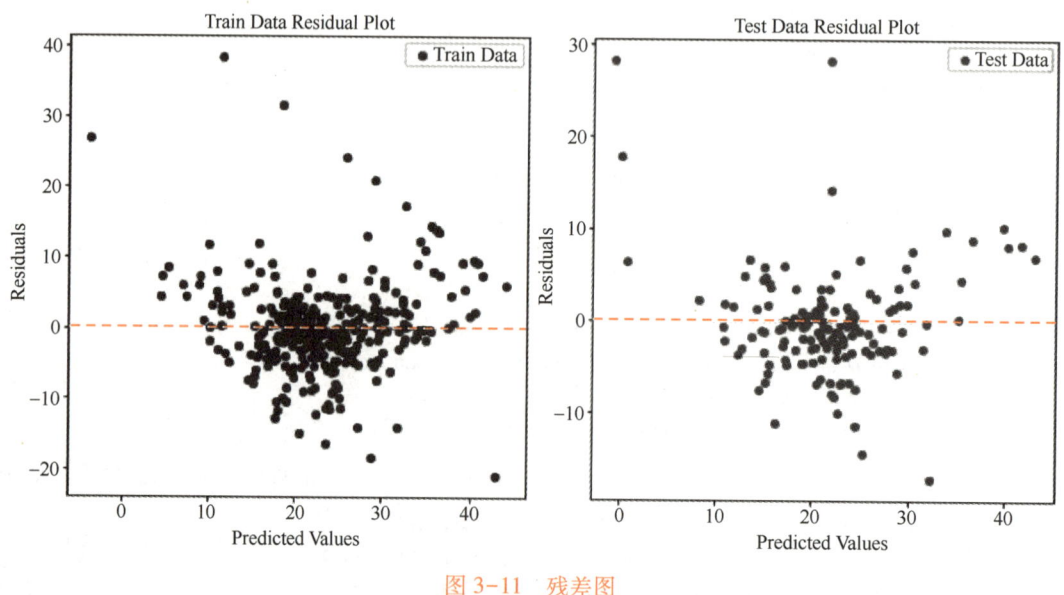

图 3-11　残差图

由图 3-11 可以发现，残差图中有一条线通过 x 轴原点，该线称为中心线。在理想情况下，残差恰好为 0，但这是现实中可能永远都达不到的目标。然而，期望好的回归模型的残差会随机分布在中心线附近。从图 3-11 中观察到，无论训练数据的残差还是测试数据的残差都有离中心线比较远的异常点，这些异常点会导致此模型的误差加大。

假设有一个新样本 RM=6，ZN=2.5，B=200.98，下面用训练好的多元线性回归模型对此新样本进行预测。具体实现代码如下。

```
# 对新样本进行预测
new_rm = np.array([[6,2.5,200.98]])        # 新样本的 RM 值
predicted_price = model.predict(new_rm)

print(f"预测的房价为：{predicted_price[0]:.2f}")
```

运行结果如下。

```
预测的房价为：15.96
```

上面的运行结果表明此新房屋样本对应的房屋价格为 15.96 千美元。

3. 多项式回归

多项式回归可以拟合非线性关系，由图 3-8 所示的散点图可知，房屋价格（MEDV）与特征（LSTAT）成非线性关系，可用特征（LSTAT）作为自变量、房屋价格（MEDV）作为因变量，利用多项式回归对波士顿房价进行建模。具体实现代码如下。

```python
import numpy as np
import pandas as pd
import matplotlib.pyplot as plt
from sklearn.preprocessing import PolynomialFeatures
from sklearn.linear_model import LinearRegression
from sklearn.metrics import mean_squared_error, r2_score
from sklearn.model_selection import train_test_split, GridSearchCV
from sklearn.pipeline import Pipeline

# 读取波士顿房价数据集
df = pd.read_csv('d:/data/Boston_Housing_Data.csv')

# 计算 LSTAT 特征的均值
rm_mean = df['LSTAT'].mean()
# 使用均值代替 NaN 值
df['LSTAT'].fillna(rm_mean, inplace=True)

lstat = df['LSTAT'].values.reshape(-1, 1)
medv = df['MEDV'].values

# 划分训练集和测试集
X_train, X_test, y_train, y_test = train_test_split(lstat, medv, test_size=0.2, random_state=42)

# 定义多项式的次数范围
param_grid = {'poly__degree': np.arange(1, 10)}

# 创建 Pipeline
model = Pipeline([
    ('poly', PolynomialFeatures()),
    ('reg', LinearRegression())
])
```

```
# 使用网格搜索进行多项式次数的调优
grid_search = GridSearchCV(model, param_grid, cv=5, scoring='neg_mean_squared_error')
grid_search.fit(X_train, y_train)

# 获取最佳的多项式次数
best_degree = grid_search.best_params_['poly__degree']
print("最佳的多项式次数:", best_degree)

# 使用最佳的多项式次数重新训练模型
model.set_params(poly__degree=best_degree)
model.fit(X_train, y_train)

# 在训练集上进行预测和评价
y_train_pred = model.predict(X_train)
mse_train = mean_squared_error(y_train, y_train_pred)
r2_train = r2_score(y_train, y_train_pred)

print("训练集的均方误差:", mse_train)
print("训练集的决定系数:", r2_train)

# 在测试集上进行预测和评价
y_test_pred = model.predict(X_test)
mse_test = mean_squared_error(y_test, y_test_pred)
r2_test = r2_score(y_test, y_test_pred)

print("测试集的均方误差:", mse_test)
print("测试集的决定系数:", r2_test)
```

在上述代码中,"model = Pipeline([('poly', PolynomialFeatures()), ('reg', LinearRegression())])"的作用是创建一个"Pipeline"对象,其中包含两个步骤:poly 和 reg。

1) poly 步骤:使用 PolynomialFeatures() 将输入数据进行多项式特征转换。
2) reg 步骤:使用 LinearRegression() 进行线性回归建模。

将这两个步骤组合在一起,可以使用单个对象来便捷地进行多项式回归。在使用 model 进行训练和预测时,数据会先通过多项式特征转换,然后再通过线性回归模型进行拟合和预测。这种方式可以简化多项式回归过程的代码编写,并使代码更易于理解和维护。可以通过调用 model.fit() 进行拟合,调用 model.predict() 进行预测。

上述代码的运行结果如下。

```
最佳的多项式次数: 8
训练集的均方误差: 30.952528791153547
训练集的决定系数: 0.6437053525533559
测试集的均方误差: 23.607477217932992
测试集的决定系数: 0.6780818307665634
```

由运行结果可见,多项式次数的最优值为 8。MSE 值较大,说明模型的预测误差较大,并不是一个很好的模型,决定系数的取值越接近 1 表示模型能够更好地解释目标变量的变异,此模型的决定系数为 0.67,相对前面的模型性能较好。

多项式回归拟合曲线的实现代码如下。

```
# 绘制多项式回归拟合曲线
X_range = np.linspace(np.min(X_train), np.max(X_train), 100).reshape(-1, 1)
```

```
y_range_pred = model.predict(X_range)

plt.scatter(X_train, y_train, color='blue', label='Training Data')
plt.scatter(X_test, y_test, color='red', label='Test Data')
plt.plot(X_range, y_range_pred, color='green', label='Polynomial Regression')
plt.xlabel('LSTAT')
plt.ylabel('MEDV')
plt.title('Polynomial Regression for degree 8')
plt.legend()
plt.show()
```

运行结果如图 3-12 所示。

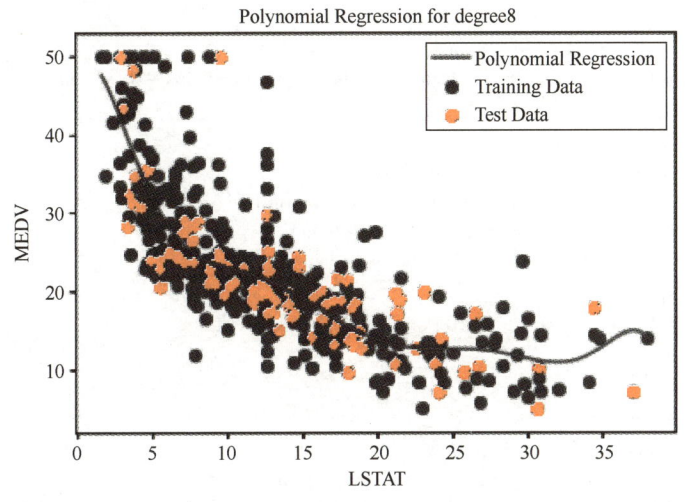

图 3-12　多项式回归拟合曲线

4. 正则化回归

通过前面的实例了解到，对波士顿房价的预测利用多元线性回归比利用一元线性回归更优。下面利用第 3.6 节讲过的三种正则化方法，分别对多元线性回归模型正则化。

（1）利用岭回归模型训练波士顿房价预测模型

```
import pandas as pd
import numpy as np
from sklearn.model_selection import train_test_split, GridSearchCV
from sklearn.linear_model import Ridge
from sklearn.preprocessing import PolynomialFeatures
from sklearn.metrics import mean_squared_error, r2_score
import matplotlib.pyplot as plt

# 读取波士顿房价数据集
df = pd.read_csv('d:/data/Boston_Housing_Data.csv')

# 计算 RM 特征的均值
rm_mean = df['RM'].mean()
# 使用均值代替 NaN 值
df['RM'].fillna(rm_mean, inplace=True)

# 计算 ZN 的特征均值
```

```python
zn_mean = df['ZN'].mean()
# 使用均值代替 NaN 值
df['ZN'].fillna(zn_mean, inplace=True)

# 计算 B 的特征均值
b_mean = df['B'].mean()
# 使用均值代替 NaN 值
df['B'].fillna(b_mean, inplace=True)

# 提取自变量和因变量
X = df[['RM', 'ZN', 'B']]    # 自变量
y = df['MEDV']               # 因变量

# 将数据集拆分为训练集和测试集
X_train, X_test, y_train, y_test = train_test_split(X, y, test_size=0.3, random_state=42)

# 创建多项式特征
polynomial_features = PolynomialFeatures(degree=3)
X_train_poly = polynomial_features.fit_transform(X_train)
X_test_poly = polynomial_features.transform(X_test)

# 设置参数网格
param_grid = {'alpha': [0.1, 1, 10]}    # 不同的 alpha 值

# 创建 Ridge 模型
ridge_model = Ridge()
# 使用 GridSearchCV() 进行参数搜索
grid_search = GridSearchCV(ridge_model, param_grid, cv=5)
grid_search.fit(X_train_poly, y_train)

# 输出最优模型的评价指标
best_model = grid_search.best_estimator_
y_train_pred = best_model.predict(X_train_poly)
y_test_pred = best_model.predict(X_test_poly)

train_mse = mean_squared_error(y_train, y_train_pred)
train_r2 = r2_score(y_train, y_train_pred)
test_mse = mean_squared_error(y_test, y_test_pred)
test_r2 = r2_score(y_test, y_test_pred)

# 获取最佳模型的参数
best_alpha = grid_search.best_params_['alpha']

print('Best Model - Mean Squared Error (MSE) on Train Data:', train_mse)
print('Best Model - Coefficient of Determination (R²) on Train Data:', train_r2)
print('Best Model - Mean Squared Error (MSE) on Test Data:', test_mse)
print('Best Model - Coefficient of Determination (R²) on Test Data:', test_r2)
print('Best Model - Best Alpha:', best_alpha)
```

运行结果如下。

Best Model - Mean Squared Error(MSE) on Train Data: 30.791602375366125
Best Model - Coefficient of Determination (R^2) on Train Data: 0.6496835246991333
Best Model - Mean Squared Error (MSE) on Test Data: 25.96076258595544

Best Model - Coefficient of Determination (R^2) on Test Data:0.6515946306067744
Best Model - Best Alpha:10

(2) 利用 LASS 回归模型训练波士顿房价预测模型

```python
import pandas as pd
import numpy as np
from sklearn.model_selection import train_test_split
from sklearn.linear_model import Lasso
from sklearn.metrics import mean_squared_error,r2_score
from sklearn.model_selection import GridSearchCV

# 读取波士顿房价数据集
df = pd.read_csv('d:/data/Boston_Housing_Data.csv')

# 计算 RM 特征的均值
rm_mean = df['RM'].mean()
# 使用均值代替 NaN 值
df['RM'].fillna(rm_mean, inplace=True)

# 计算 ZN 的特征均值
zn_mean = df['ZN'].mean()
# 使用均值代替 NaN 值
df['ZN'].fillna(zn_mean, inplace=True)

# 计算 B 的特征均值
b_mean = df['B'].mean()
# 使用均值代替 NaN 值
df['B'].fillna(b_mean, inplace=True)

# 提取自变量和因变量
X = df[['RM', 'ZN', 'B']]    # 自变量
y = df['MEDV']               # 因变量

# 将数据集拆分为训练集和测试集
X_train, X_test, y_train, y_test = train_test_split(X, y, test_size=0.3, random_state=42)

# 定义参数网格
param_grid = {'alpha': [0.01, 0.1, 1, 10, 100]}

# 创建 LASSO 回归模型
lasso_model = Lasso()
# 使用 GridSearchCV()进行参数搜索
grid_search = GridSearchCV(lasso_model, param_grid, cv=5)
grid_search.fit(X_train, y_train)

# 获取最佳模型和参数
best_model = grid_search.best_estimator_
best_params = grid_search.best_params_

# 在训练集上进行预测并计算评价指标
y_train_pred = best_model.predict(X_train)
train_mse = mean_squared_error(y_train, y_train_pred)
train_r2 = r2_score(y_train, y_train_pred)
```

```python
# 在测试集上进行预测并计算评价指标
y_test_pred = best_model.predict(X_test)
test_mse = mean_squared_error(y_test, y_test_pred)
test_r2 = r2_score(y_test, y_test_pred)

print('Best LASSO Model Train Data - Mean Squared Error (MSE):', train_mse)
print('Best LASSO Model Train Data - Coefficient of Determination (R²):', train_r2)
print('Best LASSO Model Test Data - Mean Squared Error (MSE):', test_mse)
print('Best LASSO Model Test Data - Coefficient of Determination (R²):', test_r2)

print('Best LASSO Model Parameters:', best_params)
```

运行结果如下。

Best LASSO Model Train Data - Mean Squared Error (MSE):39.04086658722044
Best LASSO Model Train Data - Coefficient of Determination (R^2):0.5558315345593048
Best LASSO Model Test Data - Mean Squared Error (MSE):33.13117282866155
Best LASSO Model Test Data - Coefficient of Determination (R^2):0.5553644285455105
Best LASSO Model Parameters:{'alpha': 0.1}

(3) 利用弹性网络模型训练波士顿房价预测模型

```python
import pandas as pd
import numpy as np
from sklearn.model_selection import train_test_split
from sklearn.linear_model import ElasticNet
from sklearn.metrics import mean_squared_error, r2_score
from sklearn.model_selection import GridSearchCV

# 读取波士顿房价数据集
df = pd.read_csv('d:/data/Boston_Housing_Data.csv')

# 计算 RM 特征的均值
rm_mean = df['RM'].mean()
# 使用均值代替 NaN 值
df['RM'].fillna(rm_mean, inplace=True)

# 计算 ZN 的特征均值
zn_mean = df['ZN'].mean()
# 使用均值代替 NaN 值
df['ZN'].fillna(zn_mean, inplace=True)

# 计算 B 的特征均值
b_mean = df['B'].mean()
# 使用均值代替 NaN 值
df['B'].fillna(b_mean, inplace=True)

# 提取自变量和因变量
X = df[['RM', 'ZN', 'B']]    # 自变量
y = df['MEDV']                # 因变量

# 将数据集拆分为训练集和测试集
X_train, X_test, y_train, y_test = train_test_split(X, y, test_size=0.3, random_state=42)

# 定义参数网格
```

```
param_grid = {'alpha': [0.01, 0.1, 1, 10, 100], 'l1_ratio': [0.1, 0.3, 0.5, 0.7,0.9]}

# 创建弹性网络回归模型
elastic_net_model = ElasticNet()
# 使用 GridSearchCV() 进行参数搜索
grid_search = GridSearchCV(elastic_net_model, param_grid, cv=5)
grid_search.fit(X_train, y_train)

# 获取最佳模型
best_model = grid_search.best_estimator_

# 在训练集上进行预测并计算评价指标
y_train_pred = best_model.predict(X_train)
train_mse = mean_squared_error(y_train, y_train_pred)
train_r2 = r2_score(y_train, y_train_pred)

# 在测试集上进行预测并计算评价指标
y_test_pred = best_model.predict(X_test)
test_mse = mean_squared_error(y_test, y_test_pred)
test_r2 = r2_score(y_test, y_test_pred)

# 获取最佳模型的参数
best_alpha = grid_search.best_params_['alpha']
best_l1_ratio = grid_search.best_params_['l1_ratio']

print('Best Elastic Net Model Train Data - Mean Squared Error (MSE):', train_mse)
print('Best Elastic Net Model Train Data - Coefficient of Determination (R²):', train_r2)
print('Best Elastic Net Model Test Data - Mean Squared Error (MSE):', test_mse)
print('Best Elastic Net Model Test Data - Coefficient of Determination (R²):', test_r2)
print('Best Elastic Net Model Best Alpha:', best_alpha)
print('Best Elastic Net Model Best L1 Ratio:', best_l1_ratio)
```

运行结果如下。

```
Best Elastic Net Model Train Data - Mean Squared Error (MSE): 39.212725225679236
Best Elastic Net Model Train Data - Coefficient of Determination (R²):0.5538762965128736
Best Elastic Net Model Test Data - Mean Squared Error (MSE): 33.06887107555727
Best Elastic Net Model Test Data - Coefficient of Determination (R²): 0.5562005467154707
Best Elastic Net Model Best Alpha: 0.1
Best Elastic Net Model Best L1 Ratio: 0.7
```

5. 综合分析各种波士顿房价预测模型

前面分别采用一元线性回归、多元线性回归、多项式回归、岭回归、LASS 回归和弹性网络共 6 种方式对波士顿房价预测进行了建模,且得到了在训练集和测试集上的性能评价指标(这里采用的评价指标是均方误差(MSE)和决定系数(R^2)),具体信息见表 3-1。其中,三种正则化回归(岭回归、LASS 回归和弹性网络)是对多元线性回归的正则化。

表 3-1 6 种回归模型的评价指标信息

评价指标	MSE(训练集)	R^2(训练集)	MSE(测试集)	R^2(测试集)
一元线性回归	43.000000	0.510000	46.140000	0.370000
多元线性回归	39.019888	0.556070	33.210008	0.554306

(续)

评价指标	MSE（训练集）	R^2（训练集）	MSE（测试集）	R^2（测试集）
多项式回归（Degree=8）	30.952529	0.643705	23.607612	0.678080
岭回归（Alpha=10）	30.791602	0.649684	25.960763	0.651595
LASS回归（Alpha=0.1）	39.040867	0.555832	33.131173	0.555364
弹性网络（Alpha=0.1, L1 Ratio=0.7）	39.212725	0.553876	33.068871	0.556201

由表 3-1 可知，对波士顿房价预测最好的模型是次数为 8 的多项式回归模型，岭回归模型次之，一元线性回归模型最差。

3.8.2 构建信用卡欺诈行为分类模型

本案例将使用 Kaggle 中的 Credit Card Fraud Detection 数据集，并对数据进行预处理，然后使用对率回归模型对是否进行欺诈进行训练和预测。在 Credit Card Fraud Detection 数据集中，共有 10000001 个样本，欺诈样本为 87403 个，占总样本的 0.874%。属性（特征）的含义如下。

1）distance_from_home：交易地点与持卡人住所的距离。
2）distance_from_last_transaction：当前交易与上一笔交易之间的距离。
3）ratio_to_median_purchase_price：交易金额与该持卡人历史交易中位数的比值。
4）repeat_retailer：该交易是否为重复零售商。
5）used_chip：是否使用芯片技术进行交易。
6）used_pin_number：是否使用了 PIN 码进行交易。
7）online_order：该交易是否是线上订单。
8）fraud：这是目标变量（标签），用于表示该交易是否为欺诈交易。fraud 的取值通常为 0（非欺诈交易）或 1（欺诈交易），是二分类问题的标签。

根据数据集的属性和含义，这个数据集的任务是通过以上属性预测交易是否为欺诈交易，属于一个典型的二分类问题。当应用对率回归模型进行信用卡欺诈行为预测时，步骤如下。

1）导入所需的库和模块。
2）加载 Credit Card Fraud Detection 数据集。
3）数据预处理，包括拆分数据集、标准化特征等。
4）创建并训练对率回归模型。
5）进行预测并评价模型的性能。

使用 Python 语言实现的代码如下。

```
# 导入所需的库和模块
import numpy as np
import pandas as pd
from sklearn.model_selection import train_test_split
from sklearn.preprocessing import StandardScaler
from sklearn.linear_model import LogisticRegression
from sklearn.metrics import accuracy_score, precision_score, recall_score, f1_score, confusion_matrix

# Step 1：加载数据集
```

```
data = pd.read_csv('d://card_transdata.csv')

# Step 2：划分特征和标签
X = data.drop('fraud', axis=1)
y = data['fraud']

# Step 3：数据预处理
# 把数据划分为训练集和测试集
X_train, X_test, y_train, y_test = train_test_split(X, y, test_size=0.2, random_state=42)

# 将特征值标准化，均值为 0、方差为 1
scaler = StandardScaler()
X_train = scaler.fit_transform(X_train)
X_test = scaler.transform(X_test)

# Step 4：创建和训练对率回归模型
lr_model = LogisticRegression()
lr_model.fit(X_train, y_train)

# Step 5：预测和评价模型
y_pred = lr_model.predict(X_test)

# 计算评价指标
accuracy = accuracy_score(y_test, y_pred)
precision = precision_score(y_test, y_pred)
recall = recall_score(y_test, y_pred)
f1 = f1_score(y_test, y_pred)
conf_matrix = confusion_matrix(y_test, y_pred)
print("Accuracy:", accuracy)
print("Precision:", precision)
print("Recall:", recall)
print("F1 Score:", f1)
print("Confusion Matrix:")
print(conf_matrix)
```

上述代码的运行结果如下。

```
Accuracy: 0.958725
Precision: 0.8912451030488844
Recall: 0.5999541363297598
F1 Score: 0.7171492204899776
Confusion Matrix:
[[181280   1277]
 [  6978  10465]]
```

根据上述运行结果，可以分析出对率回归模型在 Credit Card Fraud Detection 数据集上的性能如下。

1）Accuracy（准确率）约为 0.9587，表示模型在测试集上正确预测的样本比例较高，约为 95.87%。

2）Precision（查准率）约为 0.8912，表示在所有预测为欺诈交易的样本中，实际上是欺诈交易的比例约为 89.12%。查准率衡量了模型预测为正例（欺诈交易）的准确程度。

3）Recall（查全率）约为 0.6000，表示在所有实际为欺诈交易的样本中，模型能够正确预测为欺诈交易的比例约为 60.00%。查全率衡量了模型对正例（欺诈交易）的覆盖率。

4）F1 Score（F1 分数）约为 0.7171，F1 是查准率和查全率的调和平均数，综合考虑了两者的表现。F1 越高，表示模型在查准率和查全率之间取得了更好的平衡。

5）Confusion Matrix（混淆矩阵）展示了模型在测试集上的预测结果。具体来说，混淆矩阵的四个值的含义如下。

- 真正例（TP）：预测为欺诈交易且实际为欺诈交易的样本数量，值为 10465。
- 假正例（FP）：预测为欺诈交易但实际为非欺诈交易的样本数量，值为 1277。
- 真反例（TN）：预测为非欺诈交易且实际为非欺诈交易的样本数量，值为 181280。
- 假反例（FN）：预测为非欺诈交易但实际为欺诈交易的样本数量，值为 6978。

综合来看，对率回归模型在该数据集上的表现不错，具有较高的准确率和查准率，但查全率相对较低，表示模型在预测欺诈交易方面可能有一定的遗漏。在应用中，可以根据具体的业务需求，调整模型的阈值或采取其他策略来平衡准确率和查全率，以达到更好的性能。

此样本正例和反例的比例高度不平衡，需要使用查准率、查全率和 F1 这些指标来评价模型的性能，因为它们更能反映模型在少数类别（正例）上的表现。此外，可以结合 ROC 曲线和 AUC 来更全面地了解模型在不同阈值下的分类性能。用 ROC 曲线和 AUC 来衡量模型优劣的代码如下。

```python
import numpy as np
import pandas as pd
from sklearn.model_selection import train_test_split
from sklearn.preprocessing import StandardScaler
from sklearn.linear_model import LogisticRegression
from sklearn.metrics import roc_curve, roc_auc_score
import matplotlib.pyplot as plt

# Step 1：加载数据集
data = pd.read_csv('d://card_transdata.csv')

# Step 2：划分特征和标签
X = data.drop('fraud', axis=1)
y = data['fraud']

# Step 3：数据预处理
# 将数据划分为训练集和测试集
X_train, X_test, y_train, y_test = train_test_split(X, y, test_size=0.2, random_state=42)

# 将特征值标准化，均值为 0、方差为 1
scaler = StandardScaler()
X_train = scaler.fit_transform(X_train)
X_test = scaler.transform(X_test)

# Step 4：创建和训练对率回归模型
lr_model = LogisticRegression()
lr_model.fit(X_train, y_train)

# Step 5：在测试集上进行预测
y_pred_prob = lr_model.predict_proba(X_test)[:, 1]   # Predict probabilities of positive class (fraud)

# Step 6：计算 ROC 曲线和 AUC 值
```

```python
fpr, tpr, thresholds = roc_curve(y_test, y_pred_prob)
roc_auc = roc_auc_score(y_test, y_pred_prob)

# Step 7: 绘制 ROC 曲线
plt.figure(figsize=(8, 6))
plt.plot(fpr, tpr, color='blue', lw=2, label='ROC curve (AUC = {:.2f})'.format(roc_auc))
plt.plot([0, 1], [0, 1], color='gray', linestyle='--')
plt.xlim([0.0, 1.0])
plt.ylim([0.0, 1.0])
plt.xlabel('False Positive Rate')
plt.ylabel('True Positive Rate')
plt.title('Receiver Operating Characteristic (ROC)')
plt.legend(loc='lower right')
plt.show()
```

运行结果如图 3-13 所示。

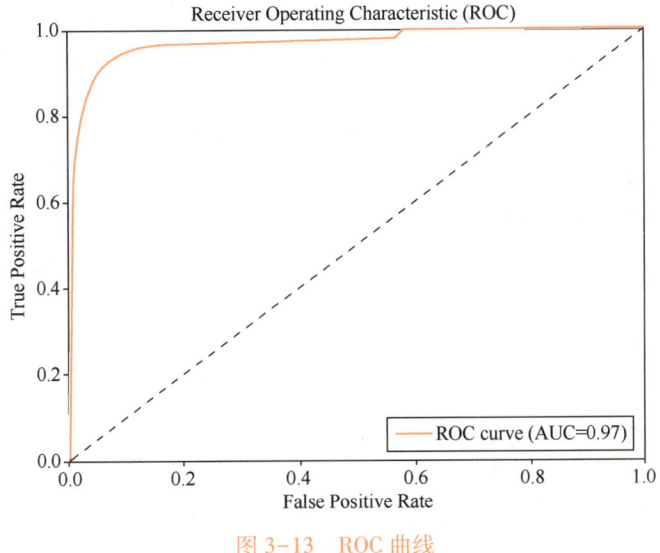

图 3-13 ROC 曲线

在上述代码中，使用 roc_curve() 函数计算了 ROC 曲线的真正例率 (TPR) 和假正例率 (FPR)，然后使用 roc_auc_score() 函数计算了 ROC 曲线下的面积（AUC 值），用于衡量模型的性能。最后，使用 Matplotlib 库来绘制 ROC 曲线，并在图中显示 AUC 值。ROC 曲线展示了模型在不同阈值下的表现，AUC 值越接近 1，表示模型性能越好。在类别不平衡的情况下，使用 ROC 曲线和 AUC 来评价模型的性能更为合适，因为它们对类别分布不敏感，能够综合考虑模型在不同阈值下的表现。由运行结果可见，此模型的效果较好。

假设有待预测的数据信息存放在目录 d：/data 下，文件名称为 new_card.csv。对新数据进行预测的实现代码如下。

```python
# 加载新的数据用于预测
new_data = pd.read_csv('d://data/new_card.csv')

# 对新数据进行与训练数据相同的预处理
new_X = new_data.drop('fraud', axis=1)
new_X = scaler.transform(new_X)    # 使用之前的标准化器
```

```
# 使用训练好的模型进行预测
new_predictions = lr_model.predict(new_X)

# 输出预测结果
print("New Data Predictions:")
print(new_predictions)
```

运行结果如下。

```
New Data Predictions:
[0.]
```

此结果表明新的数据没有发生信用卡欺诈行为。

3.9 本章小结

本章系统地介绍了回归分析的基本内容，涵盖了一元线性回归、多元线性回归、对率回归、多项式回归、正则化回归等多个模型，深入讲解了这些回归模型的原理、参数求解方法和代码实现。同时，还展示了如何在实践中构建房价预测模型和信用卡欺诈行为分类模型并对模型进行评价。这些知识不仅有助于理解回归分析的核心概念，还为在实际问题中应用机器学习和数据分析提供了重要的指导。通过本章的学习，能深入理解回归分析的原理和应用，掌握多种回归模型的建模方法和评价指标，有助于在实际问题中进行数据分析和预测，为决策和问题解决提供有力支持。

3.10 习题

1. 什么是回归分析？简要介绍回归分析的目标。
2. 解释一元线性回归模型及其参数 w 和 b 的推导过程。
3. 编写代码实现一元线性回归中参数 w 和 b 的求解过程。
4. 什么是多元线性回归？描述多元线性回归模型和参数求解方法。
5. 编写代码实现多元线性回归中参数 W 的求解过程。
6. 什么是对率回归？描述对率回归模型、损失函数和参数更新公式的推导过程。
7. 编写代码实现对率回归中参数的求解过程。
8. 什么是多项式回归？简要介绍多项式回归模型。
9. 什么是正则化回归？描述岭回归、LASSO 回归和弹性网络的原理。
10. 简述回归模型的评价指标。列举常用的回归模型评价指标。
11. 自行选择数据集，分别利用一元线性回归、多元线性回归、多项式回归及正则化回归对其实现回归分析，并比较各模型的优劣。
12. 自行选择数据集，利用对率回归实现对其分类，并分析此模型的优劣。

第4章 决 策 树

在机器学习中,决策树是一种常用的监督学习算法,用于分类和回归任务。它通过将数据集分割成一系列小的决策区域来构建预测模型,每个决策区域对应一个决策树节点。决策树具有易于理解、解释和可视化的优势,因此在实际应用中有广泛应用。

▶ 思维导图

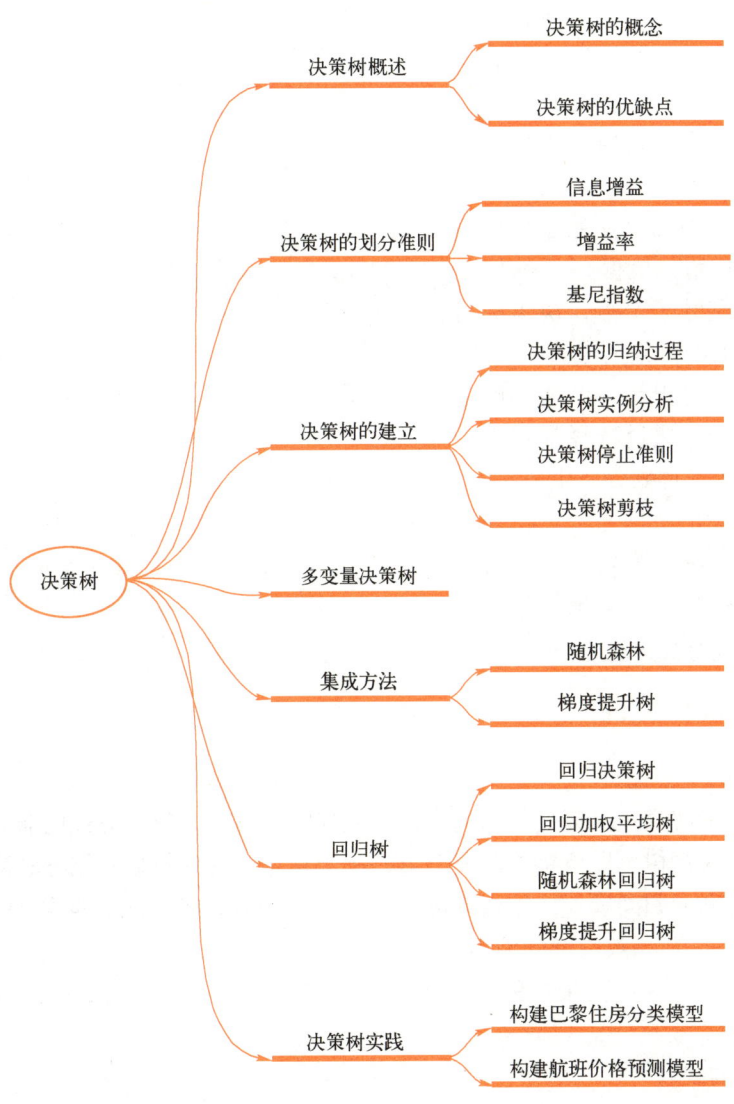

4.1 决策树概述

本节将介绍决策树的概念及决策树的优缺点。

4.1.1 决策树的概念

决策树是一种基本的机器学习算法,用于解决分类和回归问题。它是一种非常直观和易于理解的模型,类似于人类在做决策时的思维过程,因此也被称为分类与回归树(Classification and Regression Tree,CART)。

决策树的概念可以用一棵树形结构来表示,如图4-1所示。此树包括一个根节点(Root Node)、若干内部节点(Branches Node,又称分支节点)和若干叶子节点(Leaf Node)。根节点包括样本全集,内部节点则对应一个属性测试,每个叶子节点代表一个类别(用于分类问题)或一个回归值(用于回归问题)。从根节点开始,根据特征的取值逐步沿着分支走到叶子节点,决策树可以对新的输入数据进行分类或回归预测。

决策树的生成过程是一个递归的过程,从根节点开始,通过选择最优特征和特征值对数据集进行划分,生成子树,循环往复,直到满足条件停止。在划分数据集时,通常使用一些划分准则(如信息增益、基尼指数等)来衡量特征的重要性,选择最优特征进行划分。

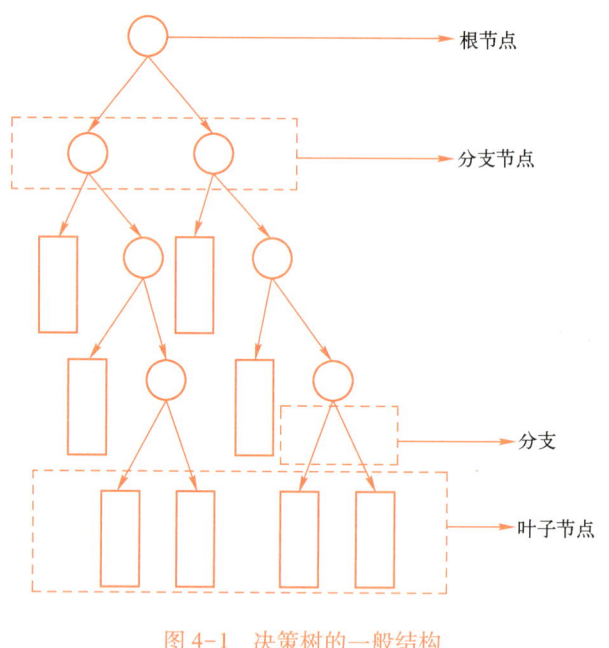

图4-1 决策树的一般结构

4.1.2 决策树的优缺点

(1)决策树的主要优点

1)易于理解和解释:决策树的结构类似于流程图,直观易懂,方便向非专业人士说明。

2)可视化:决策树可以直接绘制成图形,利于直观地观察数据的划分和决策过程。

3)处理分类和回归问题:决策树既可以用于分类任务,将输入数据分为不同的类别,也可以用于回归任务,预测数值型的输出。

4)特征重要性:通过决策树的节点划分次数或信息增益等指标,可以估计特征的重要性,用于特征选择。

(2)决策树的缺点

1)容易过拟合:决策树在处理复杂问题时容易产生过拟合,导致模型的泛化能力较差。

2)不稳定性:数据的微小变化可能导致决策树结构的大幅变化。

3)对连续特征不敏感:决策树划分特征时只能选择特征的取值点,对于连续特征可能不够精确。

为了解决决策树的过拟合问题，通常可以使用剪枝技术、设置树的最大深度、限制叶子节点数等方法。此外，集成方法如随机森林和梯度提升树等，也是常用的对决策树进行改进和优化的方法。

4.2 决策树的划分准则

决策树的划分准则是在构建决策树过程中，用于选择最优划分特征的标准。划分准则的选择对决策树的建立和性能有重要影响。常见的划分准则包括以下几种。

1）信息增益（Information Gain）。信息增益是基于信息论的概念，用于衡量特征划分前后数据集的纯度变化。信息增益越大，表示特征的划分带来的数据纯度提升越大。信息增益在处理离散特征时比较常用。

2）基尼指数（Gini Index）。基尼指数用于衡量特征划分前后数据集的不纯度的变化。基尼指数越小，表示特征的划分带来的数据不纯度减少越大。基尼指数在处理离散特征时也比较常用。

3）信息增益率（Information Gain Ratio）。信息增益率是信息增益除以划分特征的熵，用于解决信息增益对于取值较多的特征有偏好的问题。信息增益率在处理离散特征时相对平衡了特征取值较多的情况。

4）方差（Variance）。在回归问题中，决策树的划分准则可以使用样本标签的方差。方差衡量数据的离散程度，划分后的子集方差越小，表示特征的划分对目标变量的解释能力越强。

决策树的划分准则在实际应用中具有不同的应用场景。信息增益和基尼指数通常用于处理离散特征的分类问题，它们分别衡量了特征划分前后数据集的纯度变化和不纯度变化。信息增益适用于能够明显提升数据纯度的特征划分，尤其适用于取值较少的离散特征。基尼指数同样适用于处理离散特征的分类问题，对于能够有效减少数据不纯度的划分特征有很好的表现。信息增益率则主要用于解决信息增益对于取值较多的特征有偏好的问题，对于处理离散特征且特征取值较多的情况，信息增益率可以相对平衡各特征之间的差异，使得划分更加公平和客观。方差作为划分准则通常用于回归问题，它用于衡量数据的离散程度，划分后的子集方差越小，表示特征的划分对目标变量的解释能力越强。因此，在实际应用中，应根据数据类型、问题类型和特征的性质选择合适的划分准则，以获得更好的模型性能和泛化能力。选择合适的划分准则有助于提高决策树模型的准确性和解释性，同时也有助于应对不同类型的数据和问题。

4.2.1 信息增益

信息增益是一种用于衡量特征划分对数据纯度提升的指标，常用于决策树算法中。它基于信息论的概念，用于选择最优的划分特征，将数据集划分为不同的子集，以便于更好地对目标变量进行分类。在信息增益的计算过程中，使用熵（Entropy）来衡量数据集的不确定性或纯度。熵越高表示数据集越不纯，即包含更多不同类别的样本；熵越低表示数据集越纯，即样本都属于同一类别。信息增益的计算步骤如下。

1）计算原始数据集的熵，明确数据集的不确定性。

设 D 为有类标号的训练集，训练集分为 m 个类，分别为 $C_1, C_2, \cdots, C_m$，$C_{i,D}$ 是 D 中属于 C_i 类的样本集合，$|D|$ 和 $|C_{i,D}|$ 分别表示 D 和 $C_{i,D}$ 中的样本个数。每个类别 $C_i(i \in \{1, 2, \cdots, m\})$

样本所占的比例分别为 $p_1,p_2,\cdots,p_m$。D 的熵（信息熵）的定义为

$$\text{Info}(D) = -\sum_{i=1}^{m} p_i \times \log_2(p_i) \tag{4-1}$$

其中，$p_i = |C_{i,D}|/|D|$。$\text{Info}(D)$ 是识别 D 中样本类标号需要的平均信息量，$\text{Info}(D)$ 的值越小，则 D 的纯度越高。

2) 对于每个特征，计算在该特征条件下的条件熵（Conditional Entropy），表示在特征的每个取值下数据集的不确定性。

假设离散特征 A 有 V 个不同的取值 $\{a_1,a_2,\cdots,a_V\}$，若使用 A 对 D 进行划分，则会产生 V 个分支节点，其中第 j 个分支节点包含了 D 中所有在属性 A 上取值为 a_j 的样本，记作 D_j。可根据式 (4-1) 计算出 D_j 的信息熵，再考虑不同的分支节点所包含的样本不同，给分支节点赋予权重 $|D_j|/|D|$，即样本数越多的分支节点的影响越大。为了得到准确的分类，在特征 A 条件下的条件熵为

$$\text{Info}_A(D) = \sum_{j=1}^{V} \frac{|D_j|}{|D|} \times \text{Info}(D_j) \tag{4-2}$$

式 (4-2) 的值越小，分区的纯度越高。根据式 (4-2) 可计算出属性 A 对样本 D 进行划分所获得的信息增益：

$$\text{Gain}(A) = \text{Info}(D) - \text{Info}_A(D) \tag{4-3}$$

信息增益的定义为原来信息需求与新的信息需求之间的差。一般而言，信息增益越大，则意味着使用属性 A 来进行划分所获得的"纯度提升"越大。著名的 ID3 决策树学习算法就是使用信息增益作为属性选择度量的。

4.2.2 增益率

信息增益在处理取值较多的特征时会有偏好，即倾向于选择取值较多的特征作为划分特征。为了解决这个问题，可以使用信息增益率来平衡特征取值较多的情况。信息增益率是信息增益除以划分特征的熵，用于对信息增益进行修正，避免偏向取值较多的特征。著名的 C4.5 决策树算法不直接使用信息增益，而是使用"信息增益率"来选择最优划分属性。增益率的计算公式为

$$\text{GainRate}(A) = \frac{\text{Gain}(A)}{\text{SplitInfo}_A(D)} \tag{4-4}$$

其中，$\text{Gain}(A)$ 为属性 A 对样本 D 进行划分所获得的信息增益；$\text{SplitInfo}_A(D)$ 的计算公式为所示。

$$\text{SplitInfo}_A(D) = -\sum_{j=1}^{V} \frac{|D_j|}{|D|} \times \text{Info}\left(\frac{|D_j|}{|D|}\right) \tag{4-5}$$

属性 A 的可能取值数目越多，则式 (4-5) 的值就会越大。增益率分裂准则对可取值数目较少的属性有所偏好，因此 C4.5 算法并不是直接选择增益率最大的候选划分属性，而是使用了一个启发式方法，先从候选划分属性中找出信息增益高于平均水平的属性，再从中选增益率最高的属性。

4.2.3 基尼指数

CART 决策树使用"基尼指数"来划分属性，数据集 D 的纯度可用基尼指数来度量。基

尼指数的计算公式为

$$\text{Gini}(D) = 1 - \sum_{k=1}^{m} p_k^2 \tag{4-6}$$

其中，p_k 是 D 中样本属于 C_k 类的概率，并用 $|C_{k,D}|/|D|$ 估计，对 m 个类计算和。直观来说，$\text{Gini}(D)$ 反映了从训练集 D 中随机抽取的两个样本，其类别不一致的概率。因此，$\text{Gini}(D)$ 越小，则数据集 D 的纯度越高。

基尼指数考虑每个属性的二元划分。当 A 是离散数值时，每个子集 S_A 可以看作属性 A 的一个形如 "$A \in S_A$?" 的二元测试。给定一个样本，如果该样本 A 的值出现在 S_A 列出的值中，则该测试满足。如果 A 具有 v 个可能的值，则存在 2^v 个可能的子集。从概念上来讲，幂集和空集不代表任何分裂，所以排除幂集和空集，存在 $(2^v-2)/2$ 种形成数据集 D 的两个分区的可能方法。

如果属性 A 的一个二元划分将 D 划分成 D_1 和 D_2，此时 D 的基尼指数为

$$\text{Gini}_A(D) = \frac{|D_1|}{|D|}\text{Gini}(D_1) + \frac{|D_2|}{|D|}\text{Gini}(D_2) \tag{4-7}$$

当考虑二元分类时，计算每个结果分区的不纯度的加权和。对于每个属性考虑每种可能的二元划分。对于离散值属性，选择该属性参数最小基尼指数的子集作为它的分类子集，对于连续值属性，必须考虑每个可能的划分点，可以使用排序后相邻值的中点作为可能的划分点，选择产生最小基尼指数的点作为该属性的划分点。

综合上述三种划分准则，信息增益偏向于多值属性，增益率调整了这种偏向，但是它倾向于产生不平衡的划分，其中一个分区比其他分区小得多。基尼指数偏向于多值属性，当类的数量很大时会有困难。它还倾向于产生相等大小的分区和纯度。决策树归纳的时间复杂度一般随树的高度指数增加，所以倾向于产生较浅的树的度量，但是较浅的树趋向于具有大量叶子节点和较高的错误率。

4.3 决策树的建立

决策树是数据挖掘的有力工具之一，决策树学习算法是以一组样本数据集（一个样本数据也可以称为实例）为基础的一种归纳学习算法，它着眼于从一组无次序、无规则的样本数据（概念）中推理出以决策树形式表示的分类规则。决策树是一种类似于流程图的树结构，如图 4-1 所示。

4.3.1 决策树的归纳过程

决策树的每个内部节点表示在一个属性上的测试，每个分支代表该测试的一个输出，而每个叶子节点存放一个类标号，树的最顶层是根节点。内部节点用矩形表示，叶子节点用椭圆表示。决策树容易转化成分类规则，可以处理高维数据，易于理解，决策树归纳的学习和分类步骤是简单且快速的。

基本的决策树算法包括 ID3、C4.5、CART，它们都采用贪心（非回溯的）方法，以自顶向下递归的方式构造，从训练样本和它们相关联的类标号开始构造决策树。随着树的构建，训练集递归地划分成较小的子集。

决策树的归纳过程如下。

1）树从单个节点 N 开始，N 代表 D 中的训练样本，D 为数据分区。

2）如果 D 中的样本都为同一类，则节点变成叶子节点并用该类标记它。

3）否则算法调用属性选择方法确定划分准则，划分准则指定划分属性也指出划分点或划分子集。理想情况下，划分准则要使得每个分支上的输出分区尽可能"纯"。一个分区是纯的就是说它的所有样本都属于同一类。

4）节点 N 用划分准则标记作为节点上的测试。对划分准则的每个输出，由节点 N 生成一个分支，D 中的样本据此进行划分，有三种可能的情况。

- A 是离散值：节点 N 的测试输出直接对应于 A 的已知值。对每个已知值 a_j 创建一个分支，并用该值标记。分区 D_j 是 D 中 A 上取值为 a_j 的类标记样本的子集。
- A 是连续值：节点 N 的测试有两个可能的输出，分别对应于条件 $A \leqslant$ 划分点（标记为 D_1）和 $A>$ 划分点（标记为 D_2）。划分点 a 通常取 A 的两个已知相邻值的中点，因此可能不是训练数据中的存在值。从 N 生长出两个分支，并按上面的输出标记。
- A 是离散值并且必须产生二叉树：在节点 N 的测试形如 $A \in S_A$？，其中 S_A 是 A 的划分子集。N 的左分枝标记为 yes，D_1 对应于 D 中满足测试条件的类标记样本的子集。N 的右分枝标记为 no，D_2 对应于 D 中不满足测试条件的类标记样本的子集。

5）对于 D 的每个结果分区 D_j 上的样本，算法使用同样的过程递归地形成决策树。

6）递归划分步骤仅当下列终止条件之一成立时停止。

- 分区 D 的所有样本都是同一个类。
- 没有剩余属性可以用来进一步划分样本。使用多数表决，将 N 转化为叶子节点，并用 D 中的多数类标记它。也可以存放节点样本的类分布。
- 给定的分枝没有样本，即分区 D_j 为空，用 D 中的多数类创建一个叶子节点。

产生决策树的算法伪代码如下。

算法 4.1：Generate_decision_tree。由数据分区 D 中的训练样本产生决策树。
输入：训练集合 D、属性集合 A
输出：以 node 为根节点的一棵决策树
方法：
1　生成节点 node
2　if D 中的样本都属于同一类别 C：
3　　　将 node 标记为 C 类叶子节点；return C；
4　if A 为空集或者 D 在属性 A 上的取值都相同：
5　　　将 node 标记为叶子节点，return 将类别标记为 D 中样本数最多的类别；
6　从 A 中找出最优划分属性 a_*；
7　以属性 a_* 划分数据集；
8　for a_* 的每个值 a_*^v do
9　　　为 node 生成一个分支；令 D_v 表示 D 中在 a_* 上取值为 a_*^v 的样本子集
10　　 if D_v 为空：
11　　　　return 分支节点标记为叶子节点，类别标记为 D_v 中样本数最多的种类
12　　 else：
13　　　　调用函数 Generate_decision_tree(D_v, A−{a_*})，增加返回节点到分支节点中，
14　　　　return 分支节点

给定数据集 D，算法的计算复杂度为 $O(n \times |D| \times \log(|D|))$，n 是描述 D 中样本的属性个数，$|D|$ 是 D 中的训练样本数。上面介绍的基本算法对于树的每一层需要扫描一遍 D 中的样本。

4.3.2 决策树实例分析

贷款申请评估信息数据集 D 由五个特征，即年龄、有工作、信用状况、有房子和类别构成，共有 10 个样本，具体见表 4-1。

表 4-1 贷款申请评估信息数据集 D

编号	年龄	有工作	信用状况	有房子	类别
1	青年	是	好	否	拒绝
2	青年	否	一般	否	拒绝
3	青年	是	好	是	批准
4	青年	是	非常好	否	批准
5	中年	否	一般	否	拒绝
6	中年	是	好	是	批准
7	中年	是	好	否	拒绝
8	老年	否	非常好	是	批准
9	老年	是	一般	否	拒绝
10	老年	否	非常好	是	批准

数据集 D 的信息熵为

$$\text{Info}(D) = -\sum_{i=1}^{m} P_i \times \log_2(P_i) = -\frac{5}{10} \times \log_2 \frac{5}{10} - \frac{5}{10} \times \log_2 \frac{5}{10} = 1$$

1. 根据信息增益划分属性构建决策树

计算每个属性的期望信息需求。对于特征"年龄"的取值有青年、中年和老年，具体信息见表 4-2。

表 4-2 特征"年龄"的样本信息统计

$D\mid$年龄	年龄	个数	同意贷款	不同意贷款
D_1	青年	4	2	2
D_2	中年	3	1	2
D_3	老年	3	2	1

计算特征"年龄"的条件熵：

$$\text{Info}_{\text{年龄}}(D) = \frac{4}{10} \times \left(-\frac{1}{2} \times \log_2 \frac{1}{2} - \frac{1}{2} \times \log_2 \frac{1}{2}\right) + \frac{3}{10} \times \left(-\frac{1}{3} \times \log_2 \frac{1}{3} - \frac{2}{3} \times \log_2 \frac{2}{3}\right) +$$

$$\frac{3}{10} \times \left(-\frac{1}{3} \times \log_2 \frac{1}{3} - \frac{2}{3} \times \log_2 \frac{2}{3}\right) \approx 0.951$$

关于年龄的信息增益为

$$\text{Gain}(\text{年龄}) = \text{Info}(D) - \text{Info}_{\text{年龄}}(D) = 1 - 0.951 = 0.049$$

表 4-3 是对特征取"有工作"的样本信息统计。

表 4-3 特征"有工作"的样本信息统计

D｜有工作	有工作	个数	同意贷款	不同意贷款
D_1	是	6	3	3
D_2	否	4	2	2

计算特征"有工作"的条件熵：

$$\text{Info}_{\text{有工作}}(D) = \frac{6}{10} \times \left(-\frac{3}{6} \times \log_2 \frac{3}{6} - \frac{3}{6} \times \log_2 \frac{3}{6} \right) + \frac{4}{10} \times \left(-\frac{2}{4} \times \log_2 \frac{2}{4} - \frac{2}{4} \times \log_2 \frac{2}{4} \right) = 1$$

表 4-4 是对特征取"信用状况"的样本信息统计。

表 4-4 特征"信用状况"的样本信息统计

D｜有工作	信用状况	个数	同意贷款	不同意贷款
D_1	一般	3	0	3
D_2	好	4	2	2
D_3	非常好	3	3	0

计算特征"信用状况"的条件熵：

$$\text{Info}_{\text{信用状况}}(D) = \frac{3}{10} \times \left(-\frac{3}{3} \times \log_2 \frac{3}{3} - 0 \times \log_2 0 \right) + \frac{4}{10} \times \left(-\frac{2}{4} \times \log_2 \frac{2}{4} - \frac{2}{4} \times \log_2 \frac{2}{4} \right) +$$
$$\frac{3}{10} \times \left(-\frac{3}{3} \times \log_2 \frac{3}{3} - 0 \times \log_2 0 \right) = 0.4$$

表 4-5 是对特征取"有房子"的样本信息统计。

表 4-5 特征"有房子"的样本信息统计

D｜有房子	有房子	个数	同意贷款	不同意贷款
D_1	是	4	4	0
D_2	否	6	1	5

计算特征"有房子"的条件熵：

$$\text{Info}_{\text{有房子}}(D) = \frac{4}{10} \times \left(-\frac{4}{4} \times \log_2 \frac{4}{4} - 0 \times \log_2 0 \right) + \frac{6}{10} \times \left(-\frac{5}{6} \times \log_2 \frac{5}{6} - \frac{1}{6} \times \log_2 \frac{1}{6} \right) \approx 0.390$$

通过上面的计算可以得到每个特征的信息增益，对应的信息见表 4-6。

表 4-6 数据集 D 各特征信息增益统计信息表

特征	信息熵	条件熵	信息增益
年龄	1	0.951	0.049
有工作	1	1	0
信用状况	1	0.400	0.600
有房子	1	0.390	0.610

由表 4-6 可见，特征中"有房子"的信息增益最大，因此特征"有房子"作为决策树的根节点。初步的决策树如图 4-2 所示。

由于特征"有房子"所蕴含的期望信息量无法将数据集 D 中的样本类别划分清晰，此时

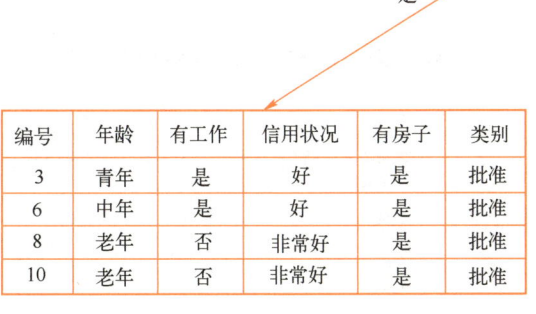

图 4-2 以"有房子"作为划分特征的决策树

需要继续计算其他特征的信息增益。对决策树进行下一步划分,把类别不明的样本记为数据集 D',见表 4-7。

表 4-7 类别不明的数据集 D'

编号	年龄	有工作	信用状况	有房子	类别
1	青年	是	好	否	拒绝
2	青年	否	一般	否	拒绝
4	青年	是	非常好	否	批准
5	中年	否	一般	否	拒绝
7	中年	是	好	否	拒绝
9	老年	是	一般	否	拒绝

$$\text{Info}(D') = -\sum_{i=1}^{m} P_i \times \log_2(P_i) = -\frac{5}{6} \times \log_2 \frac{5}{6} - \frac{1}{6} \times \log_2 \frac{1}{6} \approx 0.650$$

$$\text{Info}_{\text{年龄}}(D') = \frac{3}{6} \times \left(-\frac{2}{3} \times \log_2 \frac{2}{3} - \frac{1}{3} \times \log_2 \frac{1}{3}\right) + \frac{2}{6} \times \left(-\frac{2}{2} \times \log_2 \frac{2}{2} - 0 \times \log_2 0\right) + \frac{1}{6} \times (-1 \times \log_2 1 - 0 \times \log_2 0) \approx 0.459$$

$$\text{Info}_{\text{有工作}}(D') = \frac{4}{6} \times \left(-\frac{1}{4} \times \log_2 \frac{1}{4} - \frac{3}{4} \times \log_2 \frac{3}{4}\right) + \frac{2}{6} \times \left(-\frac{2}{2} \times \log_2 \frac{2}{2} - 0 \times \log_2 0\right) \approx 0.541$$

$$\text{Info}_{\text{信用状况}}(D') = \frac{3}{6} \times \left(-\frac{3}{3} \times \log_2 \frac{3}{3} - 0 \times \log_2 0\right) + \frac{2}{6} \times \left(-\frac{2}{2} \times \log_2 \frac{2}{2} - 0 \times \log_2 0\right) + \frac{1}{6} \times (-1 \times \log_2 1 - 0 \times \log_2 0) = 0$$

通过上面的计算可以得到每个特征的信息增益,对应的信息见表 4-8。

表 4-8 数据集 D' 各特征信息增益统计信息表

特征	信息熵	条件熵	信息增益
年龄	0.650	0.459	0.191
有工作	0.650	0.541	0.109
信用状况	0.650	0	0.650

由表4-8可见，特征"信用状况"的信息增益最大，因此，利用特征"信用状况"对决策树做进一步的划分。此时，数据集 D 中的所有样本都被正确分类，对应的决策树也建立完成，如图4-3所示。

2. 根据信息增益率划分属性构建决策树

为了方便计算数据集中各个特征的 $\text{SplitInfo}_A(D)$，将数据集中的样本根据特征取值的不同进行划分，结果见表4-9。

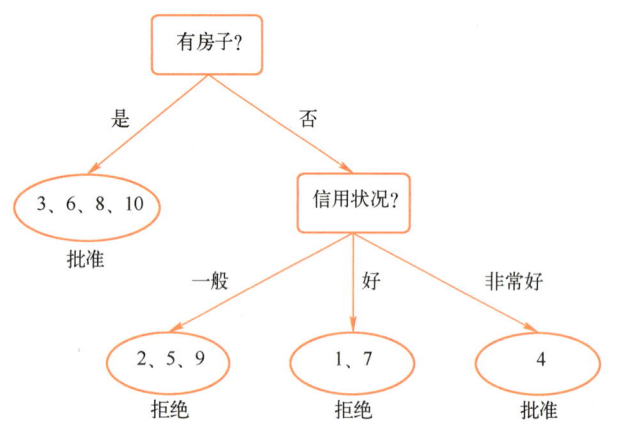

表4-9 数据集 D 各特征样本统计

特征	D_1	D_2	D_3
年龄	4	3	3
有工作	6	4	—
有房子	4	6	—
信用状况	3	3	4

图4-3 信息增益划分得到的决策树

根据表4-6、表4-9，以及式（4-4）和式（4-5），可以计算每个特征的信息增益率，具体的计算过程如下所示。

$$\text{GainRate}(\text{信用状况}) = \frac{\text{Gain}(\text{信用状况})}{\text{SplitInfo}_{\text{信用状况}}(D)} = \frac{0.600}{-\frac{3}{10}\times\log_2\frac{3}{10}-\frac{3}{10}\times\log_2\frac{3}{10}-\frac{4}{10}\times\log_2\frac{4}{10}} = \frac{0.600}{1.571} \approx 0.382$$

$$\text{GainRate}(\text{年龄}) = \frac{\text{Gain}(\text{年龄})}{\text{SplitInfo}_{\text{年龄}}(D)} = \frac{0.600}{-\frac{4}{10}\times\log_2\frac{4}{10}-\frac{3}{10}\times\log_2\frac{3}{10}-\frac{3}{10}\times\log_2\frac{3}{10}} = \frac{0.046}{1.571} \approx 0.031$$

$$\text{GainRate}(\text{有工作}) = \frac{\text{Gain}(\text{有工作})}{\text{SplitInfo}_{\text{有工作}}(D)} = \frac{0}{-\frac{6}{10}\times\log_2\frac{6}{10}-\frac{4}{10}\times\log_2\frac{4}{10}} = \frac{0}{0.971} \approx 0$$

$$\text{GainRate}(\text{有房子}) = \frac{\text{Gain}(\text{房子})}{\text{SplitInfo}_{\text{有房子}}(D)} = \frac{0.610}{-\frac{6}{10}\times\log_2\frac{6}{10}-\frac{4}{10}\times\log_2\frac{4}{10}} = \frac{0.610}{0.971} \approx 0.628$$

数据集 D 的各特征信息增益率统计信息见表4-10。

表4-10 数据集 D 的各特征信息增益率

特征	信息增益	$\text{SplitInfo}_A(D)$	信息增益率
年龄	0.049	1.571	0.031
有工作	0	0.971	0
信用状况	0.600	1.571	0.382
有房子	0.610	0.971	0.628

由表 4-10 可见，特征"有房子"的信息增益率最高，因此将特征"有房子"作为决策树的根节点，对数据集 D 中的数据进行初步划分，得到的决策树与基于信息增益作为属性划分得到的初步决策树相同，如图 4-2 所示。

由于特征"有房子"所蕴含的期望信息量无法将数据集 D 中的样本类别划分清晰，此时需要继续计算其他特征的信息增益率，对决策树进行下一步的划分。把类别不清的样本记为数据集 D'，此信息与表 4-7 相同，其特征对应的信息增益统计与表 4-8 相同。根据表 4-7 和表 4-8 计算数据集 D' 的信息增益率。

$$\text{GainRate}(年龄) = \frac{\text{Gain}(年龄)}{\text{SplitInfo}_{年龄}(D)} = \frac{0.191}{-\frac{3}{6}\times\log_2\frac{3}{6}-\frac{2}{6}\times\log_2\frac{2}{6}-\frac{1}{6}\times\log_2\frac{1}{6}} = \frac{0.191}{1.459} \approx 0.131$$

$$\text{GainRate}(有工作) = \frac{\text{Gain}(有工作)}{\text{SplitInfo}_{有工作}(D)} = \frac{0.109}{-\frac{4}{6}\times\log_2\frac{4}{6}-\frac{2}{6}\times\log_2\frac{2}{6}} = \frac{0.109}{0.918} \approx 0.119$$

$$\text{GainRate}(信用状况) = \frac{\text{Gain}(信用状况)}{\text{SplitInfo}_{信用状况}(D)} = \frac{0.650}{-\frac{3}{6}\times\log_2\frac{3}{6}-\frac{2}{6}\times\log_2\frac{2}{6}-\frac{1}{6}\times\log_2\frac{1}{6}} = \frac{0.650}{1.459} \approx 0.445$$

数据集 D' 的各特征信息增益率统计信息见表 4-11。

表 4-11 数据集 D' 的各特征信息增益率

特征	信息增益	SplitInfo$_A(D)$	信息增益率
年龄	0.191	1.459	0.131
有工作	0.109	0.918	0.119
信用状况	0.650	1.459	0.445

由表 4-11 可见，特征"信用状况"的信息增益率最大，因此，利用特征"信用状况"对决策树做进一步划分，此时，数据集 D 中的所有样本都被正确分类，对应的决策树也构建完成。此决策树与根据信息增益进行划分得到的最终决策树相同，如图 4-3 所示。

3. 根据基尼指数划分属性构建决策树

基尼指数度量数据分区或训练样本集 D 的不纯度，P_i 是 D 中属于 C_i 的概率，并用 $|C_{i,D}|/|D|$ 估计，对 m 个类求和。对表 4-1 所示的数据集进行基尼指数计算。

$$\text{Gini}(中年|年龄) = 1 - \sum_{i=1}^{m} P_i = 1 - \left(\frac{1}{3}\right)^2 - \left(\frac{2}{3}\right)^2 \approx 0.44$$

$$\text{Gini}(青年|年龄) = 1 - \sum_{i=1}^{m} P_i = 1 - \left(\frac{2}{4}\right)^2 - \left(\frac{2}{4}\right)^2 = 0.5$$

$$\text{Gini}(老年|年龄) = 1 - \sum_{i=1}^{m} P_i = 1 - \left(\frac{1}{3}\right)^2 - \left(\frac{2}{3}\right)^2 \approx 0.44$$

所以，特征"年龄"对应的加权 Gini 指数为

$$\text{Gini}_{年龄}(D) = \frac{4}{10} \times 0.5 + \frac{3}{10} \times 0.44 + \frac{3}{10} \times 0.44 = 0.464$$

$$\text{Gini}(是|有工作) = 1 - \sum_{i=1}^{m} P_i = 1 - \left(\frac{3}{6}\right)^2 - \left(\frac{3}{6}\right)^2 = 0.5$$

$$\text{Gini}(否|有工作) = 1 - \sum_{i=1}^{m} P_i = 1 - \left(\frac{2}{4}\right)^2 - \left(\frac{2}{4}\right)^2 = 0.5$$

所以，特征"有工作"对应的加权 Gini 指数为

$$\text{Gini}_{有工作}(D) = \frac{6}{10} \times 0.5 + \frac{4}{10} \times 0.5 = 0.5$$

$$\text{Gini}(一般|信用状况) = 1 - \sum_{i=1}^{m} P_i = 1 - 1^2 - 0^2 = 0$$

$$\text{Gini}(好|信用状况) = 1 - \sum_{i=1}^{m} P_i = 1 - \left(\frac{2}{4}\right)^2 - \left(\frac{2}{4}\right)^2 = 0.5$$

$$\text{Gini}(非常好|信用状况) = 1 - \sum_{i=1}^{m} P_i = 1 - 1^2 - 0^2 = 0$$

所以，特征"信用状况"对应的加权 Gini 指数为

$$\text{Gini}_{信用状况}(D) = \frac{3}{10} \times 0 + \frac{4}{10} \times 0.5 + \frac{3}{10} \times 0 = 0.2$$

$$\text{Gini}(是|有房子) = 1 - \sum_{i=1}^{m} P_i = 1 - \left(\frac{4}{4}\right)^2 - (0)^2 = 0$$

$$\text{Gini}(否|有房子) = 1 - \sum_{i=1}^{m} P_i = 1 - \left(\frac{5}{6}\right)^2 - \left(\frac{1}{6}\right)^2 \approx 0.278$$

所以，特征"有房子"对应的加权 Gini 指数为

$$\text{Gini}_{有房子}(D) = \frac{4}{10} \times 0 + \frac{6}{10} \times 0.278 \approx 0.167$$

数据集 D 各特征基尼指数统计信息见表 4-12。

表 4-12 数据集 D 各特征的 Gini 指数

特 征	基尼指数
年龄	0.464
有工作	0.5
信用状况	0.2
有房子	0.167

由表 4-12 可见特征"有房子"对应的 Gini 指数最小，因此选用"有房子"属性作为决策树的根节点，对决策树进行初步划分。得到的划分结果与基于信息增益划分和基于信息增益率划分的结果相同，如图 4-2 所示。由于特征"有房子"所蕴含的期望信息量无法将数据集 D 中的样本类别划分清晰，此时需要继续计算其他特征的 Gini 指数，对决策树进行下一步的划分。把类别不清的样本记为数据集 D'，见表 4-7。根据基尼指数的定义，继续计算数据集 D' 的各特征基尼指数。

特征"年龄"对应的加权 Gini 指数为

$$\text{Gini}_{年龄}(D) = \frac{3}{6} \times 0.444 + \frac{2}{6} \times 0 + \frac{1}{6} \times 0 = 0.222$$

$$\text{Gini}(是|有工作) = 1 - \sum_{i=1}^{m} P_i = 1 - \left(\frac{1}{4}\right)^2 - \left(\frac{3}{4}\right)^2 = 0.375$$

$$\text{Gini}(否|有工作) = 1 - \sum_{i=1}^{m} P_i = 1 - 1^2 - 0^2 = 0$$

所以，特征"有工作"对应的加权 Gini 指数为

$$\text{Gini}_{有工作}(D) = \frac{4}{6} \times 0.375 + \frac{2}{6} \times 0 = 0.25$$

$$\text{Gini}(一般|信用状况) = 1 - \sum_{i=1}^{m} P_i = 1 - 1^2 - 0^2 = 0$$

$$\text{Gini}(好|信用状况) = 1 - \sum_{i=1}^{m} P_i = 1 - 1^2 - 0^2 = 0$$

$$\text{Gini}(非常好|信用状况) = 1 - \sum_{i=1}^{m} P_i = 1 - 1^2 - 0^2 = 0$$

所以，特征"信用状况"对应的加权 Gini 指数为

$$\text{Gini}_{信用状况}(D) = \frac{3}{6} \times 0 + \frac{2}{6} \times 0 + \frac{1}{6} \times 0 = 0$$

数据集 D' 的各特征基尼指数统计信息，见表 4-13。

表 4-13　数据集 D' 各特征的基尼指数

特　　征	基尼指数
年龄	0.222
有工作	0.25
信用状况	0

由表 4-13 可见，特征"信用状况"的基尼指数最小，因此，利用特征"信用状况"对决策树做进一步的划分。此时，数据集 D 中的所有样本都被正确分类，对应的决策树也构建完成。得到的决策树与根据信息增益和信息增益率进行划分得到的最终决策树相同，如图 4-3 所示。

4.3.3　决策树停止准则

在构建决策树时，需要确定何时停止分裂节点，以避免过拟合。停止准则是指用来判断是否继续在当前节点分裂出子节点的条件。常见的决策树停止准则包括以下几种。

1）最大深度（Max Depth）：限制树的最大深度，当树达到设定的最大深度时停止分裂节点。这是一种简单的控制方法，可以有效防止决策树过于复杂，但可能会导致欠拟合。

2）最小样本数（Min Samples）：规定一个节点上至少包含的样本数，如果一个节点的样本数小于该值，则停止分裂。这样可以防止在小样本数据上过拟合。

3）最小叶子节点样本数（Min Samples Leaf）：限制叶子节点上的最小样本数，如果一个叶子节点的样本数小于该值，则不再分裂。与最小样本数相似，这也有助于防止过拟合。

4）最大叶子节点数（Max Leaf Nodes）：限制树的叶子节点数量，当叶子节点数量达到设定值时停止分裂。这可以控制树的复杂度，避免生成过大的树。

5）信息增益（Information Gain）或基尼不纯度（Gini Impurity）：这些是决策树分裂节点的度量标准。信息增益衡量分裂后的信息不确定性减少程度，基尼不纯度衡量节点中样本的不纯度程度。一般来说，如果分裂后的信息增益或基尼不纯度低于设定阈值，则停止分裂。

6）方差减少（Variance Reduction）：在回归问题中，使用方差减少作为停止准则。当分

裂后子节点的平均方差减少不明显时，停止分裂。

根据具体的任务和数据集特点，选择合适的停止准则是决策树模型调参中的重要环节，它会影响模型的复杂度、泛化能力和准确性。通常需要通过交叉验证等方法来调整这些参数，找到最优的停止准则以获得较好的模型性能。

4.3.4 决策树剪枝

决策树剪枝技术是用于减少过拟合问题的一种方法，它通过修剪决策树中的某些分支或叶子节点来提高模型的泛化能力。剪枝技术通常有两种类型：预剪枝（Pre-pruning）和后剪枝（Post-pruning）。

（1）预剪枝

预剪枝是在构建决策树的过程中，决定是否继续分裂节点之前，通过设置一些条件来提前停止树的生长。常见的预剪枝技术如下。

1）最大深度限制：设置树的最大深度，当树达到设定的最大深度时停止分裂节点。

2）最小样本数限制：规定一个节点上至少包含的样本数，如果节点的样本数小于该值，则停止分裂。

3）最小叶子节点样本数限制：限制叶子节点上的最小样本数，如果叶子节点的样本数小于该值，则不再分裂。

预剪枝是一种简单有效的剪枝技术，但可能会导致模型过于简单，而出现欠拟合问题。

（2）后剪枝

后剪枝是在构建完整的决策树后，通过自底向上地合并一些节点，将其转化为叶子节点从而实现剪枝。常见的后剪枝技术如下。

1）代价复杂度剪枝（Cost-Complexity Pruning）：通过引入一个惩罚项来衡量节点的复杂度，然后在不同复杂度下选择最优的子树。这样可以平衡模型的复杂度和拟合程度。

2）错误率剪枝（Error-based Pruning）：比较剪枝前后在验证数据集上的错误率，如果剪枝后的错误率没有显著增加，则进行剪枝。

后剪枝通常比预剪枝更有效，因为它在构建完整的树后对树进行优化，能更充分地利用数据信息。在剪枝过程中，可以使用交叉验证等技术来选择合适的剪枝策略，以获得更好的泛化性能。

4.4 多变量决策树

多变量决策树是一种决策树算法，它是单变量决策树的扩展。在传统的决策树算法中，每个节点都只根据一个特征（即一个变量）进行分裂，选择最优的分裂点。而在多变量决策树中，每个节点可以根据多个特征进行分裂，这样能够更好地捕捉特征之间的交互关系，从而提高决策树的性能和准确度。

多变量决策树的建立通常采用递归分裂的方法，类似于传统决策树算法。但在选择节点分裂时，不再是单纯地选择一个最优的特征来分裂，而是考虑多个特征组合的优势。这样可以更好地处理多个特征之间的相关性和非线性关系，提高模型的拟合能力。

多变量决策树在处理复杂数据集时表现出色，特别是当特征之间存在复杂的交互关系时。然而，它也有一些挑战，比如容易过拟合复杂数据集，可能导致模型泛化能力下降。为了克服这个问题，可以使用剪枝等技术来优化多变量决策树。

虽然前面提到的"多变量决策树"的严格定义并不是普遍存在的，但是可以尝试举一个类似的例子来说明多变量决策的概念。

假设有一个数据集，其中包含了一个人的各种信息，比如年龄、性别、教育水平、收入水平等特征，以及一个目标变量，比如该人是否购买某种产品（是/否）。在传统的单变量决策树中，每个节点只根据一个特征进行分裂，比如选择年龄作为最优分裂特征。而在多变量决策树中，可以考虑根据多个特征来进行节点分裂，比如同时考虑年龄和收入水平。举个简单的例子，可能会在多变量决策树的第一个节点进行如下判断。

```
if 年龄<=30 且 收入水平>= 50000 then 购买产品(是)
else if 年龄>30 且 收入水平>= 70000 then 购买产品(是)
else 购买产品(否)
```

在这个例子中，同时考虑了年龄和收入水平这两个特征，并将它们结合起来作为节点分裂的依据。如果年龄小于或等于30岁且收入水平高于或等于50000，将预测该人会购买该产品；如果年龄大于30岁且收入水平高于或等于70000，同样预测该人会购买该产品；否则，预测该人不会购买该产品。这个例子简单地演示了多变量决策树的思想，即在进行决策时同时考虑多个特征，从而提高模型的表达能力。在实际应用中，多变量决策树可能会更加复杂，涉及更多的特征和更多层次的决策。

需要注意的是，多变量决策树并不是常见的决策树算法，而是在研究和实践中探索的一种拓展方式。在实际应用中，人们更常用传统的单变量决策树算法，如 ID3、C4.5 和 CART，或者其他更先进的集成学习方法，如随机森林和梯度提升树。这些算法在处理多个特征时也能取得很好的效果。

4.5 集成方法

决策树的集成方法是指构建多个决策树，并将它们组合起来形成一个更强大的模型。集成方法通常能够提高模型的稳定性和准确性，并且相对于单个决策树，它们能更好地应对过拟合问题。两种常见的集成方法是随机森林和梯度提升树。

4.5.1 随机森林

随机森林（Random Forest）是一种基于集成学习（Ensemble Learning）的机器学习算法，它由多个决策树组成，通过投票或取平均的方式来解决分类或回归任务。随机森林是决策树集成方法中的一种，由 Leo Breiman 和 Adele Cutler 于 2001 年提出。

（1）随机森林的主要特点

1）随机采样数据。随机森林通过自助采样法（Bootstrap Method）从原始数据集中有放回地抽取一定数量的样本（bootstrap 样本），用于构建每个决策树。这样，每个决策树的训练数据都是随机不同的，从而增加了模型的多样性。

2）随机选择特征。在构建每个决策树的过程中，随机森林还会从所有特征中随机选择一个特征子集。这样做的目的是避免过度依赖某些重要特征，使得每个决策树都能从不同的角度对数据进行划分。

3）投票或平均。在进行分类任务时，随机森林中的每棵决策树都会对输入样本进行分类，最后通过投票的方式来确定最终的预测类别。对于回归任务，每棵决策树都会给出一个预测值，随机森林将所有决策树的预测值取平均作为最终的预测结果。

（2）随机森林的优势

1）良好的准确性。随机森林能够有效地减少过拟合问题，提高模型的泛化能力，通常具有较高的准确性。

2）处理高维数据。随机森林能够处理高维数据，并且不需要对特征进行特殊的预处理（如降维），因为每棵树只关注部分特征，从而降低了特征选择的负担。

3）可并行化。由于每棵树是独立构建的，随机森林的训练过程可以很好地并行化，适合在多核或分布式计算环境中运行，提高了训练效率。

4.5.2 梯度提升树

梯度提升树（Gradient Boosting Tree）是一种基于 Boosting（提升）思想的决策树集成方法。它通过逐步构建多个决策树，并根据前一个树的预测结果来纠正错误。梯度提升树的构建步骤如下。

1）用原始数据集训练一棵初始的决策树模型。

2）计算前一棵树的预测结果和实际标签之间的残差（实际值与预测值之差）。

3）用残差作为新的标签，训练下一棵决策树，继续计算残差。

4）重复以上步骤，构建多棵决策树，直到满足停止条件（比如达到预定的树的数量或误差阈值）。

5）将所有决策树的预测结果加权求和，得到最终的预测结果。

梯度提升树能够逐步优化模型，每一步都关注之前模型的错误，从而能在较少的树的情况下获得更好的性能。

4.6 回归树

回归树是一种基于树状结构的机器学习算法，用于解决回归问题。与分类树不同，回归树的目标是预测连续值而不是离散类别。回归树将输入空间划分为不同的区域，并在每个区域内预测一个连续目标变量的值。回归树的构建过程类似于分类树，但在划分节点的过程中，回归树使用回归准则来选择最佳的特征和切分点。常用的回归准则包括均方误差最小化、均方根误差最小化、绝对误差最小化等。

（1）回归树的优点

1）易于理解和解释。回归树的模型结构非常直观，易于解释和可视化，可以帮助理解特征的重要性和预测过程。

2）不需要特征缩放。与一些基于距离的算法相比，回归树不需要对特征进行缩放，因为切分点的选择只涉及特征的相对大小。

3）鲁棒性强。回归树对于数据中的噪声和异常值相对较为鲁棒，相对于一些其他模型，它们不容易受到极端的影响。

（2）回归树的一些限制

1）容易过拟合。回归树在处理复杂数据集时容易过拟合，因此通常需要进行剪枝等模型优化方法。

2)局部优化。回归树是一种贪心算法,每次划分节点时只考虑当前节点的最佳划分,而不考虑全局最优解,可能导致局部优化而非全局优化。

在实际应用中,回归树可以与其他技术和算法结合,如随机森林、梯度提升回归树等,以提高模型的性能和泛化能力。

4.6.1 回归决策树

回归决策树(Regression Decision Tree)是一种机器学习算法,是决策树在回归问题上的应用。它通过将输入空间划分为不同的区域,每个区域对应一个预测值,从而实现对连续目标变量的预测。在分类决策树中,每个叶子节点对应一个类别标签;而在回归决策树中,每个叶子节点对应一个预测值。

回归决策树的构建过程如下。

1)数据准备:收集用于回归问题的训练数据集。每个样本应该包括特征(输入变量)和对应的目标值(输出变量)。

2)特征选择:选择一个特征作为初始节点,并根据某种准则将数据集分成两个子集。常用的准则有平方误差最小化、均方误差最小化等。

3)递归构建:对每个子集,重复步骤2),选择最佳特征作为子节点,并继续划分,直到满足某个终止条件,如树的深度达到预定值、节点样本数小于阈值等。

4)叶子节点预测:当终止条件满足时,生成叶子节点,并将该节点上的目标值设置为该区域内样本的平均值或中位数,作为该区域的预测值。

5)预测:对于新的输入样本,通过决策树的划分规则,找到对应的叶子节点,并返回该节点上的预测值作为回归结果。

回归决策树的优点有易于理解、可解释性强、不需要对数据进行严格的预处理等。然而,回归决策树容易过拟合(过于复杂)和欠拟合(过于简单),因此,通常会通过剪枝等方法进行模型优化,以提高其泛化性能。

总之,回归决策树是一种用于解决回归问题的决策树算法,通过将输入空间划分为不同的区域,并在每个区域内进行预测,实现对连续目标变量的预测。

4.6.2 回归加权平均树

回归加权平均树(Regression Weighted Average Tree)是一种改进的回归决策树。它是对普通回归决策树的改进,通过引入样本权重来调整决策树的训练过程,从而更加关注对预测影响较大的样本。

在回归加权平均树中,每个样本都会被赋予一个权重,代表了该样本的重要性。样本权重可以根据数据集的特性和需求进行设定。在构建回归加权平均树时,对于每个节点,不仅会考虑预测误差,还会考虑样本的权重。因此,在划分节点时,对于权重较大的样本会更加关注,以减少对这些样本的预测误差。

回归加权平均树的优点在于能够根据样本的权重调整模型的拟合过程,从而更好地适应数据集的特性和分布。它适用于对某些样本具有较高关注度或重要性的回归问题,比如处理不均衡样本分布或对特定样本有较高预测要求的情况。

4.6.3 随机森林回归树

随机森林回归树（Random Forest Regression Tree）是一种集成学习方法，它是在随机森林算法的基础上应用于回归问题的变体。随机森林是通过构建多个决策树并将它们的预测结果进行平均或投票来进行回归的集成算法。在随机森林回归树中，首先随机从训练集中有放回地采样（bootstrap样本）得到多个不同的训练集，然后用每个训练集构建一棵独立的回归决策树。在构建每棵回归决策树的过程中，对于每个节点，在所有特征中随机选择一部分特征来进行划分，这样可以增加决策树的随机性，提高模型的泛化能力。最后，对于回归问题，随机森林中所有决策树的预测结果会被平均，作为最终的回归预测结果。

随机森林回归树具有以下优点。

1）非线性拟合。由于使用了多棵决策树，可以很好地拟合非线性关系。

2）抗过拟合。随机森林通过随机采样和随机特征选择，减小了模型的方差，降低了过拟合的可能性。

3）可解释性。虽然是由多棵决策树组成的，但仍可以解释单棵决策树的决策过程。

请注意，随机森林回归树是一种强大的回归模型，通常在实际应用中表现出色。如果数据集较大或较复杂，随机森林回归树通常是一个很好的选择。

4.6.4 梯度提升回归树

梯度提升回归树（Gradient Boosting Regression Tree，GBRT）是一种集成学习方法，它将多棵决策树组合成一个强大的回归模型。它是一种基于决策树的提升方法，通过迭代地训练弱学习器（通常是决策树）来逐步改进预测结果。

GBRT 的核心思想是通过拟合残差来不断改进模型。在每个迭代的过程中，新的决策树会被构建来拟合前一轮的残差（实际值与前一轮预测值之间的差）。然后，将新的决策树的预测值与前面所有决策树的预测值累加，得到新的预测结果。这样，通过多次迭代，模型的预测能力逐步提高，从而得到更准确的回归模型。

GBRT 的优点如下。

1）具有非线性拟合能力。由于使用了多棵决策树，GBRT可以很好地拟合非线性关系。

2）鲁棒性强。GBRT 对于数据中的噪声和异常值相对较为鲁棒，不容易过拟合。

3）可解释性强。虽然 GBRT 由多棵决策树组成，但仍可以解释单棵决策树的决策过程，有较好的可解释性。

GBRT 的一些参数可以调节，如学习率（控制每棵决策树的权重）、决策树的深度、迭代次数等。通过调节这些参数，可以优化模型的性能。

请注意，GBRT 是一种强大的回归模型，但在处理大规模数据时可能会较慢。在实际应用中，可以根据数据集的大小和性能需求来选择适合的模型。

4.7 决策树实践

本节分别用前面介绍的基于信息增益的属性划分和随机森林构建巴黎住房分类模型；利用回归决策树构建航班价格预测模型。

4.7.1 构建巴黎住房分类模型

本例采用的数据集 Paris Housing Classification 可从网站 https://www.kaggle.com/datasets 上进行下载,此数据集是关于巴黎住房信息的数据集,包含 18 个特征,共有 10001 个住房信息。以下是该数据集中各个属性的含义。

1) squareMeters:房屋的面积,单位为 m^2。
2) numberOfRooms:房间的数量。
3) hasYard:是否拥有庭院(二元属性,1 表示有,0 表示没有)。
4) hasPool:是否拥有游泳池(二元属性,1 表示有,0 表示没有)。
5) floors:房屋的楼层数。
6) cityCode:邮政编码,用于标识房屋所在地区的邮政编码。
7) cityPartRange:城市部分范围,描述房屋所在城市的区域范围,数值越高表示社区越高档。
8) numPrevOwners:之前的房屋所有者数量。
9) made:房屋建造的年份或年代。
10) isNewBuilt:房屋是否是新建的(二元属性,1 表示是新建的,0 表示不是)。
11) hasStormProtector:是否有风暴保护设施(二元属性,1 表示有,0 表示没有)。
12) basement:地下室面积(单位为 m^2)。
13) attic:阁楼面积(单位为 m^2)。
14) garage:车库大小。
15) hasStorageRoom:是否有储藏室(二元属性,1 表示有,0 表示没有)。
16) hasGuestRoom:客房的数量。
17) price:房屋的价格。
18) category:房屋的类别,分为 Luxury(豪华)或 Basic(基本)。

以上这些属性(特征)用于描述巴黎住房的各种详细信息,包括房屋的基本特征、设施、位置及价格等。以属性 category 为目标变量,以其他 17 种属性为自变量,下面采用基于信息增益(对应 ID3 算法)的属性划分来构建决策树模型,并使用准确率、查准率、查全率和 F1 这四个分类评价指标来评估决策树模型的性能。进一步采用随机森林对巴黎住房信息进行分类,并给出上面的各项评价指标的值。

1. ID3 算法

利用 ID3 对巴黎住房进行分类,具体的实现代码如下。

```
import pandas as pd
from sklearn.model_selection import train_test_split
from sklearn.tree import DecisionTreeClassifier
from sklearn.metrics import accuracy_score, precision_score, recall_score, f1_score
import time

# 读取巴黎住房数据集
data = pd.read_csv("d:/data/ParisHousingClass.csv")

# 分割特征和目标变量
X = data.drop("category", axis=1)
y = data["category"]
```

```python
# 将数据集分割为训练集和测试集
X_train, X_test, y_train, y_test = train_test_split(X, y, test_size=0.2, random_state=42)

start_time = time.time()                    # 记录开始时间

# 创建并训练决策树分类器
clf = DecisionTreeClassifier(criterion="entropy", random_state=42)
clf.fit(X_train, y_train)

end_time = time.time()                      # 记录结束时间
execution_time = end_time - start_time      # 计算代码执行时间

# 在测试集上进行预测
y_pred = clf.predict(X_test)

# 输出分类的评估指标
accuracy = accuracy_score(y_test, y_pred)
precision = precision_score(y_test, y_pred, average='weighted')
recall = recall_score(y_test, y_pred, average='weighted')
f1 = f1_score(y_test, y_pred, average='weighted')

print("准确率:", accuracy)
print("查准率:", precision)
print("查全率:", recall)
print("F1:", f1)
print("运行时间:", execution_time, "秒")
```

运行结果如下:

```
准确率: 1.0
查准率: 1.0
查全率: 1.0
F1: 1.0
运行时间: 0.032000064849853516 秒
```

决策树的构建代码如下。

```python
import matplotlib.pyplot as plt
from sklearn import tree

from sklearn.tree import plot_tree
plt.figure(figsize=(25,6))
plot_tree(clf)
plt.show()
```

运行结果如图 4-4 所示。

由图 4-4 可以看出,通过决策树可以很好地追溯训练数据集的分裂过程。从 8000 个样本的根节点开始,以属性是否拥有游泳池(hasPool)0.5 作为终止条件,先把样本数据分裂成大小分别为 4026 和 3974 的两个子节点。可以看到左侧子节点的纯度已经很高,它只包含住房类 Basic(entropy=0);而右侧子节点则进一步分裂成 Basic 和 Luxury 两类。

2. 随机森林

采用随机森林对巴黎住房进行分类,实现代码如下。

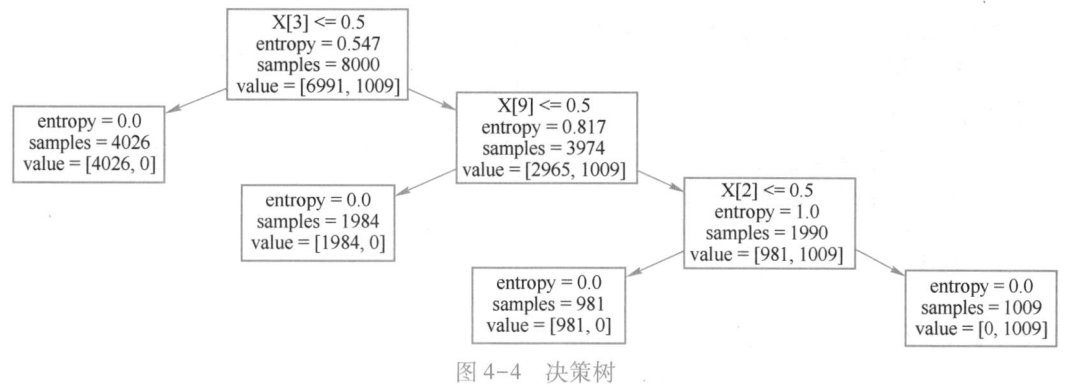

图 4-4　决策树

```python
import pandas as pd
from sklearn.model_selection import train_test_split
from sklearn.ensemble import RandomForestClassifier
from sklearn.metrics import accuracy_score, precision_score, recall_score, f1_score

# 读取巴黎住房数据集
data = pd.read_csv("d:/data/ParisHousingClass.csv")

# 数据预处理
# …

# 分割特征和目标变量
X = data.drop("category", axis=1)
y = data["category"]

# 将数据集分割为训练集和测试集
X_train, X_test, y_train, y_test = train_test_split(X, y, test_size=0.2, random_state=42)

# 创建随机森林模型
rf_model = RandomForestClassifier(n_estimators=100, random_state=42)

# 模型训练
rf_model.fit(X_train, y_train)

# 模型预测
y_pred = rf_model.predict(X_test)

# 评价模型性能
accuracy = accuracy_score(y_test, y_pred)
print("随机森林模型的准确率:", accuracy)

# 计算查准率
precision = precision_score(y_test, y_pred, average='weighted')
print("随机森林模型的查准率:", precision)

# 计算查全率
recall = recall_score(y_test, y_pred, average='weighted')
print("随机森林模型的查全率:", recall)

# 计算 F1
```

```
        f1 = f1_score(y_test, y_pred, average='weighted')
        print("随机森林模型的F1:", f1)
```

运行结果如下。

```
随机森林模型的准确率: 1.0
随机森林模型的查准率: 1.0
随机森林模型的查全率: 1.0
随机森林模型的F1: 1.0
```

4.7.2 构建航班价格预测模型

本例采用的数据集 Flight_Price 可从网站 https://www.kaggle.com/datasets 上下载,此数据集是关于航班信息特征的数据集,共有 11 个特征,包括 300154 条记载航班信息的记录。该数据集中各个属性的含义如下。

1) airline:航空公司。
2) flight:航班编号。
3) source_city:出发城市。
4) departure_time:出发时间。
5) stops:经停地点。
6) arrival_time:到达时间。
7) destination_city:目的地城市。
8) class:舱位等级。
9) duration:飞行时长。
10) days_left:距离出发的天数。
11) price:价格。

下面利用回归决策树构建航班价格预测模型,并输出评价指标(均方误差和决定系数)。均方误差越小且决定系数越接近于 1,此模型越优。具体的实现代码如下。

```python
import pandas as pd
from sklearn.model_selection import train_test_split
from sklearn.tree import DecisionTreeRegressor
from sklearn.metrics import mean_squared_error, r2_score
from sklearn.preprocessing import StandardScaler
from sklearn.preprocessing import OneHotEncoder
from sklearn.compose importColumnTransformer
from sklearn.pipeline import Pipeline

# 读取数据
data = pd.read_csv('d:/data/Clean_Dataset.csv')

# 将价格单位改为千元
data['price'] = data['price'] / 1000

# 划分特征和标签
X = data[['airline', 'source_city', 'departure_time', 'stops', 'arrival_time','destination_city', 'class', 'duration', 'days_left']]
y = data['price']
```

```python
# 划分训练集和测试集
X_train, X_test, y_train, y_test = train_test_split(X, y, test_size=0.2, random_state=42)

# 定义数值型和非数值型特征列
categorical_features = ['airline', 'source_city', 'departure_time', 'stops', 'arrival_time', 'destination_city', 'class']
numerical_features = ['duration', 'days_left']

# 构建预处理流水线
categorical_pipeline = Pipeline([
    ('onehot', OneHotEncoder())
])

preprocessing = ColumnTransformer([
    ('categorical', categorical_pipeline, categorical_features),
    ('numerical', StandardScaler(), numerical_features)
])

# 构建完整的流水线
pipeline = Pipeline([
    ('preprocessing', preprocessing),
    ('regressor', DecisionTreeRegressor())
])

# 模型训练
pipeline.fit(X_train, y_train)

# 模型预测
y_pred = pipeline.predict(X_test)

# 评价模型
mse = mean_squared_error(y_test, y_pred)
r2 = r2_score(y_test, y_pred)
print('Mean Squared Error (in thousand):', mse)
print('R-squared:', r2)
```

上述代码中,在做数据预处理时使用了OneHotEncoder()对非数值型特征进行独热编码,将其转换为模型可接受的数值型特征。使用StandardScaler()对数值型特征进行标准化,确保各特征的数值范围相近,这样有利于模型训练。使用ColumnTransformer()构建了一个预处理流水线,将独热编码和标准化的处理步骤组合起来,便于对不同类型的特征进行不同的预处理。然后,使用DecisionTreeRegressor()构建了一个回归决策树模型,用于预测航班价格。使用Pipeline.fit()对模型进行训练,传入训练集的特征和标签。使用训练好的模型对测试集的特征进行预测,得到预测结果。最后,计算了均方误差(MSE)和决定系数(R^2),用于评价模型的预测性能。MSE表示预测值与真实值的平均误差的平方,R^2表示模型对数据方差的解释程度。这些步骤组成了一个完整的机器学习工作流程,用于构建、训练和评价预测航班价格模型。

运行结果如下。

```
Mean Squared Error (in thousand): 12.389134602423331
R-squared: 0.975965934741754
```

这个运行结果反映了模型在预测航班价格方面表现良好。均方误差较小、决定系数接近1，说明模型的预测与实际值之间的偏差较小，对数据的解释能力较强。

4.8 本章小结

本章主要介绍了决策树模型及其在机器学习中的应用。首先，深入探讨了决策树的基础知识，包括决策树的概念、优缺点及划分准则。详细讨论了信息增益、增益率和基尼指数等决策树的划分准则，以及如何通过这些准则来构建决策树模型。接着，介绍了决策树的建立过程，包括决策树的归纳、实例分析、停止准则和决策树剪枝等内容。然后，探讨了多变量决策树，并介绍了集成方法，包括随机森林和梯度提升树等技术。在本章的后半部分，转向了回归树模型，包括回归决策树、回归加权平均树、随机森林回归树和梯度提升回归树，详细讨论了这些回归树模型的原理和应用场景，并介绍了如何使用这些模型进行回归分析和预测。最后，通过两个实践案例，分别是构建巴黎住房分类模型和航班价格预测模型，展示了决策树模型在实际场景中的应用，有助于读者更好地理解和运用决策树模型。

4.9 习题

1. 什么是决策树？
2. 决策树模型有哪些优点和缺点？请分别列举并简要描述。
3. 什么是信息增益、增益率和基尼指数？它们在决策树中的作用是什么？
4. 什么是多变量决策树？它与传统决策树有何区别？
5. 请简要介绍集成方法中的随机森林和梯度提升树，包括其基本原理和应用场景。
6. 什么是回归树？请简要描述回归树模型的特点和应用场景。
7. 请解释回归决策树、回归加权平均树、随机森林回归树和梯度提升回归树的原理和区别。
8. 基于巴黎住房数据集，分别用C4.5、CART4.0、梯度提升树算法实现巴黎住房分类模型的构建，并输出相应模型的性能评价结果。
9. 基于航班信息数据集，分别用回归加权平均树、随机森林回归树和梯度提升回归树实现航班价格的预测，并输出相应模型的性能评价结果。

第 5 章 神 经 网 络

在当今信息时代，随着数据的爆炸式增长和计算能力的不断提升，人工智能（AI）取得了蓬勃发展。其中，神经网络作为一种受生物神经系统启发的计算模型，引起了广泛关注。神经网络是一种由多层神经元构成的复杂网络，模拟了人类大脑的工作原理。通过神经元之间的连接和信息传递，神经网络具备了学习和推断的能力，能够从海量数据中提取关键特征和模式，实现智能化的任务。本章详细介绍了神经网络的发展历史、神经元模型、激活函数、感知机模型、多层前馈神经网络模型、训练方法及多层感知机的应用。还讨论了梯度消失和梯度爆炸问题及其解决方案。通过本章的学习，读者将建立对神经网络的全面理解。

▶ 思维导图

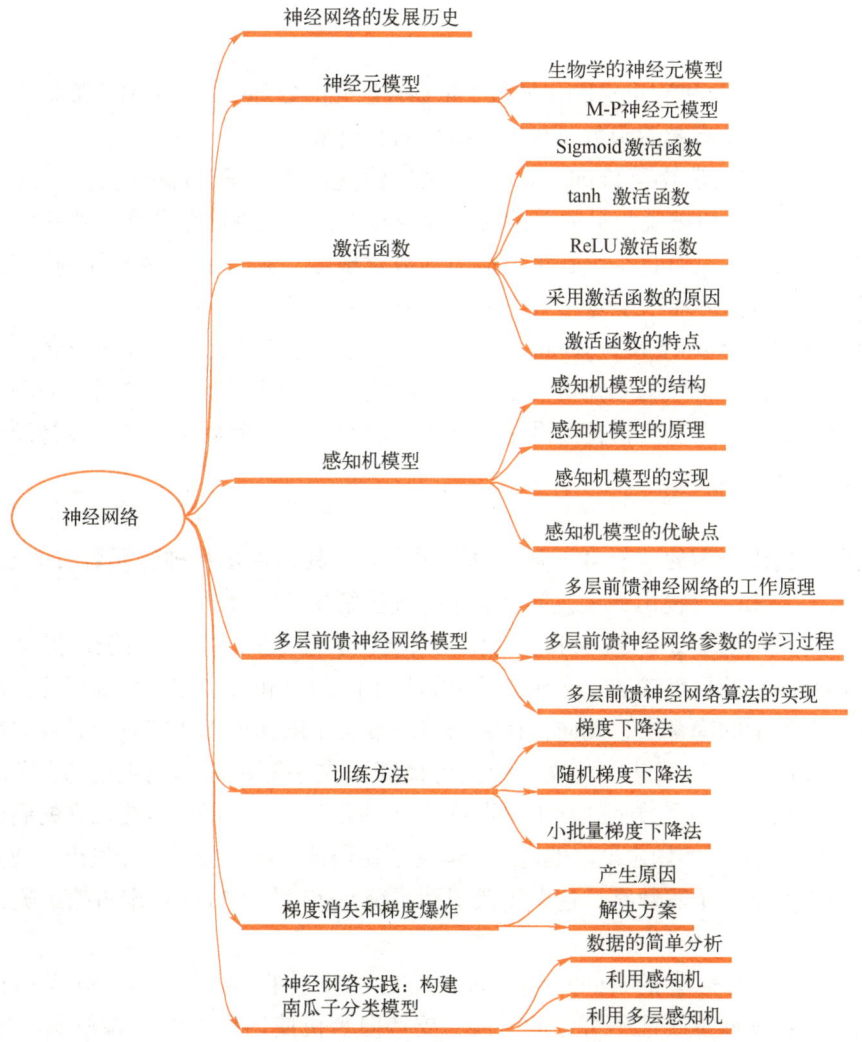

5.1 神经网络的发展历史

神经网络经历了两次发展低谷和三次发展浪潮，如图 5-1 所示。

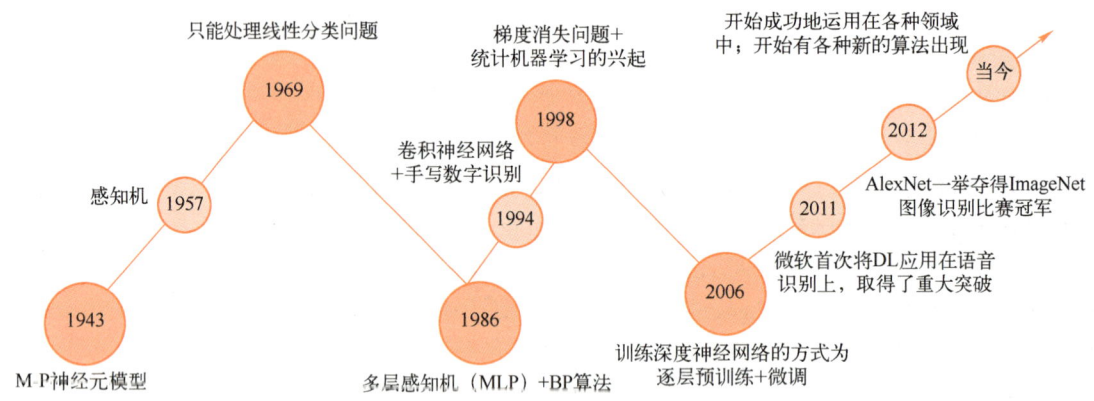

图 5-1 神经网络的发展历史

1. 第一次浪潮

1943 年，McCulloch 和 Walter Pitts 抽象了生物神经元的处理模式，并将其概括为所谓的 M-P 神经元模型。该模型没有激活函数，相当于线性回归模型。

1957 年，康奈尔大学教授 Frank Rosenblatt 提出了感知机（Perceptron）。感知机结构与 M-P 神经元模型类似，一般被视为最简单的人工神经网络，可实现简单分类。感知机是第一个用算法来精确定义网络、具有自组织自学习能力的数学模型，是日后许多神经网络模型的始祖。感知机技术在 20 世纪 60 年代引发了人工智能的第一个浪潮。

1969 年，Marvin Minsky 和 Seymour Paper 在出版的《感知机：计算几何简介》一书中批判了感知机模型。首先，单层的感知机无法解决不可线性分割的问题，如异或门问题；其次，当时的计算机能力低下，无法支持神经网络模型所需的计算量。此后十几年，以神经网络为基础的人工智能研究进入低潮。

2. 第二次浪潮

传统的感知机用所谓的"梯度下降"算法纠错时，其运算量和神经元数目的平方成正比，因而计算量巨大。Minsky 提出的尖锐问题后来被逐步解决。

1986 年，Hinton 和 David Rumelhart 合作在《自然》上发表论文，系统地提出应用反向传播算法训练神经网络的权重参数，把纠错的运算量下降到只和神经元数目成正比。通过在神经网络里增加一个所谓的隐藏层，反向传播算法同时解决了感知机无法解决的异或门难题。

1989 年，Yann LeCun 发表了论文"反向传播算法在手写邮政编码上的应用"，他用美国邮政系统提供的近万个手写数字的样本来训练神经网络系统，所得网络在独立的测试样本中的错误率低至 5%，达到了实用水准。他进一步运用了卷积神经网络技术，开发出了商业软件——用于读取银行支票上的手写数字，这个支票识别系统在 20 世纪 90 年代末占据了美国接近 20% 的市场。

1963 年，贝尔实验室的 Valdmir Vapnik 提出了支持向量机（Support Vector Machine，SVM）算法。在数据样本线性不可分的时候，支持向量机使用所谓的"核机制"非线性映射算法，将线性不可分的样本转化到高维特征空间，使其线性可分。作为一种分类算法，从 20 世纪 90 年代初，SVM 在图像识别和语音识别领域被广泛应用。在手写邮政编码问题上，SVM 技术错误率降至 0.8%，在 2002 年错误率最低达到了 0.56%，远远超过了同时期的神经网络。这时，传统神经网络的反向传播算法遇到了本质难题——梯度消失问题。这个问题在 1991 年被德国学者 Sepp Hochreiter 第一次清晰地提出并阐明原因。简单来说，就是成本函数（损失函数、代价函数）从输出层反向传播时，每经过一层，梯度的衰减速度极快，学习速度变得极慢，神经网络很容易停滞于局部最优解。同时，算法训练时间过长会出现过拟合，把噪声当成有效信号。而此时，SVM 理论完备、机理简单、容易重复，得到了主流的追捧。SVM 技术在图像和语音识别方面的成功使得神经网络的研究技术重新陷入低潮。

3. 第三次浪潮

（1）改进算法

2006 年，Hinton 等人发表了论文"深信度网络的一种快速算法"。此算法的核心是借用统计学里的"玻尔兹曼分布"概念，使用"限制玻尔兹曼机"（Restricted Boltzmann Machine，RBM）来学习。RBM 相当于一个两层网络，深信度网络就是几层 RBM 叠加在了一起，RBM 可以用输入数据进行预训练，自行发现重要特征，从而对神经网络的权重进行有效的初始化。经过 RBM 预训练初始化后的神经网络，再用反向传播算法微调，效果得到大幅度提升。从此，掀起了以神经网络为基础的人工智能发展的第三次浪潮。

2011 年，加拿大的蒙特利尔大学学者 Xavier Glorot 和 Yoshua Bengio 等人发表了论文"深而稀疏的修正神经网络"。其中激活函数改用"修正线性单元"（rectified linear unit，ReLU）。和使用其他激活函数的模型相比，ReLU 的识别错误率低，而且其有效性对于神经网络是否进行"预训练"并不敏感。ReLU 激活函数的导数是常数，非 0 即 1，不存在传统激活函数在反向传播计算中的梯度消失问题。由于统计约一半的神经元在计算过程中输出为 0，使用 ReLU 的模型计算效率更高，而且自然而然地形成了所谓的稀疏表征，用少量的神经元可以高效、灵活、稳健地表达抽象、复杂的概念。

2011 年，微软首次将深度学习技术应用在语音识别上，并取得了重大突破。他们在语音识别系统中引入了深度神经网络，即深度学习技术中的一种。这一系统被称为"Deep Neural Networks for Acoustic Modeling"，简称 DNN-HMM。在传统的语音识别系统中，通常使用高斯混合模型（Gaussian Mixture Model，GMM）来建模声学特征，如声谱图。然而，GMM 在处理复杂的语音信号时存在一定的限制。微软的 DNN-HMM 系统通过引入深度神经网络作为新的声学模型，取得了显著的性能提升。深度神经网络在语音识别中能够自动地学习更抽象和高级的特征表示，这使得系统在处理复杂语音数据时表现更为优秀。通过深度学习技术的引入，DNN-HMM 系统在语音识别任务上取得了重大突破，使得语音识别的准确率和性能大幅提高。这一重大突破成功推动了深度学习在自然语言处理、语音识别等领域的应用和发展，也为后来的语音识别研究奠定了基础。深度学习技术的成功应用使得语音识别系统能够更好地应对不同口音、背景噪声等复杂情况，为智能语音助理、语音识别软件和语音翻译等领域的发展提供了重要的支持。

2012 年，Hinton 等人发表了论文"通过阻止特征检测器的共同作用来改进神经网络"。为了解决过拟合问题，论文中采用了一种新的被称为"丢弃"（dropout）的算法。丢弃算法的具体实施是在每次训练中给每个神经元一定的概率，假装它不存在，计算中忽略不计。使用丢弃算法的神经网络被强迫用不同的、独立的神经元的子集来接受学习训练。这样的网络更强健，避免了过拟合，不会因为外在输入的很小噪声导致输出质量存在很大差异。

同年，Hinton 等人为了证明深度神经网络的巨大魅力，首次参加了 ImageNet 图像识别比赛，构建的卷积神经网络（CNN）——AlexNet 一举夺得了冠军，碾压了第二名 SVM 方法。由于这个比赛的胜出，吸引了众多人工智能爱好者对深度神经网络展开了新的研究。

（2）使用 GPU 提高计算能力

2009 年 6 月，斯坦福大学的 Rajat Raina 和吴恩达（Andrew Ng）合作发表了论文"用 GPU 进行大规模无监督深度学习"，论文模型里的参数总数（就是各层不同神经元之间连接的总数）达到 1 亿。与之相比，Hinton 等人在 2006 年的论文里用到的参数数目只有 170 万。论文结果显示，使用 GPU 的运行速度和用传统双核 CPU 相比，最快时要快近 70 倍。在一个 4 层、1 亿个参数的深信度网络上，使用 GPU 可以把程序运行时间从几周降到一天。

2010 年，瑞士学者 Dan C. Ciresan 和合作者发表了论文"深度大型简单神经网络在手写数字识别方面取得的卓越成就"，其中使用的还是 20 世纪 80 年代的反向传播计算方法，但是计算搬移到 GPU 上实现，在反向传播计算时速度比传统 CPU 快了 40 倍。

2012 年，还在斯坦福大学读研究生的黎越国（Quoc Viet Le）领衔，和他的导师吴恩达，以及众多谷歌的科学家联合发表了论文"用大规模无监督学习建造高层次特征"。该论文中使用了九层神经网络，网络的参数数量高达 10 亿，是 Ciresan 2010 年论文中模型的 100 倍，是 2009 年 Raina 论文模型的 10 倍。

（3）海量的训练数据

在黎越国的论文中，用于训练这个神经网络的图像都是从谷歌的录像网站 YouTube 上截屏获得的。1000 万个原始录像，每个录像只截取一张图片，每张图片有 4 万个像素。与之相比，先前大部分论文使用的训练图像，原始图像的数目大多在 10 万以下，图片的像素大多不到 1000。黎越国的计算模型分布式地在 1000 台机器（每台机器有 16 个 CPU 内核）上运行，花了三天三夜才完成训练。互联网的大规模普及、智能手机的广泛使用，使得规模庞大的图像数据集能够被采集，并在云端集中存储处理。大数据的积累为深度学习提供了数据保障。

卷积神经网络如图 5-2 所示，它已经在语音识别、文档分析、语言检测和图像识别等领域广泛应用。

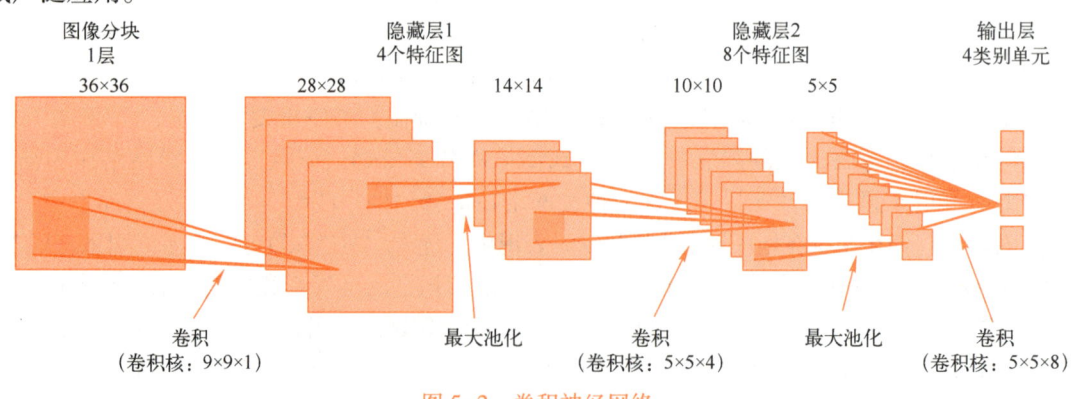

图 5-2　卷积神经网络

循环神经网络（Recurrent Neural Network，RNN）不但可以接收其他神经元的信息，还可以接收自己的历史信息，这样自己和自己连接就构成了循环。这样的神经网络既能对过去的信息进行记忆，还能对现在的信息进行更新、对将来的信息进行处理，如图 5-3 所示。目前，循环神经网络已经在众多自然语言处理（Natural Language Processing，NLP）中取得了巨大成功，且得到了广泛应用，如语音识别、语言建模、机器翻译等领域都有应用。

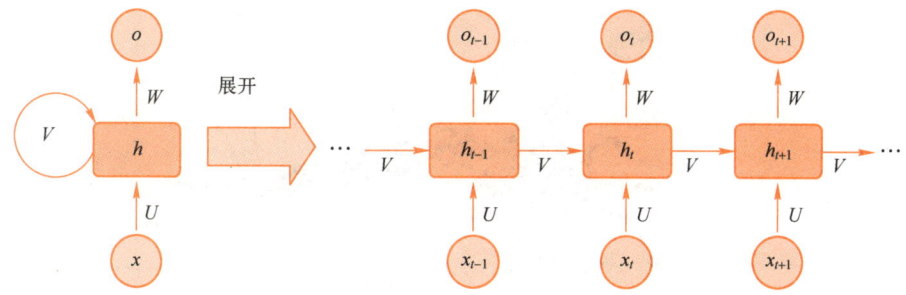

图 5-3 循环神经网络

图神经网络（Graph Neural Network，GNN）是指使用神经网络来学习图结构数据，提取和挖掘图结构数据中的特征和模式，满足聚类、分类、预测、分割、生成等图学习任务需求的算法总称。图神经网络（见图 5-4）是近年来出现的一种利用深度学习直接对图结构数据进行学习的框架，其优异的性能引起了学者们的高度关注和深入探索。通过在图中的节点和边上制定一定的策略，GNN 将图结构数据转化为规范而标准的标识，并输入多种不同的神经网络中进行训练，在节点分类、边信息传播和图聚类等任务上取得了优良的效果。

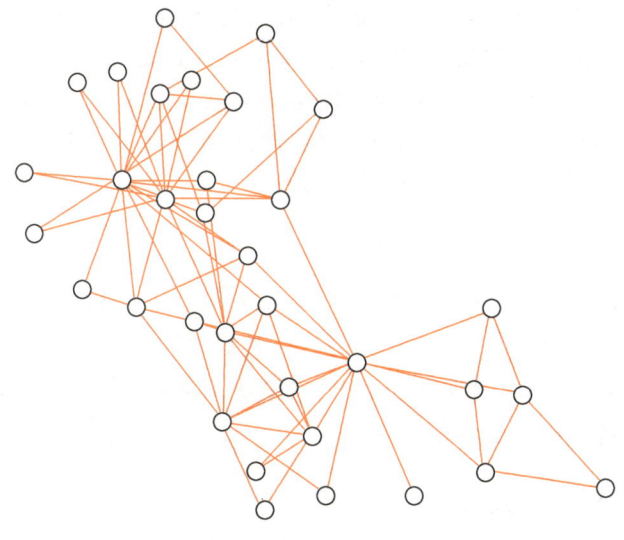

图 5-4 图神经网络

5.2 神经元模型

神经元模型是一种模拟生物神经元行为的计算模型，用于构建人工神经网络。它是神经网络的基本构建块，可以模拟人类大脑中的神经元之间的信息传递和处理过程。本节将深入探讨生物学的神经元模型，以及神经元模型的工作原理，讨论各种激活函数。

5.2.1 生物学的神经元模型

生物学神经元是大脑和神经系统的基本单元，它们通过电化学信号传递信息。神经元细胞由细胞核（Cell Nucleus）、树突（Dendrites）、轴突（Axon）和髓鞘（Myelin Sheath）等组成，如图 5-5 所示。

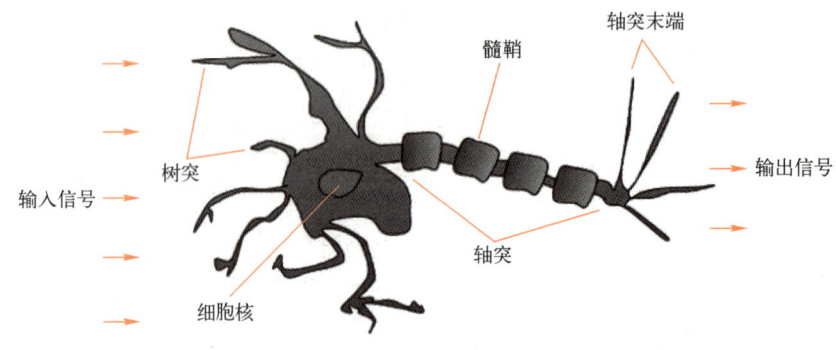

图 5-5 神经元细胞

神经元的输入来自树突连接,它们可以是兴奋性的(增强神经元的活动)或抑制性的(减弱神经元的活动)。当神经元收到足够的输入时,它会产生动作电位,这是一种电化学信号,将沿着轴突传递到其他神经元或肌肉细胞。

5.2.2 M-P 神经元模型

McCulloch 和 Walter Pitts 于 1943 年抽象了生物神经元的处理模式,并将其概括为 M-P 神经元模型。该模型是一个多输入单输出的信息处理单元,如图 5-6 所示。

M-P 神经元会接收来自其他 n 个神经元传递的信息 x_i,并将其作为模型的输入,这些输入通过带有权重(w_i)的连接进行传递,输入信号与权重(w_i)连接的结果将与阈值(θ)进行比较,然后通过激活函数的处理产生神经元的输出:

$$y = f\left(\sum_{i=1}^{n} w_i x_i - \theta\right) \tag{5-1}$$

M-P 的激活函数 f 为图 5-7 所示的阶跃函数 $\mathrm{Sign}(x)$,它将输入值映射为输出值 "0" 或 "1"。显然,"1" 对应于神经元兴奋,"0" 对应于神经元抑制。然而,阶跃函数具有不连续、不光滑等不太好的性质,因此实际常用 Sigmoid 函数作为激活函数。

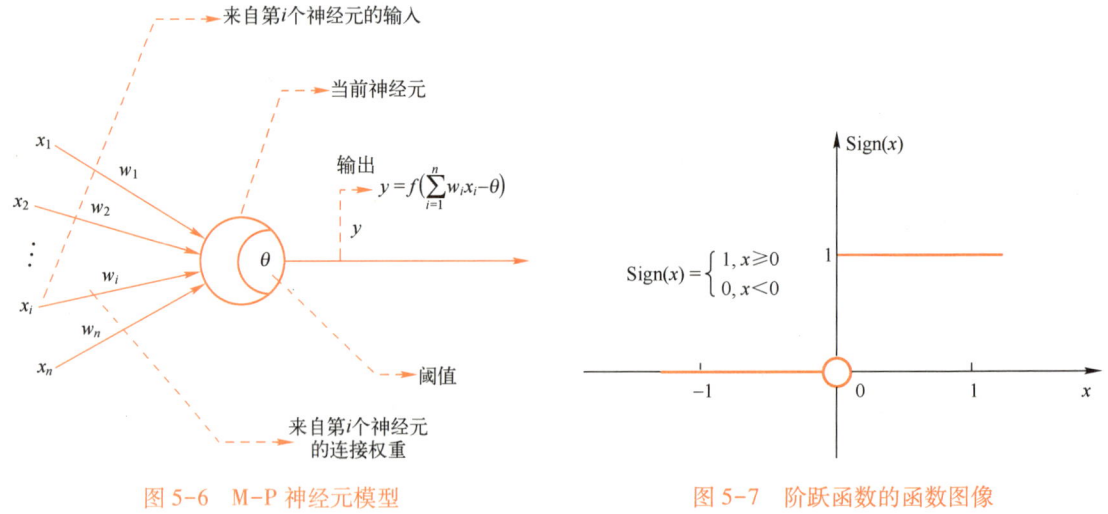

图 5-6 M-P 神经元模型   图 5-7 阶跃函数的函数图像

典型的 Sigmoid 函数见式(5-2),其函数图像如图 5-8 所示,它把可能在较大范围内变化的输入值挤压到(0,1)的输出范围内,因此它有时也被称为 "挤压函数",对应公式为

$$\sigma(x) = \frac{1}{1+e^{-x}} \quad (5\text{-}2)$$

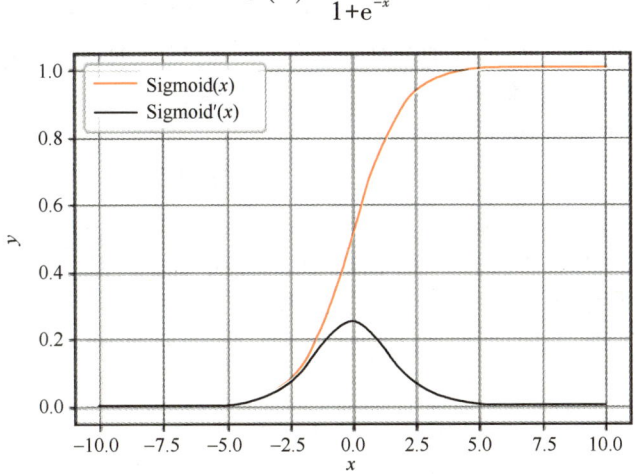

图 5-8 Sigmoid 函数及其导函数的函数图像

5.3 激活函数

激活函数常作用于神经元，负责将神经元的输入映射到输出。激活函数分为线性激活函数和非线性激活函数。激活函数的引入能够增加神经网络的非线性特性，使得神经网络能够模拟更多的非线性函数。

激活函数一般具有下面几个性质。

1）是连续并可导（允许少数点上不可导）的非线性函数。可导的激活函数可以直接利用数值优化的方法来学习网络参数。

2）激活函数及其导函数要尽可能简单，这样有利于提高网络计算效率。

3）激活函数的导函数的值域要在一个合适的区间内，不能太大也不能太小，否则会影响训练的效率和稳定性。

常见的激活函数有：Sigmoid（）激活函数、tanh/双曲正切激活函数、ReLU 激活函数、Leaky ReLU 激活函数、ELU 激活函数、PReLU 激活函数、Softmax 激活函数、Softplus 激活函数和 Swish 激活函数等。

由于篇幅有限，这里只介绍 Sigmoid 激活函数、tanh/双曲正切激活函数和 ReLU 激活函数的公式、函数图像性质及优缺点。

5.3.1 Sigmoid 激活函数

Sigmoid 激活函数能够将变化范围较大的输入压到(0,1)的范围。函数公式见式（5-2），函数图像如图 5-8 所示。Sigmoid 函数的特点如下。

1）Sigmoid 函数的输出范围是 0~1。由于输出值在 0 和 1 之间，它相当于将每个神经元的输出归一化。

2）平滑梯度。显然，Sigmoid 函数在定义域上处处可导。

3）Sigmoid 函数是可微的，这意味着可以找到任意两点之间的斜率。

4）有明确的预测值。也就是说，倾向于接近 0 或 1。

什么情况下适合使用 Sigmoid 激活函数？Sigmoid 函数特别适合用于需要将预测概率作为输出的模型。概率值的范围是 [0,1]，而且往往希望概率值尽量确定（即概率值远离 0.5），所以 Sigmoid 曲线是最理想的选择。

Sigmoid 函数的缺点如下。

1）倾向于梯度消失。当输入值的绝对值过大时，导数很小（最大值为 0.25），这将导致梯度消失及深度神经网络学习能力变差。

2）函数输出不以 0 为中心，这会降低权值更新的效率。

3）Sigmoid 函数需要指数运算，计算机运算速度较慢。

5.3.2 tanh 激活函数

tanh 是双曲正切函数，tanh 函数的输出以 0 为中心，区间为 (-1,1)。tanh 函数可以想象成把两个 Sigmoid 函数放在一起，其性能要高于 Sigmoid 函数。tanh 函数见式（5-3），对应的图像如图 5-9 所示。

$$\tanh(x) = \frac{e^x - e^{-x}}{e^x + e^{-x}} \tag{5-3}$$

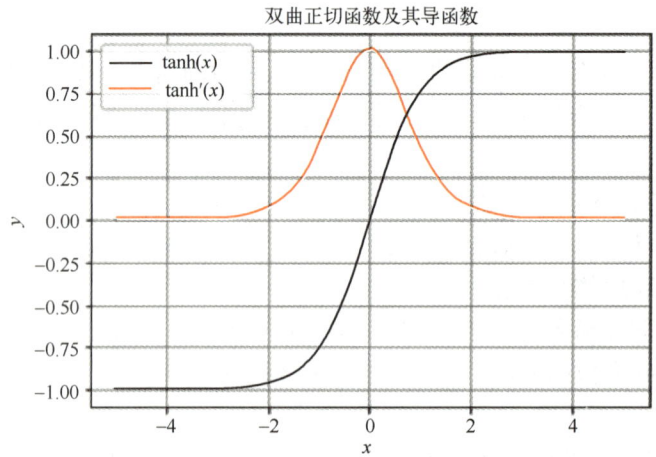

图 5-9 tanh 函数以及导函数的函数图像

由图 5-9 可见，tanh 函数具备两个性质。

1）tanh 函数是饱和函数（外形），即当输入达到一定值时，输出值不再变化。

2）tanh 函数是零中心化的，而 Sigmoid 函数的输出恒大于 0。

tanh 函数的优缺点如下。

优点：主要是解决了 Sigmoid 函数不以 0 为中心的输出问题。导数范围变大，在 (0,1) 之间，而 Sigmoid 导数在 (0,0.25) 之间。tanh 函数的梯度消失问题也有所缓解。

缺点：幂运算，计算成本高；也存在梯度消失问题。

5.3.3 ReLU 激活函数

ReLU 是深度神经网络中常用的一种激活函数，其全称为 Rectified Linear Unit。ReLU 函数见式（5-4），对应的函数图像如图 5-10 所示。

$$\text{ReLU}(x) = \max(0, x) \tag{5-4}$$

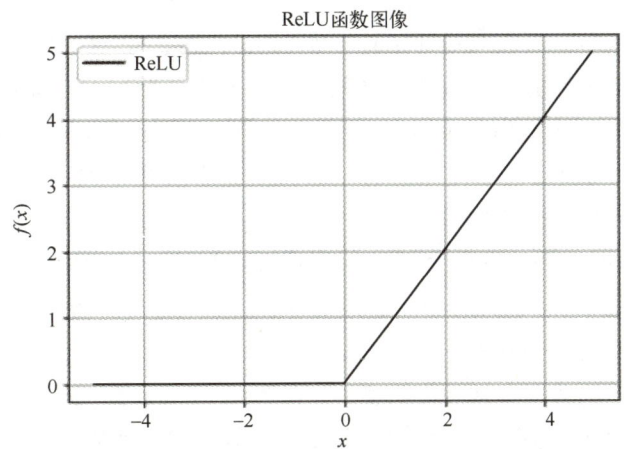

图 5-10　ReLU 函数的函数图像

（1）ReLU 激活函数的优点

1）简单有效。ReLU 非常简单，计算速度快，只需判断输入是否大于零，因此在实践中非常高效。

2）能避免梯度消失问题。相比于 Sigmoid 和 tanh 等激活函数，ReLU 在正区间上保持恒定的梯度 1，因此有助于避免深层神经网络的梯度消失问题，使得训练更加稳定。

3）收敛速度较快。由于在正区间上梯度恒定为 1，ReLU 的训练收敛速度通常比 Sigmoid 和 tanh 等函数更快。

4）能解决神经元的"死亡"问题。在一些情况下，Sigmoid 和 tanh 等函数会导致神经元"死亡"，即神经元在训练过程中变得不活跃。ReLU 能够减轻这个问题，因为它在正区间上保持了线性激活。

（2）ReLU 激活函数的缺点

1）也存在神经元"死亡"问题。虽然 ReLU 能够部分缓解神经元"死亡"问题，但在训练过程中仍可能出现某些神经元永远不会激活（输出恒为零），从而导致这些神经元失去意义的情况。

2）神经元不稳定。在训练过程中，由于负输入时 ReLU 的导数为零，因此可能导致一些神经元在负区间上"死亡"，即梯度为零，不再更新权重。

3）非零均值输出。ReLU 在负区间上输出恒为零，这可能导致一些神经元的输出均值不为零，造成梯度更新方向不稳定。

4）Dead ReLU 问题。在一些情况下，某些神经元的权重更新使得它们永远保持非激活状态，即负区间上的输入始终为零，这些神经元将不会对模型做出任何贡献。

综上所述，ReLU 是一种简单有效的激活函数，特别适用于深度神经网络。但它也存在一些问题，比如神经元"死亡"问题和 Dead ReLU 问题，因此在实际使用时，需要采取一些方法来解决这些问题，如采用 Leaky ReLU、Parametric ReLU、ELU 等 ReLU 激活函数的变体。

5.3.4 采用激活函数的原因

非线性表达激活函数通常取非线性函数，如 ReLU、Sigmoid 等。加入非线性激活函数的目的是增强网络的非线性表达能力。假如网络某层的某个节点为 x_i，其到下一层网络某个节点的权值为 w_i，该层网络的一个输出为 $y = w_1 x_1 + w_2 x_2 + \cdots + w_n x_n$。若将输出 y 直接作为下一层的节点值，该节点到再下一层某个节点的权值为 m_i，则下一层结点输出为

$$Z = m_1 y_1 + m_2 y_2 + \cdots + m_n y_n$$
$$= m_1 (w_{11} x_1 + w_{12} x_2 + \cdots + w_{1n} x_n) + m_2 (w_{21} x_1 + w_{22} x_2 + \cdots + w_{2n} x_n) + \cdots$$
$$= (m_1 w_{11} + m_2 w_{21} + \cdots + m_n w_{n1}) x_1 + (m_1 w_{12} + m_2 w_{22} + \cdots + m_n w_{n2}) x_2 + \cdots$$
$$= W_1 x_1 + W_2 x_2 + \cdots + W_n x_n$$

可以发现，第三层的节点得到的依然是一个线性组合，这就导致三层网络的效果与两层网络的效果相差不大。而在每层网络之后加上非线性函数，就可避免这个问题。

5.3.5 激活函数的特点

激活函数需要满足以下特点。

（1）避免梯度消失

激活函数应该尽可能避免造成梯度消失的问题。梯度消失是指在特定的输入区间内，激活函数的梯度趋近于 0，这会导致分布在此特定区间内的数据难以训练。

（2）原点中心

激活函数应该尽可能关于原点对称，以防止梯度向特定方向偏移。假如某一层的激活函数不关于原点对称，在整个定义域上取值均为正值，则下一层激活函数只能接收到正值输入，梯度就偏向了正值。

（3）计算便捷

深度网络的训练过程需要消耗大量的运算资源，激活函数应该尽可能计算起来比较简单，减少运算资源的消耗。

（4）可微性

在使用反向传播的神经网络时，激活函数应该是可微（可导）的。

5.4 感知机模型

感知机是 Frank Rosenblatt 在 1957 年提出的概念，是最简单的人工神经网络，即单层的人工神经网络，是最基础的神经网络模型结构。它将输入的数据乘以权重并加上偏置，然后通过一个阈值函数来判断输入数据属于哪个类别。

5.4.1 感知机模型的结构

感知机模型是由两层神经元构成的神经网络，如图 5-11 所示，即输入层和输出层。输入层接收外界输入信号，只进行信息存储；输出层是 M-P 神经网络。感知机模型是一种二元分类模型，它可以用来将输入的数据分为两个类别。感知机是有监督的学习，用于分类。

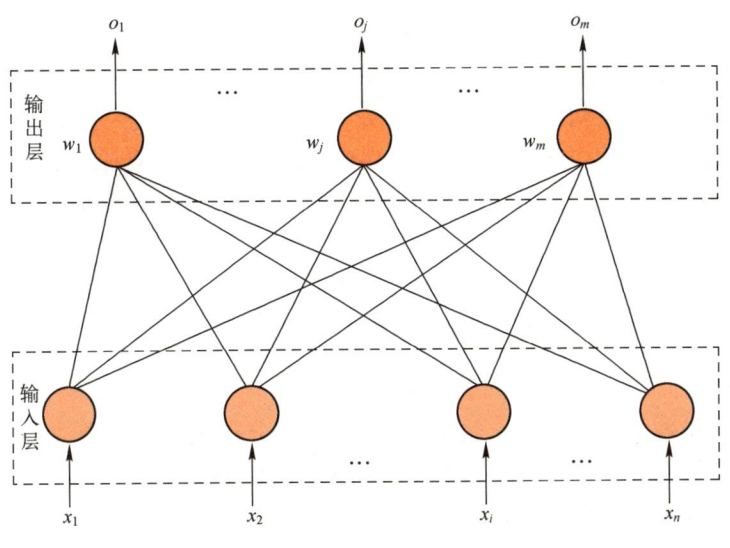

图 5-11 感知机模型

感知机模型的激活函数为 Sgn（阶跃函数）的神经元，具体如下。

$$y = \text{Sgn}(\boldsymbol{w}^\text{T}\boldsymbol{x}-b) = \begin{cases} 1, & \boldsymbol{w}^\text{T}\boldsymbol{x}-b \geqslant 0 \\ -1, & \boldsymbol{w}^\text{T}\boldsymbol{x}-b < 0 \end{cases} \tag{5-5}$$

其中，$\boldsymbol{x} \in \text{R}^n$ 为输入样本的特征向量，维度为 n，表示 n 个特征；$\boldsymbol{w}$ 是权重向量，维度也为 n，表示每个特征在分类中的重要性；b 为偏置（阈值）。当 $\boldsymbol{w}^\text{T}\boldsymbol{x}-b \geqslant 0$ 时，分类结果为 $+1$，表示属于正类（Positive Class）；当 $\boldsymbol{w}^\text{T}\boldsymbol{x}-b < 0$ 时，分类结果为 -1，表示属于负类（Negative Class）。

感知机模型的训练过程就是通过调整权重向量 $\boldsymbol{w}$ 和偏置 b，使得模型能够正确分类训练样本。当所有训练样本都被正确分类时，感知机模型达到收敛，训练结束。如果数据线性不可分，感知机模型可能无法达到收敛。

5.4.2 感知机模型的原理

假设有一个二元分类问题，目标是找到一个超平面（Hyperplane），将输入空间分成两个部分，使得超平面上方的点属于一个类别，下方的点属于另一个类别。对于二维平面上的点，超平面是一条直线；对于三维空间中的点，超平面是一个平面；对于高维空间中的点，超平面是一个超平面。感知机模型通过学习超平面的参数来实现分类。超平面可以表示为一个权重向量 $\boldsymbol{w}$ 和一个偏置 b，即 $\boldsymbol{w}^\text{T}\boldsymbol{x}+b=0$，其中 $\boldsymbol{x}$ 是输入样本的特征向量。对于二元分类问题，感知机模型的输出公式与式（5-5）相同。

感知机算法的目标是找到一个超平面，使得所有的训练样本都被正确分类。具体来说，对于一个样本 $(\boldsymbol{x}_i, y_i)$，如果它被错误分类了，那么就需要更新超平面的参数，使得它能够正确分类这个样本。从几何角度来看，感知机算法实际上是在不断地调整超平面的位置和方向，使得误分类点离超平面更远，从而最终找到一个能够正确分类所有样本的超平面。

从几何角度来讲，给定一个线性可分的数据集 D，感知机的学习目标是求得能对数据集 D 中的正负样本完全正确划分的超平面，具体如下。

1) $\boldsymbol{w}^\text{T}\boldsymbol{x}+b=0$ 为超平面方程，其中 $\boldsymbol{w}$，$\boldsymbol{x} \in \text{R}^n$。
2) 超平面方程不唯一，不同的 $\boldsymbol{w}$ 和 b 就形成一个新的超平面。

3) 法向量 w 垂直于超平面。

4) 法向量 w 和截距 b 确定一个唯一的超平面。

感知机学习策略：随机初始化 w 和 b，将 D 中全体训练样本代入模型找出误分类样本，假设此时误分类样本集合为 $M \subseteq D$，对任意一个误分类样本 $(x,y) \in M$ 来说，当 $w^T x - b \geqslant 0$ 时，模型的输出值 $\hat{y}=1$，样本真实标记为 $y=-1$；反之，当 $w^T x - b < 0$ 时，模型的输出值 $\hat{y}=-1$，样本真实标记为 $y=1$。综合两种情形可知

$$(\hat{y}-y)(w^T x - b) \geqslant 0 \tag{5-6}$$

所以，给定数据集 D，损失函数的定义为

$$L(w,b) = \sum_{x \in M} (\hat{y} - y)(w^T x - b) \tag{5-7}$$

显然，此损失函数 $L(w,b)$ 是非负的。如果没有误分类点，损失函数的值是 0。而且，误分类点越少，误分类点离超平面越近，损失函数的值就越小。

损失函数的整个求解过程如下。

给定数据集 $D = \{(x_1, y_1), (x_2, y_2), \cdots, (x_N, y_N)\}$，其中 $x_i \in R^n$，$y_i \in \{-1,1\}$，求参数 w，b 为使损失函数极小化时的解。损失函数极小化：

$$\min_{w,b} L(w,b) = \min_{w,b} \sum_{x_i \in M} (\hat{y}_i - y_i)(w^T x_i - b) \tag{5-8}$$

其中，$M \subseteq D$ 为误分类样本集合。若将阈值 b 看作一个固定输入为 -1 的"哑节点"，令 $x_{n+1} = -1$，则 $-b = -1 \times w_{n+1} = x_{n+1} \times w_{n+1}$。

据此，可将要求解的极小化问题进一步简化为

$$\min_{w} L(w) = \min_{w} \sum_{x_i \in M} (\hat{y}_i - y_i) w^T x_i \tag{5-9}$$

当误分类样本集合 M 固定时，那么可以求得损失函数 $L(w)$ 的梯度

$$\nabla_w L(w) = \sum_{x_i \in M} (\hat{y}_i - y_i) x_i \tag{5-10}$$

感知机的学习算法具体采用的是随机梯度下降法，也就是极小化过程中不是一次使所有误分类点的梯度下降，而是一次随机选取一个误分类点使其梯度下降。所以，权重 w 的更新公式为

$$\begin{aligned} w &\leftarrow w + \Delta w \\ \Delta w &= -\eta (\hat{y}_i - y_i) x_i = \eta (y_i - \hat{y}_i) x_i \end{aligned} \tag{5-11}$$

其中，η 是学习率，它控制了每次更新的步长。

5.4.3 感知机模型的实现

下面给出感知机模型的参数 w 的求解过程的代码实现如下。

```python
import numpy as np

class Perceptron:
    def __init__(self, num_features, learning_rate=0.01, epochs=100):
        self.learning_rate = learning_rate
        self.epochs = epochs
        self.weights = np.zeros(num_features + 1)  # 初始化权重，包括偏置

    def activation(self, x):
```

```python
            return 1 if x >= 0 else 0          # 使用阶跃函数作为激活函数
        def predict(self, x):
            z = np.dot(self.weights, x)        # 加权求和
            a = self.activation(z)             # 激活函数
            return a

        def train(self, X, y):
            for _ in range(self.epochs):
                for i in range(y.shape[0]):
                    x = np.insert(X[i], 0, 1)  # 在输入向量前加上偏置项
                    prediction = self.predict(x)
                    error = y[i] - prediction
                    self.weights += self.learning_rate * error * x   # 更新权重
```

下面使用上面定义的感知机模型 Perceptron 对 AND 逻辑运算进行训练和预测。训练数据 X 包括四个可能的输入组合，y 包括对应的 AND 运算结果。通过模型训练并进行预测，可以看到感知机模型对 AND 运算的预测结果。实现代码如下。

```python
# 准备训练数据
X = np.array([[0, 0], [0, 1], [1, 0], [1, 1]])
y = np.array([0, 0, 0, 1])

# 创建感知机模型
perceptron = Perceptron(num_features=2)

# 训练模型
perceptron.train(X, y)

# 进行预测
test_input = np.array([[0, 0], [0, 1], [1, 0], [1, 1]])
for i in range(test_input.shape[0]):
    output = perceptron.predict(np.insert(test_input[i], 0, 1))
    print(f"Input: {test_input[i]}, Predicted Output: {output}")
```

运行结果如下。

```
Input: [0 0], Predicted Output: 0
Input: [0 1], Predicted Output: 0
Input: [1 0], Predicted Output: 0
Input: [1 1], Predicted Output: 1
```

由运行结果可以看出，此模型给出的结果与 AND 运算的规则完全一致，从而表明感知机对 AND 问题处理得不错。

5.4.4 感知机模型的优缺点

（1）感知机模型的优点

虽然感知机模型相对简单，但在某些特定情况下仍然有其优势。

1）简单直观。感知机模型是最简单的神经网络形式之一，结构简单直观，易于理解和解释。其基本结构由输入层、权重和阈值、激活函数及输出层组成，便于初学者入门神经网络。

2）易于实现。感知机模型的实现相对容易，训练过程相对较快，尤其对于线性可分的问题，其收敛速度通常较快。

3）能有效处理线性问题。对于线性可分的问题，即使是在高维空间中，感知机模型也能够有效地进行分类。它能够将数据集在某个超平面上进行线性划分。

4）对于大型数据集适用。对于一些规模较大的数据集，在处理线性问题时，感知机模型的计算效率可能优于某些复杂的神经网络模型，因为其相对简单，参数量较少。

（2）感知机模型的缺点

感知机模型虽然是神经网络和深度学习的基础，但它也有一些缺点，限制了它在某些情况下的应用和表现。

1）线性可分性要求。感知机模型要求训练数据是可分的，即存在一个超平面能够将不同类别的样本完全分隔开。如果数据是线性不可分的，感知机模型无法收敛，会导致无法进行有效分类。

2）无法处理非线性问题。感知机模型是一个线性分类器，只能处理线性可分的问题。对于非线性可分的问题，感知机模型无法找到合适的决策边界，导致无法正确分类。

3）不适用于解决回归问题。感知机模型只适用于解决二分类问题，不能直接用于解决回归问题或多分类问题。

4）感知机模型只能处理简单的特征，并不能很好地处理高维稠密特征或者非数值特征。对于复杂的分类问题，感知机模型的表达能力比较有限。

5）感知机算法对于初始值的选择比较敏感，不同的初始值可能导致不同的分类结果。如果初始值选择得不好，那么感知机算法可能会收敛到一个不好的解。

综上所述，感知机模型虽然在解决线性可分问题方面表现出色，但是在解决复杂问题时存在一定的局限性。所以，需要根据具体的应用场景选择合适的模型。线性不可分问题如图 5-12 所示，异或问题如图 5-13 所示，多分类问题如图 5-14 所示，这几种情况感知机模型都不能解决。

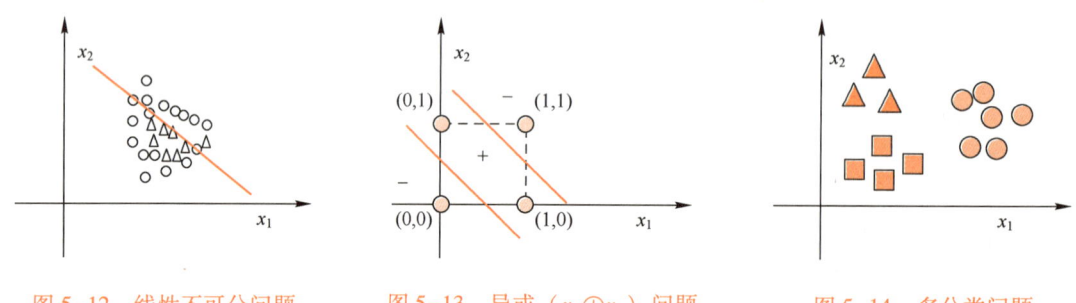

图 5-12　线性不可分问题　　图 5-13　异或（$x_1 \oplus x_2$）问题　　图 5-14　多分类问题

5.5　多层前馈神经网络模型

多层前馈神经网络（Multilayer Feedforward Neural Network，MFNN）也称为前馈神经网络或多层感知机（Multilayer Perceptron，MLP），是一种常见的人工神经网络模型。它是感知机模型的一种扩展，通过添加多个隐藏层来提高模型的表达能力。MFNN 可以解决非线性可分问题。此模型的基本结构如图 5-15 所示，其中圆圈代表节点，带有方向的箭头代表数据的流向，每层神经元与下一层神经元全连接，神经元之间不存在同层连接，也不存在跨层连接。

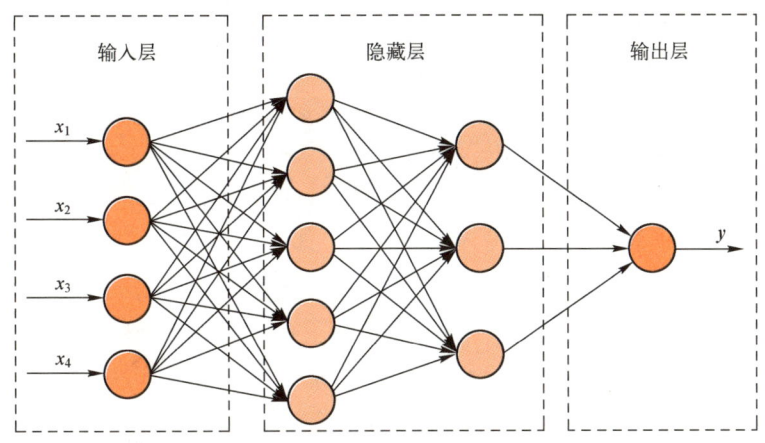

图 5-15 多层前馈神经网络

1）输入层：接收输入特征的向量，每个输入特征用一个节点表示。

2）隐藏层：多个隐藏层位于输入层和输出层之间，每个隐藏层由多个节点组成。每个节点接收来自上一层的输出，并通过激活函数进行变换，产生新的输出传递给下一层。

3）输出层：输出层位于最后一层，通常用于表示模型的输出结果。输出层的节点数取决于任务类型。对于二分类任务，输出通常是一个节点，表示正类的概率；对于多类别分类任务，输出节点数等于类别的数量；对于回归任务，输出节点数可以是一个或多个。

MFNN 的训练过程通常是通过反向传播（Back Propagation，BP）算法来实现的。反向传播算法是一种基于梯度下降的优化算法，它通过计算损失函数对每个参数的偏导数来更新模型参数，从而最小化损失函数。MFNN 的优点是可以处理高维稀疏特征和非数值特征，具有很强的表达能力。此外，MFNN 也可以通过添加正则化项来防止过拟合，并且可以使用随机梯度下降等优化算法来加速训练过程。MFNN 的缺点是需要大量的计算资源来训练和预测，对于大规模数据集和高维特征空间来说，其训练速度较慢。此外，MFNN 的结构和参数需要手动调整，这需要有一定的经验和技巧。

5.5.1 多层前馈神经网络的工作原理

本小节来介绍多层前馈神经网络的反向传播学习方法、每层单个神经元的损失，以及每层多个神经元的损失。

1. 反向传播学习方法

（1）多层前馈神经网络参数

下面介绍数据经过图 5-15 所示的多层前馈神经网络变换的过程。神经网络学习了一套数据从原始到抽象的变换过程。首先介绍 MFNN 中的各种参数。

1）L：神经网络的层数。图 5-15 所示的多层前馈神经网络的层数为 4。

2）$m^{(l)}$：第 l 层的神经元个数。图 5-15 中第一层隐藏层中的神经元个数为 5。

3）$f_l(\cdot)$：l 层神经元的激活函数。

4）$\boldsymbol{w}^{(l)} \in \mathbf{R}^{m^{(l)} \times m^{(l-1)}}$：$l-1$ 层到第 l 层的权重矩阵，$\mathbf{R}^{m^{(l)} \times m^{(l-1)}}$ 表示 $m^{(l)} \times m^{(l-1)}$ 的实数矩阵。图 5-15 中，第一个隐藏层到第二个隐藏层的权重矩阵为 3×5 的权重矩阵。

5）$\boldsymbol{b}^{(l)} \in \mathbf{R}^{m^{(l)}}$：$l-1$ 层到第 l 层的偏置向量，$\mathbf{R}^{m^{(l)}}$ 表示大小为 $m^{(l)}$ 的实数向量。

6）$\boldsymbol{z}^{(l)} \in \mathbf{R}^{m^{(l)}}$：$l$ 层神经元的净输入（净活性值）。

7)$a^{(l)} \in \mathbf{R}^{m^{(l)}}$：$l$ 层神经元的输出（活性值）。

输入数据经过神经网络的一系列变化过程为

$$x = a^{(0)} \to z^{(1)} \to a^{(1)} \to z^{(2)} \to \cdots \to a^{(l-1)} \to z^{(l)} \to a^{(l)} = \varPhi(x; w, b)$$

其中，$z^{(l)} = w^{(l)} \times a^{(l-1)} + b^{(l)}$；$a^{(l)} = f_l(z^{(l)})$。

（2）多层前馈神经网络的学习过程

模型学习过程是基于误差反向传播的学习方法，如图 5-16 所示。

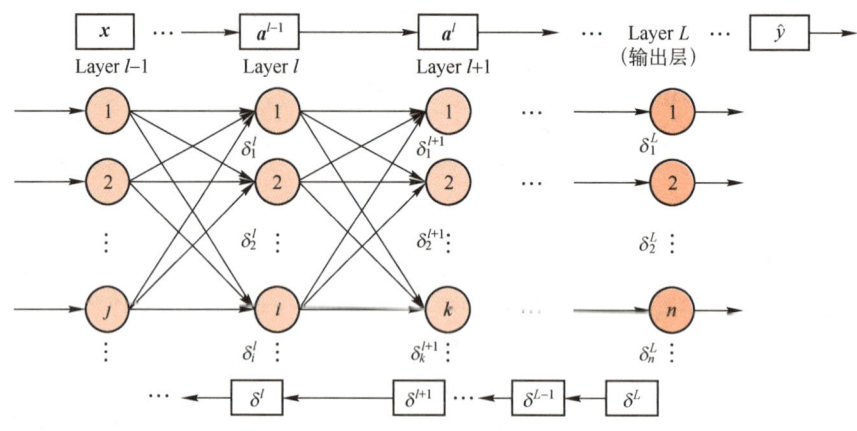

图 5-16　基于误差反向传播的学习方法

具体学习过程如下。

1）前馈计算每一层的净输入 $z^{(l)}$ 和激活值 $a^{(l)}$，直到最后一层。

2）反向传播计算每一层的误差项 $\delta^{(l)}$。

3）计算每一层的偏导数，并更新参数。

由于在神经网络中，经验风险是在最后一步才求得的，那么只能从最后朝前一层一层地调整权重和偏差，这个调整的算法就叫作反向传播算法。

将神经网络（NN）看作一个特征加工函数：d 维的实数向量 x 通过 NN 输出一个 l 维的实数向量 y，此变换过程为

$$x \in \mathbf{R}^d \to \mathrm{NN}(x) \to y = x^* \in \mathbf{R}^l \tag{5-12}$$

若后面接一个 $\mathbf{R}^l \to \mathbf{R}$ 的神经元，例如没有激活函数的神经元 $y = w^\mathrm{T} x^* + b$，此神经网络完成的是回归任务；若后面接一个 $\mathbf{R}^l \to [0, 1]$ 的神经元，例如激活函数为 Sigmoid 函数的神经元 $y = \dfrac{1}{1+\mathrm{e}^{-(w^\mathrm{T} x^* + b)}}$，则此神经网络完成的是分类任务。在模型训练过程中，神经网络（NN）自动学习提取有用的特征，因此，机器学习向"全自动数据分析"又前进了一步。

假设多层前馈神经网络中的激活函数全为 Sigmoid 函数，且当前要完成的任务为一个（多输出）回归任务，则损失函数可以采用均方误差（分类任务则用交叉熵）。对于某个训练样本 (x_k, y_k)，其中 $y_k = [y_1^k, y_2^k, \cdots, y_l^k]$，假定其多层前馈神经网络的输出为 $\hat{y}_k = [\hat{y}_1^k, \hat{y}_2^k, \cdots, \hat{y}_l^k]$，则该单个样本的均方误差（损失）为

$$E_k = \frac{1}{2} \sum_{j=1}^{l} (\hat{y}_j^k - y_j^k)^2 \tag{5-13}$$

2. 每层单个神经元的损失

第 l 层单个神经元模型如图 5-17 所示。

假设这个是输出层的神经元，且上层只有一个输入，那么输出值 $a^{(l)} = \delta(z^{(l)})$，净输入 $z^{(l)} = w^{(l)}a^{(l-1)} + b^{(l)}$，$\delta$ 对应的是激活函数，如 Sigmoid、tanh 或者 ReLU 等。则损失函数为

$$E^{(l)} = (a^{(l)} - y)^2 \qquad (5-14)$$

其中，y 是期望值（真实值或目标值）。损失越小，此模型越优。所以要求式（5-14）为最小值，即求极值点（偏导为 0），那么先对 w 求偏导，根据链式法则求导得到

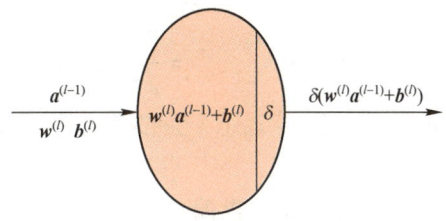

图 5-17 第 l 层单个神经元

$$\frac{\partial E^{(l)}}{\partial w^{(l)}} = \frac{\partial E^{(l)}}{\partial a^{(l)}} \cdot \frac{\partial a^{(l)}}{\partial z^{(l)}} \cdot \frac{\partial z^{(l)}}{\partial w^{(l)}} = 2(a^{(l)} - y) \cdot \delta'(z^{(l)}) \cdot a^{(l-1)} \qquad (5-15)$$

w 的改变会影响到 z，z 的改变会影响到 a，a 的改变最终影响到 $E^{(l)}$。

下面逐一求偏导来找寻每一个公式的意义。

$\frac{\partial E^{(l)}}{\partial a^{(l)}} = 2(a^{(l)} - y)$：这个偏导意味着导数的大小跟网络最终的输出 $a^{(l)}$ 与目标结果 y 的差成正比。而这里是 2 倍关系，即如果 w 改变了一点，那么至少在最后这里的差值会放大两倍。

$\frac{\partial a^{(l)}}{\partial z^{(l)}} = \delta'(z^{(l)})$：这里对选择的激活函数求导，意味着求斜率或者变化率，即梯度的正负值及相应的步长。

$\frac{\partial z^{(l)}}{\partial w^{(l)}} = a^{(l-1)}$：$w$ 对 z 的改变量取决于前一层的神经元。由这个式子可以看出，上下两层的神经元是关联的。

3. 每层多个神经元的损失

上述是只有一个训练样本的情况，但在现实生活中训练样本是成千上万的，所以最终的结果要取所有样本的算术平均值，n 表示样本总数，即

$$\frac{\partial E^{(l)}}{\partial w^{(l)}} = \frac{1}{n} \sum_{k=0}^{n-1} \frac{\partial E_k^{(l)}}{\partial w^{(l)}} \qquad (5-16)$$

同理，对 b 的偏导为

$$\frac{\partial E^{(l)}}{\partial b^{(l)}} = \frac{\partial E^{(l)}}{\partial a^{(l)}} \cdot \frac{\partial a^{(l)}}{\partial z^{(l)}} \cdot \frac{\partial z^{(l)}}{\partial b^{(l)}} = 2(a^{(l)} - y)\delta'(z^{(l)}) \qquad (5-17)$$

和式（5-15）相比，这里唯一有变化的就是 $\frac{\partial z^{(l)}}{\partial b^{(l)}} = 1$，这说明 b 的改变不会影响到 z。得到的所有训练数据中的算术平均值为

$$\frac{\partial E^{(l)}}{\partial b^{(l)}} = \frac{1}{n} \sum_{k=0}^{n-1} \frac{\partial E_k^{(l)}}{\partial b^{(l)}} \qquad (5-18)$$

补充：上一层的激活值对损失的影响程度，可以对 $a^{(l-1)}$ 求偏导，对应的公式为

$$\frac{\partial E^{(l)}}{\partial a^{(l-1)}} = \frac{\partial E^{(l)}}{\partial a^{(l)}} \cdot \frac{\partial a^{(l)}}{\partial z^{(l)}} \cdot \frac{\partial z^{(l)}}{\partial a^{(l-1)}} = 2(a^{(l)} - y) \cdot \delta'(z^{(l)}) \cdot w^{(l)} \qquad (5-19)$$

可见，没有办法改变激活值，但损失对上一层激活值的敏感度与权重有关。

在每层多个神经元的情况下，输出层无非就是一个神经元输出扩展到了多个神经元，相应的损失也就成了求和，即

$$E^{(l)} = \sum_{j=0}^{L-1} (a_j^{(l)} - y_j)^2 \tag{5-20}$$

其中，$a_j^{(l)} = \delta(z_j^{(l)})$；$z_j^{(l)} = \sum_{k=0}^{M-1}(w_{jk}^{(l)} a_k^{(l-1)} + b_j^{(l)})$；$L$ 表示第 l 层的神经元个数；M 表示第 $l-1$ 层的神经元个数。j 表示 l 层的神经元；k 是 $l-1$ 层的神经元；$w_{jk}^{(l)}$ 表示从 $l-1$ 层第 k 个的神经元到 l 层第 j 个神经元的权重。

对式（5-20）求偏导，得

$$\frac{\partial E^{(l)}}{\partial w_{jk}^{(l)}} = \frac{\partial E^{(l)}}{\partial a_j^{(l)}} \cdot \frac{\partial a_j^{(l)}}{\partial z_j^{(l)}} \cdot \frac{\partial z_j^{(l)}}{\partial w_{jk}^{(l)}} = \sum_{j=0}^{L-1} 2(a_j^{(l)} - y_j)\delta'(z_j^{(l)}) \cdot \frac{\partial z_j^{(l)}}{\partial w_{jk}^{(l)}} \tag{5-21}$$

对于每一个偏导的含义，除了 $\dfrac{\partial z_j^{(l)}}{\partial w_{jk}^{(l)}}$ 之外，其他与没求和之前的相同。$\dfrac{\partial z_j^{(l)}}{\partial w_{jk}^{(l)}}$ 的求导公式为

$$\frac{\partial z_j^{(l)}}{\partial w_{jk}^{(l)}} = \sum_{k=0}^{M-1} a_k^{(l-1)} \tag{5-22}$$

所以

$$\sum_{j=0}^{L-1} \frac{\partial z_j^{(l)}}{\partial w_{jk}^{(l)}} = \sum_{j=0}^{L-1}\sum_{k=0}^{M-1} a_k^{(l-1)} = L\sum_{k=0}^{M-1} a_k^{(l-1)} \tag{5-23}$$

成立。其中，$a_k^{(l-1)}$ 表示 $l-1$ 层的第 k 个输出；L 表示第 l 层的神经元个数。式（5-23）表明 $l-1$ 层的每个神经元都对 l 层的每个神经元起了作用。

5.5.2 多层前馈神经网络参数的学习过程

下面来讨论多层前馈神经网络参数的学习过程。

给定训练集 $D = \{(x_1, y_1), (x_2, y_2), \cdots, (x_m, y_m)\}$，其中，$x_i \in \mathbf{R}^d$，$y_i \in \mathbf{R}^l$，即输入示例由 d 个属性描述，输出 l 维实数向量。为便于讨论，图 5-18 给出了一个拥有 d 个输入神经元、l 个输出神经元、q 个隐藏层神经元的多层前馈神经网络结构。

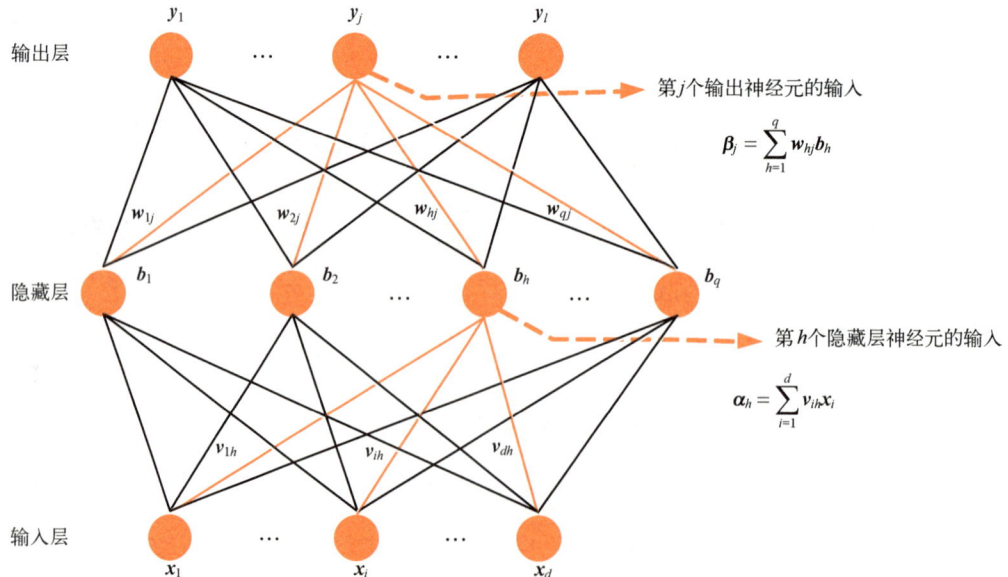

图 5-18　多层前馈神经网络及算法中的变量符号

其中，输出层第 j 个神经元的阈值用 θ_j 表示，隐藏层第 h 个神经元的阈值用 γ_h 表示。输入层第 i 个神经元与隐藏层第 h 个神经元之间的连接权重为 v_{ih}，隐藏层第 h 个神经元与输出层第 j 个神经元之间的连接权重为 w_{hj}。隐藏层第 h 个神经元接收到的输入记为 $\alpha_h = \sum_{i=1}^{d} v_{ih} x_i$，输出层第 j 个神经元接收到的输入为 $\beta_j = \sum_{h=1}^{q} w_{hj} b_h$，其中 b_h 为隐藏层第 h 个神经元的输出，假设隐藏层和输出层都使用 Sigmoid 函数，对训练样本 $(\boldsymbol{x}_k, \boldsymbol{y}_k)$，假定神经网络的输出 $\hat{\boldsymbol{y}}_k = [\hat{y}_1^k, \hat{y}_2^k, \cdots, \hat{y}_l^k]$，则

$$\hat{y}_j^k = f(\beta_j - \theta_j) \tag{5-24}$$

成立，则神经网络在 $(\boldsymbol{x}_k, \boldsymbol{y}_k)$ 上的均方误差为

$$E_k = \frac{1}{2} \sum_{j=1}^{l} (\hat{y}_j^k - y_j^k)^2 \tag{5-25}$$

图 5-18 中有 $(d+l+1) \times q + l$ 个参数需确定：输入层到隐藏层为 $d \times q$ 个权值，隐藏层到输出层为 $q \times l$ 个权值，q 个隐藏层神经元的阈值，l 个输出层神经元的阈值。BP 是一个迭代学习算法，在迭代的每一轮中采用广义的感知机学习规则对参数进行更新估计，任意参数 v 的更新估计式为

$$v \leftarrow v + \Delta v \tag{5-26}$$

下面以图 5-18 中隐藏层到输出层的连接权重 w_{hj} 为例来推导。

BP 算法基于梯度下降策略，以目标的负梯度方向对参数进行调整，对式（5-25）的误差 E_k，给定学习率 η，有

$$\Delta w_{hj} = -\eta \frac{\partial E_k}{\partial w_{hj}} \tag{5-27}$$

注意到，w_{hj} 先影响到第 j 个输出层神经元的输入值 β_j，再影响到其输出值 $\hat{y}_j^k$，然后影响到 E_k，有

$$\frac{\partial E_k}{\partial w_{hj}} = \frac{\partial E_k}{\partial \hat{y}_j^k} \cdot \frac{\partial \hat{y}_j^k}{\partial \beta_j} \cdot \frac{\partial \beta_j}{\partial w_{hj}} \tag{5-28}$$

根据 β_j 的定义，显然有

$$\frac{\partial \beta_j}{\partial w_{hj}} = b_h \tag{5-29}$$

Sigmoid 函数有一个很好的性质，它的导函数如下。

$$f'(x) = f(x)(1 - f(x)) \tag{5-30}$$

根据式（5-24）和式（5-25），有

$$\begin{aligned} g_j &= -\frac{\partial E_k}{\partial \hat{y}_j^k} \cdot \frac{\partial \hat{y}_j^k}{\partial \beta_j} \\ &= -(\hat{y}_j^k - y_j^k) \cdot f'(\beta_j - \theta_j) \\ &= -(\hat{y}_j^k - y_j^k) \cdot \hat{y}_j^k (1 - \hat{y}_j^k) \\ &= \hat{y}_j^k (1 - \hat{y}_j^k)(y_j^k - \hat{y}_j^k) \end{aligned} \tag{5-31}$$

将式（5-31）和式（5-29）代入式（5-28），再代入式（5-27），就得到了 BP 算法中关

于 w_{hj} 的更新公式：

$$\Delta w_{hj} = \eta g_j b_h \tag{5-32}$$

类似地，可得

$$\Delta \theta_j = -\eta g_j \tag{5-33}$$

$$\Delta v_{ih} = \eta e_h x_i \tag{5-34}$$

$$\Delta \gamma_h = -\eta e_h \tag{5-35}$$

式（5-34）和式（5-35）中，e_h 的推导过程为

$$\begin{aligned} e_h &= -\frac{\partial E_k}{\partial b_h} \cdot \frac{\partial b_h}{\partial \alpha_h} \\ &= -\sum_{j=1}^{l} \frac{\partial E_k}{\partial \beta_j} \cdot \frac{\partial \beta_j}{\partial b_h} f'(a_h - \gamma_h) \\ &= \sum_{j=1}^{l} w_{hj} g_j f'(a_h - \gamma_h) \\ &= b_h(1-b_h) \sum_{j=1}^{l} w_{hj} g_j \end{aligned} \tag{5-36}$$

学习率 $\eta \in (0,1)$ 控制着算法每一轮迭代中的更新步长，若太大则容易震荡，太小则收敛速度又会过慢，有时为了做精细调节，可令式（5-32）与式（5-33）使用 η_1，而式（5-34）与式（5-35）使用 η_2，两者未必相等。

5.5.3 多层前馈神经网络算法的实现

对每个训练样例，多层前馈神经网络算法执行以下操作：先将输入示例提供给输入层神经元，然后逐层将信号前传，直到产生输出层的结果；然后计算输出层的误差（第4～5行），再将误差逆向传播至隐藏层神经元（第6行），最后根据隐藏层神经元的误差来对连接权和阈值进行调整（第7行）。该迭代过程循环进行，直到达到某些条件为止。

算法 5.1：多层前馈神经网络。
输入：训练集 $D = \{(x_k, y_k)\}_{k=1}^{m}$；
　　　　学习率 η。
过程：
1　　在 $(0,1)$ 范围内随机初始化网络中所有连接权和阈值；
2　　repeat
3　　　　for all $(x_k, y_k) \in D$ do
4　　　　　　根据当前参数和式（5-24）计算当前样本的输出 $\hat{y}_k$；
5　　　　　　根据式（5-31）计算输出层神经元的梯度项 g_j；
6　　　　　　根据式（5-36）计算隐藏层神经元的梯度项 e_h；
7　　　　　　根据式（5-32）至式（5-35）更新连接权重 w_{hj}、v_{ih} 与阈值 θ_j 和 γ_h；
8　　　　end for
9　　until 达到终止条件
输出：连接权重和阈值确定的多层前馈神经网络

下面使用多层前馈神经网络来训练 XOR 逻辑门。定义输入数据 X 和对应的输出数据 Y，然后创建一个包含一个输入层、一个隐藏层和一个输出层的神经网络，接着进行 10000 次训练，最后测试多层前馈神经网络的输出结果。

```python
import numpy as np

# 定义激活函数(这里使用 Sigmoid 函数)
def sigmoid(x):
    return 1 / (1 + np.exp(-x))

# 定义神经网络类
class NeuralNetwork:
    def __init__(self, input_size, hidden_size, output_size):
        # 初始化权重
        self.W1 = np.random.randn(input_size, hidden_size)
        self.W2 = np.random.randn(hidden_size, output_size)

    def forward(self, inputs):
        # 前向传播
        self.hidden = sigmoid(np.dot(inputs, self.W1))
        output = sigmoid(np.dot(self.hidden, self.W2))
        return output

    def train(self, inputs, targets, learning_rate):
        # 反向传播和权重更新
        output = self.forward(inputs)

        output_error = targets - output
        output_delta = output_error * (output * (1 - output))

        hidden_error = output_delta.dot(self.W2.T)
        hidden_delta = hidden_error * (self.hidden * (1 - self.hidden))

        self.W2 += self.hidden.T.dot(output_delta) * learning_rate
        self.W1 += inputs.T.dot(hidden_delta) * learning_rate

# 输入数据
X = np.array([[0, 0], [0, 1], [1, 0], [1, 1]])
# 对应的输出数据
Y = np.array([[0], [1], [1], [0]])

# 创建神经网络
nn = NeuralNetwork(2, 5, 1)

# 训练神经网络
for i in range(10000):
    nn.train(X, Y, 0.1)

# 测试结果
for i in range(4):
    print("Input:", X[i], "Output:", nn.forward(X[i]))
```

运行结果如下。

```
Input: [0 0] Output: [0.11440045]
Input: [0 1] Output: [0.91766189]
Input: [1 0] Output: [0.9143355]
Input: [1 1] Output: [0.05925709]
```

运行结果表明多层前馈神经网络成功地学习了 XOR 逻辑运算。当输入是[0,0]或[1,1]时，输出接近 0；而当输入是[0,1]或[1,0]时，输出接近 1，这与 XOR 逻辑门的预期行为相符。神经网络通过训练学会了从输入到输出的映射关系，成功解决了 XOR 问题。

5.6 训练方法

神经网络可以采用梯度下降法、随机梯度下降法及小批量梯度下降法。

5.6.1 梯度下降法

反向传播神经网络的梯度下降法可以分为以下几个步骤。

1) 正向传播（Forward Propagation）。将输入数据通过网络的前向传播过程，计算出网络的输出。每个神经元将接收到上一层的输入，并经过激活函数计算输出。

2) 计算损失（Calculate Loss）。将网络的输出与实际标签进行比较，计算出网络的预测误差。常用的损失函数包括均方误差（Mean Squared Error）和交叉熵（Cross Entropy）等。

3) 反向传播（Back Propagation）。从输出层开始，用损失函数对每个参数进行求导，计算出每个参数对损失的贡献度。根据链式法则，将误差从输出层沿着网络的反向传播路径传递回输入层。

4) 更新参数（Update Parameters）。根据参数的梯度和学习率，使用梯度下降法更新网络的参数。通过将参数沿着梯度的相反方向移动一定步长，使得损失函数的值逐渐减小。

5) 重复迭代（Repeat Iterations）。重复执行步骤 1)~步骤 4)，直到达到预定的迭代次数或损失函数收敛到一个较小的值。在每次迭代中，随机选择一批训练样本（小批量训练）进行参数更新，可以提高训练效果。

在反向传播神经网络的训练过程中，梯度下降法通过不断调整网络的参数，使得损失函数的值逐渐减小，从而提高网络的预测准确性。需要注意的是，梯度下降法可能会陷入局部最小值，因此需要合适的初始化和学习率调整策略来避免这个问题。

5.6.2 随机梯度下降法

反向传播神经网络的随机梯度下降（Stochastic Gradient Descent，SGD）法是一种常用的训练方法，它与传统的梯度下降法相比，每次更新参数时只使用一个样本的梯度，而不是使用整个训练集的梯度。具体步骤如下。

1) 初始化网络参数。随机初始化网络的权重和偏置。

2) 对于每个训练样本：
① 正向传播，将当前样本输入网络，计算网络的输出。
② 计算损失，将网络的输出与实际标签进行比较，计算出当前样本的损失。
③ 反向传播，根据当前样本的损失，计算网络参数的梯度。
④ 更新参数，根据梯度和学习率，使用梯度下降法更新网络参数。

3) 重复执行步骤 2)，直到达到预定的迭代次数或损失函数收敛到一个较小的值。

SGD 的优点是计算速度快、内存占用小，特别适用于大规模数据集。但由于每次只使用一个样本进行参数更新，可能导致梯度的方向不够准确，使得训练过程不稳定。因此，在实践中常结合使用小批量训练（Mini-batch Training），即每次使用一小批样本进行参数更新。这样既能保持计算效率，又能提高梯度估计的准确性。

此外，为了进一步提高训练效果，可以采用一些改进的随机梯度下降算法，如带动量的随机梯度下降（Momentum SGD）、自适应学习率的随机梯度下降（AdaGrad、RMSProp、Adam等）等。这些算法在更新参数时引入了额外的动量和学习率调整机制，能够加速收敛、降低震荡、提高训练效果。

5.6.3 小批量梯度下降法

反向传播神经网络的小批量梯度下降（Mini-batch Gradient Descent）法是介于梯度下降法和随机梯度下降法之间的一种训练方法。它的基本思想是每次使用一小批样本进行参数更新，以平衡计算效率和梯度估计的准确性。具体步骤如下。

1）初始化网络参数。随机初始化网络的权重和偏置。

2）将训练集划分为多个小批量。将训练集分成大小相等的小批量数据，每个小批量包含多个样本。

3）对于每个小批量：

① 正向传播，将当前小批量输入网络，计算网络的输出。

② 计算损失，将网络的输出与实际标签进行比较，计算出当前小批量的损失。

③ 反向传播，根据当前小批量的损失，计算网络参数的梯度。

④ 更新参数，根据梯度和学习率，使用梯度下降法更新网络参数。

4）重复执行步骤3），直到达到预定的迭代次数或损失函数收敛到一个较小的值。

小批量梯度下降法可以兼顾计算效率和梯度估计的准确性。相比于梯度下降法，使用小批量样本进行参数更新可以减少参数更新的方差，使得训练过程更加稳定。同时，相比于随机梯度下降法，使用小批量样本可以减少参数更新的频率，从而提高计算效率。

合适的小批量大小是一个需要进行调优的超参数，通常在几十到几百之间。小批量梯度下降法的使用可以在保持一定计算效率的同时，提高训练的稳定性和准确性。

5.7 梯度消失和梯度爆炸

梯度消失和梯度爆炸是深度神经网络训练中常见的问题，它们会影响模型的收敛性和性能。梯度消失（Gradient Vanishing）是指在反向传播过程中，梯度逐渐变小，最终接近于零。当网络层数较多时，梯度在每一层的传递过程中可能会指数级地衰减，导致底层的参数更新非常缓慢甚至停止更新。梯度消失会导致底层的参数无法得到有效的训练，从而降低了网络的表达能力，影响了模型的性能。梯度爆炸（Gradient Exploding）是指梯度在传播过程中变得非常大，超过了合理的范围。当网络层数较多时，梯度可能会指数级地增长，导致参数更新过大，网络变得不稳定。梯度爆炸可能导致数值溢出和不稳定性，使得网络无法收敛。

5.7.1 产生原因

图5-19为含有3个隐藏层的神经网络，梯度消失问题发生时，接近于输出层的隐藏层3的权值更新相对正常，但前面的隐藏层1的权值更新会变得很慢，导致前面的层权值几乎不变，仍接近于初始化的权值，这就导致隐藏层1相当于只是一个映射层，对所有的输入做了同一映射，这时此深层网络学习就等价于只有后几层的浅层网络学习了。

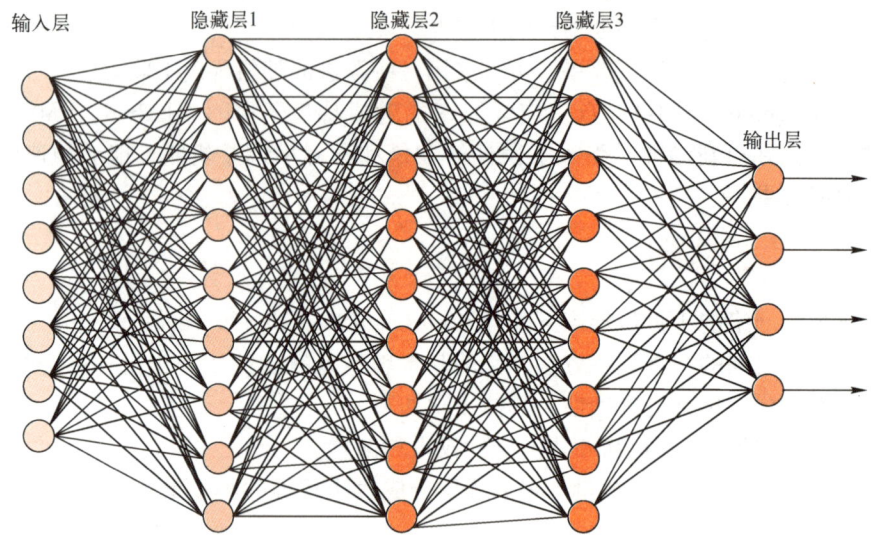

图 5-19　有 3 个隐藏层的神经网络

这种问题为何会产生？假设每一层只有一个神经元，且每一层的激活函数为 $y_i=\delta(z_i)=\delta(w_ix_i+b_i)$，其中 δ 为 Sigmoid 激活函数，此神经网络如图 5-20 所示。

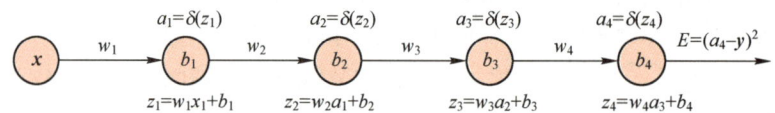

图 5-20　每一层只有一个神经元的神经网络

误差 E 对偏差 b_1 求偏导：

$$\begin{aligned}\frac{\partial E}{\partial b_1}&=\frac{\partial E}{\partial a_4}\cdot\frac{\partial a_4}{\partial z_4}\cdot\frac{\partial z_4}{\partial a_3}\cdot\frac{\partial a_3}{\partial z_3}\cdot\frac{\partial z_3}{\partial a_2}\cdot\frac{\partial a_2}{\partial z_2}\cdot\frac{\partial z_2}{\partial a_1}\cdot\frac{\partial a_1}{\partial z_1}\cdot\frac{\partial z_1}{\partial b_1}\\&=\frac{\partial E}{\partial a_4}\cdot\delta'(z_4)\cdot w_4\cdot\delta'(z_3)\cdot w_3\cdot\delta'(z_2)\cdot w_2\cdot\delta'(z_1)\cdot 1\\&=2(a_4-y)\cdot\delta'(z_4)\cdot w_4\cdot\delta'(z_3)\cdot w_3\cdot\delta'(z_2)\cdot w_2\cdot\delta'(z_1)\end{aligned} \quad (5-37)$$

Sigmoid 函数的导数值 $\delta'(x)$ 的取值范围为 $[0.0,0.25]$。可见，$\delta'(x)$ 的最大值为 0.25，而初始化的网络权值 $|w|$ 通常都小于 1，因此 $|\delta'(x)\cdot w|<1$。所以，对于上面的链式求导，层数越多，$\frac{\partial E}{\partial b_1}$ 求导结果越小，因而导致梯度消失的情况出现。这会会导致权重更新得非常小，模型的训练变慢，甚至无法收敛。相反，若权值初始化太大，会出现 $|\delta'(x)\cdot w|>1$ 的情况，那么层数增多的时候，连乘会导致最终的结果特别大，从而导致梯度值很大，梯度更新将以指数级增加，即出现了梯度爆炸的情况。这会导致模型参数的训练变慢，也无法收敛。

梯度爆炸和梯度消失问题都是因为网络太深、网络权值更新不稳定，本质上是因为梯度反向传播中的连乘效应。

5.7.2　解决方案

为了解决梯度消失和梯度爆炸问题，可以采取以下方法。

1）权重初始化。合适的权重初始化可以减轻梯度消失和梯度爆炸的问题。例如，使用较小的随机值进行初始化，可以避免初始梯度过大。

2）使用激活函数。选择合适的激活函数可以缓解梯度消失问题。例如，使用 ReLU 等非饱和的激活函数，可以避免梯度的指数级衰减。

3）批归一化（Batch Normalization）。批归一化可以将每一层的输入进行归一化，有助于缓解梯度消失和梯度爆炸问题，提高网络的稳定性和收敛速度。

4）梯度裁剪（Gradient Clipping）。梯度裁剪可以限制梯度的范围，防止梯度爆炸。通过设置一个梯度阈值，将梯度的大小限制在合理的范围内。

5）使用更浅的网络结构。如果梯度消失和梯度爆炸问题严重，可以尝试减少网络的层数，从而减少梯度传播的距离，提高训练效果。

需要根据具体问题和网络结构选择合适的方法来应对梯度消失和梯度爆炸问题，通常需要进行一定的试验和调优。

5.8 神经网络实践：构建南瓜子分类模型

本案例利用各种支持向量机对从网站 https://www.kaggle.com/datasets/ 上下载的数据集 Pumpkin_Seeds_Datasets 进行分类。此数据集包括以下 13 个属性。

1）Area：南瓜子的轮廓面积。
2）Perimeter：南瓜子的轮廓周长。
3）Major_Axis_Length：南瓜子的长轴长度。
4）Minor_Axis_Length：南瓜子的短轴长度。
5）Convex_Area：南瓜子的凸包面积，即包围南瓜子轮廓的最小凸多边形的面积。
6）Equiv_Diameter：南瓜子的等效直径，即与南瓜子轮廓面积相等的圆的直径。
7）Eccentricity：南瓜子的离心率，描述南瓜子形状的偏心程度。
8）Solidity：南瓜子的实心度，表示南瓜子轮廓与其凸包之间的比率。
9）Extent：南瓜子的轮廓面积与其边界框（最小外接矩形）面积之比。
10）Roundness：南瓜子的圆度，描述南瓜子形状的圆形程度。
11）Aspect_Ratio：南瓜子的长宽比，即长轴长度与短轴长度之比。
12）Compactness：南瓜子的紧凑度，描述南瓜子轮廓的紧凑程度。
13）Class：南瓜子的分类或标签。

Class（类别）有两个值 Ürgüp Sivrisi（外形尖锐的种子）和 Çerçevelik（镶金边的种子）。该数据集共有 2500 个样本，其中，1300 个为外形尖锐的种子、1200 个为镶金边的种子。具体信息见表 5-1。

表 5-1 Pumpkin_Seeds_Datasets 的信息

名 称	数据类型	默认的任务	属性的类型	实例数	属性数
Pumpkin_Seeds_Datasets	2 种	分类	整型或实型	2500	12

5.8.1 数据的简单分析

1）获取数据集的 Python 实现代码如下。

```python
# 导入模块
import numpy as np
import pandas as pd
import matplotlib.pyplot as plt
import seaborn as sns

# 读数据集,并显示前五个样本
df = pd.read_excel("d://data/Pumpkin_Seeds_Dataset/Pumpkin_Seeds_Dataset.xlsx")
df.head()
```

运行上述代码,数据集的前五个样本如图5-21所示。

	Area	Perimeter	Major_Axis_Length	Minor_Axis_Length	Convex_Area	Equiv_Diameter	Eccentricity	Solidity	Extent	Roundness	Aspect_Ration	Compact
0	56276	888.242	326.1485	220.2388	56831	267.6805	0.7376	0.9902	0.7453	0.8963	1.4809	0
1	76631	1068.146	417.1932	234.2289	77280	312.3614	0.8275	0.9916	0.7151	0.8440	1.7811	0
2	71623	1082.987	435.8328	211.0457	72663	301.9822	0.8749	0.9857	0.7400	0.7674	2.0651	0
3	66458	992.051	381.5638	222.5322	67118	290.8899	0.8123	0.9902	0.7396	0.8486	1.7146	0
4	66107	998.146	383.8883	220.4545	67117	290.1207	0.8187	0.9850	0.6752	0.8338	1.7413	0

图5-21 数据集前五个样本

2)提取数据集类别的值,实现代码如下。

```python
# 提取数据集类别的值
df.Class.unique()
```

运行结果如下。

```
array(['Çerçevelik', 'Ürgüp Sivrisi'], dtype=object)
```

3)获取数据集的基本信息,实现代码如下。

```python
# 获取数据集的基本信息,包括列名、非空值数量、数据类型等
print(df.info())
```

运行结果如图5-22所示。

```
<class 'pandas.core.frame.DataFrame'>
RangeIndex: 2500 entries, 0 to 2499
Data columns (total 13 columns):
 #   Column              Non-Null Count  Dtype
---  ------              --------------  -----
 0   Area                2500 non-null   int64
 1   Perimeter           2500 non-null   float64
 2   Major_Axis_Length   2500 non-null   float64
 3   Minor_Axis_Length   2500 non-null   float64
 4   Convex_Area         2500 non-null   int64
 5   Equiv_Diameter      2500 non-null   float64
 6   Eccentricity        2500 non-null   float64
 7   Solidity            2500 non-null   float64
 8   Extent              2500 non-null   float64
 9   Roundness           2500 non-null   float64
 10  Aspect_Ration       2500 non-null   float64
 11  Compactness         2500 non-null   float64
 12  Class               2500 non-null   object
dtypes: float64(10), int64(2), object(1)
memory usage: 244.2+ KB
None
```

图5-22 数据集基本信息

4）展示数值列的统计信息，实现代码如下。

```
# 展示数值列的统计指标
df.describe()
```

运行结果如图 5-23 所示。

	Area	Perimeter	Major_Axis_Length	Minor_Axis_Length	Convex_Area	Equiv_Diameter	Eccentricity	Solidity	Extent	Roundness
count	2500.000000	2500.000000	2500.000000	2500.000000	2500.000000	2500.000000	2500.000000	2500.000000	2500.000000	2500.000000
mean	80658.220800	1130.279015	456.601840	225.794921	81508.084400	319.334230	0.860879	0.989492	0.693205	0.79153
std	13664.510228	109.256418	56.235704	23.297245	13764.092788	26.891920	0.045167	0.003494	0.060914	0.05592
min	47939.000000	868.485000	320.844600	152.171800	48366.000000	247.058400	0.492100	0.918600	0.468000	0.55460
25%	70765.000000	1048.829750	414.957850	211.245925	71512.000000	300.167975	0.831700	0.988300	0.658900	0.75190
50%	79076.000000	1123.672000	449.496600	224.703100	79872.000000	317.305350	0.863700	0.990300	0.713050	0.79775
75%	89757.500000	1203.340500	492.737650	240.672875	90797.750000	338.057375	0.897025	0.991500	0.740225	0.83432
max	136574.000000	1559.450000	661.911300	305.818000	138384.000000	417.002900	0.948100	0.994400	0.829600	0.93960

图 5-23 数值列的统计信息

5）计算每列中的缺失值数量，实现代码如下。

```
# 计算每列中的缺失值数量
df.isnull().sum()
```

运行结果如图 5-24 所示。

```
Out[5]: Area                 0
        Perimeter            0
        Major_Axis_Length    0
        Minor_Axis_Length    0
        Convex_Area          0
        Equiv_Diameter       0
        Eccentricity         0
        Solidity             0
        Extent               0
        Roundness            0
        Aspect_Ration        0
        Compactness          0
        Class                0
        dtype: int64
```

图 5-24 每列的缺失值数量

通过以上数据的简单分析，此数据集没有缺失值，除了最后一列"Class"外，都是数值型数据。下面利用感知机和多层感知机分别对此数据集进行分类。

5.8.2 利用感知机

感知机（Perceptron）是一种单层的神经网络，没有隐藏层，只包含输入层和输出层。Scikit-Learn 中的 Perceptron 模型在默认情况下，只有一个输出神经元，对应于二分类问题。

利用感知机对南瓜子进行分类的 Python 实现代码如下。

```python
import pandas as pd
from sklearn.linear_model import Perceptron
from sklearn.model_selection import train_test_split
from sklearn.metrics import accuracy_score, precision_score, recall_score, f1_score

# 读取数据集
df = pd.read_excel("d://data/Pumpkin_Seeds_Dataset/Pumpkin_Seeds_Dataset.xlsx")

# 数据预处理
#...

# 分割特征和目标变量
X = df.drop("Class", axis=1)
y = df["Class"]

# 准备数据集并将其拆分为训练集和测试集
X_train, X_test, y_train, y_test = train_test_split(X, y, test_size=0.2, random_state=42)

# 创建并训练感知机模型
perceptron = Perceptron()
perceptron.fit(X_train, y_train)

# 使用训练好的模型进行预测
y_pred = perceptron.predict(X_test)

# 计算评价指标
accuracy = accuracy_score(y_test, y_pred)
precision = precision_score(y_test, y_pred, average='weighted')
recall = recall_score(y_test, y_pred, average='weighted')
f1 = f1_score(y_test, y_pred, average='weighted')

# 输出评价指标值
print(f"Accuracy：{accuracy}")
print(f"Precision：{precision}")
print(f"Recall：{recall}")
print(f"F1 Score：{f1}")
```

运行结果如下。

```
Accuracy：0.502
Precision：0.252004
Recall：0.502
F1 Score：0.33555792276964047
```

由运行结果可见，使用感知机处理南瓜子分类问题效果不佳，由于感知机是单层的线性分类器，对于非线性问题的处理能力有限，无法很好地解决这个问题。通常，对于复杂的问题，会需要更复杂的模型或者更深层次的神经网络。

5.8.3 利用多层感知机

针对感知机处理南瓜子的分类效果不佳，下面利用多层感知机（MLP）来实现其分类。

使用多层感知机对南瓜子进行分类的实现代码如下。

```python
import numpy as np
import matplotlib.pyplot as plt
import pandas as pd
from sklearn.neural_network import MLPClassifier
from sklearn.model_selection import train_test_split
from sklearn.metrics import accuracy_score, precision_score, recall_score, f1_score

# 读数据集
df = pd.read_excel("d://data/Pumpkin_Seeds_Dataset/Pumpkin_Seeds_Dataset.xlsx")


# 分割特征和目标变量
X = df.drop("Class", axis=1)
y = df["Class"]

# 假设特征矩阵为 X,标签为 y
# 准备数据集并将其拆分为训练集和测试集
X_train, X_test, y_train, y_test = train_test_split(X, y, test_size=0.2, random_state=42)

# 定义不同的隐藏层大小
hidden_layer_sizes = [(10,), (20,), (10, 10), (10, 20), (20, 20), (20, 10), (10, 10, 10),
                      (10, 10, 20), (10, 20, 10), (20, 10, 10)]

# 存储评价指标的列表
accuracies = []
precisions = []
recalls = []
f1_scores = []

# 循环迭代不同的隐藏层大小
for hidden_size in hidden_layer_sizes:
    # 创建并训练 MLP 分类器模型
    mlp = MLPClassifier(hidden_layer_sizes=hidden_size, activation='relu', solver='adam', random_state=42)
    mlp.fit(X_train, y_train)

    # 使用训练好的模型进行预测
    y_pred = mlp.predict(X_test)

    # 计算评价指标
    accuracy = accuracy_score(y_test, y_pred)
    precision = precision_score(y_test, y_pred, average='weighted')
    recall = recall_score(y_test, y_pred, average='weighted')
    f1 = f1_score(y_test, y_pred, average='weighted')

    # 存储评价指标
    accuracies.append(accuracy)
    precisions.append(precision)
    recalls.append(recall)
    f1_scores.append(f1)
# 绘制评价指标曲线
x_labels = [str(size) for size in hidden_layer_sizes]
x_pos = np.arange(len(hidden_layer_sizes))
```

```python
plt.figure(figsize=(10, 6))
plt.plot(x_pos, accuracies, marker='o', label='Accuracy')
plt.plot(x_pos, precisions, marker='o', label='Precision')
plt.plot(x_pos, recalls, marker='o', label='Recall')
plt.plot(x_pos, f1_scores, marker='o', label='F1 Score')
plt.xticks(x_pos, x_labels)
plt.xlabel('Hidden Layer Sizes')
plt.ylabel('Score')
plt.title('Evaluation Metrics vs. Hidden Layer Sizes')

# 设置透明度
alpha = 0.7

# 设置透明色
plt.gca().lines[0].set_color((0, 0, 1, alpha))
plt.gca().lines[1].set_color((0, 1, 0, alpha))
plt.gca().lines[2].set_color((1, 0, 0, alpha))
plt.gca().lines[3].set_color((1, 0, 1, alpha))

# 显示图例

plt.legend()
plt.tight_layout()
plt.show()
```

代码 mlp=MLPClassifier(hidden_layer_sizes=hidden_size, activation='relu', solver='adam', random_state=42)中使用的参数说明如下。

1）hidden_layer_sizes 表示隐藏层大小。这里设置了多种隐藏层个数，每层的神经元个数也不同，如参数（100,50）表示模型有两个隐藏层，第一个隐藏层有 100 个神经元，第二个隐藏层有 50 个神经元。

2）activation 表示激活函数。这里使用 ReLU 作为激活函数。ReLU 在实践中通常表现得非常好，它能够处理非线性关系并提供很好的模型表示能力。

3）solver 表示优化算法。这里选择 Adam 作为优化算法。Adam 是一种自适应学习率的优化算法，通常能够快速且有效地优化模型的权重。

4）random_state 表示随机种子。这里设置随机种子为 42，以确保结果的可复现性。

这些参数的选择是常用的，并且在许多情况下可能会产生良好的结果。但是，对于不同的数据集和问题，最佳的参数设置可能会有所不同。可通过调整这些参数，观察模型在验证集上的性能，并根据需求进行优化。

运行上述代码结果如图 5-25 所示。

由图 5-25 可见，当隐藏层为 1 层、取值为(10,)时，即第一个隐藏层有 10 个神经元时此模型最优。运行结果各个评价指标如下。

```
Accuracy: 0.858
Precision: 0.8650841775047381
Recall: 0.858
F1 Score: 0.8572603898950654
```

通过上面的评价指标可以发现，此多层感知机模型对南瓜子的分类比感知机模型要好。

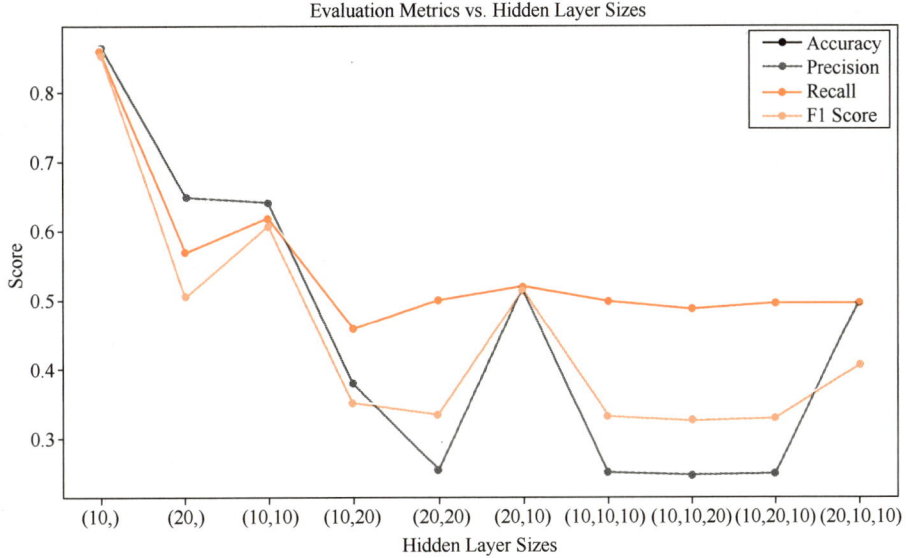

图 5-25 隐藏层不同时感知机模型的评价指标对比[一]

把运行代码激活函数变为 tanh 时，运行结果如图 5-26 所示。

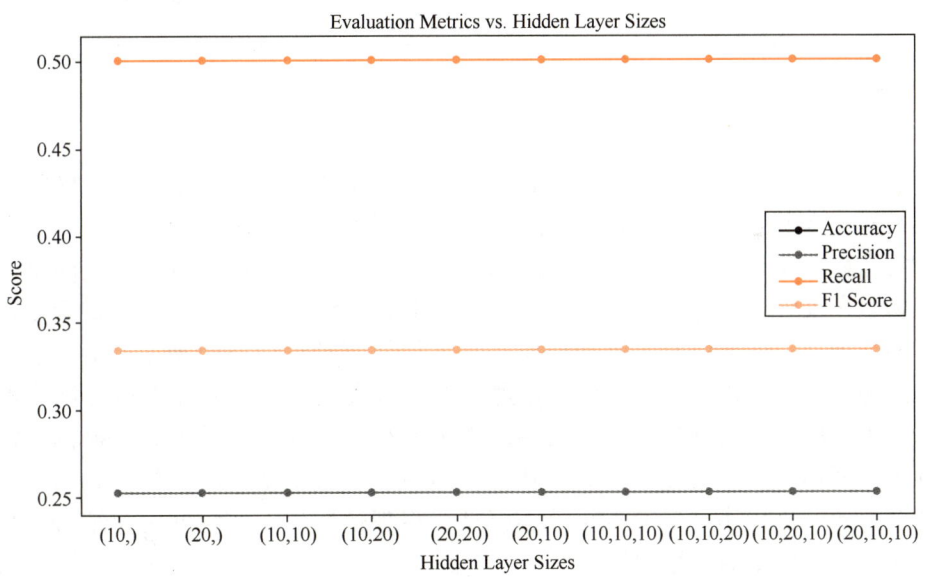

图 5-26 激活函数为 tanh 时各性能指标对比

由图 5-26 可见，感知机模型的性能指标值不受隐藏层个数的影响，都处于同等水平。另外，此模型的性能指标值低于 0.5，分类能力较差。

激活函数依然用 ReLU，优化参数 solver 改为 sgd 时，运行结果如图 5-27 所示。

由图 5-27 可见，感知机模型的性能指标值几乎不受隐藏层个数的影响，都处于同等水平。另外此模型的性能指标值低于 0.5，分类能力较差。通过上面设计的多种实验，实验结果

[一] 图 5-25 中，Accuracy 曲线与 Recall 曲线重合，图 5-26、图 5-27 也是同样的情况。

表明当多层感知机隐藏层为 1 层，神经元个数为 10，激活函数采用 ReLU 时，此模型性能最优。且比感知机模型性能好得多。

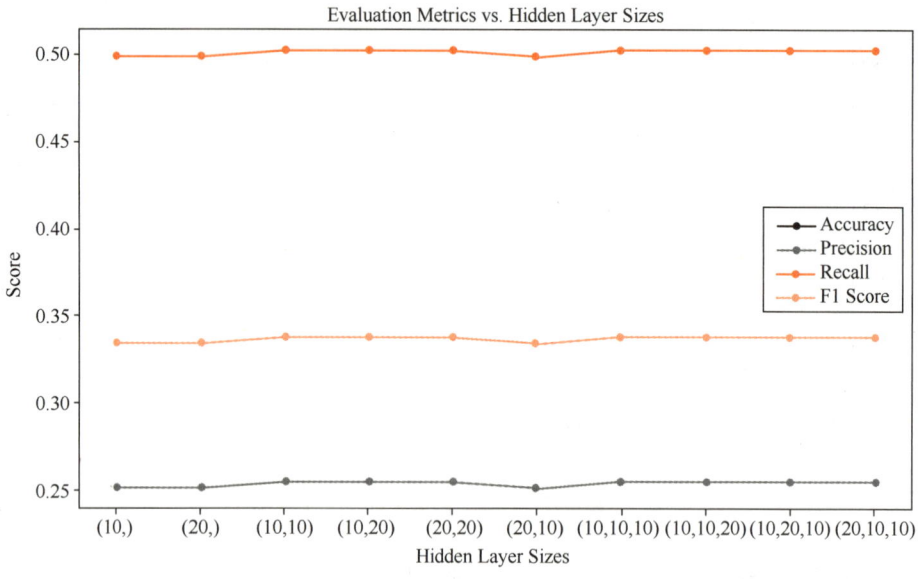

图 5-27　激活函数为 ReLU、优化算法为 sgd 时对应的性能指标对比

5.9　本章小结

　　本章深入探讨了神经网络的演进历程及核心组成要素。首先回顾了神经网络的发展历史，从其最初的起源到现今的第三次发展浪潮，展现了神经网络在不同阶段的重要进展与应用。随后，详细探讨了神经元模型和激活函数，深入剖析了这些组成神经网络的基本要素，从生物学角度解释了神经元的工作原理，并介绍了 Sigmoid、tanh、ReLU 等激活函数的特点及作用。随后，着重讨论了感知机模型和多层前馈神经网络模型，揭示了它们在分类和非线性问题上的应用，以及其结构、原理、参数和实现方式。在探索神经网络的训练方法中，介绍了不同的梯度下降法和解决梯度消失或梯度爆炸问题的方案，提供了深入了解和解决神经网络训练过程中可能遇到的挑战。最后，通过一个实际案例，展示了如何利用感知机和多层感知机构建一个南瓜子分类模型，将理论知识与实际问题相结合，加深了对神经网络在现实任务中的应用理解。

5.10　习题

1. 简述神经网络发展的三次浪潮，列举每次浪潮中的里程碑技术，并说明其重要性。
2. 解释神经元模型在人工神经网络中的作用和意义。
3. 比较 Sigmoid、tanh 和 ReLU 激活函数的优缺点，并说明在不同情况下应该如何选择合适的激活函数。
4. 解释为什么要在神经网络中使用激活函数，以及激活函数在模型中的作用。
5. 描述感知机模型的基本结构和工作原理，包括输入、权重、激活函数和输出的关系。

6. 解释多层前馈神经网络的工作原理，说明隐藏层和输出层之间的关系。
7. 描述多层前馈神经网络算法的执行流程，并说明其与感知机模型的不同之处。
8. 简述感知机模型的参数 w 在模型中的作用，并解释其影响。
9. 比较梯度下降法、随机梯度下降法和小批量梯度下降法的优缺点，并说明在什么情况下选择哪种方法。
10. 解释梯度消失或梯度爆炸的原因，说明这些问题对神经网络训练的影响。
11. 自行选择数据集，利用感知机和多层前馈神经网络实现对其分类。

第 6 章 支持向量机

支持向量机（SVM）是一种强大的机器学习算法，被广泛应用于模式分类、回归和异常检测等任务。它基于统计学习理论和几何间隔最大化思想，通过在特征空间中找到一个最优的超平面，将不同类别的数据分开。SVM 追求找到能够在训练数据上有最大间隔的分离超平面，从而具有强大的泛化能力。通过引入核函数，SVM 可以处理高维和非线性问题，并对小样本数据和数据噪声表现出鲁棒性。本章将深入介绍 SVM 的原理、数学基础及其不同变体和应用。

▶ **思维导图**

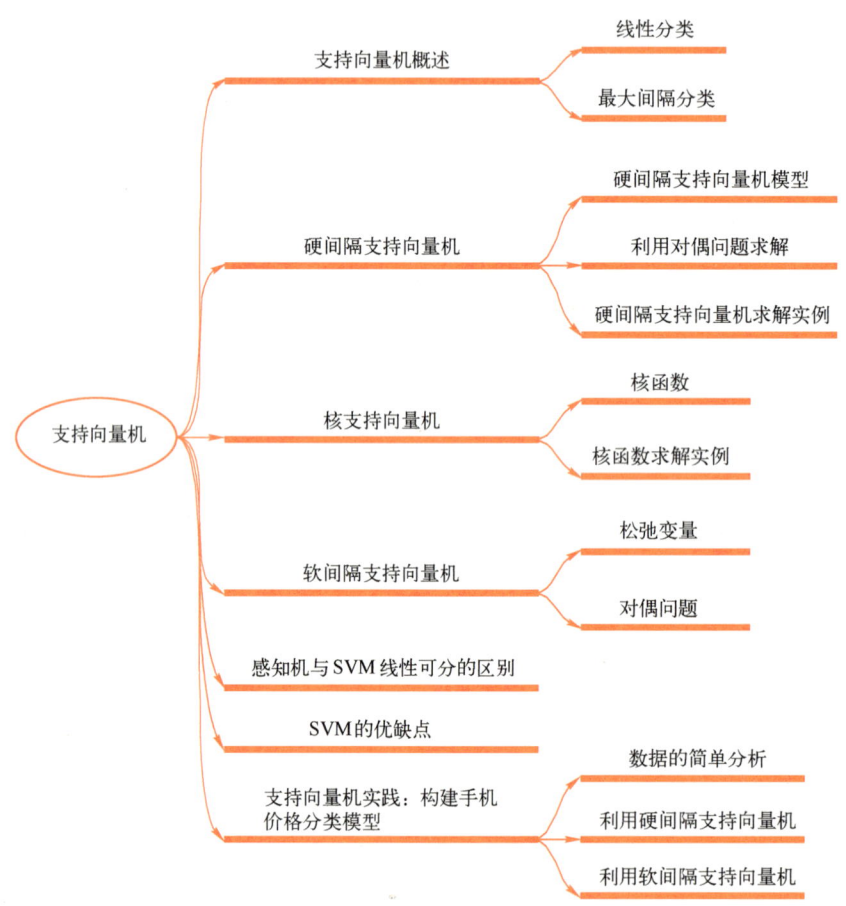

6.1 支持向量机概述

线性分类和最大间隔是支持向量机（Support Vector Machine，SVM）的关键概念之一，用于解释 SVM 是如何通过寻找一个最佳的超平面来实现高效分类的。

6.1.1 线性分类

线性分类是一种基本的机器学习任务,目标是将数据集中的样本分成不同的类别。线性分类器尝试找到一个线性函数(超平面),它可以将不同类别的样本尽可能地分开。

在一维空间中,也就是在一个坐标轴上,要分开两个可分的点集合,只需要找到一个点。图 6-1 展示了一维空间的线性可分。

图 6-1 一维空间的线性可分示例

在二维空间中,这个线性函数可以表示为

$$f(\boldsymbol{x}) = \boldsymbol{w}^\mathrm{T}\boldsymbol{x} + b \tag{6-1}$$

其中,$\boldsymbol{x}$ 是输入特征向量;$\boldsymbol{w}$ 是权重向量;b 是偏置(或截距)。根据函数的正负值,可以将数据分成不同的类别。图 6-2 展示了二维空间的线性可分。

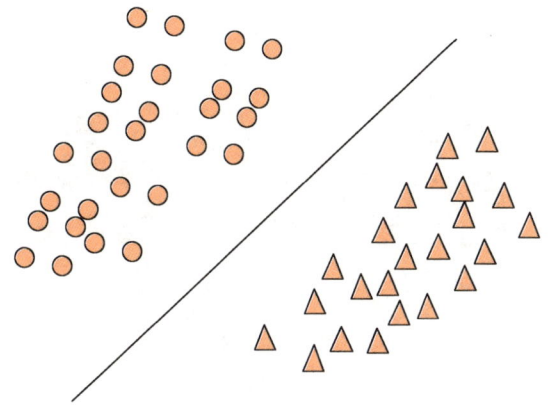

图 6-2 二维空间的线性可分示例

在三维空间中,要分开两个线性可分的点的集合,需找到一个分类面。图 6-3 展示了三维空间的线性可分。在 n 维空间中,要分开两个线性可分的点集合,则需要找到一个超平面。

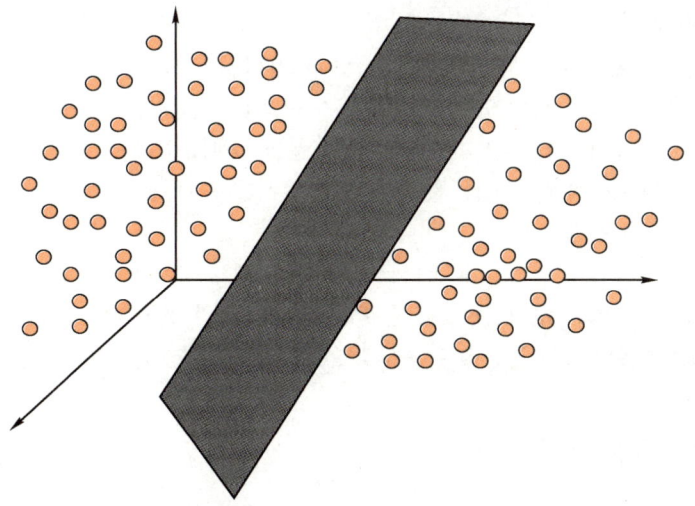

图 6-3 三维空间的线性可分示例

6.1.2 最大间隔分类

最大间隔分类是 SVM 的核心思想之一,它尝试找到一个最佳的超平面,使得不同类别的支持向量(距离超平面最近的样本点)之间的距离最大化。这个距离被称为间隔(Margin)。任务目标是让这个间隔尽可能地大,从而提高分类器的鲁棒性和泛化能力。在最大间隔分类中,分类器的决策边界(超平面)位于支持向量的中间,它具有最大的几何间隔。这意味着分类器对于训练数据的变化更加敏感,从而在新的未见数据上表现得更好。

以二维空间为例,假设给定训练样本 $D=\{(x_1,y_1),(x_2,y_2),\cdots,(x_m,y_m)\}$,其中,$y_i \in \{-1,+1\}, i=1,2,\cdots,m$。分类学习最基本的思想就是基于训练集 D 在样本空间中找到一个超平面,将不同类别的样本分开。图 6-4 展示了多个超平面将两类训练样本分开的情况。

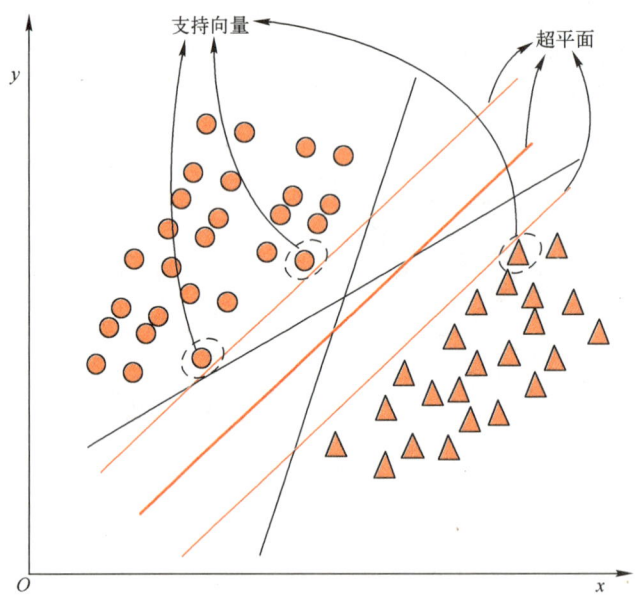

图 6-4 存在多个超平面将两类训练样本分开

由图 6-4 可以发现,线性模型进行分类时,只要找到一个使数据集 D 能够划分开来的超平面即可。但能够使两类数据划分的线性模型有无数多个,那么究竟哪一个最好?从几何角度来讲,SVM 选择的答案是最中间那条粗直线。SVM 的目标是找到一个能够最大化两个不同类别之间间隔的超平面,相比于感知机,其解是唯一的,且不偏不倚,泛化性能更好。

间隔是指超平面到最近的样本点的距离,而支持向量则是离超平面最近的样本点。最大间隔分类器的目标是要找到一个超平面,使得支持向量到超平面的距离最大。

n 维空间的超平面方程为

$$w^T x + b = 0 \quad w, x \in \mathbf{R}^n \tag{6-2}$$

超平面方程不唯一,法向量 w 和位移项 b 确定一个唯一超平面。法向量 w 垂直于超平面(缩放 w, b 时,若缩放倍数为负数会改变法向量的方向)。法向量 w 指向的那一半空间为正空间,另一半为负空间。

任意点 x 到超平面的距离公式为

$$r = \frac{|w^T x + b|}{\|w\|} \tag{6-3}$$

样本中距离超平面最近的点被称为支持向量。给定线性可分数据集 x，支持向量机模型希望求得数据集 x 关于超平面的几何间隔 r 达到最大的那个超平面，然后代入 sign 函数实现分类功能：

$$y = \text{sign}(\boldsymbol{w}^\text{T}\boldsymbol{x}+b) = \begin{cases} 1, & \boldsymbol{w}^\text{T}\boldsymbol{x}+b \geq 0 \\ -1, & \boldsymbol{w}^\text{T}\boldsymbol{x}+b < 0 \end{cases} \tag{6-4}$$

所以其本质和感知机一样，仍然是在求一个超平面，但是它是几何间隔最大的超平面。离超平面最近的样本点，离此超平面距离最远。

6.2 硬间隔支持向量机

硬间隔支持向量机是一种用于解决线性可分问题的机器学习模型，是寻找一个能够将训练数据正确分隔开的超平面，并使得这个超平面与两个类别的训练数据点（支持向量）之间的距离最大化。这个距离被称为间隔，而超平面则称为决策边界，它将不同类别的数据分开。硬间隔支持向量机在最大化间隔的同时，要求所有训练样本点都被正确分类，即所有样本点都必须位于各自类别的正确一侧，不允许出现分类错误。数学上，通过解决一个凸二次优化问题来寻找最优超平面，以实现对线性可分数据的最佳分类。

6.2.1 硬间隔支持向量机模型

假设两类数据可以被超平面 H（$\boldsymbol{w}^\text{T}\boldsymbol{x}+b=0$）分离，移动 H 直到碰到某个训练点，可以得到两个平面 H_1 和 H_2，这两个平面称为支撑超平面，它们分别支撑两类数据，如图 6-5 所示。若 H 恰好位于 H_1 和 H_2 的正中间，H 就是分离这两类数据最好的选择。在支撑超平面上的样本点称为支持向量。

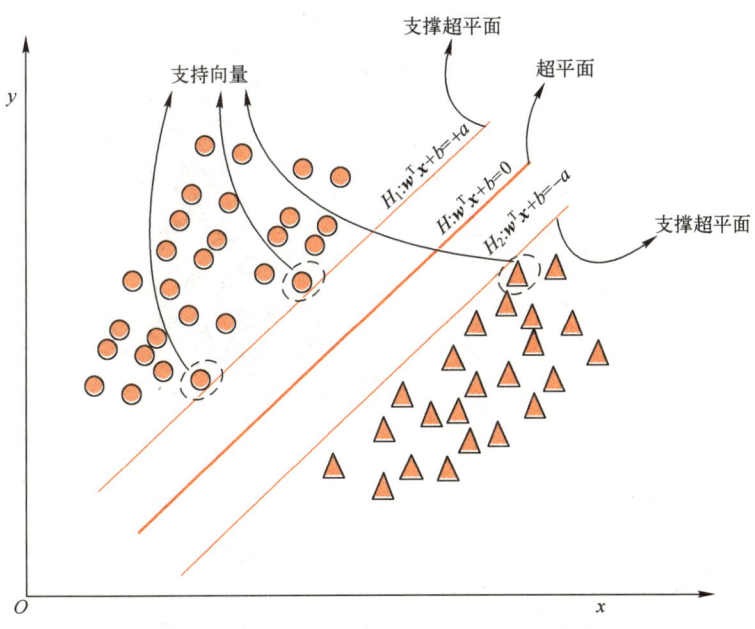

图 6-5 支撑超平面

假设超平面的线性方程为 $\mathbf{w}^\mathrm{T}\mathbf{x}+b=0$。其中，$\mathbf{w}=[w_1,w_2,\cdots,w_n]$ 为法向量，决定了超平面的方向；b 为位移项，决定了超平面到原点之间的距离。显然超平面可由法向量 $\mathbf{w}$ 和 b 决定。样本到超平面 H 的距离，根据式（6-3）和式（6-4）可以得到，如

$$r=\frac{|\mathbf{w}^\mathrm{T}\mathbf{x}_i+b|}{\|\mathbf{w}\|}=\frac{y_i(\mathbf{w}^\mathrm{T}\mathbf{x}_i+b)}{\|\mathbf{w}\|} \tag{6-5}$$

样本集到超平面 H 的距离为

$$p=\min_{(\mathbf{x}_i,y_i)\in D}\frac{y_i(\mathbf{w}^\mathrm{T}\mathbf{x}_i+b)}{\|\mathbf{w}\|}=\frac{a}{\|\mathbf{w}\|} \tag{6-6}$$

根据式（6-6），本问题的优化目标为

$$\max_{\mathbf{w},b}\frac{a}{\|\mathbf{w}\|} \quad \text{s.t.} \quad y_i(\mathbf{w}^\mathrm{T}\mathbf{x}_i+b)\geqslant a,\quad i=1,2,\cdots,m \tag{6-7}$$

令 $\hat{\mathbf{w}}=\dfrac{\mathbf{w}}{a},\hat{b}=\dfrac{b}{a}$，转变后的目标函数不会影响模型的预测性能，则有

$$\begin{aligned}h(\mathbf{x})&=\mathrm{sign}(\mathbf{w}^\mathrm{T}\mathbf{x}+b)\\&=\mathrm{sign}(a\hat{\mathbf{w}}^\mathrm{T}\mathbf{x}+a\hat{b})\\&=\mathrm{sign}(\hat{\mathbf{w}}^\mathrm{T}\mathbf{x}+\hat{b})\\&\cong h(\mathbf{x})\quad(a>0)\end{aligned} \tag{6-8}$$

为了描述问题方便，把 $\hat{\mathbf{w}}$ 记作 $\mathbf{w}$，$\hat{b}$ 也记作 b，则转换后的最大间隔超平面如图6-6所示。优化目标转换为

$$\max_{\mathbf{w},b}\frac{1}{\|\mathbf{w}\|}\quad\text{s.t.}\quad y_i(\mathbf{w}^\mathrm{T}\mathbf{x}_i+b)\geqslant 1,\quad i=1,2,\cdots,m \tag{6-9}$$

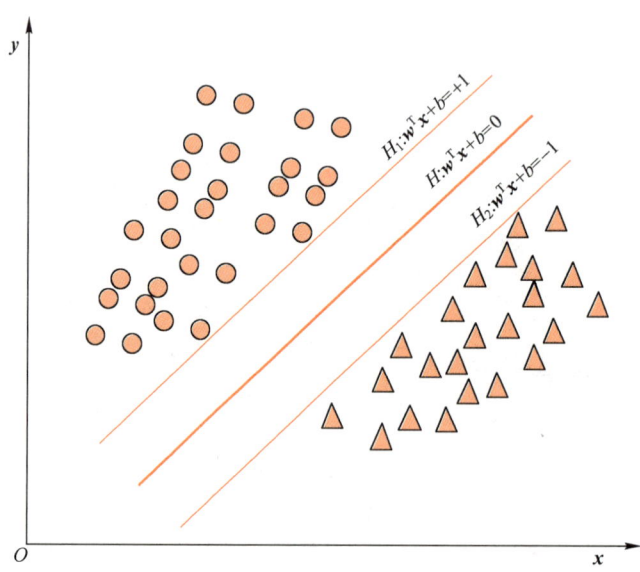

图6-6 除以 a 后的最大间隔超平面

假设超平面 $\mathbf{w}^\mathrm{T}\mathbf{x}+b=0$ 能将训练样本正确分类，取 $a=1$，对于 $(\mathbf{x}_i,y_i)\in D$，则有

$$\begin{cases} \boldsymbol{w}^{\mathrm{T}}\boldsymbol{x}_i+b \geq +1, & y=+1 \\ \boldsymbol{w}^{\mathrm{T}}\boldsymbol{x}_i+b \leq -1, & y=-1 \end{cases} \tag{6-10}$$

距离超平面最近的这几个训练样本点使得上述不等式中的等号成立,这几个样本点被称为支持向量。两个异类支持向量到超平面的距离之和为 $\frac{2}{\|\boldsymbol{w}\|}$。

因此,最大化间隔问题就是求解一个凸二次规划问题:

$$\max_{\boldsymbol{w},b} \frac{2}{\|\boldsymbol{w}\|} \quad \text{s.t.} \quad y_i(\boldsymbol{w}^{\mathrm{T}}\boldsymbol{x}_i+b) \geq 1, \quad i=1,2,\cdots,m \tag{6-11}$$

显然,为了最大化间隔,仅需要最大化 $\|\boldsymbol{w}\|^{-1}$,这等价于最小化 $\|\boldsymbol{w}\|^2$,于是式 (6-11) 可写为

$$\min_{\boldsymbol{w},b} \frac{1}{2}\|\boldsymbol{w}\|^2 \quad \text{s.t.} \quad y_i(\boldsymbol{w}^{\mathrm{T}}\boldsymbol{x}_i+b) \geq 1, \quad i=1,2,\cdots,m \tag{6-12}$$

式 (6-12) 就是硬间隔支持向量机的基本模型。

6.2.2 利用对偶问题求解

式 (6-12) 为含有不等式约束的优化问题,且为凸优化问题,因此可以直接用很多专门求解凸优化问题的方法求解该问题。支持向量机通常采用拉格朗日对偶来求解,具体原因待求解后解释,下面先介绍拉格朗日对偶的相关知识。

如何求解 w,b,在某条件下的极值问题可转换为拉格朗日乘子法。$\boldsymbol{\alpha}$ 为拉格朗日乘子,若 w 和 $\boldsymbol{\alpha}$ 有关系,b 和 $\boldsymbol{\alpha}$ 也有关系,w 和 b 就可以用 $\boldsymbol{\alpha}$ 表示,就变成求 $\boldsymbol{\alpha}$ 的问题。求出 $\boldsymbol{\alpha}$,再求 w 和 b。

对于一般的约束优化问题:

$$\begin{aligned} &\min f(x) \\ &\text{s.t.} \quad g_i(x) \leq 0, \quad i=1,2,\cdots,m \\ &\qquad h_j(x) = 0, \quad j=1,2,\cdots,n \end{aligned} \tag{6-13}$$

若目标函数 $f(x)$ 是凸函数,约束集合是凸集,则称上述优化问题为凸优化问题。特别地,$g_i(x)$ 是凸函数,$h_j(x)$ 是线性函数时,约束集合为凸集,该优化问题为凸优化问题。显然,支持向量机的目标函数为 $\frac{1}{2}\|\boldsymbol{w}\|^2$,是关于 w 的凸函数,不等式约束 $1-y_i(\boldsymbol{w}^{\mathrm{T}}\boldsymbol{x}_i+b)$ 也是关于 w 的凸函数,因此支持向量机是一个凸优化问题。

设式 (6-13) 的定义域为 $D = \text{dom} f \cap \bigcap_{i=1}^{m} \text{dom} g_i \cap \bigcap_{j=1}^{n} \text{dom} h_j$,可行集为 $\widetilde{D}=\{x \mid x \in D, g_i(x) \leq 0, h_j(x)=0\}$,显然 $\widetilde{D}$ 是 D 的子集,最优值为 $p^* = \min\{f(\widetilde{x})\}$。由拉格朗日函数的定义可知,上述优化问题的拉格朗日函数为

$$L(\boldsymbol{x},\boldsymbol{\mu},\boldsymbol{\lambda}) = f(\boldsymbol{x}) + \sum_{i=1}^{m} \mu_i g_i(\boldsymbol{x}) + \sum_{j=1}^{n} \lambda_j h_j(\boldsymbol{x}) \tag{6-14}$$

其中,$\boldsymbol{\mu}=[u_1,u_2,\cdots,u_m]^{\mathrm{T}}$;$\boldsymbol{\lambda}=[\lambda_1,\lambda_2,\cdots,\lambda_n]^{\mathrm{T}}$ 为拉格朗日乘子向量。

对式 (6-12) 中的每条约束添加拉格朗日乘子 $\alpha_i \geq 0$,则该问题的拉格朗日函数可写为

$$L(\boldsymbol{w},b,\boldsymbol{\alpha}) = \frac{1}{2}\|\boldsymbol{w}\|^2 + \sum_{i=1}^{m}\alpha_i(1 - y_i(\boldsymbol{w}^\mathrm{T}\boldsymbol{x}_i + b))$$
$$= \frac{1}{2}\|\boldsymbol{w}\|^2 + \sum_{i=1}^{m}\alpha_i - \sum_{i=1}^{m}\alpha_i y_i \boldsymbol{w}^\mathrm{T}\boldsymbol{x}_i - b\sum_{i=1}^{m}\alpha_i y_i \tag{6-15}$$

其中，$\boldsymbol{\alpha}=[\alpha_1;\alpha_2;\cdots;\alpha_m]$。若将 $\boldsymbol{w},b$ 合并为 $\hat{\boldsymbol{w}}=(\boldsymbol{w};b)$，显然式（6-15）是关于 $\hat{\boldsymbol{w}}$ 的凸函数，直接求一阶导数令其等于 0，然后代回，即可得到最小值。令 $L(\boldsymbol{w},b,\boldsymbol{\alpha})$ 对 $\boldsymbol{w}$ 和 b 的偏导为零，可得

$$\boldsymbol{w} = \sum_{i=1}^{m}\alpha_i y_i \boldsymbol{x}_i \tag{6-16}$$

$$0 = \sum_{i=1}^{m}\alpha_i y_i \tag{6-17}$$

将式（6-16）和式（6-17）代入式（6-15），即可将 $L(\boldsymbol{w},b,\boldsymbol{\alpha})$ 中的 $\boldsymbol{w}$ 和 b 消去：

$$L(\boldsymbol{w},b,\boldsymbol{\alpha}) = \frac{1}{2}\|\boldsymbol{w}\|^2 - \sum_{i=1}^{m}\alpha_i(y_i(\boldsymbol{w}^\mathrm{T}\boldsymbol{x}_i + b) - 1)$$
$$= \frac{1}{2}\boldsymbol{w}^\mathrm{T}\boldsymbol{w} - \boldsymbol{w}^\mathrm{T}\sum_{i=1}^{m}\alpha_i y_i \boldsymbol{x}_i - b\sum_{i=1}^{m}\alpha_i y_i + \sum_{i=1}^{m}\alpha_i \tag{6-18}$$
$$= \sum_{i=1}^{m}\alpha_i - \frac{1}{2}\sum_{i=1}^{m}\sum_{j=1}^{m}\alpha_i \alpha_j y_i y_j \boldsymbol{x}_i^\mathrm{T}\boldsymbol{x}_j$$

至此，完成了 $\min\limits_{\boldsymbol{w},b} L(\boldsymbol{w},b,\boldsymbol{\alpha})$，即损失函数取最小值时对应的 $\boldsymbol{w}$ 和 b 的值。下面进行第二步求解，即求 $\boldsymbol{\alpha}$ 的极大值：

$$\max\limits_{\boldsymbol{\alpha}} L(\boldsymbol{w},b,\boldsymbol{\alpha}) = \sum_{i=1}^{m}\alpha_i - \frac{1}{2}\sum_{i=1}^{m}\sum_{j=1}^{m}\alpha_i \alpha_j y_i y_j \boldsymbol{x}_i^\mathrm{T}\boldsymbol{x}_j$$
$$\mathrm{s.t.} \sum_{i=1}^{m}\alpha_i y_i = 0, \tag{6-19}$$
$$\alpha_i \geq 0, \quad i=1,2,\cdots,m$$

式（6-19）可以转化为求极小值：

$$\min\limits_{\boldsymbol{\alpha}} L(\boldsymbol{w},b,\boldsymbol{\alpha}) = \frac{1}{2}\sum_{i=1}^{m}\sum_{j=1}^{m}\alpha_i \alpha_j y_i y_j \boldsymbol{x}_i^\mathrm{T}\boldsymbol{x}_j - \sum_{i=1}^{m}\alpha_i$$
$$\mathrm{s.t.} \sum_{i=1}^{m}\alpha_i y_i = 0, \tag{6-20}$$
$$\alpha_i \geq 0, \quad i=1,2,\cdots,m$$

这是一个不等式约束下的二次函数极值问题，存在唯一解。根据 KKT 条件，解中将只有一部分（通常是很小的一部分）不为零，这些不为 0 的解所对应的样本就是支持向量。

假设 α^* 是上面凸二次规划问题的最优解，则 $\alpha^* \neq 0$。假设满足 $\alpha^* > 0$，按下面方式计算出的解为原问题的唯一最优解：

$$\boldsymbol{w}^* = \sum_{i=1}^{n}\alpha_i^* y_i \boldsymbol{x}_i$$
$$b^* = y_i - \sum_{i=1}^{m}\alpha^* y_i \boldsymbol{x}_i^\mathrm{T}\boldsymbol{x}_i \tag{6-21}$$

6.2.3 硬间隔支持向量机求解实例

假设存在三个数据点，其中正例 $x_1=[3,3]^T$、$x_2=[4,3]^T$，反例 $x_3=[1,1]^T$，把数据代入式（6-20）进行求解。

把数据代入约束条件

$$\sum_{i=1}^{m}\alpha_i y_i = 0, \quad \alpha_i \geqslant 0, \quad i=1,2,\cdots,m$$

得到

$$\alpha_1+\alpha_2-\alpha_3=0, \quad \alpha_i \geqslant 0, \quad i=1,2,3。$$

把数据代入优化目标，推导过程如下：

$$\begin{aligned}
\min_{\alpha} L(\boldsymbol{w},b,\boldsymbol{\alpha}) &= \frac{1}{2}\sum_{i=1}^{m}\sum_{j=1}^{m}\alpha_i\alpha_j y_i y_j \boldsymbol{x}_i^T\boldsymbol{x}_j - \sum_{i=1}^{m}\alpha_i \\
&= \frac{1}{2}\sum_{i=1}^{3}\sum_{j=1}^{3}\alpha_i\alpha_j y_i y_j \boldsymbol{x}_i^T\boldsymbol{x}_j - \sum_{i=1}^{3}\alpha_i \\
&= \frac{1}{2}(\alpha_1^2 y_1^2 \boldsymbol{x}_1^T\boldsymbol{x}_1 + \alpha_1\alpha_2 y_1 y_2 \boldsymbol{x}_1^T\boldsymbol{x}_2 + \alpha_1\alpha_3 y_1 y_3 \boldsymbol{x}_1^T\boldsymbol{x}_3 + \alpha_2\alpha_1 y_2 y_1 \boldsymbol{x}_2^T\boldsymbol{x}_1 + \alpha_2^2 y_2^2 \boldsymbol{x}_2^T\boldsymbol{x}_2 + \\
&\quad \alpha_2\alpha_3 y_2 y_3 \boldsymbol{x}_2^T\boldsymbol{x}_3 + \alpha_3\alpha_1 y_3 y_1 \boldsymbol{x}_3^T\boldsymbol{x}_1 + \alpha_3\alpha_2 y_3 y_2 \boldsymbol{x}_3^T\boldsymbol{x}_2 + \alpha_3^2 y_3^2 \boldsymbol{x}_3^T\boldsymbol{x}_3 - (\alpha_1+\alpha_2+\alpha_3) \\
&= \frac{1}{2}(\alpha_1^2 \times 1^2 \times 18 + \alpha_1\alpha_2 \times 1^2 \times 21 + \alpha_1\alpha_3 \times (-1) \times 6 + \alpha_2\alpha_1 \times 1^2 \times 21 + \\
&\quad \alpha_2^2 \times 1 \times 25 + \alpha_2\alpha_3 \times (-1) \times 7 + \alpha_3\alpha_1 \times (-1) \times 6 + \alpha_3\alpha_2 \times (-1) \times 7 + \\
&\quad \alpha_3^2 \times 1^2 \times 2) - (\alpha_1+\alpha_2+\alpha_3) \\
&= \frac{1}{2}(18\alpha_1^2 + 21\alpha_1\alpha_2 - 6\alpha_1\alpha_3 + 21\alpha_2\alpha_1 + 25\alpha_2^2 - 7\alpha_2\alpha_3 - 6\alpha_3\alpha_1 - \\
&\quad 7\alpha_3\alpha_2 + 2\alpha_3^2) - (\alpha_1+\alpha_2+\alpha_3) \\
&= 9\alpha_1^2 + 21\alpha_1\alpha_2 - 6\alpha_1\alpha_3 + \frac{25}{2}\alpha_2^2 - 7\alpha_2\alpha_3 + \alpha_3^2 - (\alpha_1+\alpha_2+\alpha_3)
\end{aligned}$$

又由于 $\alpha_1+\alpha_2=\alpha_3$，得

$$\begin{aligned}
\min_{\alpha} L(\boldsymbol{w},b,\boldsymbol{\alpha}) &= 9\alpha_1^2+21\alpha_1\alpha_2-6\alpha_1(\alpha_1+\alpha_2)+\frac{25}{2}\alpha_2^2-7\alpha_2(\alpha_1+\alpha_2)+(\alpha_1+\alpha_2)^2-(\alpha_1+\alpha_2+\alpha_3) \\
&= 4\alpha_1^2+10\alpha_1\alpha_2+\frac{13}{2}\alpha_2^2-2\alpha_1-2\alpha_2
\end{aligned} \tag{1}$$

分别对式（1）中的 α_1 和 α_2 求偏导，令其偏导等于 0，得到

$$\begin{cases} 4\alpha_1+5\alpha_2-1=0 \\ 10\alpha_1+13\alpha_2-2=0 \end{cases}$$

解得

$$\begin{cases} \alpha_1=\dfrac{3}{2} \\ \alpha_2=-1 \end{cases}$$

不满足约束条件 $\alpha_i \geq 0$，所以解应该在边界上。

令 $\alpha_1 = 0$，得到

$$\min_{\boldsymbol{\alpha}} L(\boldsymbol{w}, b, \boldsymbol{\alpha}) = 4\alpha_1^2 + 10\alpha_1\alpha_2 + \frac{13}{2}\alpha_2^2 - 2\alpha_1 - 2\alpha_2$$

$$= \frac{13}{2}\alpha_2^2 - 2\alpha_2$$

$$= \frac{13}{2}\left(\alpha_2^2 - \frac{4}{13}\alpha_2 + \left(\frac{2}{13}\right)^2 - \left(\frac{2}{13}\right)^2\right)$$

$$= \frac{13}{2}\left(\alpha_2 - \frac{2}{13}\right)^2 - \frac{2}{13}$$

解得 $\alpha_2 = \frac{2}{13}$。由于约束条件 $\alpha_i \geq 0$，且 $\alpha_1 + \alpha_2 = \alpha_3$，所以解得

$$\begin{cases} \alpha_1 = 0 \\ \alpha_2 = \frac{2}{13} \\ \alpha_3 = \frac{2}{13} \end{cases}$$

满足约束条件。此时 $\min_{\boldsymbol{\alpha}} L(\boldsymbol{w}, b, \boldsymbol{\alpha}) = -\frac{2}{13}$。 (2)

令 $\alpha_2 = 0$，得到

$$\min_{\boldsymbol{\alpha}} L(\boldsymbol{w}, b, \boldsymbol{\alpha}) = 4\alpha_1^2 + 10\alpha_1\alpha_2 + \frac{13}{2}\alpha_2^2 - 2\alpha_1 - 2\alpha_2$$

$$= 4\alpha_1^2 - 2\alpha_1$$

$$= 4\left(\alpha_1^2 - \frac{1}{2}\alpha_1 + \left(\frac{1}{4}\right)^2 - \left(\frac{1}{4}\right)^2\right)$$

$$= 4\left(\alpha_1 - \frac{1}{4}\right)^2 - \frac{1}{4}$$

解得 $\alpha_1 = \frac{1}{4}$。由于满足约束条件 $\alpha_i \geq 0$ 且 $\alpha_3 = \alpha_1 + \alpha_2$，所以

$$\begin{cases} \alpha_1 = \frac{1}{4} \\ \alpha_2 = 0 \\ \alpha_3 = \frac{1}{4} \end{cases}$$

满足约束条件。此时 $\min_{\boldsymbol{\alpha}} L(\boldsymbol{w}, b, \boldsymbol{\alpha}) = -\frac{1}{4}$。 (3)

由式（2）和式（3）可得

$$\begin{cases} \alpha_1 = \frac{1}{4} \\ \alpha_2 = 0 \\ \alpha_3 = \frac{1}{4} \end{cases}$$

此组合为 $\min_{\alpha} L(\boldsymbol{w}, b, \boldsymbol{\alpha})$ 取最小值的解。

把 $\boldsymbol{\alpha}$ 代入式（6-16），得

$$\boldsymbol{w} = \frac{1}{4} \times 1 \times (3,3) + 0 \times 1 \times (4,3) + \frac{1}{4} \times (-1) \times (1,1)$$

$$= \left(\frac{1}{2}, \frac{1}{2}\right)$$

再根据 $y_i = \boldsymbol{w}^\mathrm{T}\boldsymbol{x}_i + b$ 得 $b = y_i - \boldsymbol{w}^\mathrm{T}\boldsymbol{x}_i$，把数据点 (3,3,1) 代入得

$$b = y_i - \boldsymbol{w}^\mathrm{T}\boldsymbol{x}_i$$

$$= 1 - \left[\frac{1}{2}, \frac{1}{2}\right]^\mathrm{T} \times (3,3)$$

$$= -2$$

根据解得 $\boldsymbol{w} = \left[\frac{1}{2}, \frac{1}{2}\right], b = -2$，得到此支持向量机模型：$\frac{1}{2}x_1 + \frac{1}{2}x_2 - 2 = 0$。

6.3 核支持向量机

在本章前面的讨论中，假设训练样本是线性可分的，即存在一个超平面能将训练样本正确分类。然而，在许多实际应用中，数据可能在原始特征空间中不是线性可分的，即在低维空间中也无法找到一个线性超平面来准确地分开数据。为了解决这个问题，引入了核函数和核支持向量机。核函数允许将数据从原始特征空间映射到一个更高维的特征空间，从而在高维空间中找到一个能够有效分隔数据的超平面。通过使用核函数，可以在不显式计算高维特征空间的情况下，直接计算在高维空间中的内积，从而实现非线性分类。核支持向量机（Kernel Support Vector Machine，Kernel SVM）是支持向量机（SVM）的一种扩展，用于处理非线性可分的数据。

6.3.1 核函数

令 $\varphi(\boldsymbol{x})$ 表示 $\boldsymbol{x}$ 映射后的特征向量，于是，在特征空间中超平面所对应的模型可表示为

$$f(\boldsymbol{x}) = \boldsymbol{w}^\mathrm{T}\varphi(\boldsymbol{x}) + b \tag{6-22}$$

其中，$\boldsymbol{w}, b$ 是模型参数，类似式（6-12），有

$$\min_{\boldsymbol{w},b} \frac{1}{2}\|\boldsymbol{w}\|^2$$

$$\text{s.t.} \quad y_i(\boldsymbol{w}^\mathrm{T}\varphi(\boldsymbol{x}_i) + b) \geq 1, \quad i = 1, 2, \cdots, m \tag{6-23}$$

其对偶问题是

$$\max_{\boldsymbol{\alpha}} L(\boldsymbol{w}, b, \boldsymbol{\alpha}) = \sum_{i=1}^{m} \alpha_i - \frac{1}{2} \sum_{i=1}^{m} \sum_{j=1}^{m} \alpha_i \alpha_j y_i y_j \varphi(\boldsymbol{x}_i)^\mathrm{T} \varphi(\boldsymbol{x}_j)$$

$$\text{s.t.} \quad \sum_{i=1}^{m} \alpha_i y_i = 0,$$

$$\alpha_i \geq 0, \quad i = 1, 2, \cdots, m \tag{6-24}$$

求解式（6-24）涉及计算 $\varphi(\boldsymbol{x}_i)^\mathrm{T}\varphi(\boldsymbol{x}_j)$，这是样本 $\boldsymbol{x}_i$ 与 $\boldsymbol{x}_j$ 映射到特征空间之后的内积。由

于特征空间维数可能很高,甚至可能是无穷维,因此直接计算 $\varphi(\boldsymbol{x}_i)^{\mathrm{T}}\varphi(\boldsymbol{x}_j)$ 通常是困难的。为了避开这个障碍,可以设想这样一个函数:

$$\kappa(\boldsymbol{x}_i,\boldsymbol{x}_j)=\langle\varphi(\boldsymbol{x}_i),\varphi(\boldsymbol{x}_j)\rangle=\varphi(\boldsymbol{x}_i)^{\mathrm{T}}\varphi(\boldsymbol{x}_j) \tag{6-25}$$

即 $\boldsymbol{x}_i$ 与 $\boldsymbol{x}_j$ 在特征空间的内积等于它们在原始样本空间中通过函数 $\kappa(\cdot,\cdot)$ 计算的结果。有了这样的函数,就不必直接去计算高维甚至无穷维特征空间中的内积,于是式(6-24)可重写为

$$\max_{\boldsymbol{\alpha}} L(\boldsymbol{w},b,\boldsymbol{\alpha})=\sum_{i=1}^{m}\alpha_i-\frac{1}{2}\sum_{i=1}^{m}\sum_{j=1}^{m}\alpha_i\alpha_j y_i y_j \kappa(\boldsymbol{x}_i,\boldsymbol{x}_j)$$

$$\text{s.t.} \sum_{i=1}^{m}\alpha_i y_i=0 \tag{6-26}$$

$$\alpha_i \geq 0, \quad i=1,2,\cdots,m$$

求解后即可得到

$$\begin{aligned}f(\boldsymbol{x})&=\boldsymbol{w}^{\mathrm{T}}\varphi(\boldsymbol{x})+b\\&=\sum_{i=1}^{m}\alpha_i y_i\varphi(\boldsymbol{x}_i)^{\mathrm{T}}\varphi(\boldsymbol{x})+b\\&=\sum_{i=1}^{m}\alpha_i y_i\kappa(\boldsymbol{x},\boldsymbol{x}_i)+b\end{aligned} \tag{6-27}$$

这里的函数 $\kappa(\cdot,\cdot)$ 就是"核函数"。由式(6-27)可以看出,模型的最优解可通过训练核函数展开,这一展开式又称为"支持向量展式"。

显然,若已知合适映射 $\varphi(\cdot)$ 的具体形式,则可写出核函数 $\kappa(\cdot,\cdot)$。但在现实任务中,通常不清楚 $\varphi(\cdot)$ 是什么形式,那么,合适的核函数是否一定存在?什么样的函数能作核函数?

定理 6-1(核函数) 令 χ 为输入空间,$\kappa(\cdot,\cdot)$ 是定义在 $\chi\times\chi$ 上的对称函数,则 $\kappa(\cdot,\cdot)$ 是核函数当且仅当对于任意数据 $D=\{\boldsymbol{x}_1,\boldsymbol{x}_2,\cdots,\boldsymbol{x}_m\}$,"核矩阵" $\boldsymbol{K}$ 总是半正定的:

$$\boldsymbol{K}=\begin{bmatrix}\kappa(\boldsymbol{x}_1,\boldsymbol{x}_1)&\cdots&\kappa(\boldsymbol{x}_1,\boldsymbol{x}_j)&\cdots&\kappa(\boldsymbol{x}_1,\boldsymbol{x}_m)\\\vdots&&\vdots&&\vdots\\\kappa(\boldsymbol{x}_i,\boldsymbol{x}_1)&\cdots&\kappa(\boldsymbol{x}_i,\boldsymbol{x}_j)&\cdots&\kappa(\boldsymbol{x}_i,\boldsymbol{x}_m)\\\vdots&&\vdots&&\vdots\\\kappa(\boldsymbol{x}_m,\boldsymbol{x}_1)&\cdots&\kappa(\boldsymbol{x}_m,\boldsymbol{x}_j)&\cdots&\kappa(\boldsymbol{x}_m,\boldsymbol{x}_m)\end{bmatrix}$$

定理 6-1 表明,只要一个对称函数所对应的核矩阵半正定,它就能作为核函数使用。事实上,对于一个半正定核矩阵,总能找到一个与之对应的映射 φ。

通过前面的讨论可知,希望样本在特征空间内线性可分,因此特征空间的好坏对支持向量机的性能至关重要。需要注意的是,在不知道特征映射的形式时,并不知道什么样的核函数是合适的,而核函数也仅是隐式地定义了这个特征空间。于是,"核函数选择"成为支持向量机的最大变数。若核函数选择不合适,则意味着将样本映射到了一个不合适的特征空间,很可能导致性能不佳。

表 6-1 列出了几种常用的核函数。

表 6-1 常用的核函数

函 数 名 称	表 达 式	参 数
线性核	$\kappa(\boldsymbol{x}_i,\boldsymbol{x}_j)=\boldsymbol{x}_i^T\boldsymbol{x}_j$	—
多项式核	$\kappa(\boldsymbol{x}_i,\boldsymbol{x}_j)=(\boldsymbol{x}_i^T\boldsymbol{x}_j)^d$	$d>1$ 为多项式的次数
高斯核	$\kappa(\boldsymbol{x}_i,\boldsymbol{x}_j)=\exp\left(-\dfrac{\|\boldsymbol{x}_i-\boldsymbol{x}_j\|^2}{2\sigma^2}\right)$	$\sigma>0$ 为高斯核的带宽
拉普拉斯核	$\kappa(\boldsymbol{x}_i,\boldsymbol{x}_j)=\exp\left(-\dfrac{\|\boldsymbol{x}_i-\boldsymbol{x}_j\|}{\sigma}\right)$	$\sigma>0$
Sigmoid 核	$\kappa(\boldsymbol{x}_i,\boldsymbol{x}_j)=\tanh(\beta\boldsymbol{x}_i^T\boldsymbol{x}_j+\theta)$	tanh 为双曲正切函数，$\beta>0$，$\theta<0$

线性核函数主要用于线性可分的情况，其特征空间与输入空间的维度是一样的，参数少、速度快、分类效果理想。

多项式核函数可以实现将低维的输入空间映射到高维的特征空间。

此外，还可通过函数组合得到，例如：

1）若 κ_1 和 κ_2 为核函数，则对于任意正数 γ_1 和 γ_2，其线性组合也是核函数。

$$\gamma_1\kappa_1+\gamma_2\kappa_2 \tag{6-28}$$

2）若 κ_1 和 κ_2 为核函数，则核函数的直积也是核函数。

$$\kappa_1\otimes\kappa_2(\boldsymbol{x},\boldsymbol{z})=\kappa_1(\boldsymbol{x},\boldsymbol{z})\otimes\kappa_2(\boldsymbol{x},\boldsymbol{z}) \tag{6-29}$$

3）若 κ_1 为核函数，则对于任意函数 $g(\boldsymbol{x})$，式（6-30）也是核函数。

$$\kappa(\boldsymbol{x},\boldsymbol{z})=g(\boldsymbol{x})\kappa_1(\boldsymbol{x},\boldsymbol{z})g(\boldsymbol{z}) \tag{6-30}$$

6.3.2 核函数求解实例

假设有两个数据，$\boldsymbol{x}=[x_1,x_2,x_3]$，$\boldsymbol{y}=[y_1,y_2,y_3]$，此时在三维空间已经不能对其进行线性可分。那么通过一个函数将数据映射到更高维空间，比如 9 维，那么：

$$\varphi(\boldsymbol{x})=(x_1x_1,\ x_1x_2,\ x_1x_3,\ x_2x_1,\ x_2x_2,\ x_2x_3,\ x_3x_1,\ x_3x_2,\ x_3x_3)$$

设 $\boldsymbol{x}=[1,2,3], y=[4,5,6]$，则有

$$\varphi(\boldsymbol{x})=(x_1x_1,\ x_1x_2,\ x_1x_3,\ x_2x_1,\ x_2x_2,\ x_2x_3,\ x_3x_1,\ x_3x_2,\ x_3x_3)$$
$$=(1\times1,\ 1\times2,\ 1\times3,\ 2\times1,\ 2\times2,\ 2\times3,\ 3\times1,\ 3\times2,\ 3\times3)$$
$$=(1,\ 2,\ 3,\ 2,\ 4,\ 6,\ 3,\ 6,\ 9)$$
$$\varphi(\boldsymbol{y})=(y_1y_1,\ y_1y_2,\ y_1y_3,\ y_2y_1,\ y_2y_2,\ y_2y_3,\ y_3y_1,\ y_3y_2,\ y_3y_3)$$
$$=(4\times4,\ 4\times5,\ 4\times6,\ 5\times4,\ 5\times5,\ 5\times6,\ 6\times4,\ 6\times5,\ 6\times6)$$
$$=(16,\ 20,\ 24,\ 20,\ 25,\ 30,\ 24,\ 30,\ 36)$$
$$\varphi(\boldsymbol{x})\cdot\varphi(\boldsymbol{y})=1\times16+2\times20+3\times24+2\times20+4\times25+6\times30+3\times24+6\times30+9\times36$$
$$=16+40+72+40+100+180+72+180+324$$
$$=1024$$
$$\kappa(\boldsymbol{x},\boldsymbol{y})=(<\boldsymbol{x},\boldsymbol{y}>)^2=(1\times4+2\times5+3\times6)^2=32^2=1024$$

所以，$\kappa(\boldsymbol{x},\boldsymbol{y})=\varphi(\boldsymbol{x})\cdot\varphi(\boldsymbol{y})$ 成立。

6.4 软间隔支持向量机

在前面的讨论中，一直假定训练样本在样本空间或特征空间中是线性可分的，即存在

一个超平面能将不同类的样本完全划分开。然而，在现实任务中往往很难确定合适的核函数使得训练样本在特征空间中线性可分，如图6-7所示。退一步说，即便恰好找到了某个核函数使训练集在特征空间中线性可分，也很难断定这个貌似线性可分的结果不是由于过拟合所造成的。

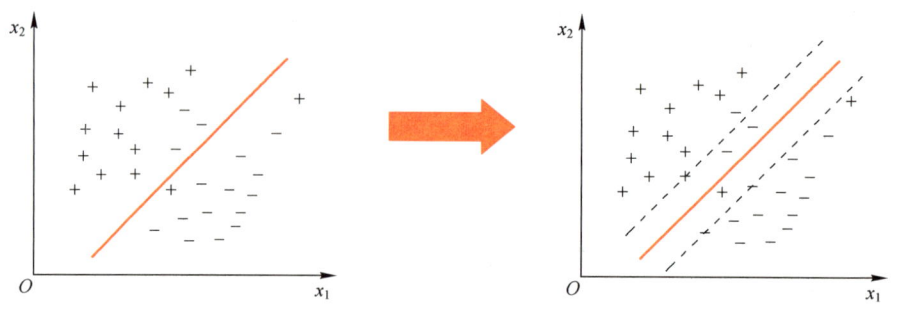

图6-7 线性不可分样本点

当一些离群点或噪声点可能会造成训练样本仅是"接近线性可分的"，如何学习到一个可以在一定程度接受破坏间隔约束的数据点存在的分类超平面？由此，引入了"软间隔"的概念，如图6-8所示。

具体来说，前面介绍的支持向量机形式要求所有样本均满足下面式（6-31）的约束，即所有样本都必须划分正确，这称为"硬间隔"，而软间隔则是允许某些条件不满足该约束。

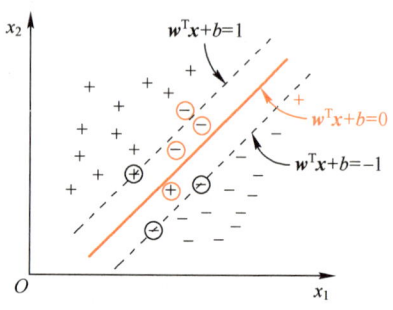

$$y_i(\boldsymbol{w}^\mathrm{T}\boldsymbol{x}_i+b) \geqslant 1 \quad (6\text{-}31)$$

图6-8 软间隔（圆圈圈出了一些不满足约束的样本）

所以，软间隔支持向量机的目标是最大化间隔的同时分错的点尽可能少。

6.4.1 松弛变量

线性不可分即指部分训练样本不能满足 $y_i(\boldsymbol{w}^\mathrm{T}\boldsymbol{x}_i+b) \geqslant 1$。由于原本的优化问题的表达式要考虑所有的样本点，在此基础上寻找正负类之间的最大几何间隔，而几何间隔本身代表的是距离，是非负的，像这样有噪声的情况会使整个问题无解。

解决办法比较简单，即利用松弛变量允许一些点到分类平面的距离不满足原先的要求。具体地，在约束条件中增加一个松弛项参数 $\varepsilon_i \geqslant 0$，约束条件变成

$$y_i(\boldsymbol{w}^\mathrm{T}\boldsymbol{x}_i+b) \geqslant 1-\varepsilon_i, \quad i=1,2,\cdots,m \quad (6\text{-}32)$$

显然，当 $\varepsilon_i \geqslant 0$ 足够大时，训练点就可以满足该约束条件。虽然得到的分类间隔越大越好，但需要避免 ε_i 取太大的值。所以，在目标函数中加入惩罚项 C，得到下面的优化问题：

$$\begin{aligned}
&\min_{\boldsymbol{w},b} \frac{1}{2}\|\boldsymbol{w}\|^2 + C\sum_{i=1}^{m}\varepsilon_i \\
&\mathrm{s.t.}\ y_i(\boldsymbol{w}^\mathrm{T}\boldsymbol{x}_i+b) \geqslant 1-\varepsilon_i \quad i=1,2,\cdots,m \\
&\quad\quad \varepsilon_i \geqslant 0 \quad i=1,2,\cdots,m
\end{aligned} \quad (6\text{-}33)$$

其中，$\varepsilon \in R^n$；C是一个惩罚参数。目标函数意味着既要最小化$\|w\|^2$（即最大间隔化），又要最小化$\sum_{i=1}^{m}\varepsilon_i$（即约束条件$y_i(w^T x_i+b) \geq 1$的破坏程度），参数$C$体现了两者总体的一个权衡。$C$趋近于很大时，意味着分类严格不能有错误，$C$很大，想让结果比较小，只能是松弛因子很小很小，几乎没有。C趋近于很小时，意味着可以有更大的错误容忍，松弛因子可以稍微大一点，不影响整体小。C是需要指定的一个参数。

6.4.2 对偶问题

求解这一优化问题的方法与求解线性问题最优分类超平面时所用的方法几乎相同，都是转换为一个求二次函数极值的问题，只是在凸二次规划中条件变为$0 \leq \alpha_i \leq C, i=1,2,\cdots,m$。

定义拉格朗日函数为

$$L(w,b,\alpha,\varepsilon,\beta) = \frac{1}{2}\|w\|^2 + C\sum_{i=1}^{m}\varepsilon_i + \sum_{i=1}^{m}\alpha_i[1-\varepsilon_i - y_i(w^T x_i + b)] - \sum_{i=1}^{m}\beta_i \varepsilon_i \quad (6-34)$$

其中，$\alpha_i \geq 0$，$\beta_i \geq 0$是拉格朗日乘子。

令$L(w,b,\alpha,\varepsilon,\beta)$对$w,b,\varepsilon$求偏导为0，可得

$$\begin{aligned}\frac{\partial L}{\partial w} = 0 &\Rightarrow w = \sum_{i=1}^{m}\alpha_i y_i x_i \\ \frac{\partial L}{\partial b} = 0 &\Rightarrow \sum_{i=1}^{m}\alpha_i y_i = 0 \\ \frac{\partial L}{\partial \varepsilon} = 0 &\Rightarrow C = \alpha_i + \beta_i\end{aligned} \quad (6-35)$$

代入拉格朗日函数，可以消除w,b，再消去β_i得到对偶问题：

$$\begin{aligned}L(w,b,\alpha,\varepsilon,\beta) &= \frac{1}{2}\|w\|^2 + C\sum_{i=1}^{m}\varepsilon_i + \sum_{i=1}^{m}\alpha_i[1-\varepsilon_i - y_i(w^T x_i + b)] - \sum_{i=1}^{m}\beta_i \varepsilon_i \\ &= \frac{1}{2}\|w\|^2 + \sum_{i=1}^{m}\alpha_i[1 - y_i(w^T x_i + b)] + C\sum_{i=1}^{m}\varepsilon_i - \sum_{i=1}^{m}\alpha_i \varepsilon_i - \sum_{i=1}^{m}\beta_i \varepsilon_i \\ &= \frac{1}{2}w^T w + \sum_{i=1}^{m}\alpha_i - \sum_{i=1}^{m}\alpha_i y_i w^T x_i - \sum_{i=1}^{m}\alpha_i y_i b + C\sum_{i=1}^{m}\varepsilon_i - \sum_{i=1}^{m}\alpha_i \varepsilon_i - \sum_{i=1}^{m}\beta_i \varepsilon_i \\ &= \frac{1}{2}w^T \sum_{i=1}^{m}\alpha_i y_i x_i - w^T \sum_{i=1}^{m}\alpha_i y_i x_i + \sum_{i=1}^{m}\alpha_i - b\sum_{i=1}^{m}\alpha_i y_i + C\sum_{i=1}^{m}\varepsilon_i - \sum_{i=1}^{m}\alpha_i \varepsilon_i - \sum_{i=1}^{m}\beta_i \varepsilon_i \\ &= -\frac{1}{2}\sum_{i=1}^{m}\alpha_i y_i x_i^T \sum_{i=1}^{m}\alpha_i y_i x_i + \sum_{i=1}^{m}\alpha_i + C\sum_{i=1}^{m}\varepsilon_i - \sum_{i=1}^{m}\alpha_i \varepsilon_i - \sum_{i=1}^{m}\beta_i \varepsilon_i \\ &= -\frac{1}{2}\sum_{i=1}^{m}\alpha_i y_i x_i^T \sum_{i=1}^{m}\alpha_i y_i x_i + \sum_{i=1}^{m}\alpha_i + \sum_{i=1}^{m}(C - \alpha_i - \beta_i)\varepsilon_i \\ &= -\frac{1}{2}\sum_{i=1}^{m}\alpha_i y_i x_i^T \sum_{i=1}^{m}\alpha_i y_i x_i + \sum_{i=1}^{m}\alpha_i \\ &= -\frac{1}{2}\sum_{i=1}^{m}\sum_{j=1}^{m}\alpha_i \alpha_j y_i y_j x_i^T x_j + \sum_{i=1}^{m}\alpha_i\end{aligned}$$

最终转化为对偶问题是

$$\max_{\alpha} \sum_{i=1}^{m} \alpha_i - \frac{1}{2} \sum_{i=1}^{m} \sum_{j=1}^{m} \alpha_i \alpha_j y_i y_j \boldsymbol{x}_i^{\mathrm{T}} \boldsymbol{x}_j$$

$$\text{s. t.} \sum_{i=1}^{m} \alpha_i y_i = 0,$$

$$0 < \alpha_i < C, \quad i = 1, 2, \cdots, m$$

(6-36)

假设 α_i^* 是凸二次规划问题的最优解,则 $\alpha_i^* \neq 0$。假设满足 $\alpha_i^* > 0$,按下面式(6-37)计算出的解为原问题的唯一最优解。

$$\boldsymbol{w}^* = \sum_{i=1}^{m} \alpha_i^* y_i \boldsymbol{x}_i \quad (6\text{-}37)$$

在 KKT 条件下,希望代入一个支持向量的值来求出 b^*,但是求解 b 的值需要 ε 的帮助,而想要求出 ε 的值又需要 b^* 的帮助,这就形成了死锁。恰好有另外一个条件的支持向量($\alpha \leqslant C$ 的情况,称之为自由支持向量),这种支持向量的 ε 值为 0。这样,可以利用自由支持向量来求出 b^* 的值。

- 当 $0 < \alpha^* < C$ 时,ε 的值为 0,而

$$b^* = y_i - \sum_{i=1}^{m} \alpha_i^* y_i \boldsymbol{x}_i^{\mathrm{T}} \boldsymbol{x}_i \quad (6\text{-}38)$$

- 当 $\alpha^* = 0$ 时,不是支持向量机,无法计算。
- 当 $\alpha^* = C$ 时,$b^* = y_i - \sum_{i=1}^{m} \alpha_i^* y_i \boldsymbol{x}_i^{\mathrm{T}} \boldsymbol{x}_i - \varepsilon_i$,求解 b^* 需要 ε,产生了死锁。

6.5 感知机与 SVM 线性可分的区别

感知机(Perceptron)和支持向量机(SVM)都是用于解决二分类问题的机器学习算法,特别是在线性可分的情况下。尽管它们的目标相似,但在实现的一些细节方面存在区别。

1)感知机的主要思想是通过不断地调整权重,使错误分类的样本的误差最小化。感知机的目标是找到一个能够将正例和反例完全分开的超平面。支持向量机的目标是找到一个能够最大化两类样本之间的间隔(即支持向量之间的间隔),并且仍然将它们正确分类的超平面。

2)感知机只关注分类是否正确,而不关心分类边界的间隔大小。SVM 强调最大化间隔,认为间隔越大,分类器的泛化能力越好。

3)感知机通过不断地调整权重,逐步减小误分类样本的误差,直到所有样本都正确分类,或者达到一定的迭代次数。SVM 会选择一组支持向量(即最靠近分类边界的样本),这些支持向量在间隔计算中起关键作用。SVM 的目标是最小化支持向量到分类边界的距离(几何间隔)。

4)感知机在找到任意能正确分类数据的超平面后就停止,不考虑其他可能的超平面。SVM 会在找到最大间隔的超平面后,继续通过软间隔和松弛变量容忍一些误分类点,以获得更好的泛化性能。

5)感知机是一种在线学习算法,它在每一次迭代中只关注一个样本点,并根据误分类情况进行权重更新。SVM 是一种批量学习算法,它需要在整个数据集上进行计算,以找到最优的分类边界。

总之，感知机和支持向量机在解决线性可分问题时的目标和方法有一些不同。感知机更关注分类的正确与否，而 SVM 强调找到最大间隔的超平面，以提高泛化性能。

6.6 SVM 的优缺点

（1）SVM 的优点

1）支持向量机算法可以解决小样本情况下的机器学习问题，简化了通常的分类和回归等问题。

2）由于采用核函数方法克服了维数灾难和非线性不可分的问题，所以向高维空间映射时没有增加计算的复杂性。换句话说，由于支持向量机算法的最终决策函数只由少数的支持向量所确定，所以计算的复杂性取决于支持向量的数目，而不是样本空间的维数。

3）支持向量机算法利用松弛变量可以允许一些点到分类平面的距离不满足约束条件，从而避免这些点对模型学习的影响。

（2）SVM 的缺点

1）支持向量机算法对大规模训练样本难以实施。这是因为支持向量机算法借助二次规划来求解支持向量，这其中会涉及 m 阶矩阵的计算，所以矩阵阶数很大时将耗费大量的机器内存和运算时间。

2）经典的支持向量机算法只给出了二分类算法，而在数据挖掘的实际应用中，一般要解决多分类问题，但支持向量机对于多分类问题解决效果并不理想。

3）SVM 算法效果与核函数的选择关系很大，往往需要尝试多种核函数，即使选择了效果比较好的高斯核函数，也要调参选择恰当的 r 参数。此外，现在在常用的 SVM 理论都是使用固定惩罚系数 C，但正负样本的两种错误造成的损失是不一样的。

6.7 支持向量机实践：构建手机价格分类模型

本案例用到的数据集 Mobile Prices 2023 可从网站 https://www.kaggle.com/datasets/ 上下载。此数据集包括 2000 条数据，21 个属性（特征），各属性对应的含义如下。

1）battery_power：电池容量（mAh）。

2）blue：是否具有蓝牙功能（是/否）。

3）clock_speed：处理器时钟速度（GHz）。

4）dual_sim：是否支持双卡（是/否）。

5）fc：主摄像头像素（MP）。

6）four_g：是否支持 4G 网络（是/否）。

7）int_memory：内部存储器大小（GB）。

8）m_dep：手机厚度（cm）。

9）mobile_wt：手机重量（g）。

10）n_cores：处理器核心数。

11）pc：主要摄像头分辨率（MP）。

12）px_height：屏幕高度像素。

13）px_width：屏幕宽度像素。

14）ram：手机 RAM 大小（MB）。
15）sc_h：屏幕高度（cm）。
16）sc_w：屏幕宽度（cm）。
17）talk_time：通话时间（h）。
18）three_g：是否支持 3G 网络（是/否）。
19）touch_screen：是否支持触摸屏（是/否）。
20）wifi：是否支持 WiFi（是/否）。
21）price_range：手机价格范围分类（0 代表低价，1 代表中低价，2 代表中高价，3 代表高价）。

6.7.1 数据的简单分析

在对数据集进行分类之前，先分析一下此数据集的特点。

1）读取数据集，显示前五个样本，实现代码如下。

```python
# 导入模块
import numpy as np
import pandas as pd
import matplotlib.pyplot as plt
import seaborn as sns

# 读数据集,并显示前五个样本
df=pd.read_csv("d:/data/Mobile prices/train.csv")
df.head()
```

运行结果如图 6-9 所示。

	battery_power	blue	clock_speed	dual_sim	fc	four_g	int_memory	m_dep	mobile_wt	n_cores	...	px_height	px_width	ram	sc_h	sc_w	talk_time
0	842	0	2.2	0	1	0	7	0.6	188	2	...	20	756	2549	9	7	19
1	1021	1	0.5	1	0	1	53	0.7	136	3	...	905	1988	2631	17	3	7
2	563	1	0.5	1	2	1	41	0.9	145	5	...	1263	1716	2603	11	2	9
3	615	1	2.5	0	0	0	10	0.8	131	6	...	1216	1786	2769	16	8	11
4	1821	1	1.2	0	13	1	44	0.6	141	2	...	1208	1212	1411	8	2	15

5 rows × 21 columns

图 6-9 前五个样本

2）展示数值列的统计信息，实现代码如下。

```python
# 展示数值列的统计指标
df.describe()
```

运行结果如图 6-10 所示。

	battery_power	blue	clock_speed	dual_sim	fc	four_g	int_memory	m_dep	mobile_wt	n_cores	...	px_height
count	2000.000000	2000.0000	2000.000000	2000.000000	2000.000000	2000.000000	2000.000000	2000.000000	2000.000000	2000.000000	...	2000.000000
mean	1238.518500	0.4950	1.522250	0.509500	4.309500	0.521500	32.046500	0.501750	140.249000	4.520500	...	645.108000
std	439.418206	0.5001	0.816004	0.500035	4.341444	0.499662	18.145715	0.288416	35.399655	2.287837	...	443.780811
min	501.000000	0.0000	0.500000	0.000000	0.000000	0.000000	2.000000	0.100000	80.000000	1.000000	...	0.000000
25%	851.750000	0.0000	0.700000	0.000000	1.000000	0.000000	16.000000	0.200000	109.000000	3.000000	...	282.750000
50%	1226.000000	0.0000	1.500000	1.000000	3.000000	1.000000	32.000000	0.500000	141.000000	4.000000	...	564.000000
75%	1615.250000	1.0000	2.200000	1.000000	7.000000	1.000000	48.000000	0.800000	170.000000	7.000000	...	947.250000
max	1998.000000	1.0000	3.000000	1.000000	19.000000	1.000000	64.000000	1.000000	200.000000	8.000000	...	1960.000000

8 rows × 21 columns

图 6-10 数值列的统计信息

3）获取数据集的基本信息，实现代码如下。

```
df.info()
```

运行结果如图6-11所示。

由图6-11可见，此数据集有2000行数据，共有21个属性，每列不存在空值，19列的数据类型为int64，2列的数据类型为float64，此数据集占用的内存大小为382.2 KB。

4）计算每列中的缺失值数量，实现代码如下。

```
# 计算每列中的缺失值数量
df.isnull().sum()
```

运行结果如图6-12所示。

```
<class 'pandas.core.frame.DataFrame'>
RangeIndex: 2000 entries, 0 to 1999
Data columns (total 21 columns):
 #   Column         Non-Null Count  Dtype
---  ------         --------------  -----
 0   battery_power  2000 non-null   int64
 1   blue           2000 non-null   int64
 2   clock_speed    2000 non-null   float64
 3   dual_sim       2000 non-null   int64
 4   fc             2000 non-null   int64
 5   four_g         2000 non-null   int64
 6   int_memory     2000 non-null   int64
 7   m_dep          2000 non-null   float64
 8   mobile_wt      2000 non-null   int64
 9   n_cores        2000 non-null   int64
 10  pc             2000 non-null   int64
 11  px_height      2000 non-null   int64
 12  px_width       2000 non-null   int64
 13  ram            2000 non-null   int64
 14  sc_h           2000 non-null   int64
 15  sc_w           2000 non-null   int64
 16  talk_time      2000 non-null   int64
 17  three_g        2000 non-null   int64
 18  touch_screen   2000 non-null   int64
 19  wifi           2000 non-null   int64
 20  price_range    2000 non-null   int64
dtypes: float64(2), int64(19)
memory usage: 328.2 KB
```

```
battery_power    0
blue             0
clock_speed      0
dual_sim         0
fc               0
four_g           0
int_memory       0
m_dep            0
mobile_wt        0
n_cores          0
pc               0
px_height        0
px_width         0
ram              0
sc_h             0
sc_w             0
talk_time        0
three_g          0
touch_screen     0
wifi             0
price_range      0
dtype: int64
```

图6-11 数据集的基本信息　　　　图6-12 每列中的缺失值数量

可见，测试集不存在空值。下面利用硬间隔支持向量机对手机价格进行分类。

6.7.2 利用硬间隔支持向量机

下面给出利用硬间隔支持向量机进行手机价格分类的实现代码。

```
import pandas as pd
from sklearn.model_selection import train_test_split
from sklearn.svm import SVC
from sklearn.preprocessing import StandardScaler
from sklearn.metrics import accuracy_score, classification_report
```

```python
# 读取数据集
data = pd.read_csv('d:/data/Mobile prices/train.csv')

# 分割特征和目标变量
X = data.drop('price_range', axis=1)
y = data['price_range']

# 数据标准化
scaler = StandardScaler()
X = scaler.fit_transform(X)

# 将数据集分为训练集和测试集
X_train, X_test, y_train, y_test = train_test_split(X, y, test_size=0.2, random_state=42)

# 创建软间隔支持向量机模型
svm = SVC()    # 使用线性核和适当的惩罚参数 C

# 训练模型
svm.fit(X_train, y_train)

# 预测
y_pred = svm.predict(X_test)

# 评价模型性能
accuracy = accuracy_score(y_test, y_pred)
print("准确率:", accuracy)
print("分类报告:")
print(classification_report(y_test, y_pred))
```

运行结果如图 6-13 所示。

```
准确率: 0.8925
分类报告:
              precision    recall  f1-score   support

           0       0.95      0.93      0.94       105
           1       0.80      0.89      0.84        91
           2       0.84      0.82      0.83        92
           3       0.96      0.92      0.94       112

    accuracy                           0.89       400
   macro avg       0.89      0.89      0.89       400
weighted avg       0.90      0.89      0.89       400
```

图 6-13　利用硬间隔支持向量机进行手机价格分类及模型性能评价

这份分类报告提供了关于模型性能的详细评价。

1）准确率（accuracy）约为 89.25%。这表示模型预测正确的样本占总样本的比例。分类报告：按照每个类别（0、1、2、3）列出了查准率（precision）、查全率（recall）、F1 分数（f1-score）和支持样本数量（support）。

① 在类别 0 中，模型的查准率为 95%，查全率为 93%。

② 在类别 1 中，查准率为 80%，查全率为 89%。

③ 在类别 2 中，查准率为 84%，查全率为 82%。

④ 在类别 3 中,查准率为 96%,查全率为 92%。

2) 宏平均(macro avg)和加权平均值(weighted avg)。macro avg 是对所有类别的指标求平均,每个类别的重要性相同;而 weighted avg 考虑了每个类别的支持样本数量,因此更多地受大类别影响。在这个报告中,macro avg 和 weighted avg 的值都接近于整体准确率,这说明各个类别的表现相对均衡。

总体来说,此模型在测试集上的表现良好,各个类别的查准率和查全率都比较高,整体准确率较为稳健。

6.7.3 利用软间隔支持向量机

下面给出利用软间隔支持向量机对手机价格进行分类的实现代码。

```
import pandas as pd
from sklearn.model_selection import train_test_split
from sklearn.svm import SVC
from sklearn.preprocessing import StandardScaler
from sklearn.metrics import accuracy_score, classification_report

# 读取数据集
data = pd.read_csv('d:/data/Mobile prices/train.csv')

# 分割特征和目标变量
X = data.drop('price_range', axis=1)
y = data['price_range']

# 数据标准化
scaler = StandardScaler()
X = scaler.fit_transform(X)

# 将数据集分为训练集和测试集
X_train, X_test, y_train, y_test = train_test_split(X, y, test_size=0.2, random_state=42)

# 创建软间隔支持向量机模型
svm = SVC(kernel='linear', C=1.0)    # 使用线性核和适当的惩罚参数 C

# 训练模型
svm.fit(X_train, y_train)

# 预测
y_pred = svm.predict(X_test)

# 评价模型性能
accuracy = accuracy_score(y_test, y_pred)
print("准确率:", accuracy)
print("分类报告:")
print(classification_report(y_test, y_pred))
```

运行结果如图 6-14 所示。

此运行结果是对模型性能的一个评价报告。准确率(accuracy):整体预测正确的比例约为 97%,这表示模型在整个测试集上的表现相当不错。分类报告:针对每个类别(0、1、2、3)分别计算了查准率(precision)、查全率(recall)、F1 分数(f1-score)和支持样本数量(support）。macro avg 是对所有类别的指标求平均，每个类别的重要性相同；而 weighted avg 考虑了每个类别的支持样本数量，因此更多地受大类别影响。在这个报告中，macro avg 和 weighted avg 的值都非常接近，这表示各个类别的表现均衡，模型对于不同类别的分类能力较为均衡且良好。

```
准确率: 0.97
分类报告:
              precision    recall  f1-score   support

           0       1.00      0.93      0.97       105
           1       0.90      1.00      0.95        91
           2       1.00      0.95      0.97        92
           3       0.98      1.00      0.99       112

    accuracy                           0.97       400
   macro avg       0.97      0.97      0.97       400
weighted avg       0.97      0.97      0.97       400
```

图 6-14　利用软间隔支持向量机进行手机价格分类及模型性能评价

总体来看，这个模型在测试集上表现非常好，对于各个类别的分类都有很高的准确率和查全率，整体性能非常稳健。

6.8　本章小结

本章深入探究了支持向量机（SVM）作为一种强大的监督学习算法。从线性分类到最大间隔分类的原理入手，了解了 SVM 在处理线性问题时的基本思想，并深入研究了硬间隔和软间隔支持向量机，包括其模型、对偶问题的求解和松弛变量。进一步探讨了核支持向量机，学习了核函数的概念及如何应用核函数解决非线性问题。除此之外，还比较了感知机和 SVM 线性可分的区别。最后，在实践中构建了手机价格分类模型，展示了如何利用硬间隔和软间隔支持向量机完成分类任务。通过本章的学习，对支持向量机在处理各种问题中的灵活性和强大性能有了更深入的认识，为进一步探索和应用 SVM 奠定了坚实基础。

6.9　习题

1. 什么是线性分类？
2. 什么是最大间隔分类？
3. 什么是支持向量？
4. 什么是硬间隔支持向量机？
5. 什么是软间隔支持向量机？
6. 什么是核支持向量机？
7. 对于第 5 章的南瓜子数据集，分别利用软间隔支持向量机和硬间隔支持向量机对其进行分类。

第 7 章 贝叶斯分类器

机器学习在现代社会中扮演着越来越重要的角色。它能够自动从数据中学习,并应用这些学习到的知识解决实际问题,如数据分析、自然语言处理、图像识别等。在众多的机器学习算法中,贝叶斯分类器作为一种基于贝叶斯定理的分类算法,具有独特的优势。它能够利用先验知识和训练数据,对未知数据进行分类预测。本章将深入探讨贝叶斯分类器的基本原理、贝叶斯分类器模型、参数估计方法、朴素贝叶斯分类器、半朴素贝叶斯分类器、贝叶斯网络等内容,并通过实际案例来说明其在实际问题中的重要性。

▶ 思维导图

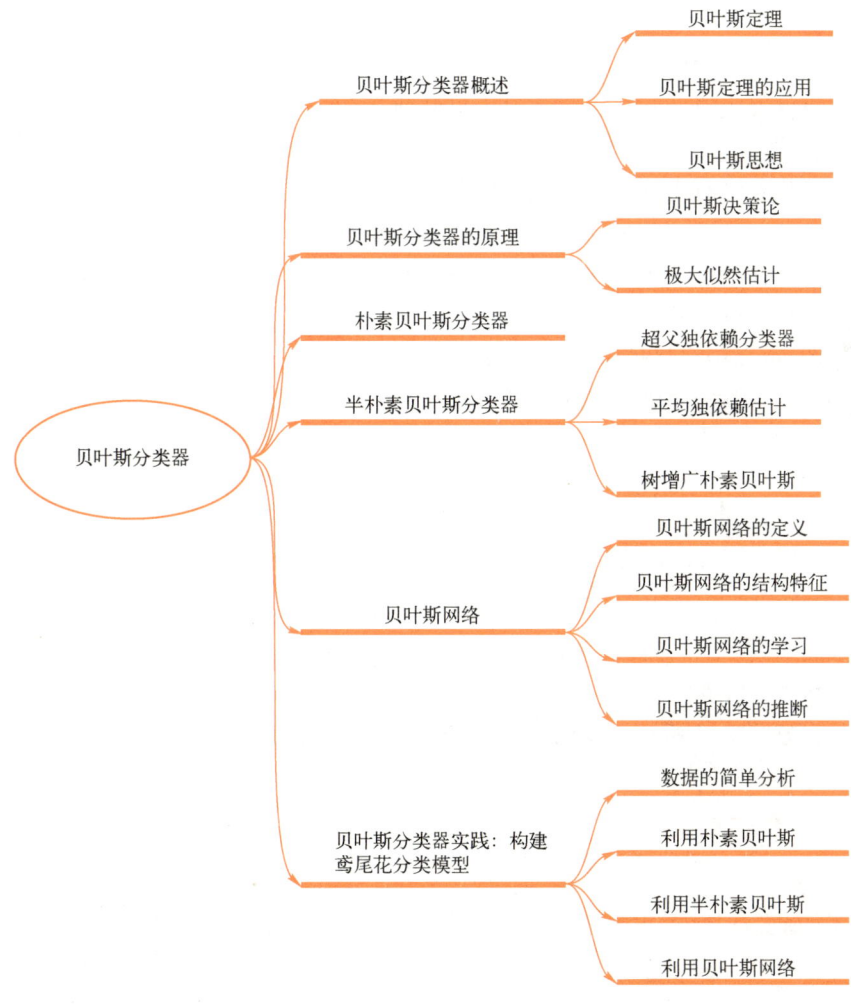

7.1 贝叶斯分类器概述

贝叶斯（Thomas Bayes，1702—1761），英国数学家，他在数学方面主要研究概率论。1763 年他的一篇论文"机遇理论中一个问题的解"被发表，开创了贝叶斯分析的崭新统计思维方式，但当时没受到重视。20 世纪中叶以后，由于经典统计发展遭遇困难（扔硬币），贝叶斯分析逐渐进入全盛时期，且被发展成一种关于统计推断的系统理论和方法，称为"贝叶斯方法"。由这种方法做统计推断的相关内容称为"贝叶斯统计学"。当前总体样本符合的某种分布，比如硬币抛掷结果服从二项分布、学生的某一科成绩服从正态分布，这些描述的是总体信息。通过抽样得到的部分样本符合的某种分布，则属于样本信息。基于抽样信息进行统计推断的理论和方法称为经典统计学。抽样之前，有关推断问题中未知参数的一些信息，通常来自经验或历史资料，这属于先验信息。贝叶斯统计学是基于总体信息、样本信息和先验信息进行统计推断的方法和理论。

7.1.1 贝叶斯定理

贝叶斯定理是概率论中的一个基本定理，描述了在已知先验信息的情况下，如何通过新的证据来更新对事件发生概率的估计。在给出贝叶斯定理之前，这里先介绍一下先验概率、条件概率的概念及公式。

先验概率是指在没有观测到任何数据之前，根据领域专家知识或经验，对不同类别的样本出现的概率进行的估计。先验概率反映了对样本类别的初步假设。

条件概率是指在给定某个条件 B 发生的情况下，某个事件 A 发生的概率，对应的维恩图如图 7-1 所示。

根据维恩图，可以很容易理解，在事件 B 发生的情况下（右边深色区域），事件 A 也发生（事件 A 能发生，就只能对应中间的交集区域）的概率为

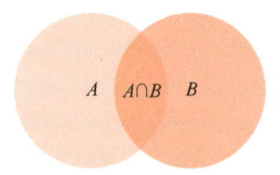

图 7-1 $A \cap B$ 的维恩图

$$P(A|B) = \frac{P(A \cap B)}{P(B)} \quad (7\text{-}1)$$

根据式（7-1），可得出乘法公式

$$P(A \cap B) = P(A|B)P(B) \quad (7\text{-}2)$$

假设样本空间为 S，S 是两个事件 A 和 A' 的和，其对应的维恩图如图 7-2 所示，白色部分是事件 A，灰色部分是事件 A'，它们共同构成了样本空间 S。在这种情况下，事件 B 可以被划分成两个部分，如图 7-3 所示。这两部分分别为事件 B 与事件 A 的交集，以及事件 B 与事件 A' 的交集之和，即

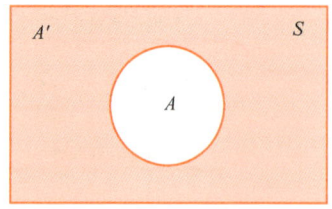

图 7-2 $S = A' \cup A$ 的维恩图

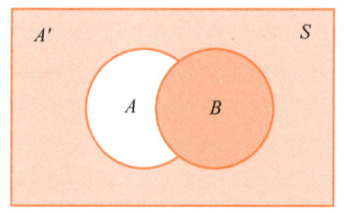

图 7-3 $S = A' \cup A \cup B$ 的维恩图

$$P(B) = P(A \cap B) + P(A' \cap B) \qquad (7\text{-}3)$$

根据式（7-2），得到全概率公式：

$$\begin{aligned}P(B) &= P(A \cap B) + P(A' \cap B) \\ &= P(B|A)P(A) + P(B|A')P(A')\end{aligned} \qquad (7\text{-}4)$$

同时，也得到了条件概率的另一种写法：

$$P(A|B) = \frac{P(B|A)P(A)}{P(B)} = \frac{P(B|A)P(A)}{P(B|A)P(A) + P(B|A')P(A')} \qquad (7\text{-}5)$$

式（7-5）即贝叶斯定理。

7.1.2 贝叶斯定理的应用

贝叶斯定理的提出是为了解决一个"逆概率"问题。在贝叶斯提出此理论前，人们已经可以解决"正向概率"问题。什么是正向概率？下面举个例子说明。

【例7-1】假设迪士尼举办了一次抽奖，抽奖桶里有10个球，其中2个白球、8个黑球，抽到白球就算中奖。随便抽出一个球，抽出中奖球的概率是多大？

这个就是由已知信息推导未知信息的问题，根据概率计算公式，能够轻松知道，中奖的概率＝中奖球数/总球数＝（2个白球）/（2个白球+8个黑球）＝0.2。

那么，什么是"逆概率"？假如上面的例子中我们并不知道抽奖桶里有什么，而是摸出一个球，通过观察这个球的颜色来预测这个桶里白球和黑球的比例，也就是由未知信息推导已知信息的问题。这个预测其实就是求逆概率，可以用贝叶斯定理来做。为什么贝叶斯定理在现实生活中这么有用？这是因为生活中绝大多数决策面临的信息都是不全的，只有有限的信息，既然无法得到全面的信息，就只能在信息有限的情况下，尽可能做出一个好的预测。

贝叶斯定理有什么用？在有限的信息下，它能够帮助预测出概率。贝叶斯定理是机器学习的核心方法之一，例如垃圾邮件过滤、中文分词、艾滋病检查及肝癌检查等问题都可以通过贝叶斯定理解决。

下面通过一个例子进一步说明贝叶斯定理的应用。

【例7-2】我很喜欢吃三明治，偶然在网络上看到有人推荐麦当劳的三明治，说它很好吃，那我现在就想知道麦当劳的三明治是不是真的好吃。

首先，分析给定的已知信息和未知信息，要求解的问题是确认麦当劳的三明治是否很好吃，好吃记为A事件。已知条件是"网络上有人推荐麦当劳的三明治"，记为B事件，所以$P(A|B)$表示B事件"网络上有人推荐麦当劳的三明治"发生后，A事件"麦当劳的三明治很好吃"的概率。显然，有

$$P(A|B) = P(A)\frac{P(B|A)}{P(B)} \qquad (7\text{-}6)$$

$P(A)$称为"先验概率"，即在不知道B事件的前提下，对A事件概率的一个主观判断。对应这个例子里就是在不知道网络上有人推荐三明治的前提下来判断麦当劳的三明治很好吃的概率。这里假定是50%，好吃、不好吃的概率各占一半。

$P(B|A)/P(B)$称为"可能性函数"，这是一个调整因子，也就是新信息B带来的调整，作用就是将先验概率（之前的主观判断）调整到更接近真实的概率。如果可能性函数$P(B|A)/P(B)>1$，则意味着"先验概率被增强"，事件发生的可能性变大；如果可能性函数$P(B|A)/P(B)=1$，则意味着B事件对判断A事件的可能性没有帮助；如果可能性函数$P(B|A)/P(B)<$

1,则意味着先验概率被削弱,A事件的可能性变小。根据"网络上有人推荐麦当劳的三明治"这个新信息,我询问了身边爱吃快餐的朋友,他们都觉得麦当劳的三明治味道不错,也就是说三明治好吃的可能性比较大。所以我估计出"可能性函数"$P(B|A)/P(B)=1.5$。

$P(A|B)$表示后验概率,即在B事件发生之后,对A事件概率重新评估。本例中,在知道"网络上有人推荐麦当劳的三明治"这一信息后,对事件"麦当劳的三明治很好吃"的概率重新进行预测,代入式(7-6),得到

$$P(A|B)=P(A)\frac{P(B|A)}{P(B)}=50\%\times1.5=75\% \tag{7-7}$$

因此,网络上有关于麦当劳的三明治好吃的帖子,且麦当劳的三明治很好吃的概率是75%。这说明,"网络上有人推荐麦当劳的三明治"这个新信息的推断能力很强,将50%的"先验概率"一下子提高到了75%的"后验概率"。

7.1.3 贝叶斯思想

贝叶斯的底层思想就是:如果能掌握一个事件的全部信息,就可以计算出一个客观概率(古典概率)。可是生活中绝大多数决策面临的信息都是不全的,手中只有有限的信息。既然无法得到全面的信息,就在信息有限的情况下,尽可能做出一个好的预测。也就是在主观判断的基础上,可以先估计一个值(先验概率),然后根据观察的新信息不断修正(可能性函数)。可用图7-4来表示此过程。

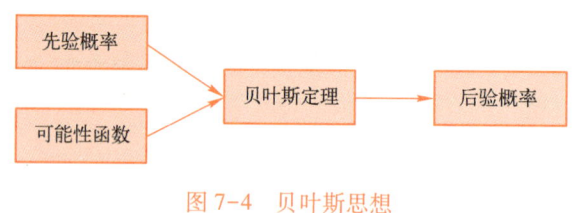

图7-4 贝叶斯思想

由此可以得出:后验概率(新信息出现后A的概率)= 先验概率(A概率)×可能性函数(新信息带来的调整)。

7.2 贝叶斯分类器的原理

贝叶斯分类器是一种基于贝叶斯定理的统计分类模型,是通过综合考虑贝叶斯决策论和极大似然估计得到的。在训练阶段,利用训练数据集来估计各个类别下各个特征的条件概率分布;在预测阶段,利用贝叶斯决策论来计算后验概率,从而进行类别预测。

7.2.1 贝叶斯决策论

贝叶斯决策论是概率框架下实施决策的基本方法。对分类任务来说,在所有相关概率都已知的理想情形下,贝叶斯决策论考虑如何基于这些概率和误判损失来选择最优的类别标记。下面以多分类任务为例来解释其基本原理。

假设数据集D有N种可能的类别标记,即$y=\{c_1,c_2,\cdots,c_N\}$,λ_{ij}是将一个真实标记为c_j的样本误分类成c_i所产生的损失。基于后验概率$P(c_i|\boldsymbol{x})$可获得将样本$\boldsymbol{x}$分类成c_i所产生的期望损失,即在样本$\boldsymbol{x}$上的条件风险定义为

$$R(c_i|\boldsymbol{x}) = \sum_{j=1}^{N} \lambda_{ij} P(c_j|\boldsymbol{x}) \tag{7-8}$$

我们的任务是找到一个判定准则 $h: X \to y$ 以最小化总体风险。

$$R(h) = \mathrm{E}_x [R(h(\boldsymbol{x})|\boldsymbol{x})] \tag{7-9}$$

对于每个样本 $\boldsymbol{x}$，若 h 能最小化条件风险 $R(h(\boldsymbol{x})|\boldsymbol{x})$，则总体风险 $R(h)$ 也能被最小化。这就产生了贝叶斯判定准则：为最小化风险，只需在每个样本上选择那个能使条件风险 $R(c|\boldsymbol{x})$ 最小的类别标记。公式为

$$h^*(\boldsymbol{x}) = \arg\min_{c \in y} R(c|\boldsymbol{x}) \tag{7-10}$$

其中，h^* 被称为贝叶斯最优分类器，$R(h^*)$ 称为贝叶斯风险。$1-R(h^*)$ 反映了分类器所能达到的最好性能。

具体来说，若目标是最小化分类错误率，则误判损失可写为 0-1 损失：

$$\lambda_{ij} = \begin{cases} 0, & i=j \\ 1, & \text{其他} \end{cases} \tag{7-11}$$

此时的条件风险为

$$R(c|\boldsymbol{x}) = 1 - P(c|\boldsymbol{x}) \tag{7-12}$$

式（7-12）的推导过程如下。

首先根据式（7-8）和式（7-11），得到 $R(c_i|\boldsymbol{x}) = 1 \times P(c_1|\boldsymbol{x}) + \cdots + 1 \times P(c_{i-1}|\boldsymbol{x}) + 0 \times P(c_i|\boldsymbol{x}) + 1 \times P(c_{i+1}|\boldsymbol{x}) + \cdots + 1 \times P(c_N|\boldsymbol{x})$，又因为 $\sum_{j=1}^{N} P(c_j|\boldsymbol{x}) = 1$，所以可得 $R(c|\boldsymbol{x}) = 1 - P(c|\boldsymbol{x})$。

于是，最小化错误率的贝叶斯最优分类器为

$$h^*(\boldsymbol{x}) = \arg\max_{c \in y} P(c|\boldsymbol{x}) \tag{7-13}$$

即对于每个样本 $\boldsymbol{x}$，选择其后验概率 $P(c|\boldsymbol{x})$ 最大时所对应的类别，能使总体风险函数最小，从而将原问题转化为估计后验概率 $P(c|\boldsymbol{x})$。

不难看出，欲使用贝叶斯判定准则来最小化决策风险，首先要获得后验概率 $P(c|\boldsymbol{x})$。然而，在现实任务中这通常难以直接获得。从这个角度看，机器学习所要实现的是基于有限的训练样本集尽可能准确地估计出后验概率 $P(c|\boldsymbol{x})$。一般来说，有两种策略对后验概率 $P(c|\boldsymbol{x})$ 进行估计。

1) 判别式模型：直接对 $P(c|\boldsymbol{x})$ 进行建模。前面所学习的决策树、神经网络和 SVM 都属于判别式模型。

2) 生成式模型：先对联合分布 $P(\boldsymbol{x},c)$ 建模，再进一步求解 $P(c|\boldsymbol{x})$。贝叶斯分类器就属于生成式模型，它基于贝叶斯公式对后验概率 $P(c|\boldsymbol{x})$ 进行相应变换：

$$P(c|\boldsymbol{x}) = \frac{P(c)P(\boldsymbol{x}|c)}{P(\boldsymbol{x})} \tag{7-14}$$

估计后验概率 $P(c|\boldsymbol{x})$ 就变成估计类先验概率和类条件概率的问题。

对于给定的样本 $\boldsymbol{x}$，$P(\boldsymbol{x})$ 与类别无关，$P(c)$ 称为类先验概率，它就是样本空间中各类样本所占的比例。根据大数定理（当样本足够多时，频率趋于稳定，且等于其概率），当训练样本充足时，$P(c)$ 可以使用各类样本出现的频率来代替。$P(\boldsymbol{x}|c)$ 称为类条件概率，它表达的意思是在类别 c 中出现 $\boldsymbol{x}$ 的概率。它涉及属性的联合概率问题，若只有一个离散属性还好，但当属性多时采用频率估计起来就十分困难，因此这里一般采用极大似然法进行估计。

7.2.2 极大似然估计

极大似然估计是一种根据数据采集来估计概率分布的经典方法。常用的策略是先假定总体具有某种确定的概率分布，再基于训练样本对概率分布的参数进行估计。运用到类条件概率$P(\boldsymbol{x}|c)$中，假定$P(\boldsymbol{x}|c)$服从一个参数为θ的分布，问题就变为根据已知的训练样本来估计θ。极大似然估计的核心思想是：估计出的参数使得已知样本出现的概率最大，即使得训练数据的似然最大。

令D_c表示训练集D中第c类样本组成的集合，假设这样的样本是独立同分布的，则参数θ_c对于数据集D_c的似然是

$$P(D_c|\theta_c) = \prod_{\boldsymbol{x} \in D_c} P(\boldsymbol{x}|\theta_c) \tag{7-15}$$

连乘使得求解变得十分复杂且易造成下溢，通常使用对数似然：

$$\mathrm{LL}(\theta_c) = \log P(D_c|\theta_c) = \log \prod_{\boldsymbol{x} \in D_c} P(\boldsymbol{x}|\theta_c) = \sum_{\boldsymbol{x} \in D_c} \log P(\boldsymbol{x}|\theta_c) \tag{7-16}$$

θ_c的极大似然估计$\hat{\theta}_c$的计算公式为

$$\hat{\theta}_c = \arg\max_{\theta_c} \mathrm{LL}(\theta_c) \tag{7-17}$$

所以，贝叶斯分类器的训练过程就是参数估计过程。

极大似然法估计参数的过程如下。

1）写出似然函数。
2）对似然函数取对数，并整理。
3）求导数，令偏导数为0，得到似然方程组。
4）解似然方程组，得到的所有参数即为所求。

若属性为连续属性，假设概率密度函数为$P(\boldsymbol{x}|c) \sim N(\mu_c, \sigma_c^2)$，则$\mu_c$和$\sigma_c^2$的极大似然估计为

$$\begin{aligned}\hat{\mu}_c &= \frac{1}{|D_c|} \sum_{\boldsymbol{x} \in D_c} \boldsymbol{x} \\ \sigma_c^2 &= \frac{1}{|D_c|} \sum_{\boldsymbol{x} \in D_c} (\boldsymbol{x} - \hat{\mu}_c)(\boldsymbol{x} - \hat{\mu}_c)^{\mathrm{T}}\end{aligned} \tag{7-18}$$

式（7-18）表明：通过极大似然估计法得到的正态分布均值就是样本均值，方差就是$(\boldsymbol{x}-\hat{\mu}_c)(\boldsymbol{x}-\hat{\mu}_c)^{\mathrm{T}}$的均值。这显然是一个符合直觉的结果。在离散属性的情形下，也可通过类似的方式估计类条件概率。

注意：这种参数化的方法虽能使类条件概率估计变得相对简单，但估计结果的准确性严重依赖于所假设的概率分布形式是否符合潜在的真实数据分布。在现实应用中，若想做出能较好地接近真实分布的假设，往往需要在一定程度上利用关于应用任务本身的经验知识，否则若仅凭"猜测"来假设概率分布形式，很可能会产生误导性的结果。

7.3 朴素贝叶斯分类器

"朴素"两个字的意思是"简单"。朴素贝叶斯分类器可以理解为简单的贝叶斯分类器。它假设一个事件的各个属性之间是相互独立的，这样就简化了计算过程。基于贝叶斯公式来估

计后验概率 $P(c|\boldsymbol{x})$ 的主要困难在于，类条件概率 $P(\boldsymbol{x}|c)$ 是所有属性上的联合概率，难以从有限的训练样本直接估计而得。朴素贝叶斯分类器采用了"属性条件独立性假设"，即假设对已知的类别，所有的属性相互独立，如图 7-5a 和图 7-6a 所示。

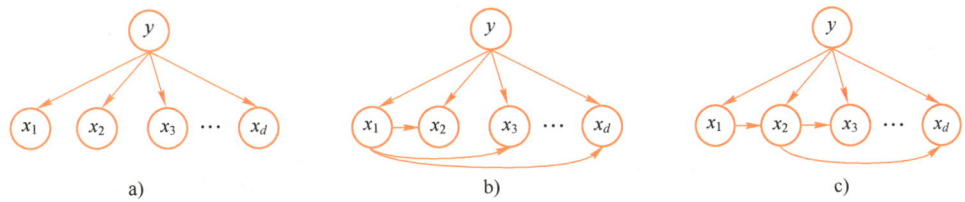

图 7-5 朴素贝叶斯与两种半朴素贝叶斯分类器所考虑的属性依赖关系
a) 朴素贝叶斯 b) 超父独依赖分类器 c) 树增广朴素贝叶斯

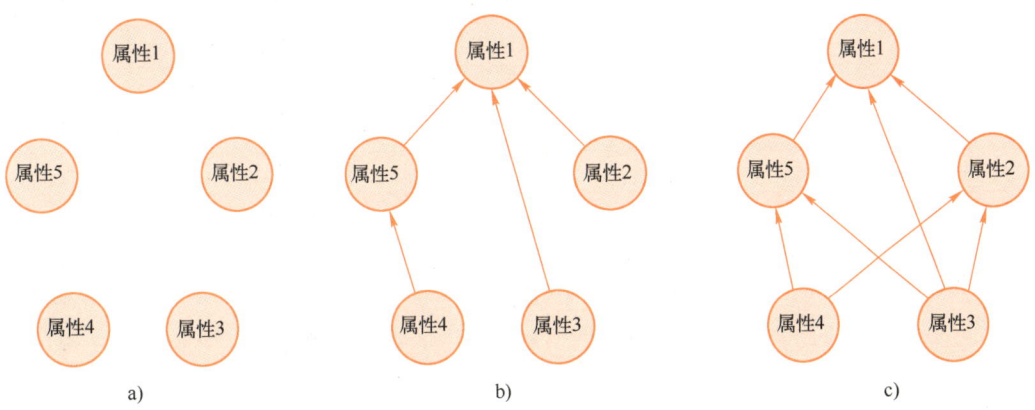

图 7-6 分类器
a) 朴素贝叶斯 b) 半朴素贝叶斯 c) 贝叶斯网络

因此，后验概率可以写为

$$P(c|\boldsymbol{x}) = \frac{P(c)P(\boldsymbol{x}|c)}{P(\boldsymbol{x})} = \frac{P(c)}{P(\boldsymbol{x})} \prod_{i=1}^{d} P(x_i|c) \tag{7-19}$$

其中，d 为属性数目，即 $\boldsymbol{x}$ 的维数；x_i 为 $\boldsymbol{x}$ 在第 i 个属性上的取值。这样，为每个样本估计类条件概率变成为每个样本的每个属性估计类条件概率。

由于对于所有的类别，$P(\boldsymbol{x})$ 相同，因此贝叶斯判定准则为

$$h_{nb}(\boldsymbol{x}) = \arg\max_{c \in y} P(c) \prod_{i=1}^{d} P(x_i|c) \tag{7-20}$$

对于离散属性，属性的类条件概率可估计为

$$P(x_i|c) = \frac{|D_{c,x_i}|}{|D_c|} \tag{7-21}$$

对于连续属性，假定 $P(x_i|c) \sim N(\mu_{c,i}, \sigma_{c,i}^2)$，其中 $\mu_{c,i}$ 和 $\sigma_{c,i}^2$ 分别是第 c 类样本在第 i 个属性上取值的均值和方差，则有

$$P(x_i|c) = \frac{1}{\sqrt{2\pi}\sigma_{c,i}} \exp\left(-\frac{(x_i - \mu_{c,i})^2}{2\sigma_{c,i}^2}\right) \tag{7-22}$$

相比原始贝叶斯分类器，朴素贝叶斯分类器基于单个的属性计算类条件概率更加容易。需要注意的是，若某个属性值在训练集中和某个类别没有一起出现过，这样会忽略掉其他属性的

信息，因为该样本的类条件概率计算结果为 0。因此在估计概率值时，常进行平滑处理，拉普拉斯修正就是一种经典方法。其具体计算方法如下：

$$\hat{P}(c) = \frac{|D_c|+1}{|D|+N}$$

$$\hat{P}(x_i|c) = \frac{|D_{c,x_i}|+1}{|D_c|+N_i}$$
(7-23)

其中，N 表示训练集 D 可能的类别数；N_i 表示第 i 个属性可能的取值数。

【例 7-3】下面用表 7-1 列出的数据训练一个朴素贝叶斯分类器，然后对表 7-2 的样本进行分类。

表 7-1 描述苹果特征的信息表（训练样本）

编号	大小	颜色	形状	好果
1	小	绿色	非规则	否
2	大	红色	非规则	是
3	大	红色	圆形	是
4	大	绿色	圆形	否
5	大	绿色	非规则	否
6	小	红色	圆形	是
7	大	绿色	非规则	否
8	小	红色	非规则	否
9	小	绿色	圆形	否
10	大	红色	圆形	是

现在正要在沃尔玛超市购买的一个苹果的特征信息见表 7-2。

表 7-2 描述苹果特征的信息表（测试样本 1）

编号	大小	颜色	形状	好果
1	大	红色	圆形	?

问题 1：表 7-2 描述的苹果是好苹果还是一般的苹果？根据已有的表 7-1 的数据集，编号为 1 的测试样本是好苹果和一般苹果的概率分别为多大？求解过程如下。

1）计算先验概率 $P(c)$。简化的求解方法是用 c 类样本的个数除以所有样本个数，因此有

$$P(c=好果) = \frac{4}{10}$$

$$P(c=一般) = \frac{6}{10}$$

2）计算每个属性的类条件概率。

$$P(大小=大|c=好果) = \frac{3}{4} \qquad P(大小=大|c=一般) = \frac{3}{6}$$

$$P(颜色=红色|c=好果) = 1 \qquad P(颜色=红色|c=一般) = \frac{1}{6}$$

$$P(形状=圆形|c=好果) = \frac{3}{4} \qquad P(形状=圆形|c=一般) = \frac{2}{6}$$

3）计算朴素贝叶斯分类器的判定结果。

$P(c=好果) \times P(大小=大|c=好果) \times P(颜色=红色|c=好果) \times P(形状=圆形|c=好果)$

$= \dfrac{4}{10} \times \dfrac{3}{4} \times 1 \times \dfrac{3}{4}$

$= 0.225$

$P(c=一般) \times P(大小=大|c=一般) \times P(颜色=红色|c=一般) \times P(形状=圆形|c=一般)$

$= \dfrac{6}{10} \times \dfrac{3}{6} \times \dfrac{1}{6} \times \dfrac{2}{6}$

≈ 0.017

显然，0.225>0.017，此苹果是个好果。

问题2：预测表7-3描述的苹果是不是好果。

表7-3 描述苹果特征的信息表（测试样本2）

编号	大小	颜色	形状	好果
1	大	绿色	圆形	?

通过已知的数据集（见表7-1）发现，$P(颜色=绿色|c=好果)=0$，那么无论$P(其他属性|c=好果)$取值为多大，根据式（7-19）相乘后都为0，那么分类的结果都将是"好果=否"，这显然不太合理。这个问题可以用拉普拉斯修正法来解决。对上述问题重新进行计算。

1）计算先验概率。

$$\hat{P}(c=好果) = \dfrac{4+1}{10+2} = \dfrac{5}{12}$$

$$\hat{P}(c=一般) = \dfrac{6+1}{10+2} = \dfrac{7}{12}$$

2）计算每个属性的类条件概率。

$\hat{P}(大小=大|c=好果) = \dfrac{3+1}{4+2} = \dfrac{4}{6}$ $\quad \hat{P}(大小=大|c=一般) = \dfrac{3+1}{6+2} = \dfrac{4}{8}$

$\hat{P}(颜色=绿色|c=好果) = \dfrac{0+1}{4+2} = \dfrac{1}{6}$ $\quad \hat{P}(颜色=绿色|c=一般) = \dfrac{5+1}{6+2} = \dfrac{6}{8}$

$\hat{P}(形状=圆形|c=好果) = \dfrac{3+1}{4+2} = \dfrac{4}{6}$ $\quad \hat{P}(形状=圆形|c=一般) = \dfrac{2+1}{6+2} = \dfrac{3}{8}$

3）计算朴素贝叶斯分类器的判定结果。

$\hat{P}(c=好果) \times \hat{P}(大小=大|c=好果) \times \hat{P}(颜色=绿色|c=好果) \times \hat{P}(形状=圆形|c=好果)$

$= \dfrac{5}{12} \times \dfrac{4}{6} \times \dfrac{1}{6} \times \dfrac{4}{6}$

≈ 0.030864

$\hat{P}(c=一般) \times \hat{P}(大小=大|c=一般) \times \hat{P}(颜色=绿色|c=一般) \times \hat{P}(形状=圆形|c=一般)$

$= \dfrac{7}{12} \times \dfrac{4}{8} \times \dfrac{6}{8} \times \dfrac{3}{8}$

≈ 0.082031

0.082031>0.030864，此苹果是个一般果。

显然，通过拉普拉斯修正避免了因训练样本不充分而导致的概率估计值为零的问题，并且训练集变大时，修正过程所引入的先验的影响也会逐渐变得可忽略，使得估计值逐渐趋向于实际概率值。

7.4 半朴素贝叶斯分类器

为了降低贝叶斯公式中估计后验概率的难度，朴素贝叶斯分类器采用了属性条件独立性假设，但在现实任务中这个假设往往很难成立。于是，人们尝试对属性条件独立性假设进行一定程度的放宽，由此产生了一类称为"半朴素贝叶斯分类器"的学习方法。

半朴素贝叶斯分类器的基本想法是：适当考虑一部分属性间的相互依赖信息，从而既无须进行完全联合概率计算，又不至于彻底忽略比较强的属性依赖关系。"独依赖估计"（One-Dependent Estimator，ODE）是半朴素贝叶斯分类器最常用的策略，即假设每个属性在类别之外最多仅依赖于一个其他属性，即

$$P(c|\boldsymbol{x}) \propto P(c)\prod_{i=1}^{d}P(x_i|c_i,\mathrm{pa}_i) \tag{7-24}$$

其中，pa_i 为属性 x_i 所依赖的属性，称为 x_i 的父属性。此时，对每个属性 x_i，若其父属性 pa_i 已知，则可采用拉普拉斯修正后的类条件概率的方法来估计 $P(x_i|c_i,\mathrm{pa}_i)$ 的值。

如何确定每个属性的父属性？常见的方法有三种：超父独依赖分类器、平均独依赖估计和树增广朴素贝叶斯。

7.4.1 超父独依赖分类器

超父独依赖分类器（Super-Parent ODE，SPODE）假设所有属性都依赖于同一个属性，则被依赖的这个属性称为"超父"，然后通过交叉验证等模型选择方法来确定超父属性。例如，在图 7-5b 中，x_1 即为超父属性。

【例 7-4】假设有个训练集，见表 7-4，测试样本见表 7-5。

表 7-4 训练集信息表

x_1	x_2	x_3	y
1	1	1	1
1	0	0	1
1	1	1	1
1	0	0	0
1	1	1	0
0	0	0	0
0	1	1	0
0	1	0	1
0	1	1	0
0	0	0	0

表 7-5 测试样本

x_1	x_2	x_3	y
1	1	0	?

1）计算先验概率。

$$P(y=1)=\frac{4}{10} \quad P(y=0)=\frac{6}{10}$$

2）计算类条件概率 $P(x_i|c_i,\mathrm{pa}_i)$，这里先假定 x_1 为超父 pa_i。

$$P(x_1=1|y=1)=\frac{3}{4} \quad P(x_2=1|y=1,x_1=1)=\frac{2}{3} \quad P(x_3=0|y=1,x_1=1)=\frac{1}{3}$$

$$P(x_1=1|y=0)=\frac{2}{6}=\frac{1}{3} \quad P(x_2=1|y=0,x_1=1)=\frac{1}{2} \quad P(x_3=0|y=0,x_1=1)=\frac{1}{2}$$

3）计算超父独依赖分类器的预测结果。

$$P(y=1) \times P(x_1=1|y=1) \times P(x_2=1|y=1,x_1=1) \times P(x_3=0|y=1,x_1=1)$$
$$=\frac{4}{10} \times \frac{3}{4} \times \frac{2}{3} \times \frac{1}{3}$$
$$\approx 0.066667$$

$$P(y=0) \times P(x_1=1|y=0) \times P(x_2=1|y=0,x_1=1) \times P(x_3=0|y=0,x_1=1)$$
$$=\frac{6}{10} \times \frac{1}{3} \times \frac{1}{2} \times \frac{1}{2}$$
$$=0.05$$

显然 0.066667 > 0.05，所以此测试样本的类别为 1，即 $y=1$。

同理，可以假定 x_2 和 x_3 为超父，分别训练出 3 个模型，在交叉验证中，如果发现以 x_2 为超父的模型效果最好，那么就选定 x_2 为超父即可。

7.4.2 平均独依赖估计

对于平均独依赖估计（Averaged One-Dependent Estimator，AODE），超父独依赖分类器（SPODE）是选择一个模型进行预测，而 AODE 是一种基于集成学习机制、更为强大的独依赖分类器。与 SPODE 通过模型确定超父属性不同，AODE 尝试将每个属性作为超父属性来构建 SPODE，然后将结果平均后得到最终的预测结果，即

$$y = \arg\max_{c_k} \frac{\sum_{i=1}^{d} P(c,x_i) \prod_{j=1}^{d} P(x_j|c,x_i)}{d} \tag{7-25}$$

其中，d 代表属性的个数，在对比大小时，可以将分母 d 省去，因此上式可以简化为

$$y = \arg\max_{c_k} \sum_{i=1}^{d} P(c,x_i) \prod_{j=1}^{d} P(x_j|c,x_i) \tag{7-26}$$

AODE 让 x_1,x_2,x_3 作为超父属性对应的三个模型都进行一次预测，将预测结果相加后作为最终结果。

AODE 还会遇到一个问题，如果作为超父属性的取值分布是这样的，取值为 1 的有 100 个样本，取值为 0 的只有 1 个样本，那么当要预测的数据的超父属性为 0，则其条件概率分布的分母为 1，这导致可用的样本数量太少，这个 SPODE 模型的预测结果没有参考价值，因此不能在 AODE 中被相加。针对这个问题，AODE 在上述内容的基础上，加入了一个阈值 m'，要求超父属性为某一特定值的样本的数量大于或等于阈值 m' 时，才可使用 SPODE 模型。

$$y = \arg\max_{c_k} \sum_{i=1,|D_{x_i}|\geq m'}^{d} P(c,x_i) \prod_{j=1}^{d} P(x_j|c,x_i) \tag{7-27}$$

其中，$|D_{x_i}|$代表的是超父属性取值为x_i时的样本数量。

显然，AODE 需要估计 $P(c,x_i)$ 和 $P(x_j|c,x_i)$，也可用拉普拉斯修正，可得

$$\hat{P}(c,x_i) = \frac{|D_{c,x_i}|+1}{|D|+N\times N_i}$$

$$\hat{P}(x_j|c,x_i) = \frac{|D_{c,x_i,x_j}|+1}{|D_{c,x_i}|+N_j}$$

(7-28)

其中，N 是 D 中可能的类别数；N_i 是第 i 个属性可能的取值；$|D_{c,x_i}|$ 是类别为 c 且在第 i 个属性上取值为 x_i 的样本个数；$|D_{c,x_i,x_j}|$ 是类别为 c 且在第 i 和第 j 个属性上取值分别为 x_i 和 x_j 的样本数。

7.4.3 树增广朴素贝叶斯

无论是 SPODE，还是 AODE，尽管超父属性在变换，但每个模型中的每个特征都依赖于超父属性。但在现实情况中，属性的依赖不大可能都依赖于其中之一，而是可能每个属性的依赖都不一样。该如何实现？树增广朴素贝叶斯（Tree Augmented naïve Bayes，TAN）可以解决这个问题，找到每个属性最适合依赖的另一个属性。

TAN 方法是在最大带权生成树算法的基础上构建依赖，如图 7-5c 所示。通过计算任意两个属性之间的条件互信息（Conditional Mutual Information），在选择每个属性的依赖属性时，选择互信息最大的对应属性即可。比如有三个属性 x_1,x_2,x_3，当选择 x_2 的依赖属性时，计算 x_2 和 x_1 的条件互信息，再计算 x_2 和 x_3 的条件互信息，如果前者大于后者，那么 x_2 的依赖属性就选择 x_1。条件互信息的值代表了两个属性之间相互依赖的程度。

TAN 算法的步骤如下。

1）计算任意两个属性之间的条件互信息：

$$I(x_i,x_j|y) = \sum_{x_i,x_j;c\in y} P(x_i,x_j|c)\log\frac{P(x_i,x_j|c)}{P(x_i|c)P(x_j|c)}$$

(7-29)

其中，c 是类别；x_i 和 x_j 即两个属性。

2）以属性为节点构建完全图，任意两个节点之间边的权重设为 $I(x_i,x_j|y)$。

3）构建此完全图的最大带权生成树，挑选根变量，将边置为有向。

4）加入类别节点 y，增加从 y 到每个属性的有向边。

可以看出，条件互信息 $I(x_i,x_j|y)$ 刻画了属性 x_i 和 x_j 在已知类别的情况下的相关性。因此，通过最大生成树算法，TAN 实际上仅保留了强相关属性之间的依赖性。

虽然 TAN 解决了 SPODE 和 AODE 中所有属性仅依赖一个属性的问题，但它依然存在改进空间，比如有些属性对它的父属性的依赖程度低，有些属性却十分依赖它的父属性，只是属性程度权重不同而已。为了解决这个问题，基于条件互信息的值即代表两个属性之间互相依赖的程度，于是可以使用这个值作为依赖关系的权重，加入到模型的计算之中。

7.5 贝叶斯网络

朴素贝叶斯分类器假定了属性相互独立，这不符合现实情况。为了克服这个问题，半朴素贝叶斯分类器做了一定妥协，规定每一个属性可以依赖于另外一个属性，于是诞生了 SPODE、

AODE 和 TAN 等半朴素贝叶斯分类器。而贝叶斯网络在半朴素贝叶斯的基础上更进一步，它认为每个属性都可以依赖于另外多个属性。

7.5.1 贝叶斯网络的定义

从图 7-6c 可以看出，一个贝叶斯网络实际上是一个有向无环图，图中包含贝叶斯网络的结构和参数，带有方向的边从父属性出发，指向子属性，代表子属性依赖于父属性，属性 1 依赖属性 2、属性 3 和属性 5。而参数是用来定量描述这种关系的，其值为一个属性在其父属性已知的情况下的条件概率。子属性和父属性的取值的组合可以组成一个表格，这就是该子属性的条件概率表。

以图 7-6c 所示的贝叶斯网络中的属性 1 为例，如果属性 1 和它所依赖的父属性的取值都有 0 和 1 两个，则可以得到以下关系：

$$P(x_1=0 \mid x_2=0, x_3=0, x_5=0) = 0.3$$
$$P(x_1=1 \mid x_2=0, x_3=0, x_5=0) = 0.7$$
$$P(x_1=0 \mid x_2=1, x_3=0, x_5=0) = 0.4$$
$$P(x_1=1 \mid x_2=1, x_3=0, x_5=0) = 0.6$$
$$\ldots$$

表 7-6 列出了汇总条件概率信息。

表 7-6　属性 x_1 依赖属性 x_2, x_3, x_5 时的条件概率信息

x_2	x_3	x_5	$x_1=0$	$x_1=1$
0	0	0	0.3	0.7
1	0	0	0.4	0.6
0	1	0	…	…
1	1	0	…	…
0	0	1	…	…
1	0	1	…	…
0	1	1	…	…
1	1	1	…	…

这个表格的计算是在已知贝叶斯网络的结构的前提下，通过对样本数据进行计算（学习样本数据）得到的。

每一个节点的条件概率表可以表示为

$$\theta_{x_i \mid \pi_i} = P_B(x_i \mid \pi_i) \tag{7-30}$$

其中，x_i 代表子属性；π_i 代表子属性依赖的所有父属性的集合；θ 代表子属性的条件概率表，所有属性的条件概率表的集合用 Θ 表示，再加上贝叶斯网络的结构 G，整个贝叶斯网络可以表示为

$$B = <G, \Theta> \tag{7-31}$$

7.5.2 贝叶斯网络的结构特征

贝叶斯网络有三种基本结构，用三种线表示，如图 7-7 所示。

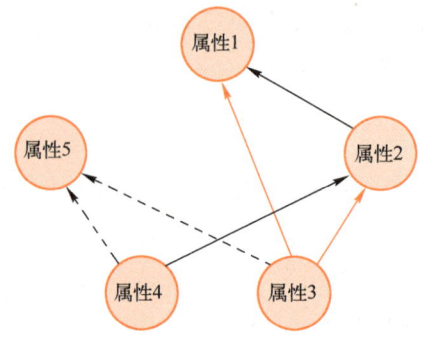

图 7-7 贝叶斯网络图

图 7-7 中，虚线箭头所代表的是 V 形结构，即一个属性依赖于其他属性，如图 7-8a 所示；红色箭头是同父结构，即多个属性依赖于一个属性，如图 7-8b 所示；黑色箭头是顺序结构，即第一个属性依赖于第二个属性，第二个属性依赖于第三个属性，以此类推，如图 7-8c 所示。

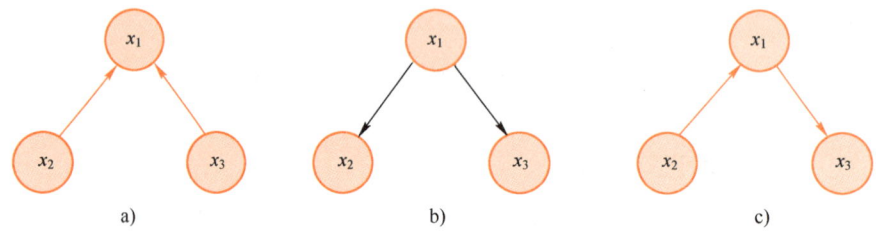

图 7-8 贝叶斯网络结构
a）V 形结构 b）同父结构 c）顺序结构

找到这样的结构有什么用？在一些特定条件下，它可以帮助简化计算，而结构不同，简化计算所需要的条件不同。

1）对于 V 形结构，当子属性取值未知时，父属性相互独立，在图 7-8a 中，即当 x_1 未知时，x_2 和 x_3 独立。证明如下：

$$\sum_{x_1} P(x_1, x_2, x_3) = \sum_{x_1} P(x_2) P(x_3) P(x_1 | x_2, x_3)$$

$$P(x_2, x_3) = P(x_2) P(x_3) \sum_{x_1} P(x_1 | x_2, x_3)$$

$$= P(x_2) P(x_3) \times 1$$

$$= P(x_2) P(x_3)$$

V 形结构可能一开始不太好理解，从结构上看，x_1 依赖于 x_2 和 x_3，那么为什么 x_2 和 x_3 的联合概率与是否知道 x_1 的信息有关？这个疑惑事实上是不自觉地在 V 形结构中代入了因果关系，认为 x_2 和 x_3 是因，在两个属性的共同作用下造成了结果 x_1 的取值。但事实上这里面并不存在因果关系，仅存在 x_1 的取值与 x_2 和 x_3 取值的依赖关系，当拥有 x_1 的信息的时候，x_2 的信息可以通过 x_1 传导到 x_3，x_3 的信息可以通过 x_1 传导到 x_2，而当缺失 x_1 的信息时，x_2 和 x_3 之间无法互相传导信息，因此两者在此情况下相互独立。

【例 7-5】下面给出三个属性的概率表和条件概率表。

x_2 的概率信息见表 7-7，x_3 的概率信息见表 7-8，x_2 和 x_3 作为 x_1 的父节点的条件概率信息见表 7-9。

表 7-7 x_2 的概率信息

x_2	P
0	0.3
1	0.7

表 7-8 x_3 的概率信息

x_3	P
0	0.6
1	0.4

表 7-9 x_2 和 x_3 作为 x_1 的父节点的条件概率信息值

x_2	x_3	$P(x_1=0)$	$P(x_1=1)$
0	0	0.2	0.8
0	1	0.3	0.7
1	0	0.4	0.6
1	1	0.5	0.5

如果此时 $x_2=0, x_3=0$,且不知道 x_1 的取值,那么可以得到的联合概率为 $0.3 \times 0.6 \times (0.2+0.8)=0.18$。如果现在获得新的信息 $x_1=1$,那么可以得到联合概率为 $0.3 \times 0.6 \times 0.8=0.144$。

2)对于同父结构,当知道 x_1 的信息时,x_2 和 x_3 独立。证明如下:

$$P(x_2, x_3 | x_1) = \frac{P(x_1, x_2, x_3)}{P(x_1)}$$
$$= \frac{P(x_1) P(x_2 | x_1) P(x_3 | x_1)}{P(x_1)}$$
$$= P(x_2 | x_1) P(x_3 | x_1)$$

3)对于顺序结构,在知道 x_1 的信息的情况下,x_2 和 x_3 独立。证明如下:

$$P(x_2, x_3 | x_1) = \frac{P(x_1, x_2, x_3)}{P(x_1)}$$
$$= \frac{P(x_2) P(x_1 | x_2) P(x_3 | x_1)}{P(x_1)}$$
$$= \frac{P(x_1, x_2) P(x_3 | x_1)}{P(x_1)}$$
$$= P(x_2 | x_1) P(x_3 | x_1)$$

7.5.3 贝叶斯网络的学习

若网络结构已知,即属性间的依赖关系已知,则贝叶斯网络的学习过程相对简单,只需通过对训练样本"计数",估计出每个节点的条件概率表即可。但在现实应用中,往往不知道网络结构,于是,贝叶斯网络学习的首要任务就是根据训练集来找到结构最"恰当"的贝叶斯网络。"评分搜索"是求解这一问题的常用办法。具体来说,就是先定义一个评分函数,依此来评估贝叶斯网络与训练数据的契合程度,然后基于这个评分函数来寻找结构最优的贝叶斯网络。显然,评分函数引入了关于希望获得什么样的贝叶斯网络的归纳偏好。

常用的评分函数通常基于信息论准则,此类准则将学习看作一个数据压缩任务,学习的目标是找到一个能以最短编码长度描述训练数据的模型,此时编码的长度包括模型自身所需的编码位数和使用该模型描述数据所需的编码位数。对贝叶斯学习而言,模型就是一个贝叶斯网络,同时,每个贝叶斯网络描述了一个在训练数据上的概率分布,自有一套编码机制能使那些常见的样本有更短的编码。于是,应选择那个综合编码长度(包括描述网络和编码数据)最短的贝叶斯网络,这就是最小描述长度准则。

给定训练集 $D=\{x_1,x_2,\cdots,x_m\}$,贝叶斯网络 $B=<G,\Theta>$ 在 D 上的评分函数可写为

$$s(B|D)=f(\theta)|B|-LL(B|D) \qquad (7-32)$$

其中,$|B|$ 是贝叶斯网络的参数个数;$f(\theta)$ 表示描述每个参数 θ 使用多少个编码位数;$LL(B|D)$ 是贝叶斯网络 B 在训练集 D 上的对数似然(m 代表特征个数):

$$LL(B|D)=\sum_{i=1}^{m}\log P_B(x_i) \qquad (7-33)$$

评分函数可以看成由两个部分构成的:第一项 $f(\theta)|B|$ 考虑的是整个贝叶斯网络中用于编码参数的编码位的多少;第二项 $LL(B|D)$ 是贝叶斯网络的对数似然。当最小化评分函数时,希望编码位数量越少越好,这基于"最小描述长度"准则,即希望模型能够描述整个训练集(也就是学习到整个训练集的信息)。在这个基础上,模型的复杂程度越低越好。那么这个复杂程度如何用数学语言表示?这就是模型中用于编码参数的位数越少越好。这样做的好处:一是模型变得较为简单,在预测时不需要进行大量的计算,二是简单的模型避免了过拟合,泛化性能更好。

(1)评分函数的第一项

当 $f(\theta)=1$,即每个参数用 1 个编码位描述,则得到 AIC(Akaike Information Criterion)评分函数,公式为

$$AIC(B|D)=|B|-LL(B|D) \qquad (7-34)$$

若 $f(\theta)=\frac{1}{2}\log m$,即每个参数用 $\frac{1}{2}\log m$ 编码位描述,则得到 BIC(Bayesian Information Criterion)评分函数,公式为

$$BIC(B|D)=\frac{\log m}{2}|B|-LL(B|D) \qquad (7-35)$$

显然,若 $f(\theta)=0$,即不计算对网络进行编码的长度,则评分函数退化为负对数似然,相应地,学习任务就退化为极大似然估计。

可以将 $f(\theta)$ 看作参数个数 $|B|$ 前的一个系数,用于确定贝叶斯网络的参数个数在评分函数中的影响大小。

那么参数的数量又是由什么确定的?贝叶斯网络中边的数量越多,则其参数越多。如图 7-9 所示,当属性 1 独立于其他属性时,描述属性 1 的概率只需要列出其每一个取值的概率即可。但当属性 1 依赖于属性 3 时,则需要列出各个取值时的条件概率;当属性 1 依赖于属性 2 和属性 3 时,需要列出属性 2 和属性 3 的取值组合的条件概率。因此,边的数量越多,其参数个数越多。

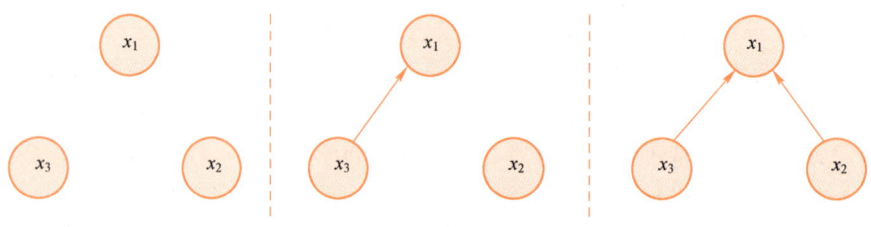

图 7-9 属性关系变化图

(2) 评分函数的第二项

最小化评分函数时，在最大化对数似然。在贝叶斯网络中，对数似然的大小直接取决于贝叶斯网络的结构。因为当结构确定时，只需要对样本数据进行计算就可以得到对数似然。所以，最小化评分函数所做的，就是简化贝叶斯网络结构的同时，要求该结构能够最大限度地反映样本数据的概率分布。

不难发现，当贝叶斯网络 $B=<G,\Theta>$ 的网络结构 G 固定时，评分函数 $s(B|D)$ 的第一项为常数，此时，最小化 $s(B|D)$ 等价于对参数 Θ 的极大似然估计。由式（7-30）和式（7-33）可知，参数 $\theta_{x_i|\pi_i}$ 能直接在训练集 D 上通过经验估计获得，即

$$\theta_{x_i|\pi_i} = \hat{P}_D(x_i|\pi_i) \tag{7-36}$$

其中，$\hat{P}_D(\ )$ 是 D 上的经验分布。因此，为了最小化评分函数 $s(B|D)$，只需对网络结构进行搜索，而候选结构的最优参数可直接在训练集上计算得到。

不幸的是，即便使用了评分函数来让贝叶斯网络学习并优化结构，但依然很难做到。当属性数量十分庞大的时候，搜索每一种贝叶斯网络结构变得不可能，因为每一个属性都有可能依赖于其他属性，或者被其他属性所依赖，这是一个十分庞大的结构空间。有两种常用的策略能在有限的时间内求得近似解：第一种是贪心算法，它是从某个网络结构出发，每次调整一条边（增加一条边、删除一条边，或者改变一条边的方向），直到评分函数不再降低为止；第二种是通过给网络结构施加约束来消减搜索空间，例如将网络结构限定为树形结构等。

7.5.4 贝叶斯网络的推断

贝叶斯网络训练好之后就能用来回答"查询"，即通过一些属性变量的观测值来推断其他属性变量的取值。例如，在苹果问题中，若观测到苹果的颜色为红色、形状为圆形、大小为大苹果，想知道此苹果是否为好苹果。这样通过已知变量观测值来推测待查询变量的过程称为"推断"，已知变量观测值为"证据"。

最理想的情况是直接根据贝叶斯网络定义的联合概率分布来精确计算后验概率。但是，这样的"精确推断"已被证明是 NP 难的问题。换言之，当网络的节点较多、连接稠密时，难以进行精确推断，此时需借助"近似推断"，通过降低精度要求，在有限的时间内求得近似解。在现实应用中，贝叶斯网络的近似推断使用吉布斯采样来完成，这是一种随机采样方法。

7.6　贝叶斯分类器实践：构建鸢尾花分类模型

本案例的数据集 Iris_Data（鸢尾花）可从网站 https://www.kaggle.com/datasets/ 上下载，此数据集包括 150 条数据、5 个属性特征。各属性对应的含义如下。

1）萼片长度（Sepal Length）：鸢尾花萼片的长度，即从基部到尖端的距离，单位为 cm。萼片是鸢尾花的外部绿色叶状结构。

2）萼片宽度（Sepal Width）：鸢尾花萼片的最宽部分的宽度，单位为 cm。

3）花瓣长度（Petal Length）：鸢尾花花瓣的长度，即从基部到尖端的距离，单位为 cm。花瓣是鸢尾花的彩色花瓣状结构。

4）花瓣宽度（Petal Width）：鸢尾花花瓣的最宽部分的宽度，单位为 cm。

5）种类（Species）：鸢尾花的种类，是要预测的目标变量。鸢尾花数据集包含三个不同

的鸢尾花种类：Setosa、Versicolor 和 Virginica。

这些属性用于描述鸢尾花的形态，它们的测量值可以用来区分不同种类的鸢尾花。

7.6.1 数据的简单分析

下面探索一下数据的分布、属性之间的关系及数据的特点。

```python
import pandas as pd
import matplotlib.pyplot as plt
import seaborn as sns

# 从 CSV 文件读取数据
data = pd.read_csv('d:/data/Iris_Data.csv')

# 查看数据的前几行
print(data.head())
```

运行结果如图 7-10 所示。

```
   sepal_length  sepal_width  petal_length  petal_width      species
0           5.1          3.5           1.4          0.2  Iris-setosa
1           4.9          3.0           1.4          0.2  Iris-setosa
2           4.7          3.2           1.3          0.2  Iris-setosa
3           4.6          3.1           1.5          0.2  Iris-setosa
4           5.0          3.6           1.4          0.2  Iris-setosa
```

图 7-10　数据集前 5 行

```python
# 查看数据的基本统计信息
print(data.describe())
```

运行结果如图 7-11 所示。

```
       sepal_length  sepal_width  petal_length  petal_width
count    150.000000   150.000000    150.000000   150.000000
mean       5.843333     3.054000      3.758667     1.198667
std        0.828066     0.433594      1.764420     0.763161
min        4.300000     2.000000      1.000000     0.100000
25%        5.100000     2.800000      1.600000     0.300000
50%        5.800000     3.000000      4.350000     1.300000
75%        6.400000     3.300000      5.100000     1.800000
max        7.900000     4.400000      6.900000     2.500000

Class Counts:
Iris-setosa        50
Iris-virginica     50
Iris-versicolor    50
Name: species, dtype: int64
```

图 7-11　数据的基本统计信息

```python
# 查看属性之间的相关性
correlation_matrix = data.corr()
plt.figure(figsize=(10,8))
sns.heatmap(correlation_matrix, annot=True, cmap='coolwarm')
plt.title("Correlation Matrix")
plt.show()
```

运行结果如图 7-12 所示。

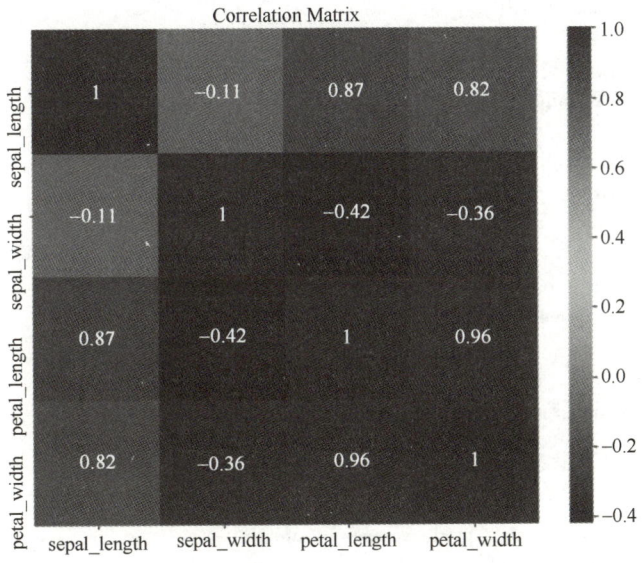

图 7-12　鸢尾花四个属性的相关系数矩阵

由图 7-12 可见，Sepal Length 与 Petal Length 和 Petal Width 正相关，Petal Length 与 Sepal Length 和 Petal Width 正相关。

```
# 查看每个类别的数量分布
class_counts = data['species'].value_counts()
print("Class Counts:")
print(class_counts)
```

运行结果如图 7-13 所示。

由运行结果可知，鸢尾花各个类别的数量都为 50。

```
Class Counts:
Iris-versicolor    50
Iris-setosa        50
Iris-virginica     50
Name: species, dtype: int64
```

图 7-13　每个类别的数量分布

7.6.2　利用朴素贝叶斯

当数据集规模较小且属性之间相互独立时，朴素贝叶斯表现出色。下面是朴素贝叶斯分类器的算法。

```
import pandas as pd
from sklearn.model_selection import train_test_split
from sklearn.naive_bayes import GaussianNB
from sklearn.metrics import accuracy_score,precision_score,recall_score,f1_score,classification_report,
confusion_matrix

# 从 CSV 文件读取数据
data = pd.read_csv('d:/data/Iris_Data.csv')
# 提取属性和标签
X = data.drop('species',axis=1).values
y = data['species'].values

# 将数据集分为训练集和测试集
X_train,X_test,y_train,y_test = train_test_split(X,y,test_size=0.3,random_state=42)
```

```python
# 创建朴素贝叶斯分类器
nb_classifier = GaussianNB()

# 在训练集上训练分类器
nb_classifier.fit(X_train, y_train)

# 在测试集上进行预测
y_pred = nb_classifier.predict(X_test)

# 计算准确率
accuracy = accuracy_score(y_test, y_pred)
print(f"Accuracy:{accuracy:.2f}")

# 计算查准率
precision = precision_score(y_test, y_pred, average='macro')
print(f"Precision:{precision:.2f}")

# 计算查全率
recall = recall_score(y_test, y_pred, average='macro')
print(f"Recall:{recall:.2f}")

# 计算 F1 分数
f1 = f1_score(y_test, y_pred, average='macro')
print(f"F1-Score:{f1:.2f}")

# 输出分类报告
class_report = classification_report(y_test, y_pred)
print("Classification Report:\n", class_report)

# 输出混淆矩阵
conf_matrix = confusion_matrix(y_test, y_pred)
print("Confusion Matrix:\n", conf_matrix)
```

运行结果如图 7-14 所示。

```
Accuracy: 0.98
Precision: 0.98
Recall: 0.97
F1-Score: 0.97
Classification Report:
                 precision    recall  f1-score   support

    Iris-setosa       1.00      1.00      1.00        19
Iris-versicolor       1.00      0.92      0.96        13
 Iris-virginica       0.93      1.00      0.96        13

       accuracy                           0.98        45
      macro avg       0.98      0.97      0.97        45
   weighted avg       0.98      0.98      0.98        45

Confusion Matrix:
[[19  0  0]
 [ 0 12  1]
 [ 0  0 13]]
```

图 7-14 朴素贝叶斯分类器实践

7.6.3 利用半朴素贝叶斯

半朴素贝叶斯分类器的主要目标是处理类别不平衡问题，针对相同类别数的数据集它不会有明显的分类优势。

实现代码如下。

```python
import pandas as pd
from sklearn.model_selection import train_test_split
from sklearn.naive_bayes import ComplementNB
from sklearn.metrics import accuracy_score, precision_score, recall_score, f1_score, classification_report, confusion_matrix

# 从 CSV 文件读取数据
data = pd.read_csv('d:/data/Iris_Data.csv')

# 提取属性和标签
X = data.drop('species', axis=1).values
y = data['species'].values

# 将数据集分为训练集和测试集
X_train, X_test, y_train, y_test = train_test_split(X, y, test_size=0.3, random_state=42)

# 创建半朴素贝叶斯分类器
nb_classifier = ComplementNB()

# 在训练集上训练分类器
nb_classifier.fit(X_train, y_train)

# 在测试集上进行预测
y_pred = nb_classifier.predict(X_test)

# 计算准确率
accuracy = accuracy_score(y_test, y_pred)
print(f"Accuracy: {accuracy:.2f}")

# 计算查准率
precision = precision_score(y_test, y_pred, average='macro')
print(f"Precision: {precision:.2f}")

# 计算查全率
recall = recall_score(y_test, y_pred, average='macro')
print(f"Recall: {recall:.2f}")

# 计算 F1 分数
f1 = f1_score(y_test, y_pred, average='macro')
print(f"F1-Score: {f1:.2f}")

# 输出分类报告
class_report = classification_report(y_test, y_pred)
print("Classification Report:\n", class_report)

# 输出混淆矩阵
```

```
conf_matrix = confusion_matrix(y_test,y_pred)
print("Confusion Matrix:\n",conf_matrix)
```

运行结果如图 7-15 所示。

```
Accuracy: 0.71
Precision: 0.50
Recall: 0.67
F1-Score: 0.56
Classification Report:
                 precision    recall  f1-score   support

    Iris-setosa       1.00      1.00      1.00        19
Iris-versicolor       0.00      0.00      0.00        13
 Iris-virginica       0.50      1.00      0.67        13

       accuracy                           0.71        45
      macro avg       0.50      0.67      0.56        45
   weighted avg       0.57      0.71      0.61        45

Confusion Matrix:
 [[19  0  0]
 [ 0  0 13]
 [ 0  0 13]]
```

图 7-15 半朴素贝叶斯分类器实践

由运行结果可知,此模型的性能很一般。

7.6.4 利用贝叶斯网络

贝叶斯网络是一种概率图模型,表示变量之间的依赖关系,可以用于分类、预测和推理等任务。贝叶斯网络比较适合离散型数据集、存在潜在关系的数据集、小样本数据集,甚至是领域知识丰富的数据集。

实现代码如下。

```
from sklearn.metrics import accuracy_score,precision_score,recall_score,f1_score,classification_report,confusion_matrix
from pgmpy.models import BayesianNetwork
from pgmpy.estimators import HillClimbSearch,BicScore
from pgmpy.estimators import MaximumLikelihoodEstimator
from sklearn.model_selection import train_test_split
import pandas as pd

# 从 CSV 文件读取数据
data = pd.read_csv('d:/data/Iris_Data.csv')

# 将类别转换为数字编码
data['species'] = data['species'].map({'Iris-setosa': 0,'Iris-versicolor': 1,'Iris-virginica': 2})

# 将数据集分为训练集和测试集
data_train,data_test = train_test_split(data,test_size=0.3,random_state=42)

# 用 BicScore 作为评分标准
bic = BicScore(data_train)
```

```python
# 创建 HillClimbSearch 对象，而不是直接传递 scoring_method
hc = HillClimbSearch(data_train)

# 在调用 estimate 时，将 scoring_method 作为参数传递
best_model = hc.estimate(scoring_method=bic)

# 创建贝叶斯分类器
nb_model = BayesianNetwork(best_model.edges())
nb_model.fit(data_train)

# 在测试集上进行预测
y_pred = []

model_nodes = list(nb_model.nodes())
model_nodes.remove('species')          # 确保移除目标变量

for index, record in data_test.iterrows():
    # 过滤出模型节点所对应的列
    record_data = record[model_nodes].to_dict()
    evidence = pd.DataFrame([record_data])
    # 进行预测
    pred = nb_model.predict(evidence)
    y_pred.append(pred['species'].iloc[0])
y_test = data_test['species'].values

# 计算准确率
accuracy = accuracy_score(y_test, y_pred)
print(f"Accuracy: {accuracy:.2f}")

# 计算查准率
precision = precision_score(y_test, y_pred, average='macro')
print(f"Precision: {precision:.2f}")

# 计算查全率
recall = recall_score(y_test, y_pred, average='macro')
print(f"Recall: {recall:.2f}")

# 计算 F1 分数
f1 = f1_score(y_test, y_pred, average='macro')
print(f"F1-Score: {f1:.2f}")

# 输出分类报告
class_report = classification_report(y_test, y_pred)
print("Classification Report:\n", class_report)

# 输出混淆矩阵
conf_matrix = confusion_matrix(y_test, y_pred)
print("Confusion Matrix:\n", conf_matrix)
```

运行结果如图 7-16 所示。

由上面运行结果可知，贝叶斯网络对鸢尾花的分类表现非常理想，准确率、查准率、查全率和 F1 分数都为 1.00，这意味着模型在预测所有三个类别的鸢尾花时都没有出现错误。混淆

矩阵也显示了模型的预测结果完美地匹配了实际情况。

```
Accuracy: 1.00
Precision: 1.00
Recall: 1.00
F1-Score: 1.00
Classification Report:
              precision    recall  f1-score   support

           0       1.00      1.00      1.00        19
           1       1.00      1.00      1.00        13
           2       1.00      1.00      1.00        13

    accuracy                           1.00        45
   macro avg       1.00      1.00      1.00        45
weighted avg       1.00      1.00      1.00        45

Confusion Matrix:
 [[19  0  0]
 [ 0 13  0]
 [ 0  0 13]]
```

图 7-16 贝叶斯网络实践

综上所述，从三种贝叶斯方法对鸢尾花分类的性能指标来看，贝叶斯网络表现出最佳的分类效果。这种结果反映了贝叶斯网络在处理鸢尾花分类问题时能够更好地捕捉属性之间的复杂关系，相比之下，朴素贝叶斯和半朴素贝叶斯假设属性之间相互独立，因此可能无法很好地处理属性之间的依赖关系。

7.7 本章小结

本章深入探讨了贝叶斯分类器及其相关概念和方法。首先，通过贝叶斯定理，了解了如何在已知先验信息的情况下利用新的数据来更新对事件发生概率的估计，强调了先验概率和新数据相结合来修正事件发生概率的重要性。随后，详细介绍了贝叶斯分类器的基本原理，包括贝叶斯决策论和极大似然估计，并详细探讨了朴素贝叶斯分类器和半朴素贝叶斯分类器的相关概念和方法。除此之外，还介绍了贝叶斯网络的定义、结构特征、学习和推断方法，展示了贝叶斯分类器在实践中的广泛应用。最后，通过构建鸢尾花分类模型的实践案例，使理论知识更加具体和生动。本章系统地介绍了贝叶斯分类器及其相关内容，为读者深入理解和应用贝叶斯分类器提供了全面的知识和实践基础。

7.8 习题

1. 阐述贝叶斯定理，并说明其在实际中的应用场景。
2. 给出贝叶斯最优分类器的求解公式。
3. 描述朴素贝叶斯分类器、半朴素贝叶斯分类器、贝叶斯网络的基本原理，以及它们之间的不同之处。
4. 什么是贝叶斯网络？简要描述其定义和结构特征。
5. 简要说明贝叶斯网络的学习和推断方法。
6. 自行选择数据集，分别利用朴素贝叶斯分类器、半朴素贝叶斯分类器及贝叶斯网络建立相应的分类模型，根据实验结果分析并比较它们的优缺点。

第 8 章 聚类分析

聚类是机器学习中的一种无监督学习方法。聚类的目的是将数据划分成有意义的簇，使得同一簇内的样本相似度较高，而不同簇之间的样本相似度较低。

▶ 思维导图

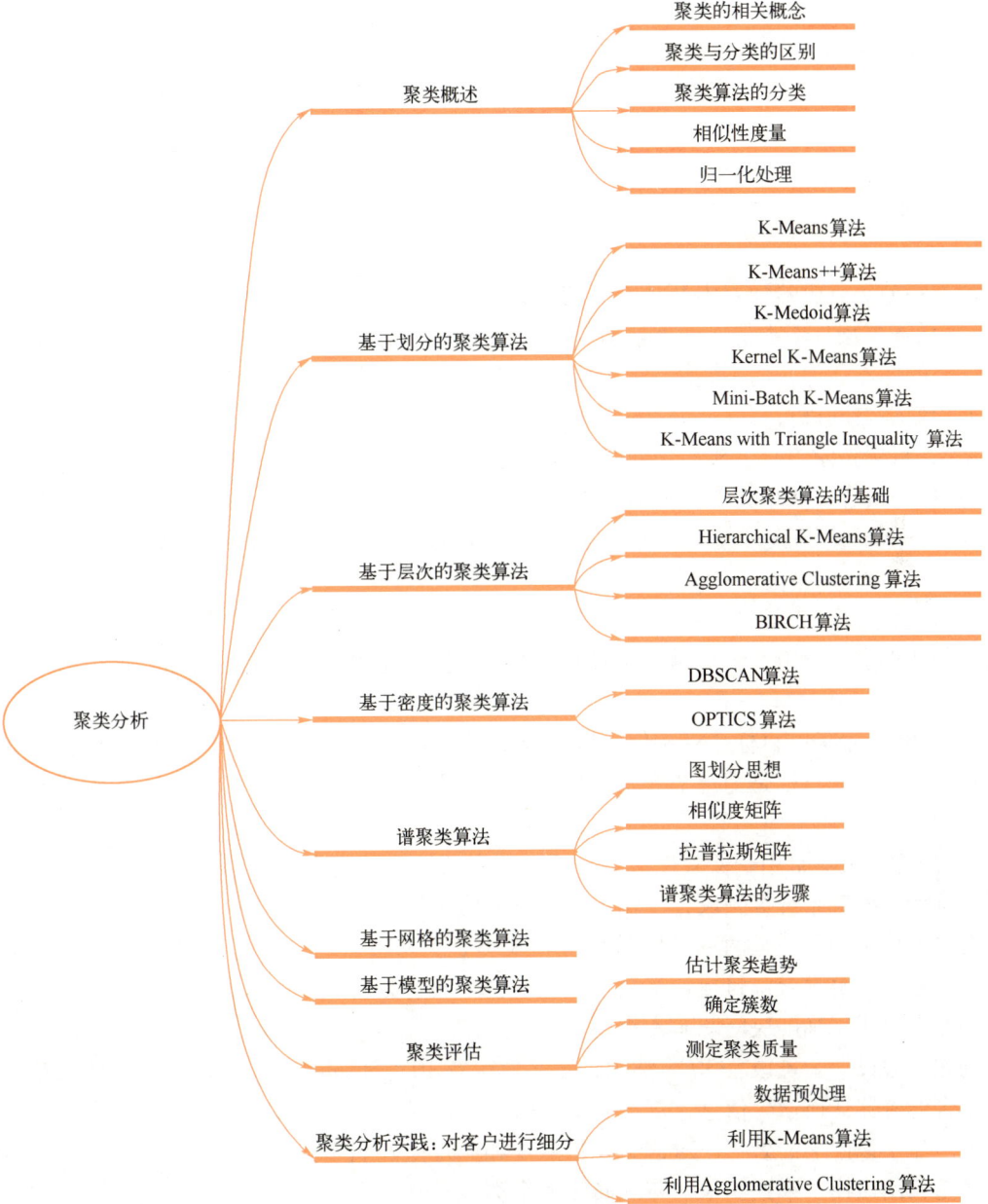

8.1 聚类概述

本节介绍聚类的相关概念、聚类与分类之间的区别、聚类算法的分类、相似性度量及归一化处理等相关知识。

8.1.1 聚类的相关概念

聚类问题通常涉及以下几个关键概念。

1）簇（Cluster）：一个簇是具有相似性的数据点的集合。簇内的样本相似，而不同簇之间的样本应该有较大的差异。

2）相似性度量（Similarity Measurement）：聚类算法使用相似性度量来衡量两个样本之间的相似程度。常用的相似性度量包括欧氏距离、曼哈顿距离、余弦相似度等。

3）簇的数量：在执行聚类时，通常需要指定要分成的簇的数量。这可以根据问题的性质和需求来确定，也可以使用一些方法来自动估计。

4）质心：簇的中心位置。

8.1.2 聚类与分类的区别

聚类和分类是机器学习中两种常见的任务，它们有一些明显的区别。

1）任务类型：聚类是一种无监督学习任务，目标是将数据集中的样本划分成不同的簇，使得簇内的样本相似，而不同簇之间的样本差异较大。聚类不需要预先定义类别，模型会根据样本的相似性自动进行划分。分类是一种有监督学习任务，其中有一组已知标记的样本（训练数据），目标是学习一个模型，使其能够将新样本分到预定义的类别中。

2）标签信息：在聚类中，不需要事先知道样本属于哪个类别，算法会基于样本的相似性进行划分，从而生成簇；分类任务需要有已知类别的标签，以便训练模型来预测新样本的类别。

3）监督信息：聚类是一种无监督学习，不使用样本的真实标记信息，模型主要根据样本之间的相似性进行分组；分类是一种有监督学习，模型通过学习已标记的样本来预测新样本的类别。

4）目标：聚类的目标是将相似的样本分到同一个簇中，簇内样本相似度高，簇间样本相似度较低；分类的目标是为每个样本分配一个预定义的类别，使模型能够对新样本进行正确的分类。

5）用途：聚类常用于探索性数据分析、数据预处理、模式发现等领域；分类广泛应用于识别、预测、推荐系统等领域，其输出类别具有明确的语义含义。

总之，聚类和分类是两种不同的任务：聚类是无监督学习，目标是寻找数据中的内在结构；分类是有监督学习，目标是将数据分配到已定义的类别中。在选择任务和应用算法时，理解这些区别对于正确解决问题非常重要。

例如，假设一个班级有 30 名学生，每名学生有 10 张不同照片，将这 300 张照片打乱。聚类是不告诉机器任何学生信息，仅凭对 300 张照片的学习，然后把它分成 10 类；分类是每张照片上面写了该同学的名字，对这 300 张照片和照片上的名字进行学习，形成一个包含 10 个类的模型，用该模型来预测未知照片属于哪个类。

8.1.3 聚类算法的分类

聚类算法可以根据其工作原理和策略进行分类。

1）基于划分的聚类（Partitioning Clustering）：这类算法将数据划分成不重叠的簇。最常见的划分聚类算法是 K-Means 算法，它通过计算样本之间的距离来将数据划分为预定数量的簇。

2）基于层次的聚类（Hierarchical Clustering）：构建一个层次结构，将数据从一个大簇逐步细分为小簇。它可以是凝聚型（自下而上）的或分裂型（自上而下）的，常见的算法有凝聚型层次聚类和分裂型层次聚类。

3）基于密度的聚类（Density-based Clustering）：这类算法基于数据点在特征空间中的密度来进行聚类。DBSCAN（Density-Based Spatial Clustering of Applications with Noise）是一种常见的密度聚类算法，可以识别具有相似密度的样本组成的簇。

4）谱聚类（Spectral Clustering）：谱聚类将数据看作图结构，其中节点是样本，边表示样本之间的相似度。它通过对图的拉普拉斯矩阵进行特征分解来聚类数据。

需要注意的是，这只是一种分类方法，并不是严格的分类。不同的算法在不同的数据集和问题上可能表现出不同的效果，因此选择适合问题的聚类算法是很重要的。每种聚类算法都有其优点和限制，根据问题的特点选择最合适的算法通常需要进行试验和调整。

8.1.4 相似性度量

被分在同一个簇中的数据是有相似性的，而不同簇中的数据是不同的，当聚类完毕之后，就要分别去研究每个簇中的样本都有什么样的性质，从而根据业务需求制定不同的商业或者科技策略，因此追求"组内差异小，组间差异大"。聚类算法也是同样的目的，追求"簇内差异小，簇外差异大"。而这个"差异"，由样本点到其所在簇的质心的距离来衡量。

对于一个簇来说，所有样本点到质心的距离之和越小，就认为这个簇中的样本越相似，簇内差异就越小。设 $d(x_i,x_j)$ 表示两个对象 x_i,x_j 之间的距离，则满足以下基本性质。

1）非负性：$d(x_i,x_j) \geq 0$。
2）同一性：$d(x_i,x_j)=0$，当且仅当 $x_i=x_j$。
3）对称性：$d(x_i,x_j)=d(x_j,x_i)$。
4）值递性：$d(x_i,x_j) \leq d(x_i,x_k)+d(x_k,x_j)$。

常用的数据相似性度量包括以下几种。

（1）欧氏距离

欧氏距离是最常用的距离度量方式，用于计算两个向量之间的距离。在二维空间中，两个向量 $\boldsymbol{x}=(x_1,x_2)$ 和 $\boldsymbol{y}=(y_1,y_2)$ 之间的欧氏距离为

$$d(\boldsymbol{x},\boldsymbol{y})=\sqrt{(x_1-y_1)^2+(x_2-y_2)^2} \tag{8-1}$$

在 n 维空间中，两个向量 $\boldsymbol{x}(x_1,x_2,\cdots,x_n)$ 和 $\boldsymbol{y}(y_1,y_2,\cdots,y_n)$ 之间的欧氏距离为

$$d(\boldsymbol{x},\boldsymbol{y})=\sqrt{\sum_{i=1}^{n}(x_i-y_i)^2} \tag{8-2}$$

（2）曼哈顿距离

曼哈顿距离是另一种常见的距离度量方式，它也用于计算两个向量之间的距离。在二维空间中，两个向量 $\boldsymbol{x}=(x_1,x_2)$ 和 $\boldsymbol{y}=(y_1,y_2)$ 之间的曼哈顿距离为

$$d(\boldsymbol{x},\boldsymbol{y})=|x_1-y_1|+|x_2-y_2| \tag{8-3}$$

在 n 维空间中，两个点 $x(x_1, x_2, \cdots, x_n)$ 和 $y(y_1, y_2, \cdots, y_n)$ 之间的曼哈顿距离为

$$d(x,y) = \sum_{i=1}^{n} |x_i - y_i| \tag{8-4}$$

（3）闵可夫斯基距离

闵可夫斯基距离是一种通用的距离度量方式，它也可以用来计算两个向量之间的距离。闵可夫斯基距离是欧氏距离和曼哈顿距离的一般化。当 $p=1$ 时，闵可夫斯基距离就是曼哈顿距离；当 $p=2$ 时，闵可夫斯基距离就是欧氏距离。

在二维空间中，两个向量 $x=(x_1, x_2)$ 和 $y=(y_1, y_2)$ 之间的闵可夫斯基距离为

$$d(x,y) = \sqrt[p]{(x_1-y_1)^p + (x_2-y_2)^p} \tag{8-5}$$

其中，p 为闵可夫斯基距离的阶数，通常取值为 1 或 2。

在 n 维空间中，两个点 $x(x_1, x_2, \cdots, x_n)$ 和 $y(y_1, y_2, \cdots, y_n)$ 之间的闵可夫斯基距离为

$$d(x,y) = \sqrt[p]{\sum_{i=1}^{n} (|x_i - y_i|)^p} \tag{8-6}$$

在实际应用中，闵可夫斯基距离可以用于度量不同属性的权重，从而更准确地计算两个向量之间的距离。例如，在多维空间中，某些属性可能比其他属性更重要，可以通过调整闵可夫斯基距离的阶数 p 来调整不同属性的权重，从而更准确地计算两个向量之间的距离。

需要注意的是，当 p 取值较大时，闵可夫斯基距离会更加关注向量中距离较大的元素，而忽略距离较小的元素。因此，在使用闵可夫斯基距离时，需要根据具体的数据类型和任务需求选择合适的阶数。

（4）余弦相似度

余弦相似度是用于度量两个向量之间的相似度的一种度量方式。它通过计算两个向量之间的夹角余弦值来度量它们的相似度。在二维空间中，两个向量 x 和 y 之间的余弦相似度为

$$\cos(x,y) = \frac{xy}{|x||y|} \tag{8-7}$$

（5）Jaccard 相似系数

Jaccard 相似系数是一种用于度量两个集合之间相似度的度量方式。它是通过计算两个集合交集与并集之间的比值来度量它们的相似度。在二维空间中，两个集合 x 和 y 之间的 Jaccard 相似系数为

$$J(x,y) = \frac{|x \cap y|}{|x \cup y|} \tag{8-8}$$

除了上述常用的相似性度量方式外，还有其他许多相似性度量方式，如皮尔逊相关系数、汉明距离等。在实际应用中，根据具体的数据类型和任务需求选择合适的相似性度量方式非常重要。

8.1.5 归一化处理

除了要熟悉距离计算函数之外，还需了解一些数据归一化处理方法。因为聚类算法大多都是基于距离度量的，且簇中心点的取值一般是均值化后的点，容易受"噪点"的影响，因此需要进行量纲的统一，即进行归一化处理。

（1）0-1 标准化函数

0-1 标准化函数是最简单也是最容易想到的方法，同时也是最常用的标准化方法。该方法

通过遍历特征向量里的每一个数据，将 Max 和 Min 的值记录下来，并通过 Max-Min 作为基数（即 Min=0，Max=1）进行数据的归一化处理，计算公式为

$$x_{\text{normalization}} = \frac{x - Min}{Max - Min} \tag{8-9}$$

（2）Z-score 标准化

和 0-1 标准化不同，Z-score 标准化利用原始数据的均值（μ）和标准差（σ）进行数据的标准化处理。经过处理的数据将符合标准正态分布，借此完成数据空间压缩，从而消除量纲影响，计算公式为

$$x_{\text{normalization}} = \frac{x - \mu}{\sigma} \tag{8-10}$$

（3）Sigmoid 标准化

Sigmoid 函数是一个具有 S 形曲线的函数，是良好的阈值函数，在(0,0.5)处中心对称，在(0,0.5)附近有比较大的斜率，而当数据趋于正无穷和负无穷时，映射出来的值就会无限趋于 1 和 0。该方法在阈值分割上也有很不错的表现，根据公式的改变，就可以改变分割阈值。该函数在逻辑斯谛回归中作为修正函数，同时也是神经网络算法中的激活函数。计算公式为

$$x_{\text{normalization}} = \frac{1}{1 + e^{-x}} \tag{8-11}$$

8.2 基于划分的聚类算法

基于划分的聚类算法是一类将数据划分为不重叠簇的算法。这些算法通常从一个初始簇开始，然后通过迭代的方式调整簇的分配，直到满足某个终止条件。基于划分的聚类算法主要包括 K 均值（K-Means）聚类、K 中位数（K-Medoid）聚类。

8.2.1 K-Means 算法

K-Means 算法是一种常见的基于划分的聚类算法，将一组 N 个样本的特征矩阵 X 划分为 K 个无交集的簇。从直观上来看，簇是一组一组聚集在一起的数据，在一个簇中的数据就认为是同一类。簇就是聚类的结果表现，簇中所有数据的均值通常被称为这个簇的"质心"（Centroid）。在一个二维平面中，一簇数据点的质心的横坐标就是这一簇数据点的横坐标的均值，质心的纵坐标就是这一簇数据点的纵坐标的均值。同理可推广至高维空间。

1. K-Means 算法的步骤

簇个数 K 是用户给定的，每一个簇通过其质心来描述。K-Means 算法是一种迭代算法，其主要步骤如下。

1）选择 K 值：选择要划分的簇的数量 K。

2）初始化质心：随机选择 K 个样本作为初始质心。这些初始质心可以是从数据集中随机选择的样本，或者是通过其他初始化方法得到的。

3）分配样本：对于每个样本，计算它们与每个质心的距离，然后将样本分配到距离最近质心所在的簇。

4）更新质心：对于每个簇，计算簇中所有样本的平均值，将该平均值作为新的质心。

5）迭代：重复步骤3）和步骤4），直到质心不再发生显著变化，或达到预定的迭代次数。

K-Means 算法的复杂度为 $O(t \times k \times n \times d)$，其中 t 是迭代次数、k 是类数、n 是数据点个数、d 是数据维度。

2. K-Means 算法的流程图

K-Means 算法的流程图如图 8-1 所示。

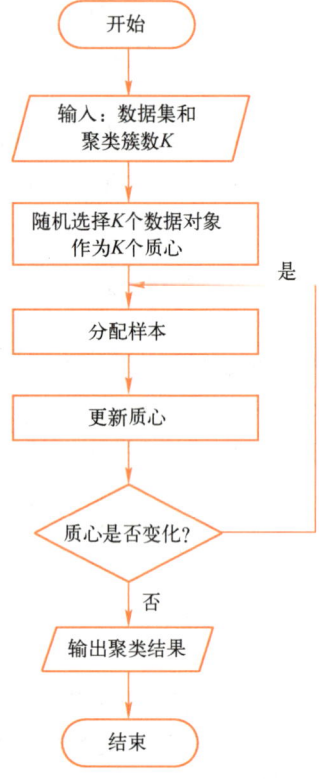

图 8-1　K-Means 算法流程图

3. K-Means 算法的实现

K-Means 算法的 Python 代码实现如下。

```python
import numpy as np

def kmeans(X, k, max_iters = 100):
    # 从数据集中随机选择 k 个样本作为初始的聚类中心
    centroids = X[np.random.choice(range(len(X)), k, replace = False)]

    for _ in range(max_iters):
        # 计算每个样本点到各个聚类中心的距离
        distances = np.sqrt(((X - centroids[:, np.newaxis]) ** 2).sum(axis = 2))

        # 根据距离最近的聚类中心对样本进行分类
        labels = np.argmin(distances, axis = 0)

        # 更新聚类中心
        new_centroids = np.array([X[labels == i].mean(axis = 0) for i in range(k)])

        # 如果聚类中心不再改变，算法收敛
        if np.all(centroids == new_centroids):
            break
        centroids = new_centroids

    return centroids, labels
```

4. K-Means 算法实例分析

下面采用的模拟数据集共有 300 个样本点,采用 K-Means 算法对其实现聚类。图 8-2～图 8-4 展示了每次迭代后质心的变化情况,K 的值为 3,叉号表示质点所在位置。

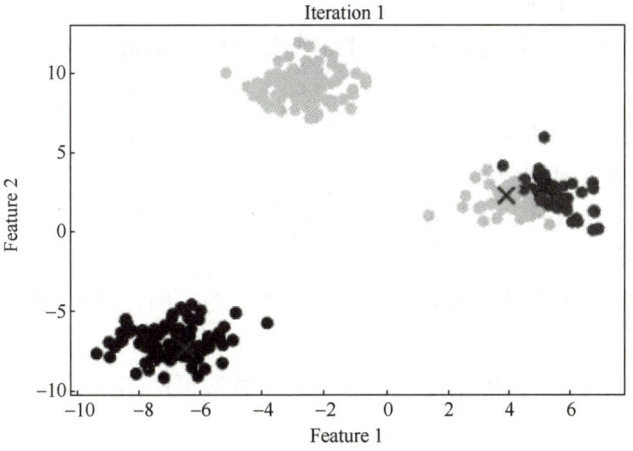

图 8-2 第一次迭代后数据点和质心的分布情况

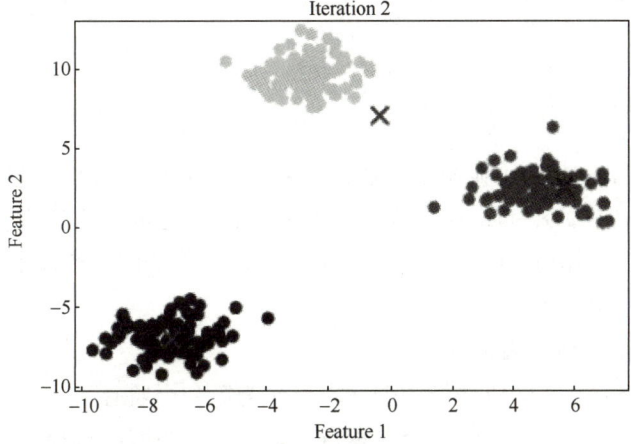

图 8-3 第二次迭代后数据点和质心的分布情况

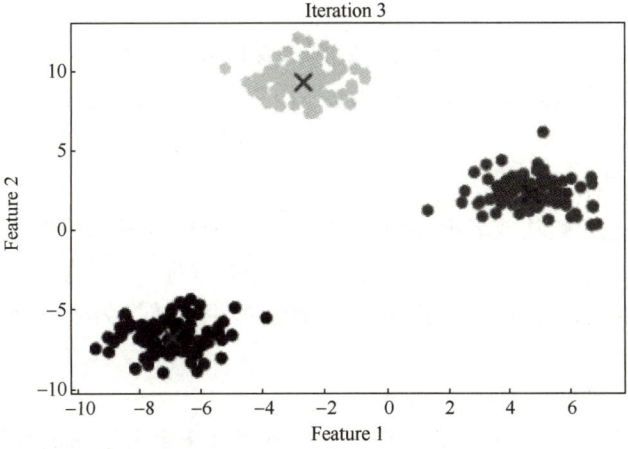

图 8-4 第三次迭代后数据点和质心的分布情况

5. K-Means算法的优缺点

K-Means算法的优点为：时间复杂度低，收敛速度快；原理相对通俗易懂，可解释性强。

K-Means算法的缺点如下。

1）需要预定簇的数量。算法需要事先指定要划分的簇的数量 K，但在实际应用中，很难确定合适的 K 值。

2）对初始值敏感。K-Means算法对初始质心的选择非常敏感，不同的初始值可能导致不同的结果，还可能陷入局部最优解。

3）处理噪声和异常值差。K-Means算法对噪声和异常值较为敏感，这可能导致簇分配错误。

4）簇的形状限制。算法假设每个簇的形状是球形的，因此在处理非球形簇时的表现可能不佳。

5）局部最优解。由于迭代优化过程，K-Means算法可能陷入局部最优解，无法达到全局最优解。

总体而言，K-Means算法在一些情况下表现良好，特别是对于简单的聚类任务。然而，在处理复杂数据和不同形状的簇时，以及在处理噪声和异常值时，K-Means算法的性能可能会受到限制。

8.2.2 K-Means++算法

通常情况下，K-Means算法在初始质心的选择上比较随机，容易受到初始质心位置的影响，可能陷入局部最优解。K-Means++算法是K-Means算法的改进版本，它通过一种轮盘法（概率选择法）的方式选择初始的质心，以提高K-Means算法的聚类效果。

1. K-Means++算法的步骤

K-Means++算法的具体步骤如下。

1）初始化第一个质心。随机选择一个样本点作为第一个质心。

2）选择其他质心。对于剩下的每个样本点，计算它与当前已选择的质心的最短距离（即与最近的质心的距离）。选择下一个质心时，需要以概率分布的方式选择，距离较远的点被选中的概率较大。

3）重复选择质心。重复进行步骤2），直到选择出 K 个质心。

4）执行K-Means算法。使用选择出的质心作为初始中心，进行K-Means算法的迭代操作，直至收敛。

2. 使用轮盘法选择质心

轮盘法（也称为轮盘赌法或者概率选择法）是一种按照概率分布进行随机选择的方法。在K-Means++算法中，轮盘法通常用于根据概率分布来选择下一个质心。具体步骤如下。

1）计算每个样本点到最近质心的距离，并将这些距离转换为概率分布。距离越远的点对应的概率越大。

2）生成一个 0~1 的随机数 rand_num。

3）遍历计算得到的概率分布，累计概率，直到累计概率大于随机数 rand_num。此时，对应的样本点被选为下一个质心。

【例 8-1】 假设有 8 个样本点，分别为 (0,1),(0,2),(1,1),(1,2),(3,3),(3,4),(4,3),(4,4)，此样本集合的散点图如图 8-5 所示。

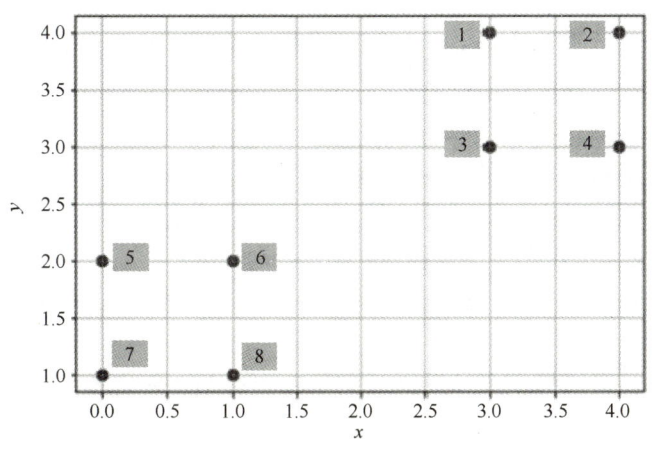

图 8-5　样本点的散点图

通过轮盘法选择初始质心的过程如下。

1) 假设 6 号点被选作第一个初始质心。

2) 每个样本与 6 号点的距离为 $d(x)$，每个样本被选为下一个质心的概率为 $P(x)$，概率 $P(x)$ 的累加和为 sum。例如，1 号点被选作质心的概率 $P(1) = 8/(8+13+5+10+1+2+1) = 0.2$，$P(2) = 0.325$，$0.525$ 就是 $P(1)$ 和 $P(2)$ 之和。对应信息见表 8-1。

表 8-1　各个点与 6 号点的距离信息及概率信息

序号	1	2	3	4	5	6	7	8
$d(x)$	$2\sqrt{2}$	$\sqrt{13}$	$\sqrt{5}$	$\sqrt{10}$	1	0	$\sqrt{2}$	1
$d(x)^2$	8	13	5	10	1	0	2	1
$P(x)$	0.2	0.325	0.125	0.25	0.025	0	0.05	0.025
sum	0.2	0.525	0.65	0.90	0.925	0.925	0.975	1

3) 用轮盘法选择出第 2 个质心，方法是随机产生出一个 0~1 的随机数，判断它属于哪个区间。直观地看到，第 2 个初始质心是 1 号、2 号、3 号和 4 号中的一个，因为这四个样本点的累计概率为 0.9，占了很大一部分比例。这四个点正好是离第一个初始质心 6 号点较远的四个点。这也验证了 K-Means 的改进思想，即离当前已有质心较远的点有更大的概率被选为下一个质心。

K-Means++ 算法选择初始质心的基本原则：初始质心之间的相互距离要尽可能远。这个改进虽然直观简单，却非常有效。但缺点是：由于质心点选择过程中的内在有序性，在扩展方面存在着性能方面的问题（第 K 个质心点的选择依赖前 $K-1$ 个质心点的值）。

8.2.3　K-Medoid 算法

K-Means 每次选簇的均值作为新的中心，迭代直到簇中对象分布不再变化。其缺点是对于离群点是敏感的,因为一个具有很大极端值的对象会扭曲数据分布。可以考虑新的簇中心不选用均值而是选用簇内的某个对象,只要使总的代价降低即可。这就是 K-Medoid 算法的思想,围绕中心点的划分(Partitioning Around Medoid,PAM)是具有代表性的 K-Medoid 算法。它最初随机选择 K 个对象作为中心点,反复地用非代表对象(非中心点)代替代表对象,试图找出更好的中心点,以改进聚类的质量。

1. K-Medoid 算法的步骤

输入:包含 n 个对象的数据库和簇数目 K。

输出:K 个簇。

1)初始化。随机选择 K 个样本点作为初始的 medoids。

2)分配。对于每个样本点,计算它与当前 medoid 的距离,并将其分配给距离最近的 medoid 所代表的簇。

3)更新 medoids。对于每个簇,选择一个新的 medoid,使得该簇内所有样本点到该新的 medoid 的距离之和最小。

4)重复。重复步骤2)和3),直至 medoids 不再改变,或者达到预先设定的迭代次数。

在 K-Medoid 算法中,步骤3)是与 K-Means 算法最大的不同。K-Means 算法是通过计算簇内样本点的均值来更新质心的,而 K-Medoid 算法是通过选择一个代表性样本(即 medoid)来更新质心的。这使得 K-Medoid 算法对异常值更加稳健,因为 medoid 是样本点集合中的实际样本,而不是计算得到的平均值。

2. K-Medoid 算法实例分析

【例 8-2】有 10 个二维的样本点 $d_1 \sim d_{10}$,对应信息见表 8-2。下面对表的 10 个二维数据用 K-Medoid 算法聚类,其中 $K=2$。

表 8-2 样本信息表

样本点	x	y
d_1	2	6
d_2	3	4
d_3	3	8
d_4	4	7
d_5	6	2
d_6	6	4
d_7	7	3
d_8	7	4
d_9	8	5
d_{10}	7	6

1)随机挑选两个中心点,假设为 $c_1=(3,4)$,$c_2=(7,4)$。表 8-3 列出了各个点到这两点的距离(这里采用曼哈顿距离),可以看出,黑体为两个中心点距离较小的距离值。根据表 8-3 将样本点分成两个簇:Cluster1=((2,6)(3,4)(3,8)(4,7)),Cluster2=((6,2)(6,4)(7,3)(7,4)(8,5)(7,6))。Cluster1 的损失值为 3+0+4+4=11,Cluster2 的损失值为 3+1+1+0+2+2=

9,此时对应的损失值 Cost = 11+9 = 20。

表8-3 各个样本点到中心点之间的距离信息

数据对象		与中心点的距离	
序号(i)	样本点(d_i)	$c_1=(3,4)$	$c_2=(7,4)$
1	(2,6)	**3**	7
2	(3,4)	**0**	4
3	(3,8)	**4**	8
4	(4,7)	**4**	6
5	(6,2)	5	**3**
6	(6,4)	3	**1**
7	(7,3)	5	**1**
8	(7,4)	4	**0**
9	(8,5)	6	**2**
10	(7,6)	6	**2**
Cost		**11**	**9**

2)挑选一个非中心点 o',设 $o'=(7,3)$,那么此时两个中心点暂时变成了 $c_1=(3,4)$ 和 $o'=(7,3)$。各个样本点到新的两个中心点之间的距离见表8-4。重新计算损失 Cost = 3+0+4+4+2+2+0+1+3+3 = 22,此时的 Cost = 22,比之前的 Cost = 20 要大,所以这次替换的损失变大,最终不进行这次替换。

表8-4 各个样本点到新中心点之间的距离信息

数据对象		与中心点的距离	
序号(i)	样本点(d_i)	$c_1=(3,4)$	$c_2=(7,3)$
1	(2,6)	**3**	8
2	(3,4)	**0**	5
3	(3,8)	**4**	9
4	(4,7)	**4**	7
5	(6,2)	5	**2**
6	(6,4)	3	**2**
7	(7,3)	5	**0**
8	(7,4)	4	**1**
9	(8,5)	6	**3**
10	(7,6)	6	**3**
Cost		**11**	**11**

继续用除了 c_1 和 c_2 点外的所有点分别替代这两点,将替换后的损失都计算出来,和20比较,如果小,更新中心点对,完成一次迭代,重复迭代直至收敛。

8.2.4　Kernel K-Means 算法

Kernel K-Means 算法是一种非线性聚类算法，它是 K-Means 算法的一种扩展，能够处理非线性可分数据。

Kernel K-Means 算法的基本思想是将数据映射到高维空间中，然后在高维空间中进行聚类。具体来说，它首先选择一个核函数，然后通过该核函数将数据点映射到高维空间中。在高维空间中，使用 K-Means 算法来寻找质心，然后再将质心映射回原始空间中。

Kernel K-Means 算法的具体步骤如下。

1）选择一个核函数，如高斯核函数或多项式核函数。
2）将数据点通过核函数映射到高维空间中。
3）初始化质心，如随机选择 K 个数据点作为质心。
4）对于每个数据点，计算它到每个质心的距离，并将它分配到距离最近的质心所在的簇中。
5）对于每个簇，计算所有数据点到该簇质心的距离之和，作为该簇的误差平方和。
6）对于每个簇，将它的质心更新为该簇内所有数据点的平均值。
7）重复步骤 4）~步骤 6）直到质心不再变化或达到最大迭代次数。
8）将质心映射回原始空间中，得到最终的聚类结果。

Kernel K-Means 算法的优点是能够处理非线性可分数据，它的缺点是计算复杂度较高，需要进行高维空间的计算。此外，聚类结果也可能受到核函数的选择和参数设置的影响。

8.2.5　Mini-Batch K-Means 算法

Mini-Batch K-Means 算法是一种速度更快的 K-Means 算法。它是在传统的 K-Means 算法的基础上进行了优化，通过对数据进行随机抽样来减少计算量，从而加快了算法的运行速度。

Mini-Batch K-Means 算法的基本思想：将数据分成小批量进行处理，而不是将所有数据一次性加载到内存中进行计算。具体来说，它首先从数据集中随机选择一部分数据作为一个小批量，然后对该小批量进行 K-Means 聚类。在聚类过程中，它只计算小批量中的数据点与当前质心的距离，从而减少了计算量。在聚类完成后，它将新的质心作为当前聚类中心，并从数据集中随机选择另一小批量数据进行下一轮聚类，直到满足停止条件为止。

Mini-Batch K-Means 算法的具体步骤如下。

1）从数据集中随机选择一个小批量，设其大小为 b。
2）初始化质心，如随机选择 K 个数据点作为质心。
3）对于小批量中的每个数据点，计算它到每个质心的距离，并将它分配到距离最近的质心所在的簇中。
4）对于每个簇，计算所有属于该簇的数据点到该簇质心的距离之和，作为该簇的误差平方和。
5）对于每个簇，将它的质心更新为该簇内所有数据点的平均值。
6）重复步骤 3）~步骤 5）直到小批量中的所有数据点都被分配到某个簇中。
7）将新的质心作为当前质心，并从数据集中随机选择另一小批量进行下一轮聚类，直到满足停止条件为止。

Mini-Batch K-Means 算法的优点是速度快，并且能够处理大规模数据集。此外，由于采用了随机抽样的方法，这使得算法的结果可能更具有泛化性。但是，由于每次只处理部分数据，可能会导致聚类结果的质量降低。因此，在实际应用中需要适当调整小批量的大小和迭代次数，以平衡算法的速度和聚类结果的质量。

8.2.6 K-Means with Triangle Inequality 算法

K-Means with Triangle Inequality 是一种用于加速 K-Means 算法的改进方法。在传统的 K-Means 算法中，每次迭代都需要计算所有点与质心之间的距离，这在处理大规模数据集时可能会导致计算量过大。K-Means with Triangle Inequality 算法通过利用三角不等式来减少不必要的距离计算，从而加速算法的收敛过程。

K-Means with Triangle Inequality 算法的具体步骤如下。

1) 建立距离上下界。对于每对样本点 i 和 j，计算它们之间的真实距离 $d(i,j)$，并计算出一个上界 $ub(i,j)$ 和一个下界 $lb(i,j)$，使得对于任意点 k，有 $lb(i,j) \leq d(i,j) \leq ub(i,j)$。这些上下界可以根据三角不等式得到，并且可以在不计算真实距离的情况下快速估计出来。

2) 利用上下界进行剪枝。在 K-Means 的迭代过程中，利用已经计算出的上下界进行剪枝，避免计算不必要的距离。具体来说，对于每个点 i 和每个簇的质心 j，可以使用下界 $lb(i,j)$ 来判断是否需要计算真实距离 $d(i,j)$，从而避免不必要的计算。

3) 动态更新上下界。在每次迭代后，根据新的簇质心的位置，动态地更新上下界，以便在下一轮迭代中继续利用剪枝加速计算过程。

通过利用上下界进行剪枝，K-Means with Triangle Inequality 算法可以大大减少距离计算的次数，从而提高算法的效率。这种改进对于大规模数据集和高维数据的聚类有着显著的效果。

8.3 基于层次的聚类算法

基于划分的聚类算法（比如 K-Means）能够将数据集划分成指定数量的簇，但在某些情况下，可能需要将数据集划分成多个层次上的簇，形成层次结构。举例来说，一家公司的人力资源部经理可以将所有雇员组织成较大的簇，如主管、经理和职员；然后进一步划分为较小的簇，例如，职员簇可以进一步划分为高级职员、一般职员和实习人员子簇。这种具有层次结构的簇能够轻松对各层次上的数据进行汇总或特征化。与此同时，使用基于划分的聚类算法存在一个问题：需要事先指定簇的数量 K。然而在实践中，簇的数量 K 往往难以提前确定，或者会随着数据特征的不同而变化。因此，需要一种聚类算法，能够自适应地发现数据中的层次结构，并根据数据的特点动态确定簇的数量。

8.3.1 层次聚类算法的基础

1. 层次聚类算法的优势

层次聚类算法能够自动发现数据中的层次结构，将数据划分成多个层次上的簇，并且不需要事先确定簇的数量。层次聚类算法能够更好地适应实际数据的复杂特征，提供更加灵活和全面的聚类结果。

【例8-3】图8-6展示了样本点划分成2个簇到4个簇的变换过程。直观来看，图8-6中展示的数据集划分为2个簇或4个簇都是合理的，甚至，如果上面每一个圈的内部包含的是大量数据形成的数据集，那么也许分成16个簇才是所需要的。

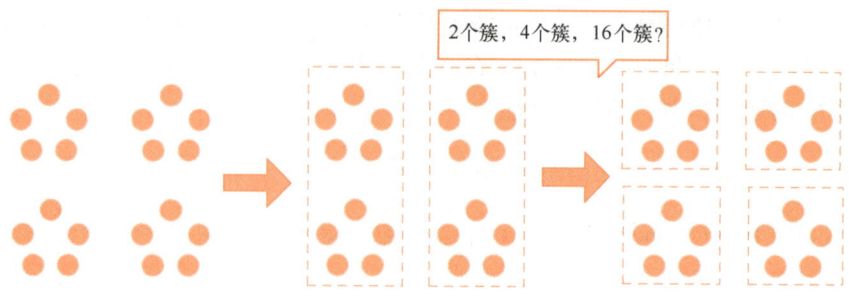

图 8-6 聚类簇个数不同

所以，讨论数据集应该聚类成多少个簇，通常是讨论在什么尺度上关注这个数据集。层次聚类算法相比划分聚类算法的优点之一就是可以在不同的尺度上（层次）展示数据集的聚类情况。

2. 层次聚类算法的定义

基于层次的聚类算法（Hierarchical Clustering）是一种将数据点逐步分组的聚类算法，它形成一个聚类层次结构，较小的聚类逐渐合并成较大的聚类。这种算法的主要思想是根据数据点之间的相似性逐渐建立聚类结构，从而在不同层次上获得不同粒度的聚类结果。基于层次的聚类算法通常可以分为两种：凝聚型（Agglomerative）和分裂型（Divisive）。它们的区别在于层次的划分是"自底向上"还是"自顶向下"。

1）自顶向下是指开始把所有对象放到一个簇中，该簇是层次结构的根。然后，把根上的簇划分为多个较小的子簇，并且递归地把这些子簇划分成更小的簇，直到满足终止条件。常见的自顶向下的算法有 Hierarchical K-Means 层次聚类算法。

2）自底向上是指开始把数据集中的每个对象作为一个簇，迭代地把簇合并为更大的簇，直到最终形成一个大簇，或者满足某个终止条件。常见的自底向上的算法有凝聚聚类算法、BIRCH 算法、CURE 算法、变色龙算法等。

图 8-7 展示了 20 个样本点的层次聚类树状图，横轴代表样本点的索引号（0~19），纵轴代表样本点之间的距离。

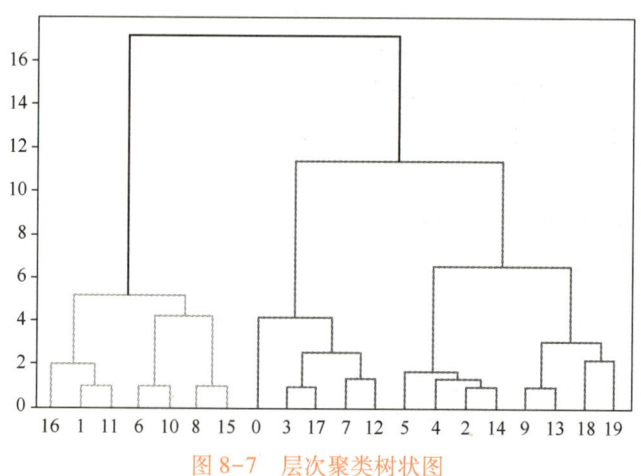

图 8-7 层次聚类树状图

8.3.2 Hierarchical K-Means 算法

Hierarchical K-Means 算法是"自顶向下"的层次聚类算法，用到了基于划分的聚类算法

K-Means。该算法的思路如下。

1）把原始数据集放到一个簇 C 中,这个簇形成了层次结构的最顶层。

2）使用 K-Means 算法把簇 C 划分成指定的 K 个子簇 $C_i, i=1,2,\cdots,K$,形成一个新的层。

3）对于步骤2）所生成的 K 个簇,递归使用 K-Means 算法划分成更小的子簇,直到每个簇不能再划分（只包含一个数据对象）或者满足设定的终止条件。

图 8-8 展示了一组数据进行了二次 K-Means 算法的过程。

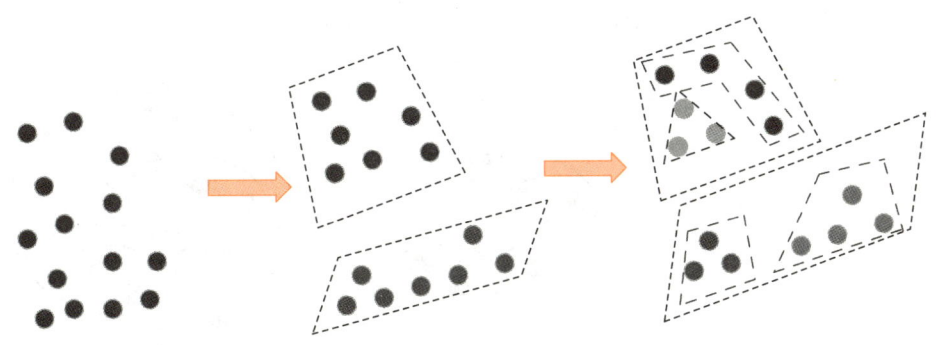

图 8-8　二次 K-Means 过程

Hierarchical K-Means 算法一个很大的问题是,一旦两个点在最开始被划分到了不同的簇,即使这两个点距离很近,在后面的过程中也不会被聚类到一起。如图 8-9 所示,椭圆框中的对象聚类成一个簇可能是更优的聚类结果,但是由于灰色对象和黑色对象在第一次 K-Means 就被划分到不同的簇中,之后也不再可能被聚类到同一个簇。

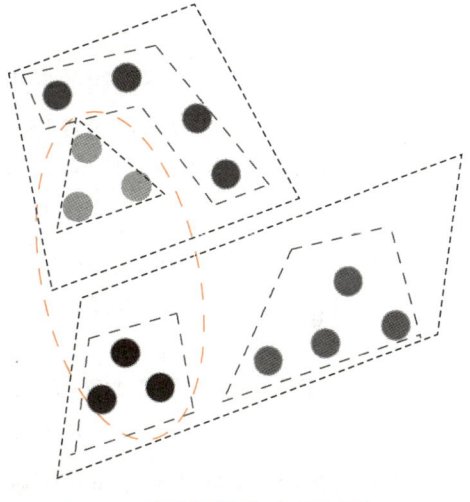

图 8-9　聚类结果的不可更改性

8.3.3　Agglomerative Clustering 算法

相比于 Hierarchical K-Means 算法存在的问题,Agglomerative Clustering（凝聚聚类）算法能够保证距离近的对象被聚类到一个簇中,该算法采用"自底向上"聚类的思路。它从把每个数据点作为单个聚类开始,逐步将最相似的聚类合并,直到满足停止条件,最终形成一个聚类层次结构。

1. Agglomerative Clustering 算法的基本步骤

1）初始化。将每个数据点看作一个单独的聚类。对于数据集 $D=\{x_1,x_2,\cdots,x_n\}$,有簇列表 $C=\{c_1,c_2,\cdots,c_n\}$,$c_i=\{x_i\}$,$i\in[1,n]$。

2）计算相似度。计算所有数据点对之间的距离或相似度。可以使用不同的距离度量方法,如欧氏距离、曼哈顿距离等。

3）合并最近的聚类。找到距离最近的两个聚类,将它们合并成一个新的聚类。合并策略可以是单连接（Single Linkage）、完全连接（Complete Linkage）、平均连接（Average Linkage）等。

4）更新相似度矩阵。合并后,需要更新相似度矩阵以反映新聚类与其他聚类之间的距离或相似度。

5）重复合并和更新。重复步骤3）和步骤4），直到达到所需的聚类数量或满足某个停止条件。

6）生成聚类层次结构。合并过程形成一个聚类层次结构，通常以树状图的形式表示。树的叶子节点代表数据点，内部节点表示合并的聚类。

7）树状图切割。根据需要，可以通过切割树状图来选择所需的聚类数量。切割可以基于距离、高度或其他标准进行。

图 8-10 展示了一组数据采用凝聚聚类算法进行聚类的过程。

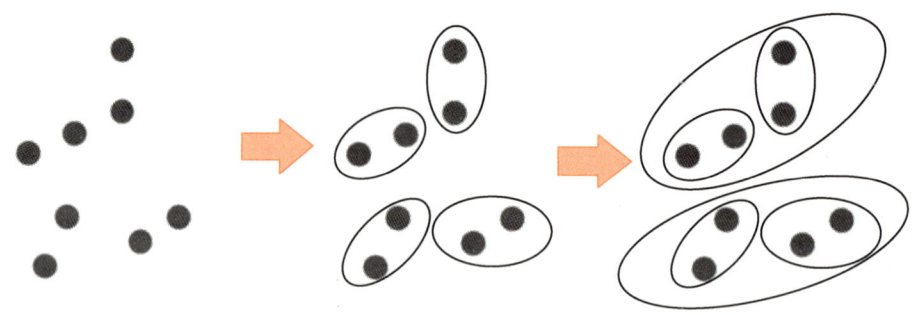

图 8-10　凝聚聚类算法的过程

2. 两个簇之间的距离度量

在凝聚聚类中，合并不同簇的方式需要确定两个簇之间的距离度量或相似度量。这个度量将用于确定哪两个簇应该首先合并。以下是一些常见的簇之间的距离度量方法。

1）单连接，也称为最小连接。它定义为两个簇中距离最近的数据点之间的距离，公式为

$$d(C_1,C_2)=\min_{x_1\in C_1, x_2\in C_2} d(x_1,x_2) \tag{8-12}$$

它对异常值敏感，可能导致所谓的"链式效应"。单连接方式的缺陷是受噪声影响大，容易产生长条状的簇。两个簇可能是由于其中某个极端的数据点距离较近而组合在一起。单连接示意图如图 8-11a 所示。

2）完全连接，也称为最大连接。它定义为两个簇中距离最远的数据点之间的距离，公式为

$$d(C_1,C_2)=\max_{x_1\in C_1, x_2\in C_2} d(x_1,x_2) \tag{8-13}$$

它相对稳定，对噪声和异常值不敏感，采用该距离计算方式得到的聚类比较紧凑。完全连接示意图如图 8-11b 所示。

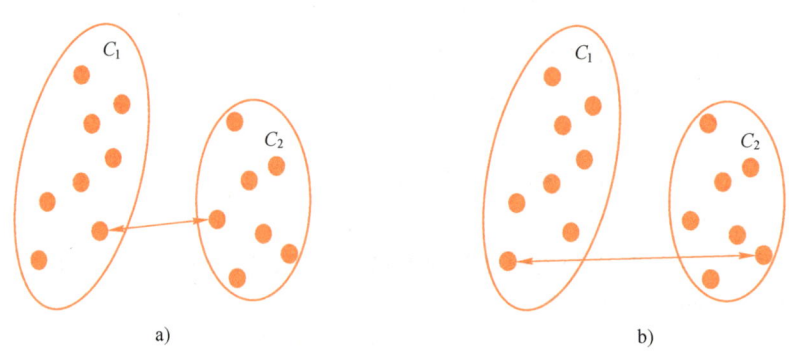

图 8-11　两个簇之间距离的度量
a）单连接　b）完全连接

3）平均连接（Average Linkage），计算两个簇中所有数据点之间的平均距离。它是对单连接和完全连接的折中，可以有效地排除噪声的影响，通常产生较好的结果。其公式为

$$d(C_1,C_2) = \frac{1}{|C_1|} \cdot \frac{1}{|C_2|} \sum_{x_1 \in C_1} \sum_{x_2 \in C_2} d(x_1,x_2) \tag{8-14}$$

4）重心连接（Centroid Linkage），计算两个簇的中心（质心）之间的距离。该方法可能导致簇的形状不均匀。

这些簇间距离度量方法应根据问题的特点和数据的性质进行选择，不同的方法可能导致不同的聚类结果。在实际应用中，可能需要尝试不同的方法并根据试验结果选择合适的方法。在Scikit-Learn、SciPy等库中，可以通过指定合适的参数来选择所需的簇间距离度量方法。

3. Agglomerative Clustering 算法实例分析

【例8-4】假设有6个数据样本点，编号分别为①、②、③、④、⑤、⑥，下面用Agglomerative Clustering 算法聚类。

1）将①~⑥这6个点，分别生成6个簇，如图8-12a所示。

2）找到当前簇中距离最短的两个点，这里使用单连接的方式来计算距离。发现样本点①和样本点②距离最近，将①和②组成一个新的簇，此时簇列表中包含5个簇，分别是{①,②}、{③}、{④}、{⑤}、{⑥}，如图8-12b所示。

3）重复步骤2），发现{③}和{④}的距离最近，连接之，簇的集合变为{①,②}、{③,④}、{⑤}、{⑥}，然后是簇{③,④}和簇{⑤}的距离最近，以此类推，直到最后只剩下一个簇，如图8-12c所示。

4）此时，原始数据的聚类关系是按照层次来组织的，选取一个簇间距离的阈值，可以得到一个聚类结果。如图8-12d所示，在虚线的阈值下，数据被划分为两个簇：{①,②,③,④,⑤}和{⑥}。

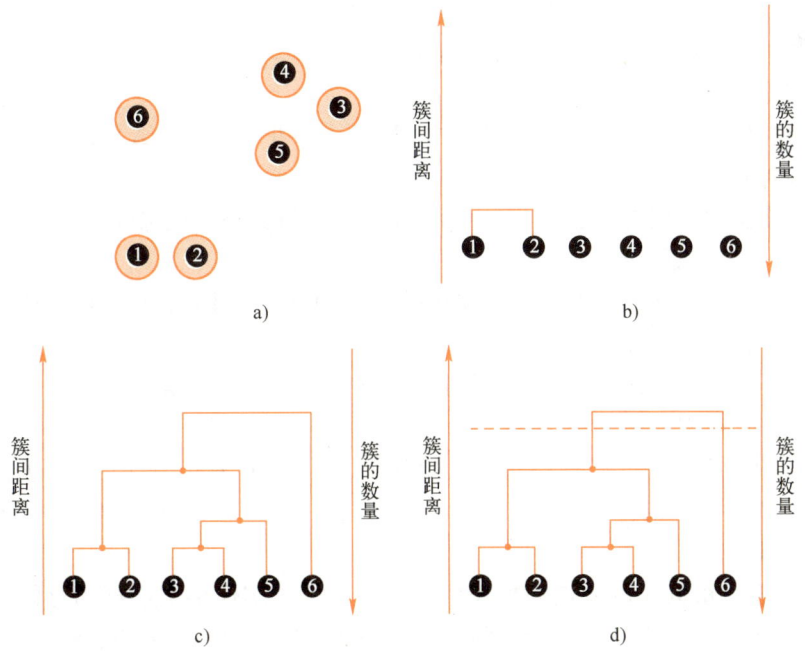

图8-12 用 Agglomerative Clustering 算法生成簇的过程
a）样本点初始状态 b）第一次聚类结果 c）最后的聚类结果 d）给定阈值的聚类结果

4. Agglomerative Clustering 算法的优缺点

Agglomerative Clustering 算法的优点是不需要预先指定聚类数量，因为合并过程会形成一个聚类层次结构，可以根据需要在不同层次选择不同数量的聚类，能够根据需要在不同的尺度上展示对应的聚类结果。其缺点同 Hierarchical K-Means 算法一样，一旦两个距离相近的点被划分到不同的簇，之后也不再可能被聚类到同一个簇，即无法撤销先前步骤的操作。另外，Agglomerative Clustering 的性能较低，并且因为聚类层次信息需要存储在内存中，内存消耗大，不适用于大量级的数据聚类。

8.3.4 BIRCH 算法

BIRCH（Balanced Iterative Reducing and Clustering Using Hierarchies，利用层次方法的平衡迭代规约和聚类）是一种用于大规模数据集的层次聚类算法。与传统的层次聚类算法不同，BIRCH 旨在处理大型数据集并降低内存和计算成本。它构建一个层次化的树状结构来组织数据，并使用一种称为 CF Tree 的数据结构来存储聚类信息。

1. BIRCH 算法的特点

BIRCH 算法中引入两个概念：聚类特征（Clustering Feature，CF）和聚类特征树（CF Tree）。聚类特征树用来概括聚类的有用信息，其占用空间小并且可以存放在内存中，从而提高了算法的聚类速度，产生了较高的聚类质量，BIRCH 算法适用于大型数据集。BIRCH 算法是在凝聚和分裂算法之后发展起来的，它克服了凝聚聚类算法存在的一些劣势。BIRCH 算法相比 Agglomerative Clustering 算法具有如下特点。

1）为处理超大规模的数据集而设计，它可以在任何给定的内存下运行，弥补了 Agglomerative Clustering 算法不能撤销先前步骤的缺陷。

2）CF 树只存储原始数据的特征信息，并不需要存储原始数据信息，内存开销上更优。

3）BIRCH 算法只需要遍历一遍原始数据，而 Agglomerative Clustering 算法在每次迭代时都需要遍历一遍数据，所以 BIRCH 在性能上也优于 Agglomerative Clustering。

2. BIRCH 算法的步骤

1）扫描数据库，建立一棵存放于内存的 CF 树。它可以被看作数据的多层压缩，试图保留数据的内在聚类结构。

2）采用某个选定的聚类算法对 CF 树的叶子节点进行聚类，把稀疏的簇当作离群点删除，而把更稠密的簇合并为更大的簇。

该算法最关键的就是构造 CF 树，只要构造好了 CF 树，BIRCH 算法也就完成了。

3. CF 树的构建

构建 CF 树的目标是在内存中高效存储聚类信息，同时减少计算和内存开销。

（1）聚类特征（CF）

CF 是一个三元组，用 (N, LS, SS) 表示，其中：N 代表了这个 CF 中拥有的样本点的数量；LS 代表了这个 CF 中拥有的样本点各特征维度的和向量；SS 代表了这个 CF 中拥有的样本点各特征维度的平方和。

通过这些信息，可以计算节点的平均值和方差，从而实现聚类信息的存储。在实际实现时，可能需要考虑节点的分裂和合并策略，以及如何管理节点的数量和容量。

【例 8-5】 假设有 5 个样本点，分别为 (3,4)、(2,6)、(4,5)、(4,7)、(3,8)，被划分成了一个簇，则这 5 个样本点的 CF 各个元素值为

$N = 5$

$LS = (3+2+4+4+3, 4+6+5+7+8) = (16, 30)$

$SS = (3^2+2^2+4^2+4^2+3^2, 4^2+6^2+5^2+7^2+8^2) = (54, 190)$

所以，这5个样本的CF = $(5, (16, 30), (54, 190))$，这5个样本点的簇的质心为$(16/5, 30/5)$。

另外，CF满足线性关系，即 $CF_1 + CF_2 = (N_1+N_2, LS_1+LS_2, SS_1+SS_2)$。在CF树中，对于每个父节点中的CF节点，它的$(N, LS, SS)$三元组的值等于这个CF节点所指向的所有子节点的三元组之和。

（2）CF树的特点

CF树（见图8-13）满足以下3个特点。

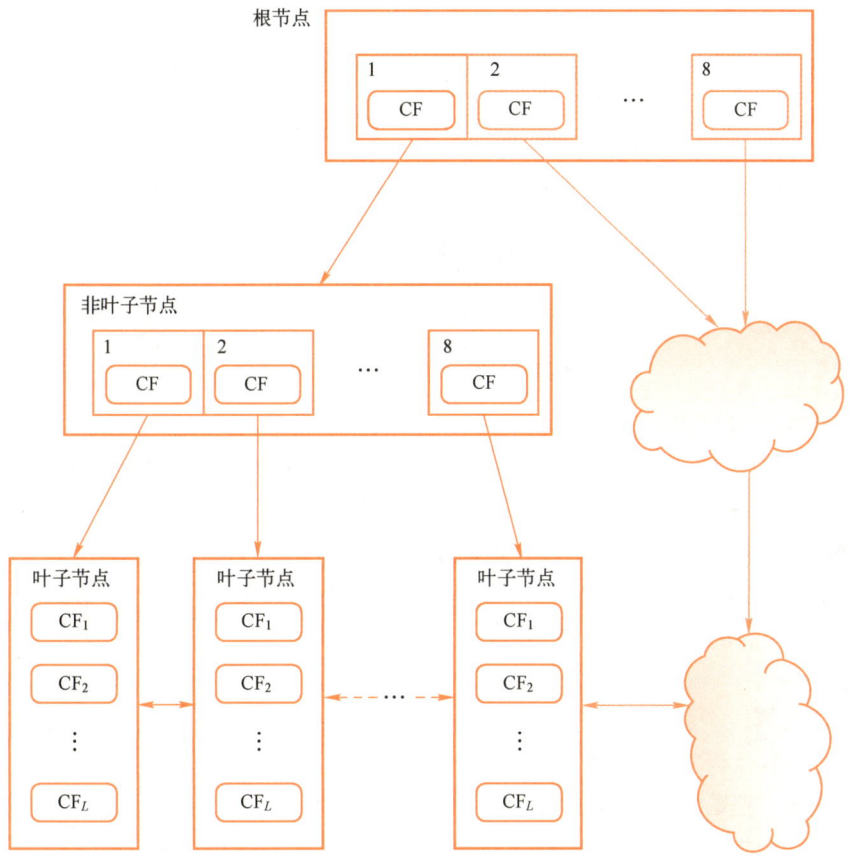

图8-13　CF树

1）每个节点（包括叶子节点）都有若干个CF，而内部节点的CF有指向孩子节点的指针，所有的叶子节点用一个双向链表链接起来。

2）CF树类似于平衡B+树。

3）树的每个节点是由若干个CF组成的。

（3）CF树的参数

CF树有几个重要参数。

1）每个内部节点的最大CF数为B。

2）每个叶子节点的最大 CF 数为 L。

3）叶子节点每个 CF 的最大样本半径阈值为 T，在这个 CF 中的所有样本点一定要在半径小于 T 的超球体内。

对于图 8-13 所示的 CT 树，若限定了 $B=8, L=5$，也就是说，限定内部节点最多有 8 个 CF，而叶子节点最多有 5 个 CF。

（4）簇的相关定义

给定簇 $C=\{x_1, x_2, \cdots, x_n\}$，其中 x_i 代表一个数据点，可以是一维、二维或者多维数据，下面公式中 x_i 的计算均为向量计算。

1）质心：代表这个簇的中心。

$$x_0 = \frac{\sum_{i=1}^{n} x_i}{n} \tag{8-15}$$

2）簇半径：簇中所有点到质心的平均距离。

$$R = \sqrt{\frac{\sum_{i=1}^{n}(x_i - x_0)^2}{n}} \tag{8-16}$$

3）簇直径：簇中所有数据点之间的平均距离。

$$D = \sqrt{\frac{\sum_{i=1}^{n}\sum_{j=1}^{n}(x_i - x_j)^2}{n(n-1)}} \tag{8-17}$$

（5）CF 树的生成过程

设 CF 树的参数：内部节点的最大 CF 数为 B；叶子节点的最大 CF 数为 L；叶子节点每个 CF 的最大样本半径阈值为 T。

1）CF 树是空的，没有任何样本。从训练集读入第一个样本点，将它放入一个新的 CF 三元组 A，这个三元组的 $N=1$，将这个新的 CF 放入根节点，此时的 CF 树如图 8-14 所示。

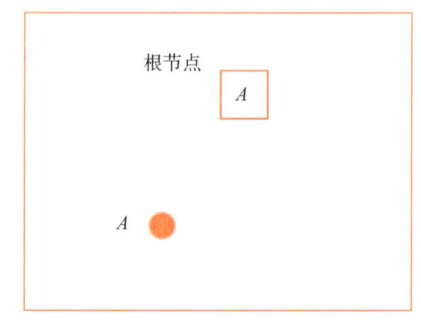

图 8-14 有一个样本点的 CF 树

2）继续读入第二个样本点，发现这个样本点和第一个样本点 A 都在半径为 T 的超球体范围内，也就是说，它们属于一个 CF，把第二个点也加入 CF A，需要更新 A 的三元组的值，此时 A 的三元组中 $N=2$。读入第三个样本点，结果发现这个节点不能融入前面的节点形成的超球体内，也就是说，需要一个新的 CF 三元组 B 来容纳这个新的值。根节点有两个 CF 三元组 A 和 B，此时的 CF 树如图 8-15 所示。

3）当读入第四个样本点的时候，发现它和 B 在半径小于 T 的超球体内，更新后的 CF 树如图 8-16 所示。

4）在图 8-17 所示的情况下，CF 树的节点需要分裂。

LN1 有 3 个 CF，LN2 和 LN3 各有 2 个 CF，叶子节点最大的 CF 数 $L=3$。此时，一个新的样本点来了，发现它离 LN1 节点最近，开始判断它是否在 sc1、sc2、sc3 这 3 个 CF 对应的超球体内，但是它不在，因此需要建立一个新的 CF（即 sc8）来容纳它。但 $L=3$，也就是说，

LN1 的 CF 个数已经达到最大值了,不能再创建新的 CF 了,此时就要将 LN1 叶子节点一分为二了。在 LN1 里所有的 CF 元组中,找到两个最远的 CF 作这两个新叶子节点的种子 CF,然后将 LN1 节点里所有 CF,即 sc1、sc2、sc3 及新元组 sc8 划分到两个新的叶子节点上。LN1 节点分裂后的 CF 树如图 8-18 所示。

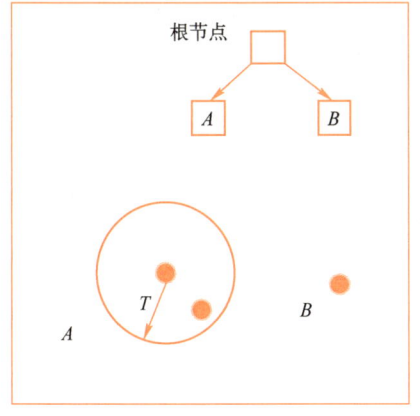

图 8-15 有三个样本点的 CF 树

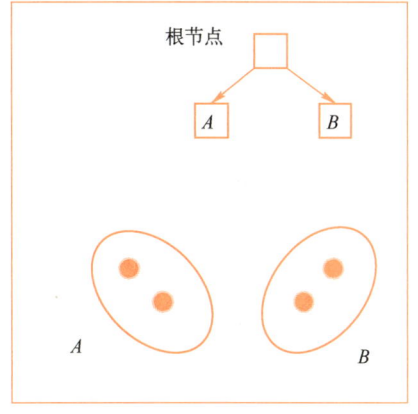

图 8-16 有 4 个样本点的 CF 树

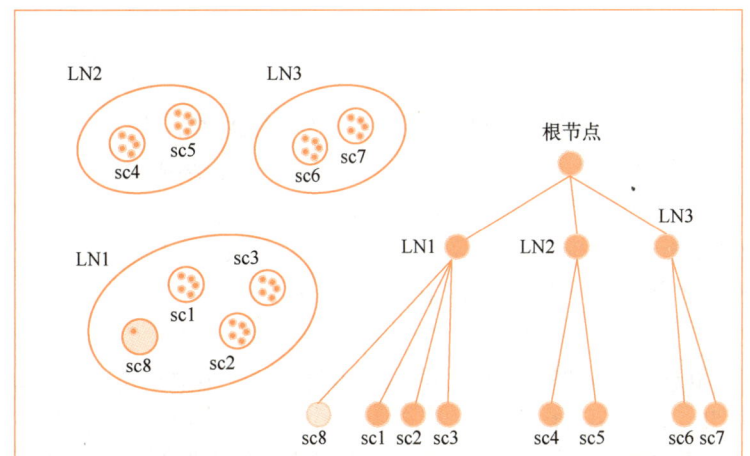

图 8-17 CF 树分裂前

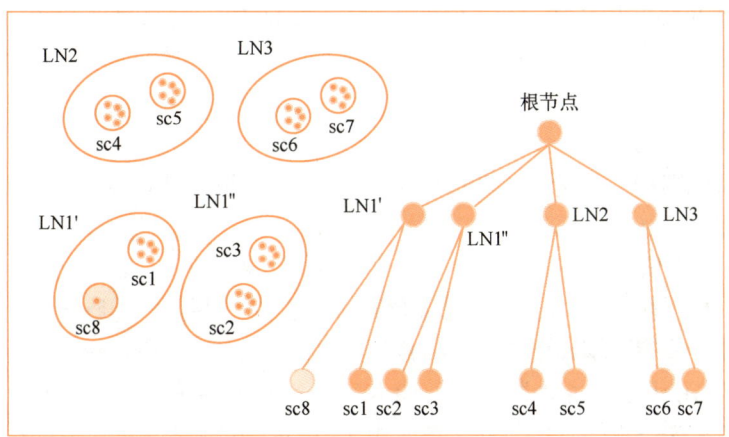

图 8-18 LN1 分裂后的 CF 树

如果内部节点的最大 CF 数 $B=3$，则此时叶子节点一分为二会导致根节点的最大 CF 数超过了最大值，也就是说，根节点也要分裂。根节点分裂的方法和叶子节点的分裂方法一样，分裂后的 CF 树如图 8-19 所示。

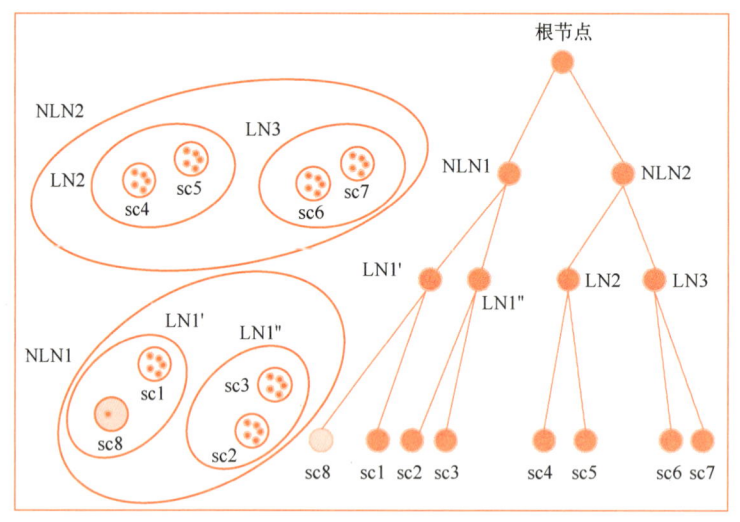

图 8-19 根节点分裂后的 CF 树

5）向 CF 树插入节点。

① 从根节点向下寻找和新样本距离最近的叶子节点和距离叶子节点最近的 CF 节点。

② 如果新样本加入后，这个 CF 节点对应的超球体半径仍然满足小于阈值 T，则更新路径上所有的 CF 三元组，插入结束；否则，继续步骤③。

③ 如果当前叶子节点的 CF 节点个数小于阈值 L，则创建一个新的 CF 节点，放入新样本，将新的 CF 节点放入这个叶子节点，更新路径上所有的 CF 三元组，插入结束；否则，继续步骤④。

④ 将当前叶子节点划分为两个新叶子节点，选择旧叶子节点中所有 CF 元组里超球体距离最远的两个 CF 元组，分别作为两个新叶子节点的第一个 CF 节点。将其他元组和新元组按照距离远近原则放入对应的叶子节点。依次向上检查父节点是否也要分裂，如果需要，则使用与叶子结点分裂相同的方法进行分裂。

将所有的训练集样本构建成一棵 CF 树，一个基本的 BIRCH 算法就完成了，对应的输出就是若干个 CF 节点，每个节点里的样本点就是一个聚类的簇。BIRCH 算法的主要过程就是建立一个 CF 树的过程。

4. BIRCH 算法的优化

真实的 BIRCH 算法除了建立 CF 树来聚类，还有一些可选的算法步骤，下面就来看看 BIRCH 算法的流程。

1）将所有的样本依次读入，在内存中建立一棵 CF 树。

2）（可选）对步骤 1）建立的 CF 树进行筛选，去除一些异常 CF 节点，一般这些节点中的样本点很少。对一些超球体距离非常近的元组进行合并。

3）（可选）利用其他一些聚类算法（如 K-Means）对所有的 CF 元组进行聚类，得到一棵比较好的 CF 树。这一步的主要目的是消除由于样本读入顺序导致的不合理的树结构，以及一些由于节点 CF 个数限制导致的树结构分裂。

4)（可选）利用步骤 3）生成的 CF 树的所有 CF 节点的质心，作为初始质心点，对所有的样本点按距离远近进行聚类。这样进一步减少了由于 CF 树的一些限制导致的聚类不合理的情况。

可以看出，BIRCH 算法的关键就是步骤 1），也就是 CF 树的生成，其他步骤都是为了优化聚类结果。

5. BIRCH 算法的优缺点

（1）BIRCH 算法的优点

1）节约内存，所有的样本都存储在磁盘上，CF 树仅存储了 CF 节点和对应的指针。CF 树只存储原始数据的特征信息，并不需要存储原始数据信息，内存开销上更优。

2）聚类速度快，只需要扫描一遍训练集就可以建立 CF 树，且 CF 树的增删改操作都很快，而 Agglomerative Clustering 算法在每次迭代时都需要遍历一遍数据。

3）可以识别噪声，还可以对数据集进行初步分类的预处理。

4）适合大规模数据集，线性效率。

5）支持对流数据的聚类，因为 BIRCH 一开始并不需要所有的数据。

（2）BIRCH 算法的缺点

1）由于 CF 树对每个节点的 CF 个数有限制，导致聚类的结果可能和真实的类别分布不同。

2）对高维特征的数据聚类效果不好。此时可以选择 Mini-Batch K-Means 算法。

3）如果数据集的分布簇不是类似于超球体的，或者说不是凸的，则聚类效果不好。

表 8-5 列出了三种层次聚类算法的对比信息。其中，N 表示数据集中的样本数量。

表 8-5 三种层次聚类算法的对比信息

算法	时间复杂度	优　　点	缺　　点
Hierarchical K-Means	$O(N\log N)$	实现简单，效率相对较高	初始质心的选取对聚类结果的好坏影响大 内存占用高 聚类一旦生成，无法撤销先前的操作
Agglomerative Clustering	$O(N^3)$	生成了层次聚类图，可以满足不同的应用场景	性能较低，内存占用高 聚类一旦生成，无法撤销先前的操作
BIRCH	$O(N)$	效率和空间开销比较好，适用于大数据和流数据 解决了其他聚类算法不能撤销先前操作的缺陷	结果依赖于数据点的插入顺序 对于非球状或高维的簇，聚类效果不好 由于每个 CF 节点只能包含一定数目的子节点，最后得出来的簇可能和自然簇相差很大

8.4 基于密度的聚类算法

划分和层次方法旨在发现球状簇，它们很难发现任意形状的簇。对于图 8-20 所示的圆形和月亮形簇，基于划分和层次聚类的算法聚类效果很差，它们不能正确地识别凸区域，噪声和离群点会被包含在簇中。

例如，对这两种异形的数据集，采用 K-Means++算法聚类的结果如图 8-21 所示。

由图 8-21 可见，K-Means++在这类数据集上的表现并不好。那对于类似图 8-20 这样的数据集应该采用什么样的聚类算法呢？

图 8-20　任意形状的簇

图 8-21　K-Means++算法聚类的结果

想象一下，现在有这样一种聚类算法，它可以根据样本之间的密度（紧凑程度）来对样本进行聚类处理。对图 8-20 所示的两种异形数据集来说，两种类别之间有着明显空白之处（密度小），而对于各类别内部的样本来说，样本之间的分布却非常紧凑（密度大），因此只需要将所有各自相互紧邻的样本点划分为不同簇结构即可完成整个聚类过程。同时还可以发现，基于这样的聚类思想，无论聚类的数据集是什么样的分布形式，都可以很好地对其进行聚类处理。

为了发现任意形状的簇，可以把簇看作数据空间中被稀疏区域分开的稠密区域。这是基于密度的聚类方法的主要策略。采用该方法可以发现非球状的簇。基于密度聚类有三种代表性算法，即 DBSCAN、OPTICS 和 DENCLUE，本节重点介绍前两种。

8.4.1　DBSCAN 算法

DBSCAN（Density-Based Spatial Clustering of Applications with Noise，具有噪声应用的基于密度的空间聚类）于 1996 年由 Martin Ester 等人提出，是一种常用的聚类算法。它能够根据数据点的密度将数据分为不同的簇，并能够识别出噪声点。DBSCAN 不仅可以找到各种形状的簇，还可以自动确定簇的数量。下面就来详细介绍 DBSCAN 算法。

1. DBSCAN 算法的相关定义

定义 8-1（Eps 邻域） 对于给定的对象数据集 D，存在 $p \in D$，以对象 p 为中心，以 Eps 为半径的邻域 $N_{\text{Eps}}(p)$ 称为对象 p 的 Eps 邻域，即 $N_{\text{Eps}}(p) = \{q \in D \mid \text{dist}(p,q) \leq \text{Eps}\}$。其中，$\text{dist}(p,q)$ 表示 D 中两个数据对象 p 和 q 之间的距离；$N_{\text{Eps}}(p)$ 包含了数据集 D 中与对象距离不大于 Eps 的所有对象。

定义 8-2（密度阈值 MinPts） 对于给定的对象数据集 D，存在 $p \in D$，密度阈值 MinPts 为使对象 p 成为核心点的密度限定值。

定义 8-3（核心点） 对于给定的对象数据集 D，存在 $p \in D, p_i \in D$，其中 $i \in [1,n]$，p_i 在对象 p 的 Eps 邻域内，若 $N_{\text{Eps}}(p)$ 内的对象个数 n 大于密度阈值 MinPts，则 p 为核心点。

定义 8-4（边界点） 对于非核心点的样本 b，若 b 在任意核心点 p 的 $N_{\text{Eps}}(p)$ 内，那么 b 为边界点。

定义 8-5（噪声点） 对于非核心点的样本 b，若 b 不在任意核心点 p 的 $N_{\text{Eps}}(p)$ 内，那么 b 为噪声点。

定义 8-6（密度） 对于给定的对象数据集 D，存在 $p \in D$，以对象 p 为中心，以 Eps 为半径的邻域内对象的个数被定义为对象 p 的密度。

定义 8-7（直接密度可达） 对于给定的对象数据集 D，存在 $p \in D, q \in D$，且 q 在 p 的 Eps 邻域内，即 $q \in N_{\text{Eps}}(p)$，且 p 是核心点，则称对象 q 是从对象 p 直接密度可达。

定义 8-8（密度可达） 对于给定的对象数据集 D，存在 $p_1, p_2, \cdots, p_n \in D, p_1 = p, p_n = q$，若对象 p_{i+1} 是从对象 p_i 直接密度可达，则称对象 q 是从对象 p 密度可达。密度可达是非对称的。

定义 8-9（密度互连） 对于给定的对象数据集 D，存在 $p \in D, q \in D$，若存在 $o \in D$，使得对象 p 和对象 q 是从对象 o 密度可达，则称对象 p 和对象 q 是密度互连的。

定义 8-10（簇） 由任意一个核心点开始，从该对象密度可达的所有对象构成一个簇。

在图 8-22 中，设 MinPts = 5，则灰色的点都是核心点，因为其 Eps 邻域内至少有 5 个样本。红色的点是边界点；黑色的点是噪声点。所有核心点密度直达的样本在以灰色核心点为中心的超球体内，如果不在超球体内，则不能密度直达。图中用黑色箭头连起来的核心点组成了密度可达的样本序列。在这些密度可达的样本序列的 Eps 邻域内，所有的样本都是密度相连的。

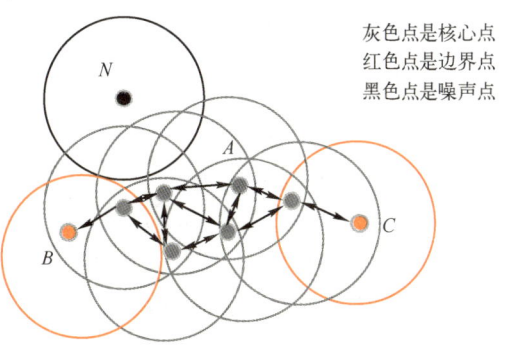

图 8-22 DBSCAN 算法的主要定义图解

2. DBSCAN 算法的原理

DBSCAN 通过查看每个对象的 Eps 邻域来搜索数据集的高数据密度区域，如果一个数据点的 Eps 邻域的对象数量超过 MinPts，则该数据点作为新形成的集群的核心点。DBSCAN 反复查找这些核心点可以直接密度可达的对象，并将这些数据点标记为一个类。当没有新的数据点可以添加到任何聚类中时，没有类别的数据点被标记为噪声点，聚类过程结束。

3. DBSCAN 算法的步骤

1）指定适当的 Eps 和 MinPts。

2）任意选择一个点，然后找到所有到该点的距离小于或等于 Eps 的点。如果距离起点 Eps 距离内的数据点数量小于 MinPts，则将该点标记为噪声点。如果 Eps 距离内的数据点数量大于 MinPts，则将该点标记为核心点并分配一个新的集群标签。

3）访问该核心点的所有密度可达对象（Eps 距离内）。如果没有为它们分配集群，则会为它们分配刚刚创建的新集群标签。如果它们是核心点，那么依次访问它们直接密度可达的对象，以此类推，簇不断增长，直到簇的 Eps 距离内不再有核心点为止。

4）选择另一个没有被访问过的点，重复相同的过程，直到所有核心点都被访问过。

5）输出聚类结果。

4. DBSCAN 算法实现的伪代码

DBSCAN 算法实现的伪代码如下所示。

算法 8.1：DBSCAN 算法
输入：数据集 D，密度阈值 MinPts，邻域半径 Eps
输出：簇集合
1　　将数据集 D 中的所有对象标记为未处理状态
2　　for(数据集 D 中每个对象 p) do
3　　　　if(p 已经归入某个簇或标记为噪声) then
4　　　　　　continue；
5　　　　else
6　　　　　　检查对象 p 的 Eps 邻域 NEps(p)；
7　　　　　　if(NEps(p) 包含的对象数小于 MinPts) then
8　　　　　　　　标记对象 p 为边界点或噪声点；
9　　　　　　else
10　　　　　　　　标记对象 p 为核心点，并建立新簇 C，且将 p 邻域内所有点加入 C
11　　　　　　　　for (NEps(p) 中所有尚未被处理的对象 q) do
12　　　　　　　　　　检查其 Eps 邻域 NEps(q)，若 NEps(q) 包含至少 MinPts 个对象，则将 NEps(q) 中未归入任何一个簇的对象加入 C；
13　　　　　　　　end for
14　　　　　　end if
15　　　　end if
16　　end for

---

5. DBSCAN 算法的优缺点

（1）DBSCAN 算法的优点

1）能够发现任意形状的簇，并有效识别离群点。

2）与 K-Means 算法相比，DBSCAN 不需要事先知道要形成的簇的数量。

3）对数据库中样本的顺序不敏感，即数据的输入顺序对结果的影响不大，但对于处于簇之间的边界样本，其归属可能会根据哪个簇优先被探测到而有所摆动。

4）可被设计与数据库一同使用，可以加速区域查询。

（2）DBSCAN 算法的缺点

1）聚类之前需要人工设定 Eps 和 MinPts 这两个参数。

2）当数据量增大时，要求较大的内存支持。

3）DBSCAN 不能很好地反映高维数据和二维数据的密度变化。

4）由于 DBSCAN 算法使用了全局性表征密度的参数，因此当各个类的密度不均匀或类间的距离相差很大时，聚类的质量较差。

5）经典的 DBSCAN 算法中参数 Eps 和 MinPts 在聚类过程中是不变的，这使得该算法难以适应密度不均匀的数据集。

6. DBSCAN 算法实例分析

【例 8-6】 假设有 12 个样本，每个样本有两个属性 x_1 和 x_2，对应的信息见表 8-6，设 Eps=1，MinPts=4。样本点对应的散点图如图 8-23 所示。

表 8-6　样本点信息表

样本点序号（i）	属性 1（x_1）	属性 2（x_2）
1	2	1
2	5	1
3	1	2
4	2	2
5	3	2
6	4	2
7	5	2
8	6	2
9	1	3
10	2	3
11	5	3
12	2	4

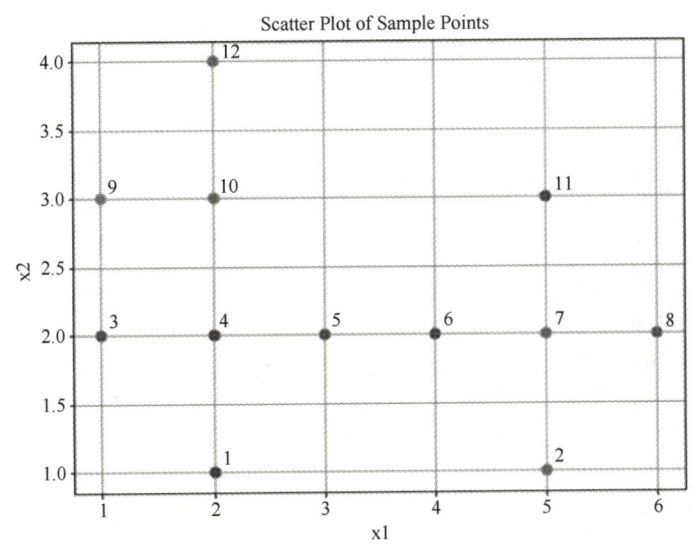

图 8-23　各个样本点的散点图

DBSCAN 算法流程如下。

1）在数据库中选择样本点 1，由于在以它为圆心、以 1 为半径的圆内只包含 2 个点，因此它不是核心点，选择下一个点。

2）在数据库中选择样本点 2，它不是核心点，选择下一个点。

3）在数据库中选择样本点 3，它不是核心点，选择下一个点。

4）在数据库中选择样本点 4，由于在以它为圆心、以 1 为半径的圆内包含 5 个点，即{1,3,4,5,10}，因此它是核心点。寻找从 4 出发密度可达的点，继续访问{1,3,4,5,10}中没有访问过的点。由于{1,3,4}都已经被访问过,所以选择样本点 5,它不是核心点;再选择样本点 10,它是核心点,所以以 10 为核心、以 1 为半径的圆内的所有样本点都由样本点 4 密度可达,即{4,9,10,12}都由 4 可达,所以聚出的新类 C1{1,3,4,5,9,10,12},选择下一个点。

5)在数据库中选择样本点 5,已经在簇 C1 中,选择下一个样本点。

6)在数据库中选择样本点 6,它不是核心点,选择下一个样本点。

7)在数据库中选择样本点 7,它是核心点,寻找从它出发密度可达的点,聚出的新类 C2{2,6,7,8,11},选择下一个样本点。

8)在数据库中选择样本点 8,已经在簇 C2 中,选择下一个样本点。

9)在数据库中选择样本点 9,已经在簇 C1 中,选择下一个样本点。

10)在数据库中选择样本点 10,已经在簇 C1 中,选择下一个样本点。

11)在数据库中选择样本点 11,已经在簇 C2 中,选择下一个样本点。

12)在数据库中选择样本点 12,已经在簇 C1 中。由于这已经是最后一个点,所有点都已处理,程序终止。

表 8-7 汇总了所有步骤的信息。

表 8-7 DBSCAN 算法步骤信息

步骤	选择的样本点	在 Eps=1 内的样本点数	通过计算可达点而找到的新簇
1	1	2	无
2	2	2	无
3	3	3	无
4	4	5	簇 C1:{1,3,4,5,9,10,12}
5	5	3	已在簇 C1 中
6	6	3	无
7	7	5	簇 C2:{2,6,7,8,11}
8	8	2	已在簇 C2 中
9	9	3	已在簇 C1 中
10	10	4	已在簇 C1 中
11	11	3	已在簇 C2 中
12	12	2	已在簇 C1 中

8.4.2 OPTICS 算法

OPTICS(Ordering Points to Identify the Clustering Structure)是一基于密度的聚类算法,是 DBSCAN 的改进版本。在 DBSCAN 算法中,有两个比较重要的参数:邻域半径 Eps 和密度阈值 MinPts。选择不同的参数会导致最终聚类的结果千差万别。而在高维数据中,两个参数的联合调参也不是一件容易的事。OPTICS 算法的提出就是为了帮助 DBSCAN 算法选择合适的参数,降低输入参数的敏感度。实际上,OPTICS 并不显式地生成数据聚类结果,只是对数据集中的对象进行排序,得到一个有序的对象列表,通过该有序列表,可以得到一个决策图,通过决策图可以选择不同的 Eps 参数进行 DBSCAN 聚类。

1. OPTICS 算法的相关概念

在 DBSCAN 的基础上,OPTICS 定义了两个新的距离概念:核心距离和可达距离。

(1) 核心距离

一个对象 p 的核心距离的定义为使其成为核心点的最小距离,设 M 表示密度阈值,$N_E(x)$ 表示以 x 为核心、以 E 为半径区域内的点构成的集合。$N_E^i(x)$ 表示 $N_E(x)$ 中距离 x 第 i 近的点。则样本点 x 的核心点可定义为

$$\text{cd}(x) = \begin{cases} 未定义, & |N_E(x)| < M \\ d(x, N_E^M(x)), & |N_E(x)| \geq M \end{cases} \tag{8-18}$$

一个样本点必须首先是核心点,其核心距离才会有定义。假设 x 点为一个核心点,找到以 x 点为圆心且刚好满足密度阈值 M 的最外层的一个点,假设记为 x',则 x 点到 x' 点的距离称为核心距离。

(2) 可达距离

可达距离的定义基于核心距离,对于一个核心点 x,假设 x_i 为其周围的点,如果 x 与 x_i 之间的距离大于 x 的核心距离,则其可达距离定义为两者间的实际距离;否则,定义为 x 的核心距离:

$$\text{rd}(y, x) = \begin{cases} 未定义, & |N_E(x)| < M \\ \max(\text{cd}(x), d(x, y)), & |N_E(x)| \geq M \end{cases} \tag{8-19}$$

2. OPTICS 算法的步骤

1) 已知数据集 D,创建两个队列,有序队列 O 和结果队列 R(有序队列用于存储核心点及该核心点的直接密度可达对象,并按可达距离升序排列;结果队列用于存储样本点的输出次序。可以把有序队列中存储的数据理解为待处理的数据,而结果队列中存储的数据是已经处理好的数据)。

2) 如果 D 中所有点都处理完毕或不存在核心点,则算法结束。否则,选择一个未处理(即不在结果队列 R 中)且为核心点的样本点 p,首先将 p 放入结果队列 R 中,并从 D 中删除 p。然后找到 D 中 p 的所有直接密度可达样本点 x,计算 x 到 p 的可达距离。如果 x 不在有序队列 O 中,则将 x 及可达距离放入 O 中;若 x 在 O 中,则如果 x 新的可达距离更小,则更新 x 的可达距离。最后对 O 中数据按可达距离从小到大重新排序。

3) 如果有序队列 O 为空,则回到步骤2),否则取出 O 中第一个样本点 y(即可达距离最小的样本点)放入 R 中,并从 D 和 O 中删除 y。如果 y 不是核心点,则重复步骤3)(即找 O 中剩余数据可达距离最小的样本点);如果 y 是核心点,则找到 y 在 D 中的所有直接密度可达样本点,并计算到 y 的可达距离,然后按照步骤2)将所有 y 的直接密度可达样本点更新到 O 中。

4) 重复步骤2)和步骤3),直到算法结束。最终可以得到一个有序的输出结果,以及相应的可达距离。

3. OPTICS 算法的优缺点

OPTICS 算法的优点:相对于 DBSCAN,OPTICS 算法对于 Eps 的敏感性大大降低,它相当于将参数 Eps 改为动态的 DBSCAN 算法,可以进行多密度的聚类。

OPTICS 算法的缺点:在 OPTICS 算法中,每个密集区域的第一个样本点具有较大的可达性,这可能导致一些本来属于某个簇的样本点被错误地标记为噪声点。这种情况会影响相邻点的聚类判断,从而对整个聚类结果产生影响。因此,对于某些数据集,OPTICS 算法在处理噪声点和边界点时可能会出现一些问题,需要谨慎处理。

8.5 谱聚类算法

谱聚类（Spectral Clustering）是一种基于图论和矩阵特征分解的聚类方法，它可以有效地发现数据中的非线性聚类结构，并且对噪声数据具有一定的鲁棒性。

8.5.1 图划分思想

在谱图理论之中，传统的聚类方法可以解释为寻找图的最佳划分策略。谱聚类是将聚类问题转换为图的划分问题，利用数据空间形成邻接矩阵，继而转化为相似度矩阵，计算拉普拉斯矩阵的特征向量的性质进而对数据进行聚类分析。谱聚类算法的基本思想是把数据集中的每个对象看成一个节点，节点与节点之间通过边来连接，并对每条边赋予权重（相似度），构建完成后，对该图进行最优划分。最优化分的目标是若干个子图内权重和尽量高，子图间的权重和尽量低。而这些划分出来的子图代表的就是一个个簇，子图内的顶点就是该簇中的数据点，将聚类问题转换为图的划分与赋值计算问题。更好地研究图的切割方式，使数据之间的相似度更为准确，从而使数据不同种类间的相似度更低，最终得到的聚类效果更好。谱聚类算法的优点是能处理任意形状的数据空间，且敏感度低，收敛于全局最优解，支持高维数据。

从图 8-24 可以看出，图中有 $x_1 \sim x_9$ 共 9 个顶点。其中每个顶点至少由一条含权无向边两两相连，权值代表了数据点间的相似度，这就是一个无向权重相似图。如果要求聚为两类，就可以将其转化为如何将其无向权重相似图划分成两个子图，同时符合上述最优划分思想。显然，数据集对应无向权重相似图的最佳划分方式如图 8-24 所示，一条灰线把中间两条权值最小的边切割开。左边是由顶点 $x_1 \sim x_4$ 构成的子图，右边是由顶点 $x_5 \sim x_9$ 构成的子图，对应的是数据点 $\{x_1, x_2, x_3, x_4\}$ 被标记为一个簇，数据点 $\{x_5, x_6, x_7, x_8, x_9\}$ 被标记为另一簇，这样就划分成两个簇，完成聚类。

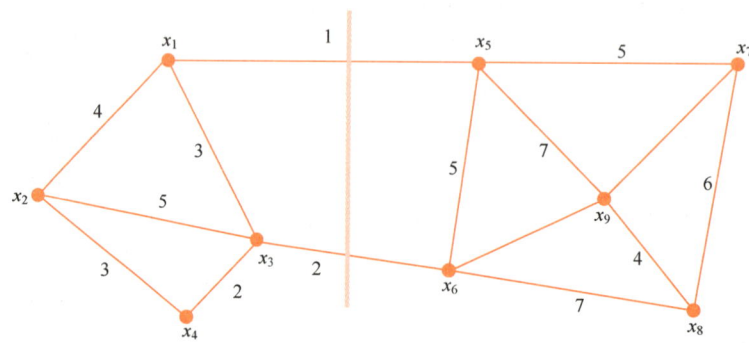

图 8-24 图划分示意

图最优划分有 6 种常用的分割算法，用不同的分割算法会得到不同的划分结果。

（1）最小割集准则

最小割（Minimum Cut）集准则是由 Wu 和 Leahy 提出的，同时也是第一个被提出的图划分准则，其目的是图划分后各子图间边的权值和最小。如果图 G 被分割成 A、B 两个子图，$A \cup B = G$、$A \cap B = \varnothing$，则其目标函数为

$$\text{cut}(A, B) = \sum_{i \in A, j \in B} w_{ij} \tag{8-20}$$

Minimum Cut 准则研究的只是如何将子图边的权值和最小化,简单分析了两个子图之间的相似度,因此该准则在实际聚类使用时误差较大,聚类结果中经常出现只包含一个样本点的孤立簇。

(2) 归一化割集准则

2000 年,Shi 等人提出了归一化割集准则,针对原有的孤立点聚类等问题做出了一些优化。其目标函数为

$$\mathrm{Ncut}(A,B) = \frac{\mathrm{cut}(A,B)}{\mathrm{assoc}(A,G)} + \frac{\mathrm{cut}(A,B)}{\mathrm{assoc}(B,G)} \tag{8-21}$$

$$\mathrm{assoc}(A,G) = \sum_{i \in A, j \in G} w_{ij} \tag{8-22}$$

$$\mathrm{assoc}(B,G) = \sum_{i \in B, j \in G} w_{ij} \tag{8-23}$$

$\mathrm{assoc}(A,G)$ 和 $\mathrm{assoc}(B,G)$ 代表的是子图中 A、B 内全部顶点之间的权值的总和。

(3) 平均割集准则

平均割 (Average Cut) 集准则是由 Sarkar 等人提出来的,其目标函数为

$$\mathrm{Avcut}(A,B) = \frac{\mathrm{cut}(A,B)}{|A|} + \frac{\mathrm{cut}(A,B)}{|B|} \tag{8-24}$$

其中,A 和 B 表示两个子图中顶点的个数。平均割集准则和最小割集准则有同样的问题,聚类结果中会出现由单个点或噪声点形成的簇。

(4) 比例割集准则

比例割 (Ratio Cut) 集准则是由 Hagen 和 Kahng 于 1992 年提出的,其目标函数为

$$\mathrm{Rcut}(A,B) = \frac{\mathrm{cut}(A,B)}{\min(|A|,|B|)} \tag{8-25}$$

其中,A 和 B 表示两个子图中顶点的个数。比例割集准则仅考虑了子图之间的权值和最小,忽视了子图内的权值和最大化。减少了过度分割的情况,同时所产生的代价是增加时间复杂度。

(5) 最小最大割集准则

最小最大 (Min-Max Cut) 集准则由 Ding 和 Zha 提出,其目标函数为

$$\mathrm{Mcut}(A,B) = \frac{\mathrm{cut}(A,B)}{\mathrm{assoc}(A,A)} + \frac{\mathrm{cut}(A,B)}{\mathrm{assoc}(B,B)} \tag{8-26}$$

该准则要求在最小化 $\mathrm{cut}(A,B)$ 时,要最大化 $\mathrm{assoc}(A,A)$ 和 $\mathrm{assoc}(B,B)$。

(6) 多维规范划分准则

以上阐述的五种图划分准则都是假设只把图 G 划分成两个类,就是一般说的二维划分。Melia 等人为了解决如何将图划分为多个类的问题提出了多维规范划分准则。其目标函数为

$$\mathrm{Mcut}(A,B) = \frac{\mathrm{cut}(A_1, G-A_1)}{\mathrm{assoc}(A_1, G)} + \frac{\mathrm{cut}(A_2, G-A_2)}{\mathrm{assoc}(A_2, G)} + \cdots + \frac{\mathrm{cut}(A_k, G-A_k)}{\mathrm{assoc}(A_k, G)} \tag{8-27}$$

8.5.2 相似度矩阵

对于建立的无向权重相似图来说,越能体现数据点间的相互关系结构,则谱聚类算法的聚类效果就越好。一个无向图 G 可用点的集合 V 和边的集合 E 来描述,即 $G(V,E)$,其中 V 为数据集中所有的点的集合 $\{v_1, v_2, \cdots, v_n\}$,$E$ 为边的集合。定义 w_{ij} 为点 v_i 和点 v_j 之间边的权重。对于有边连接的 v_i 和 v_j,$w_{ij} > 0$;对于没有边连接的 v_i 和 v_j,$w_{ij} = 0$,且 $w_{ij} = w_{ji}$。任意点 v_i 的度 d_i 定

义为和它相连的所有的边的权重的总和，即

$$d_i = \sum_{j=1}^{n} w_{ij} \tag{8-28}$$

在谱聚类算法中，权重是没有办法直接给出的，在定量给出权重值时，通过每个数据点距离度量的相似度 S_{ij} 来得到。谱聚类算法中有以下几种常用的相似度矩阵构建算法。

（1）ε-近邻法

对于 ε-近邻法，它设置了一个距离阈值 ε，然后用欧氏距离 s_{ij} 度量任意两点 v_i 和 v_j 的距离。然后根据 S_{ij} 和 ε 的大小关系，来定义邻接矩阵 W，其中，

$$w_{ij} = \begin{cases} 0, & S_{ij} > \varepsilon \\ \varepsilon, & S_{ij} \leq \varepsilon \end{cases} \tag{8-29}$$

可见，两点间的权重为 ε 或 0，没有其他的信息了。距离远近度量很不精确，因此在实际应用中，很少使用 ε-近邻法。

（2）K 近邻法

利用 KNN（K 近邻）算法遍历所有的样本点，取每个样本最近的 k 个点作为近邻，只有和样本距离最近的 k 个点之间的 $w_{ij} > 0$，δ 表示样本点的邻域宽度（尺度参数）。但是这种方法会造成重构之后的邻接矩阵非对称，而算法需要对称邻接矩阵，为了解决这种问题，一般采取下面两种方法之一。

1）只要一个点在另一个点的 k 近邻中，则保留 s_{ij}。

$$w_{ij} = w_{ji} = \begin{cases} 0, & v_i \notin \mathrm{KNN}(v_j) \text{ and } v_j \notin \mathrm{KNN}(v_i) \\ \exp\left(-\dfrac{\|v_i - v_j\|_2^2}{2\sigma^2}\right), & v_i \in \mathrm{KNN}(v_j) \text{ or } v_j \in \mathrm{KNN}(v_i) \end{cases} \tag{8-30}$$

2）必须两个点互为 k 近邻，才保留 S_{ij}。

$$w_{ij} = w_{ji} = \begin{cases} 0, & v_i \notin \mathrm{KNN}(v_j) \text{ or } v_j \notin \mathrm{KNN}(v_i) \\ \exp\left(-\dfrac{\|v_i - v_j\|_2^2}{2\sigma^2}\right), & v_i \in \mathrm{KNN}(v_j) \text{ and } v_j \in \mathrm{KNN}(v_i) \end{cases} \tag{8-31}$$

（3）全连接法

相比前两种方法，全连接法所有的点之间的权重值都大于 0，因此得名。可以选择不同的核函数来定义边权重，常用的有多项式核函数、高斯核函数和 Sigmoid 核函数。最常用的是高斯核函数 RBF，此时相似矩阵和邻接矩阵相同：

$$w_{ij} = S_{ij} = \exp\left(-\dfrac{\|v_i - v_j\|_2^2}{2\sigma^2}\right) \tag{8-32}$$

σ 称为高斯核参数，其作用和 ε-近邻法中的 ε 类似，控制邻域范围大小。

8.5.3 拉普拉斯矩阵

谱聚类算法的主要思路是将数据点之间的相似性表示为图中边的权重，然后将图的最优划分问题转化为拉普拉斯矩阵的谱分解问题。度矩阵 D 为对角矩阵，对角元素 D_{ij} 为相似度矩阵 W 的每一行元素之和：

$$D_{ij} = \sum_{j=1}^{n} w_{ij} \tag{8-33}$$

谱聚类算法通常采用相似度矩阵的最大 k 个特征向量进行聚类,但相似度矩阵无法保证被选中的 k 个特征值对应的特征向量为一块向量。因此,通过 W 选取特征向量,存在多次选取一块特征向量的问题,进而导致选取的特征向量代表性较差。

拉普拉斯矩阵 L(Laplacian Matrix)为半正定矩阵,L 特征值最小为 0 且对应的特征向量为 1。当选取 L 的前 k 个特征值所对应的特征向量时,可确保每个分量仅含有一个特征向量,因此将 L 矩阵引入谱聚类中。

L 矩阵一般分为规范拉普拉斯矩阵和非规范拉普拉斯矩阵。非规范拉普拉斯矩阵为度矩阵 D 与相似度矩阵 W 相减的结果:

$$L(i,j) = D(i,j) - W(i,j) \tag{8-34}$$

正则规范化拉普拉斯矩阵又分为随机游走的拉普拉斯矩阵和对称拉普拉斯矩阵:

$$L = D^{-1} L \tag{8-35}$$

$$L = D^{-\frac{1}{2}} L D^{-\frac{1}{2}} \tag{8-36}$$

8.5.4 谱聚类算法的步骤

谱聚类是一种流行的无监督学习算法,用于将数据点聚类成组或簇。这种算法的思想起源于谱图划分理论,通过数据之间的相似度生成无向加权图,数据点可看作图的顶点,数据点间的相似度为两点间边的权重,把聚类问题转化为带权无向图的划分问题。而对无向加权图进行谱图划分就是将图划分为若干个子图,该过程与聚类算法的聚类过程对应。对于谱图划分而言,图划分准则的选取将直接影响划分结果。谱聚类算法的基本思路是在数据集相似度矩阵的基础上求解拉普拉斯矩阵并进行特征分解,在得到的特征向量空间完成谱聚类算法。谱聚类算法的过程如下。

输入:相似度矩阵 $W \in \mathbf{R}^{(n \times n)}$,聚类数 k。
输出:簇分配 $c_1, \cdots, c_n$。
1)计算图拉普拉斯矩阵 $L = D - W$。其中,D 是度矩阵,$d_i = \sum w_{ij}$。
2)计算拉普拉斯矩阵 L 的前 k 个特征向量 $u_1, \cdots, u_k$。
3)将特征向量 $u_1, \cdots, u_k$ 作为列向量构成矩阵 $U \in \mathbf{R}^{n \times k}$。
4)对 U 的每一行进行单位长度归一化。
5)使用 K-Means 或其他聚类算法对 U 的行进行聚类,得到簇分配 $c_1, \cdots, c_n$。
6)输出簇分配 $c_1, \cdots, c_n$。

总体而言,谱聚类是一种功能强大且用途广泛的算法。它在处理数据点之间具有非线性关系的复杂数据集时特别有用,因为它可以有效地捕获这些关系并相应地对数据点进行分组。

8.6 基于网格的聚类算法

鉴于基于划分和层次聚类算法都无法发现非凸面形状的簇,真正能有效发现任意形状簇的算法是基于密度的聚类算法,但基于密度的聚类算法一般时间复杂度较高。在 1996—2000 年,研究数据挖掘的学者们提出了大量基于网格的聚类算法,这些方法可以有效减少算法的计算复杂度,且同样对密度参数敏感。

基于网格的聚类算法(Grid-Based Methods)的主要思路是将数据空间划分为网格单元,

将数据对象映射到网格单元中，并计算每个单元的密度。根据预设阈值来判断每个网格单元是不是高密度单元，由邻近的稠密单元组成"类"。

1. 基于网格的聚类算法的总体流程

1）将数据空间划分为网格单元。
2）依照设置的阈值，判定网格单元是否稠密。
3）合并相邻稠密的网格单元为一类。

2. 基于网格的聚类算法的优缺点

基于网格的聚类算法的优点：执行效率高，因为其速度与数据对象的个数无关，而只依赖于数据空间中每个维上单元的个数。

基于网格的聚类算法的缺点：对参数敏感、无法处理不规则分布的数据、维数灾难等。

3. 典型的基于网格的聚类算法

（1）STING

STING（Statistical Information Grid）：基于网格多分辨率，将空间划分为矩形单元，对应不同分辨率。STING 将输入对象的空间区域划分成矩形单元，每个网格单元的统计信息（均值、最大值、最小值）被作为参数预先计算和存储。

STING 的优点是效率高、时间复杂度低。其缺点是聚类质量受网格结构最底层的粒度影响、欠缺对网格单元之间的联系的考虑。

（2）WaveCluster

WaveCluster 把多维数据看作一个多维信号处理，即划分为网格结构后，通过小波变换将数据空间变换成频域空间进行处理。WaveCluster 用小波分析使簇的边界变得更加清晰。

WaveCluster 的优点是速度快，它是一个多分辨率算法，高分辨率可获得细节信息，低分辨率可获得轮廓信息。其缺点是对簇与簇之间没有明显边缘的情况聚类效果较差。

（3）CLIQUE

CLIQUE（Clustering in Quest）算法结合了网格和密度聚类的思想，子空间聚类处理大规模高维度数据。

CLIQUE 的优点是善于处理高维数据和大数据集。其缺点是聚类的准确度较低。

8.7 基于模型的聚类算法

基于模型的算法（Model-Based Methods）是指基于概率模型的算法和基于神经网络模型的算法，尤其以基于概率模型的算法居多。这里的概率模型主要指概率生成模型（Generative Model），同一"类"的数据属于同一种概率分布。这种算法的优点就是对"类"的划分不以簇的形式呈现，而是以概率的形式表现，每一类的特征也可以用参数来表达。其缺点就是执行效率不高，特别是在分布数量很多并且数据量很少的时候。其中最典型、也最常用的方法就是高斯混合模型（Gaussian Mixture Model，GMM）。基于神经网络模型的算法主要就是指 SOM（Self Organized Map）。

GMM 基于概率模型，将数据分解为若干个基于高斯概率密度函数形成的模型。GMM 的优点是结果用概率表示，可视化更强，并且可以根据这些概率在某个感兴趣的区域重新拟合预测。其缺点是需要使用完整的样本信息进行预测、在高维空间失去有效性。

SOM 基于神经网络模型，是一种无监督学习网络，输入层接收输入信号，输出层由神经元按一定方式排列成一个二维节点矩阵。SOM 的优点是映射至二维平面，实现可视化，可获得较高质量的聚类结果。其缺点是计算复杂度较高、结果在一定程度上依赖于经验的选择。

8.8 聚类评估

到目前为止，已经学习了什么是聚类，并且已经认识了一些常见的聚类方法。可能会问："当在数据集上使用一种聚类方法时，如何评估聚类的结果是否好？"一般而言，聚类评估估计在数据集上进行聚类的可行性和聚类方法产生的结果的质量。聚类评估主要包括如下任务。

（1）估计聚类趋势

在这项任务中，对于给定的数据集，评估该数据集是否存在非随机结构。盲目地在数据集上使用聚类方法将返回一些簇，然而，所挖掘的簇可能是误导。数据集中的聚类分析是有意义的，仅当数据中存在非随机结构。

（2）确定数据集中的簇数

一些诸如 K-Means 这样的算法需要数据集的簇数作为参数。此外，簇数可以看作数据集重要的概括统计量。因此，在使用聚类算法导出详细的簇之前，估计簇数是可取的。

（3）测定聚类质量

在数据集上使用聚类方法之后，想要评估结果簇的质量，许多度量都可以使用。有些方法用于测定簇对数据的拟合程度，而有些方法用于测定簇与基准匹配的程度。如果这种基准存在，还有一些方法用于测定对聚类的打分，可以比较相同数据集上的两组聚类结果。

8.8.1 估计聚类趋势

聚类趋势评估用于确定给定的数据集是否可以生成有意义的聚类的非随机结构。考虑一个没有任何非随机结构的数据集，如数据空间中均匀分布的点，尽管聚类算法可以生成关于该数据集的簇，但是这些簇是随机的，没有任何意义。

如何评估数据集的聚类趋势？直观地看，可以评估数据集被均匀分布产生的概率。这可以通过空间随机性的统计检验来实现。为了解释这一思想，使用一种简单但有效的统计量——霍普金斯统计量。

霍普金斯统计量是一种空间统计量，用于检验空间分布的变量的空间随机性。给定数据集 D，它可以看作随机变量 o 的一个样本，想要确定 o 在多大程度上不同于数据空间的均匀分布。具体步骤如下。

1) 均匀地从 D 中抽取 n 个点 $p_1, p_2, \cdots, p_n$。D 中每个点在这个样本中的概率相同。对于每个点 $p_i (1 \leqslant i \leqslant n)$，找出 p_i 在 D 中的最近邻，并令 x_i 为 p_i 与它在 D 中的最近邻之间的距离，即

$$x_i = \min_{v \in D} \{\text{dist}(p_i, v)\} \tag{8-37}$$

2) 均匀地从 D 中抽取 n 个点 $q_1, q_2, \cdots, q_n$。对于每个点 $q_i (1 \leqslant i \leqslant n)$，找出 q_i 在 $D - \{q_i\}$ 中的最近邻，并令 y_i 为 q_i 与它在 $D - \{q_i\}$ 中的最近邻之间的距离，即

$$y_i = \min_{v \in D, v \neq q_i} \{\text{dist}(q_i, v)\} \tag{8-38}$$

3) 计算霍普金斯统计量 H。

$$H = \frac{\sum_{i=1}^{n} y_i}{\sum_{i=1}^{n} x_i + \sum_{i=1}^{n} y_i} \tag{8-39}$$

如果 H 趋近于 0，说明数据倾向于聚类；如果 H 趋近于 1，说明数据不大可能具有统计显著的簇。

8.8.2 确定簇数

确定数据集中"正确的"簇数是重要的，不仅因为像 K-Means 这样的聚类算法需要该参数，还因为合适的簇数可以控制适当的聚类分析的粒度。确定簇数并非易事，因为"正确的"簇数常是含糊不清的。通常，找出正确的簇数依赖于数据集的分布形状和尺度，也依赖于用户要求的聚类分辨率。

肘方法是一种常用于聚类分析中确定最佳簇数的方法。它的基本思想是通过计算不同簇数下的误差平方和（SSE）来确定最佳簇数。

例如，假设有一个 300 个样本的二维数据集，并使用 K-Means 算法进行聚类。尝试 1～10 不同簇数，并计算每个簇数下的 SSE。然后，绘制 SSE 与簇数之间的关系图，如图 8-25 所示。根据图中的"肘部"（即 SSE 开始下降缓慢的位置），可以大致确定合适的簇数。

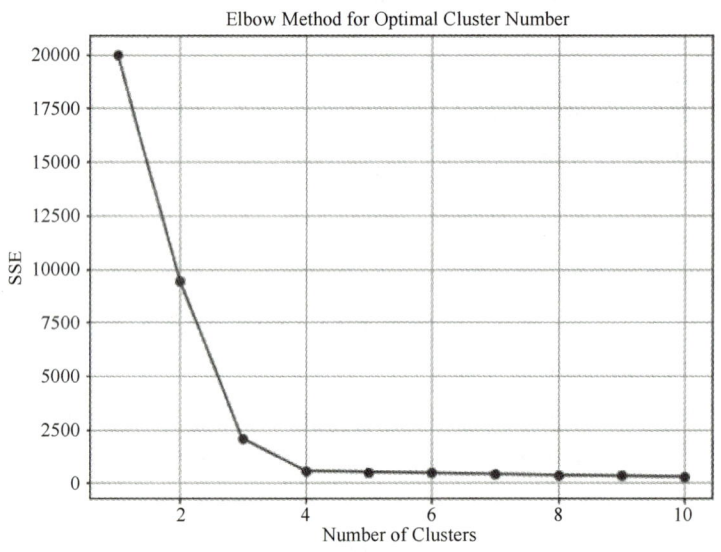

图 8-25 肘方法折线图

从图 8-25 中可以看出，当簇数从 2 增加到 3 时，SSE 的下降幅度最大。后面随着簇数的增加，SSE 的下降幅度逐渐减小。因此，可以选择 3 作为最佳簇数。

8.8.3 测定聚类质量

假设已经评估了给定数据集的聚类趋势，且确定了数据集的簇数，下面可以使用一种或多种聚类方法来得到数据集的聚类。此时会有疑问，一种方法产生的聚类好吗？如何比较不同方法产生的聚类？

对于测定聚类的质量，有几种方法可供选择。一般而言，根据是否有基准可用，可将这些方法分成两类：一种是外在方法，另一种是内在方法。这里，基准是一种理想的聚类，通常由专家构建。如果有可用的基准，则使用外在方法比较聚类结果和基准。如果没有基准可用，可以使用内在方法，通过考虑簇的分离情况来评估聚类的好坏。基准可以看作一种"簇标号"形式的监督。因此，外在方法又称为监督方法，内在方法又称为无监督方法。

1. 外在方法

外在方法大多存在一个问题，就是需要知道真实数据的标记类信息，因此在实践中很难得到应用（类似监督学习）。

设样本集 $D=\{x_1,x_2,\cdots,x_n\}$，假定通过聚类给出的簇划分为 $C=\{C_1,C_2,\cdots,C_k\}$，参考模型给出的簇划分为 $C^*=\{C_1^*,C_2^*,\cdots,C_k^*\}$，令 $\boldsymbol{\lambda}$ 和 $\boldsymbol{\lambda}^*$ 分别表示与 C 和 C^* 对应的簇标记向量。定义

$$\begin{cases} a=|SS|, & SS=\{(x_i,x_j)\,|\,\lambda_i=\lambda_j,\lambda_i'=\lambda_j',i<j\} \\ b=|SD|, & SD=\{(x_i,x_j)\,|\,\lambda_i=\lambda_j,\lambda_i'\neq\lambda_j',i<j\} \\ c=|DS|, & DS=\{(x_i,x_j)\,|\,\lambda_i\neq\lambda_j,\lambda_i'=\lambda_j',i<j\} \\ a=|DD|, & DD=\{(x_i,x_j)\,|\,\lambda_i\neq\lambda_j,\lambda_i'\neq\lambda_j',i<j\} \end{cases} \tag{8-40}$$

集合 SS 包含在 C 中隶属于相同簇且在 C^* 中也隶属于相同簇的样本对；集合 SD 包含在 C 中隶属于相同簇而在 C^* 中隶属于不同簇的样本对；集合 DS 包含在 C 中隶属于不同簇而在 C^* 中隶属于相同簇的样本对；集合 DD 包含在 C 中隶属于不同簇且在 C^* 中也隶属于不同簇的样本对。

（1）Jaccard 系数（杰卡德系数）

该系数用来度量聚类算法的聚类结果（A）与真实标签或其他参考标签（B）之间的相似性。公式为

$$JC = \frac{a}{a+b+c} \tag{8-41}$$

Jaccard 刻画了通过聚类算法划分结果（A）和参考模型给出划分结果（B）属于同一类样本的比例。JC 值的范围为 $[0,1]$，JC 的值越大，说明聚类效果越好。

（2）FM 指数

FM 指数综合考虑了聚类结果中成对样本之间的关系与真实标签中成对样本之间的关系，从而计算出一个度量值，用于衡量聚类的效果。公式为

$$FM = \sqrt{\frac{a}{a+b} \times \frac{a}{a+c}} \tag{8-42}$$

FM 指数值的范围为 $[0,1]$，FM 指数值越大，说明聚类效果越好。

（3）RI（兰德系数）

RI 用于衡量两个簇的相似度。假设样本个数是 m，有

$$RI = \frac{a+d}{a+b+c+d} = \frac{2(a+d)}{m(m-1)} \tag{8-43}$$

由于每个样本对 $(x_i,x_j)(i<j)$ 仅能出现在一个集合中，因此 $a+b+c+d=m(m-1)/2$，RI 值的范围为 $[0,1]$；RI 值越大，说明聚类效果越好。

（4）ARI（调整兰德系数）

ARI（Adjusted Rand Index）是兰德系数的一种改进，在比较聚类结果与真实标签之间相

似性时进行了调整,以考虑随机性的影响。与普通的兰德系数不同,调整兰德系数将随机性对结果的影响进行了校正,使得其取值范围为[-1,1],更容易解释和比较。

调整兰德系数的计算方式基于对随机分配的期望。它将实际兰德系数减去随机分配的兰德系数,并通过除以一个调整因子来进行标准化。调整兰德系数的计算公式为

$$\text{ARI} = \frac{\text{RI} - E(\text{RI})}{\max(\text{RI}) - E(\text{RI})} \tag{8-44}$$

其中,RI 是实际兰德系数;$E(\text{RI})$ 是随机分配的兰德系数的期望值,表示两个分割随机分配的相似性;max 是在给定总样本数的情况下,分割的最大兰德系数,表示分割之间的最大相似性。调整兰德系数的取值范围为[-1,1]:当调整兰德系数为 1 时,表示聚类结果与真实标签完全一致;当调整兰德系数为 0 时,表示聚类结果与随机分配的情况相当;当调整兰德系数为负数时,表示聚类结果与随机分配的不一致性超过了随机水平。

2. 内在方法

内在方法用于评价聚类之后这些簇之间聚类的效果,通常基于距离来度量。聚类结果的簇划分 $C = \{C_1, C_2, \cdots, C_k\}$,$\text{dist}()$ 用于计算两个样本之间的距离,则簇 C 内样本间的平均距离公式为

$$\text{avg}(C) = \frac{2}{|C|(|C|-1)} \sum_{1 \leq i < j \leq |C|} \text{dist}(x_i, x_j) \tag{8-45}$$

簇 C 内样本间的最远距离公式为

$$\text{diam}(C) = \max_{1 \leq i < j \leq |C|} \text{dist}(x_i, x_j) \tag{8-46}$$

簇 C_i 与 C_j 最近样本间的距离公式为

$$\text{dmin}(C_i, C_j) = \min_{x_i \in C_i, x_j \in C_j} \text{dist}(x_i, x_j) \tag{8-47}$$

簇 C_i 与 C_j 质心间的距离公式为

$$\mu = \frac{1}{|C|} \sum_{1 \leq i \leq |C|} x_i$$
$$d_{\text{cen}}(C_i, C_j) = \text{dist}(\mu_i, \mu_j) \tag{8-48}$$

(1)DB 指数(DBI)

DB(Davies-Bouldin)指数衡量了簇内的紧密度和簇间的分离度,从而帮助比较不同聚类结果的质量。

$$\text{DBI} = \frac{1}{k} \sum_{i=1}^{k} \max_{j \neq i} \left(\frac{\text{avg}(C_i) + \text{avg}(C_j)}{\text{den}(C_i, C_j)} \right) \tag{8-49}$$

其中,k 是聚类的簇数;$\text{avg}(C_i)$ 是第 i 个簇的簇内平均距离;$\text{den}(C_i, C_j)$ 是第 i 个簇的质心和第 j 个簇的质心之间的距离。DB 指数越小,表示簇内的紧密度越高,簇间的分离度越好,聚类效果越好。因此,在使用 DB 指数时,通常会选择具有最小 DB 指数的聚类结果作为较优的结果。

(2)Dunn 指数(DI)

Dunn 指数的计算方法涉及计算簇内距离和簇间距离。具体地,它使用簇间最小距离(簇之间最近样本的距离)除以簇内最大距离(簇内样本之间的最大距离):

$$\text{DI} = \min_{1 \leq i \leq k} \left\{ \min_{j \neq i} \left(\frac{\text{dmin}(C_i, C_j)}{\max_{1 \leq l \leq k} \text{diam}(C_l)} \right) \right\} \tag{8-50}$$

DI 刻画的是任意两个簇之间最近的距离的最小值，除以任意一个簇内距离最远的两个点的距离的最大值。显然，DI 越大越好。任意两个簇之间最近的距离的最小值越大（即簇间样本距离相互都很远），则 DI 越大；任意一个簇内距离最远的两个点的距离的最大值越小（即簇内样本距离都很近），则 DI 越大。

（3）轮廓系数

轮廓系数（Silhouette Coefficient）用来衡量聚类结果的紧密度和分离度。轮廓系数的取值范围为 $[-1,1]$，取值越大表示聚类结果越好。单个样本的轮廓系数的计算公式为

$$s(i) = \frac{b(i)-a(i)}{\max(a(i),b(i))} \tag{8-51}$$

其中，$a(i)$ 表示样本 i 与同簇其他样本的平均距离；$b(i)$ 表示样本 i 与最近的其他簇的平均距离；$\max(a(i),b(i))$ 表示 $a(i)$ 和 $b(i)$ 的最大值。

很容易理解，轮廓系数的取值范围是 $[-1,1]$，其值越接近 1 表示样本与自己所在的簇中的样本很相似，并且与其他簇中的样本不相似，当样本点与簇外的样本更相似的时候，轮廓系数即为负。当轮廓系数为 0 时，则代表两个簇中的样本相似度一致，两个簇本应该是一个簇。

如果一个簇中的大多数样本具有比较高的轮廓系数，则簇会有较高的总轮廓系数，则整个数据集的平均轮廓系数就高，则聚类是合适的。如果许多样本点具有低轮廓系数甚至负值，则表明聚类是不合适的，聚类的超参数 K 可能设定得太大或者太小。轮廓系数最高的簇数量代表了最佳的聚类选择。

（4）簇内平方和

簇内平方和（SSE）用来衡量聚类结果中每个簇内部元素的相似程度。簇内平方和越小，表示聚类结果越好。簇内平方和的计算公式为

$$\text{SSE} = \sum_i \sum_j (\boldsymbol{x}_{i,j} - c_i)^2 \tag{8-52}$$

其中，$\boldsymbol{x}_{i,j}$ 表示第 i 个簇中第 j 个样本的特征向量；c_i 表示第 i 个簇的质心。

（5）簇间平均距离

簇间平均距离（SBD）用来衡量聚类结果中不同簇之间的相似程度。簇间平均距离越大，表示聚类结果越好。簇间平均距离的计算公式为

$$\text{SBD} = \frac{\sum_i \sum_j d_{ij}}{k(k-1)} \tag{8-53}$$

其中，k 表示簇的个数；d_{ij} 表示第 i 个簇和第 j 个簇之间的距离。

8.9 聚类分析实践：对客户进行细分

本例用到的客户细分数据集"Online Retail"可从网站 https://www.kaggle.com/datasets/ 上下载。此数据集包括 541910 条数据、8 个属性特征，属性特征对应的含义如下。

1) InvoiceNo：每个交易的唯一标识号码。
2) StockCode：与交易相关的产品库存代码。
3) Description：产品的描述或名称。
4) Quantity：每个产品的购买数量。
5) InvoiceDate：交易发生的日期和时间。

6）UnitPrice：每个产品的单价或价格。

7）CustomerID：每个客户的唯一标识号码。

8）Country：客户所在的国家或地区。

这些属性特征可以用于分析客户的购买行为、偏好和地域分布，帮助企业更好地了解客户群体并进行精细化的营销、产品定位和服务策略。

8.9.1　数据预处理

1. 查看数据的各项信息

查看数据集的前几行，实现代码如下。

```
import pandas as pd
import matplotlib. pyplot as plt
import seaborn as sns

# 从 CSV 文件读取数据
data = pd. read_excel('d:/data/Online_Retail. xlsx')

# 查看数据集的前几行
data. head( ) )
```

运行结果如图 8-26 所示。

	InvoiceNo	StockCode	Description	Quantity	InvoiceDate	UnitPrice	CustomerID	Country
0	536365	85123A	WHITE HANGING HEART T-LIGHT HOLDER	6	2010-12-01 08:26:00	2.55	17850.0	United Kingdom
1	536365	71053	WHITE METAL LANTERN	6	2010-12-01 08:26:00	3.39	17850.0	United Kingdom
2	536365	84406B	CREAM CUPID HEARTS COAT HANGER	8	2010-12-01 08:26:00	2.75	17850.0	United Kingdom
3	536365	84029G	KNITTED UNION FLAG HOT WATER BOTTLE	6	2010-12-01 08:26:00	3.39	17850.0	United Kingdom
4	536365	84029E	RED WOOLLY HOTTIE WHITE HEART.	6	2010-12-01 08:26:00	3.39	17850.0	United Kingdom

图 8-26　数据集前 5 行

运行结果表明此数据集一共有 8 个属性。查看代码如下。

```
retail. shape
```

运行结果为：(541909,8)。说明此数据集共有 541909 条记录、8 个属性。

查看数据集的基本信息，实现代码如下。

```
retail. info( )
```

运行结果如图 8-27 所示。

```
<class 'pandas.core.frame.DataFrame'>
RangeIndex: 541909 entries, 0 to 541908
Data columns (total 8 columns):
 #   Column       Non-Null Count   Dtype
---  ------       --------------   -----
 0   InvoiceNo    541909 non-null  object
 1   StockCode    541909 non-null  object
 2   Description  540455 non-null  object
 3   Quantity     541909 non-null  int64
 4   InvoiceDate  541909 non-null  datetime64[ns]
 5   UnitPrice    541909 non-null  float64
 6   CustomerID   406829 non-null  float64
 7   Country      541909 non-null  object
dtypes: datetime64[ns](1), float64(2), int64(1), object(4)
memory usage: 24.8+ MB
```

图 8-27　数据集的基本信息

可见，此数据集共有 541909 条信息，并列出了每列不存在缺失值的数目及对应的数据类型。

查看数值型数据的统计信息，实现代码如下。

```
retail.describe()
```

运行结果如图 8-28 所示。

2. 数据清洗

由图 8-27 可知，属性 Description、CustomerID 存在空值。为了进行数据的有效聚类分析，先计算数据集中每列的缺失值比例，并将结果以百分比的形式输出。实现代码如下。

```
df_null =round(100 * (retail.isnull().sum())/len(retail), 2)
df_null
```

运行结果如图 8-29 所示。

	Quantity	UnitPrice	CustomerID
count	541909.000000	541909.000000	406829.000000
mean	9.552250	4.611114	15287.690570
std	218.081158	96.759853	1713.600303
min	-80995.000000	-11062.060000	12346.000000
25%	1.000000	1.250000	13953.000000
50%	3.000000	2.080000	15152.000000
75%	10.000000	4.130000	16791.000000
max	80995.000000	38970.000000	18287.000000

图 8-28　数值型数据的统计信息

```
InvoiceNo       0.00
StockCode       0.00
Description     0.27
Quantity        0.00
InvoiceDate     0.00
UnitPrice       0.00
CustomerID     24.93
Country         0.00
dtype: float64
```

图 8-29　每列的缺失值比例

为了保证数据的完整性和准确性，对缺失数据的行进行删除。实现代码如下。

```
retail = retail.dropna()
retail.shape
```

运行结果为：(406829,8)。这表明删掉缺失值之后，此数据集还有 406829 条信息。

再来更改 CustomerID 的数据类型，实现代码如下。

```
# 根据业务理解更改客户 ID 的数据类型
retail['CustomerID'] =retail['CustomerID'].astype(str)
```

3. 特征工程

增加新的属性，如 Amount，实现代码如下。

```
retail['Amount'] =retail['Quantity'] * retail['UnitPrice']
retail.head()
```

运行结果如图 8-30 所示。

下面按 CustomerID 列对数据进行分组，并计算每名客户 Amount 列的总和。实现代码如下。

	InvoiceNo	StockCode	Description	Quantity	InvoiceDate	UnitPrice	CustomerID	Country	Amount
0	536365	85123A	WHITE HANGING HEART T-LIGHT HOLDER	6	2010-12-01 08:26:00	2.55	17850.0	United Kingdom	15.30
1	536365	71053	WHITE METAL LANTERN	6	2010-12-01 08:26:00	3.39	17850.0	United Kingdom	20.34
2	536365	84406B	CREAM CUPID HEARTS COAT HANGER	8	2010-12-01 08:26:00	2.75	17850.0	United Kingdom	22.00
3	536365	84029G	KNITTED UNION FLAG HOT WATER BOTTLE	6	2010-12-01 08:26:00	3.39	17850.0	United Kingdom	20.34
4	536365	84029E	RED WOOLLY HOTTIE WHITE HEART.	6	2010-12-01 08:26:00	3.39	17850.0	United Kingdom	20.34

图 8-30 增加了新属性 Amount

```
# 计算每名客户 Amount 列的总和
rfm_m = retail.groupby('CustomerID')['Amount'].sum().reset_index()
rfm_m.head()
```

上述代码中使用 groupby() 函数按照 CustomerID 列对 Amount 列进行分组，并计算每名客户的 Amount 总和。然后使用 reset_index() 函数对分组后的结果重新设置索引，得到一个新的 DataFrame（数据框）rfm_m。运行结果如图 8-31 所示。

下面来统计每名客户的购买次数，实现代码如下。

```
# 计算每名客户的同一发票编号的数量
rfm_f = retail.groupby('CustomerID')['InvoiceNo'].count().reset_index()
rfm_f.head()
```

上述代码使用 groupby() 函数按照 CustomerID 列对 InvoiceNo 列进行分组，并计算每名客户的 InvoiceNo（发票编号）的数量，即统计每名客户的购买次数。然后，使用 reset_index() 函数对分组后的结果重新设置索引，得到一个新的 DataFrame（数据框）rfm_f。运行结果如图 8-32 所示。

	CustomerID	Amount
0	12346.0	0.00
1	12347.0	4310.00
2	12348.0	1797.24
3	12349.0	1757.55
4	12350.0	334.40

	CustomerID	InvoiceNo
0	12346.0	2
1	12347.0	182
2	12348.0	31
3	12349.0	73
4	12350.0	17

图 8-31 计算每名客户 Amount 的总和　　图 8-32 统计每名客户的购买次数

```
rfm_f.columns
```

上述语句用于获取 DataFrame rfm_f 的列标签。运行结果如图 8-33 所示。

```
Index(['CustomerID', 'InvoiceNo'], dtype='object')
```

图 8-33 DataFrame rfm_f 的列标签

```
rfm_f.rename(columns={'InvoiceNo': 'Frequency'}, inplace=True)
rfm_f.head()
```

上述代码使用 rename() 函数将 DataFrame rfm_f 中的 InvoiceNo 列重命名为 Frequency，然后通过 inplace=True 参数设置将修改应用到原始的 DataFrame 中。运行结果如图 8-34 所示。

```
# 合并两个 dfs
merged_rfm = rfm_m.merge(rfm_f, on='CustomerID')
```

```
# another way
# rfm = pd.merge(rfm_m, rfm_f, on='CustomerID', how='inner')
merged_rfm.head()
```

运行结果如图 8-35 所示。

	CustomerID	Frequency
0	12346.0	2
1	12347.0	182
2	12348.0	31
3	12349.0	73
4	12350.0	17

图 8-34 修改列名

	CustomerID	Amount	Frequency
0	12346.0	0.00	2
1	12347.0	4310.00	182
2	12348.0	1797.24	31
3	12349.0	1757.55	73
4	12350.0	334.40	17

图 8-35 合并两个 DataFrame

```
# 计算最大日期以了解数据集中的最后交易日期
max_date = max(retail['InvoiceDate'])
max_date
```

运行结果如图 8-36 所示。

Timestamp('2011-12-09 12:50:00')

图 8-36 查询最后交易时间

```
# 计算数据集中的最大日期和每条记录的交易日期之间的时间差
retail['Diff'] = max_date - retail['InvoiceDate']
retail.head()
```

运行结果如图 8-37 所示。

	InvoiceNo	StockCode	Description	Quantity	InvoiceDate	UnitPrice	CustomerID	Country	Amount	Diff
0	536365	85123A	WHITE HANGING HEART T-LIGHT HOLDER	6	2010-12-01 08:26:00	2.55	17850.0	United Kingdom	15.30	373 days 04:24:00
1	536365	71053	WHITE METAL LANTERN	6	2010-12-01 08:26:00	3.39	17850.0	United Kingdom	20.34	373 days 04:24:00
2	536365	84406B	CREAM CUPID HEARTS COAT HANGER	8	2010-12-01 08:26:00	2.75	17850.0	United Kingdom	22.00	373 days 04:24:00
3	536365	84029G	KNITTED UNION FLAG HOT WATER BOTTLE	6	2010-12-01 08:26:00	3.39	17850.0	United Kingdom	20.34	373 days 04:24:00
4	536365	84029E	RED WOOLLY HOTTIE WHITE HEART.	6	2010-12-01 08:26:00	3.39	17850.0	United Kingdom	20.34	373 days 04:24:00

图 8-37 增加每次交易距最后交易的时间列

```
# 计算最后交易日期以获取客户的最近购买时间
# 由于每名客户可能有多个购买发票
# 因此需要创建一个指标,表示该客户最近一次交易是什么时候,以确定他是否活跃
rfm_p = retail.groupby('CustomerID')['Diff'].min().reset_index()
rfm_p.head()
```

上述代码的含义是对数据集中的每名客户,按照其 CustomerID 对 Diff(交易间隔)进行分组,然后计算每名客户的最小交易间隔,最后将结果存储在 DataFrame rfm_p 中。

运行结果如图 8-38 所示。

```
# 只保留天数
rfm_p = retail.groupby('CustomerID')['Diff'].min().reset_index()
rfm_p.head()
```

从时间间隔数据中提取出天数部分，并将结果覆盖原先的 Diff 列，以便得到时间间隔的天数表示。运行结果如图 8-39 所示。

	CustomerID	Diff
0	12346.0	325 days 02:33:00
1	12347.0	1 days 20:58:00
2	12348.0	74 days 23:37:00
3	12349.0	18 days 02:59:00
4	12350.0	309 days 20:49:00

图 8-38　每名客户的最小交易间隔

	CustomerID	Diff
0	12346.0	325
1	12347.0	1
2	12348.0	74
3	12349.0	18
4	12350.0	309

图 8-39　每名客户的最小交易间隔（天数）

```
# 合并数据框以获得最终的 RFM 数据框
merged_rfm = merged_rfm.merge(rfm_p, on='CustomerID')
merged_rfm.rename(columns={'Diff': 'Recency'}, inplace=True)
merged_rfm.head()
```

运行结果如图 8-40 所示。

```
# 创建一个包含所选属性的 DataFrame
attributes = ['Amount', 'Frequency', 'Recency']
data = merged_rfm[attributes]
data.head()
```

上述代码的含义是创建一个新的 DataFrame，其中包含从 merged_rfm 中选择的属性（Amount、Frequency、Recency），然后展示新创建的 DataFrame 的前几行数据。运行结果如图 8-41 所示。

	CustomerID	Amount	Frequency	Recency
0	12346.0	0.00	2	325
1	12347.0	4310.00	182	1
2	12348.0	1797.24	31	74
3	12349.0	1757.55	73	18
4	12350.0	334.40	17	309

图 8-40　合并数据框

	Amount	Frequency	Recency
0	0.00	2	325
1	4310.00	182	1
2	1797.24	31	74
3	1757.55	73	18
4	334.40	17	309

图 8-41　创建一个新的 DataFrame

```
data.info()
```

运行结果如图 8-42 所示。

```
<class 'pandas.core.frame.DataFrame'>
Int64Index: 4372 entries, 0 to 4371
Data columns (total 3 columns):
 #   Column     Non-Null Count  Dtype
---  ------     --------------  -----
 0   Amount     4372 non-null   float64
 1   Frequency  4372 non-null   int64
 2   Recency    4372 non-null   int64
dtypes: float64(1), int64(2)
memory usage: 136.6 KB
```

图 8-42　操作后数据集的基本信息

可见，清理后剩下4372条记录。

4. 异常值处理

```
# 创建一个包含所选属性的 DataFrame
attributes = ['Amount', 'Frequency', 'Recency']
data = merged_rfm[attributes]
# Create a box plot with Plotly
fig = px.box(data, y=attributes, labels={'variable': 'Attributes', 'value': 'Range'},
             title="Outliers Variable Distribution")
fig.update_layout(
    xaxis=dict(title="Attributes"),
    yaxis=dict(title="Range"),
    showlegend=False,
    boxmode='group',   # 将箱线图并排显示
    width=800, height=600)
fig.show()
```

运行上述代码绘制箱线图，可以发现异常值、属性分布情况及不同属性之间的比较，这些信息都对数据分析和决策制定非常有帮助。异常值变量分布如图8-43所示。

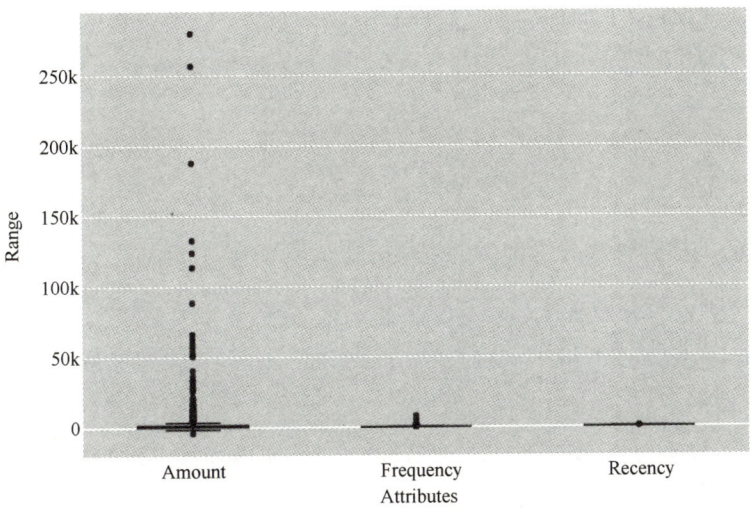

图8-43　异常值变量分布

```
# 移除金额(Amount)的统计异常值
Q1 = merged_rfm.Amount.quantile(0.05)
Q3 = merged_rfm.Amount.quantile(0.95)
IQR = Q3 - Q1
merged_rfm = merged_rfm[(merged_rfm.Amount >= Q1 - 1.5 * IQR) & (merged_rfm.Amount <= Q3 + 1.5 * IQR)]

# 移除最近一次购买时间(Recency)的统计异常值
Q1 = merged_rfm.Recency.quantile(0.05)
Q3 = merged_rfm.Recency.quantile(0.95)
IQR = Q3 - Q1
merged_rfm = merged_rfm[(merged_rfm.Recency >= Q1 - 1.5 * IQR) & (merged_rfm.Recency <= Q3 + 1.5 * IQR)]

# 移除购买频率(Frequency)的统计异常值
```

```
Q1 = merged_rfm.Frequency.quantile(0.05)
Q3 = merged_rfm.Frequency.quantile(0.95)
IQR = Q3 - Q1
merged_rfm = merged_rfm[(merged_rfm.Frequency >= Q1 - 1.5 * IQR) & (merged_rfm.Frequency <= Q3 + 1.5 * IQR)]
```

上述代码的作用是通过统计方法来移除数据中的异常值。对于每个属性（Amount、Recency、Frequency），代码计算了上下分位数（Q1、Q3），然后使用四分位距（IQR = Q3 - Q1）来识别异常值的界限。最后，通过筛选位于合理范围内的数据来移除异常值。这样处理有助于确保数据的质量和准确性，以便更好地进行后续的分析和建模工作。

```
attributes = ['Amount', 'Frequency', 'Recency']

fig = px.box(merged_rfm, y=attributes, title="Outliers Variable Distribution",
             labels={'variable': 'Attributes', 'value': 'Range'},
             boxmode='group', points='outliers')

fig.update_layout(
    xaxis=dict(title="Attributes", title_font=dict(size=14)),
    yaxis=dict(title="Range", title_font=dict(size=14)),
    showlegend=False,
    width=800,
    height=600
)

fig.show()
```

运行上述代码，得到移出异常值后的变量分布如图8-44所示。

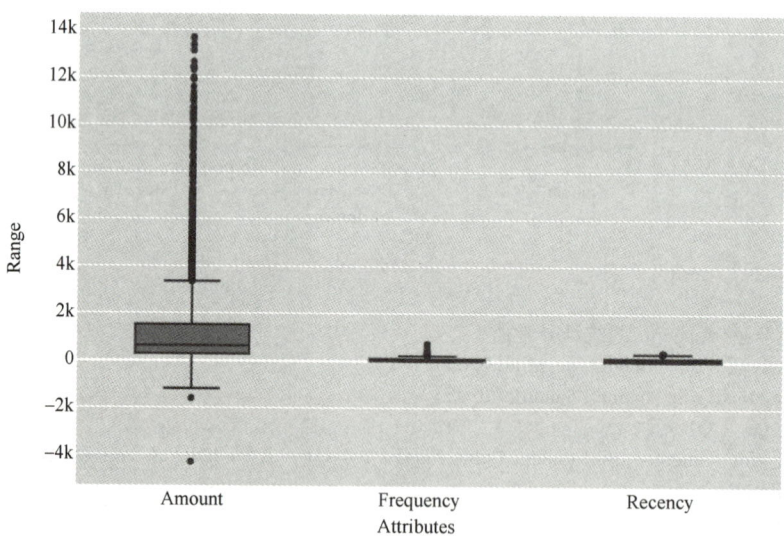

图8-44 移出异常值后的变量分布

5. 属性值缩放

在进行聚类前，重新缩放变量是非常重要的，可使它们具有可比较的尺度。实现代码如下。

```
from sklearn.preprocessing import StandardScaler
# 对属性进行重新缩放
```

```
merged_rfm = merged_rfm[['Amount', 'Frequency', 'Recency']]

# 实例化
scaler = StandardScaler()

# 拟合与转换
rfm_df_scaled = scaler.fit_transform(merged_rfm)
rfm_df_scaled.shape
```

运行结果为：(4271,3)。最终能够聚类的记录剩下 4271 条记录。

```
rfm_df_scaled = pd.DataFrame(rfm_df_scaled)
rfm_df_scaled.columns = ['Amount', 'Frequency', 'Recency']
rfm_df_scaled.head()
```

上述代码是将经过标准化处理后的数据 rfm_df_scaled 转换为 DataFrame（数据框）rfm_df_scaled，并且给 rfm_df_scaled 的每一列分配了对应的列名称，分别为 Amount、Frequency 和 Recency。最后使用 head() 方法展示了转换后的 rfm_df_scaled 的前几行数据。

运行结果如图 8-45 所示。

	Amount	Frequency	Recency
0	-0.759639	-0.771795	2.295613
1	1.916220	1.117217	-0.910045
2	0.356175	-0.467454	-0.187782
3	0.331534	-0.026685	-0.741847
4	-0.552027	-0.614377	2.137309

图 8-45 转换后的前几行数据

8.9.2 利用 K-Means 算法

1. 参数 K 的选择

(1) 利用肘方法选择 K

```
# 导入集群所需的簇
import sklearn
from sklearn.preprocessing import StandardScaler
from sklearn.cluster import KMeans
from sklearn.metrics import silhouette_score
from sklearn.preprocessing import StandardScaler, LabelEncoder
from sklearn.cluster import KMeans

ssd = []
range_n_clusters = [2, 3, 4, 5, 6, 7, 8]

for num_clusters in range_n_clusters:
    kmeans = KMeans(n_clusters=num_clusters, max_iter=50)
    kmeans.fit(rfm_df_scaled)

    ssd.append(kmeans.inertia_)
    print("For n_clusters={0}, the Elbow score is {1}".format(num_clusters, kmeans.inertia_))

fig = px.line(x=range_n_clusters, y=ssd,
              title="Elbow Curve for K-Means Clustering",
              labels={'x': 'Number of Clusters', 'y': 'Sum of Squared Distances (SSD)'})

fig.update_layout(
    xaxis=dict(title_font=dict(size=14)),
```

```
                yaxis = dict( title_font = dict( size = 14 ) ),
                showlegend = False,
                width = 800,
                height = 600
)
fig.show( )
```

运行上述代码,得到不同簇数对应的 Elbow score 如图 8-46 所示。

```
For n_clusters=2, the Elbow score is 7530.279845645009
For n_clusters=3, the Elbow score is 4350.060694530019
For n_clusters=4, the Elbow score is 3306.565415263051
For n_clusters=5, the Elbow score is 2776.805287469373
For n_clusters=6, the Elbow score is 2369.9616878711863
For n_clusters=7, the Elbow score is 2038.1120772057432
For n_clusters=8, the Elbow score is 1834.160555925644
```

图 8-46 不同簇数对应的 Elbow score

使用 K-Means 聚类的肘曲线如图 8-47 所示。

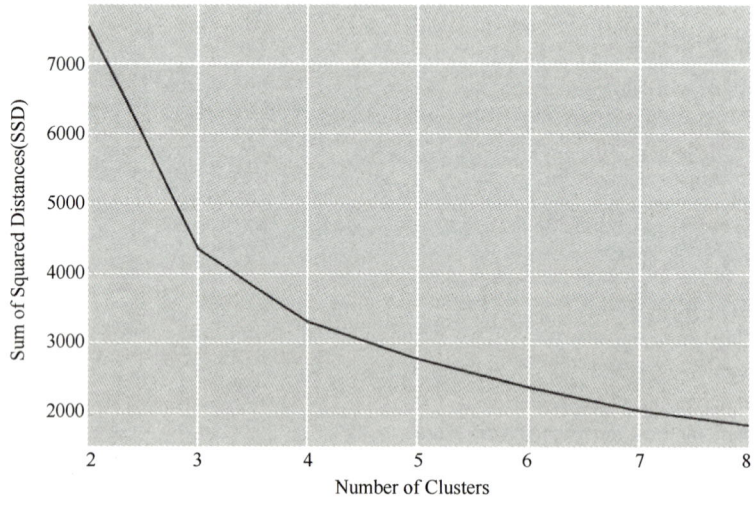

图 8-47 利用 K-Means 聚类的肘曲线

根据肘部法则,合适的 K 值通常是在肘部出现的位置,也就是说,选择在肘部后面的簇数。这个点通常是 SSE 下降速度减缓的转折点,表示增加更多簇数所带来的收益递减。通过此运行结果可以看出,当 $K=3$ 时,SSE 下降速度较慢。

```
[7530.279845645009,
 4350.060694530019,
 3306.565415263051,
 2776.805287469373,
 2369.9616878711863,
 2038.1120772057432,
 1834.160555925644]
```

```
ssd
```

图 8-48 SSE 值

运行结果如图 8-48 所示。

通过显示 SSE 的值也能发现,当 $K=3$ 时,随着 K 的继续增加,SSE 减少得缓慢。

(2) 使用轮廓系数方法选择 K

```
# 轮廓分析
range_n_clusters = [2, 3, 4, 5, 6, 7, 8]

for num_clusters in range_n_clusters:
```

```
# 初始化 K-Means
kmeans = KMeans(n_clusters=num_clusters, max_iter=50)
kmeans.fit(rfm_df_scaled)

cluster_labels = kmeans.labels_

# 轮廓系数
silhouette_avg = silhouette_score(rfm_df_scaled, cluster_labels)
print("For n_clusters={0}, the silhouette score is {1}".format(num_clusters, silhouette_avg))
```

运行结果如图 8-49 所示。

```
For n_clusters=2, the silhouette score is 0.5267442774056142
For n_clusters=3, the silhouette score is 0.5022535831650203
For n_clusters=4, the silhouette score is 0.4781646507106878
For n_clusters=5, the silhouette score is 0.4613270030245408
For n_clusters=6, the silhouette score is 0.4136345894665194
For n_clusters=7, the silhouette score is 0.4064268899422777
For n_clusters=8, the silhouette score is 0.40216560899866827
```

图 8-49　不同簇数对应的轮廓系数

轮廓系数越大越好，$K=2$ 时轮廓系数最大当 $K=3$ 时，与 $K=2$ 时的轮廓系数的值相差不多。再综合考虑肘方法，最终选择 $K=3$。

2. 利用 K-Means 算法进行建模

```
from mpl_toolkits.mplot3d import Axes3D
import matplotlib.pyplot as plt
import numpy as np
from sklearn.cluster import KMeans

# 创建 K-Means 聚类模型
kmeans = KMeans(n_clusters=3, max_iter=50, random_state=42)

# 对数据进行聚类
kmeans.fit(rfm_df_scaled)

# 获取每个样本所属的簇标签
cluster_labels = kmeans.labels_

fig = plt.figure()
ax = fig.add_subplot(111, projection='3d')

x = rfm_df_scaled['Recency']
y = rfm_df_scaled['Frequency']
z = rfm_df_scaled['Amount']

# 根据 cluster_labels 设置不同的颜色
colors = ['r', 'g', 'b']
for cluster_label in np.unique(cluster_labels):
    clustered_x = x[cluster_labels == cluster_label]
    clustered_y = y[cluster_labels == cluster_label]
    clustered_z = z[cluster_labels == cluster_label]
    ax.scatter(clustered_x, clustered_y, clustered_z, c=colors[cluster_label], label=f'Cluster {cluster_label}')
```

```
ax.set_xlabel('Recency')
ax.set_ylabel('Frequency')
ax.set_zlabel('Amount')

# 显示图例
ax.legend()

plt.show()
```

运行上述代码,得到当聚类簇数 $K=3$ 时的 K-Means 聚类效果,如图 8-50 所示。

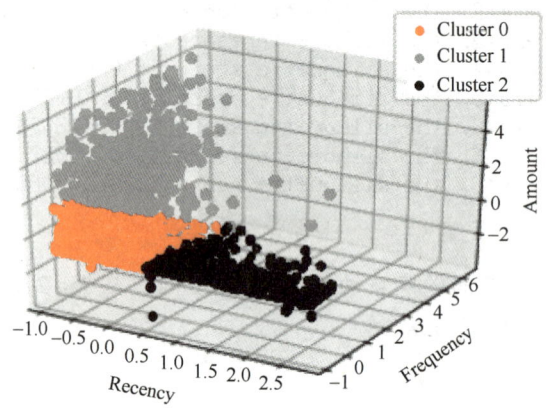

图 8-50 当 $K=3$ 时的 K-Means 聚类效果

3. 评价 K-Means 算法的聚类质量

```
from sklearn.metrics import silhouette_score, calinski_harabasz_score, davies_bouldin_score
# 计算轮廓系数
silhouette_avg = silhouette_score(rfm_df_scaled, cluster_labels)
# 计算 Calinski-Harabasz 指数
ch_score = calinski_harabasz_score(rfm_df_scaled, cluster_labels)
# 计算 Davies-Bouldin 指数
db_score = davies_bouldin_score(rfm_df_scaled, cluster_labels)
print(f"Silhouette Score:{silhouette_avg}")print(f"Calinski-Harabasz Score:{ch_score}")print(f"Davies-Bouldin Score:{db_score}")
```

上述代码计算了轮廓系数、Calinski-Harabasz 指数和 Davies-Bouldin 指数。运行结果如图 8-51 所示。

```
Silhouette Score: 0.5022535831650203
Calinski-Harabasz Score: 4151.648869080285
Davies-Bouldin Score: 0.739657404093656
```

图 8-51 K-Means 算法聚类评价指标

由运行结果可知:

1) Silhouette Score 为 0.502。Silhouette Score 越接近 1 表示聚类越合理,而负值通常表示数据点被错误地分配到了不适合的簇中。这个结果表明大部分数据点被分配到了合理的簇中,但也可能存在一些边缘情况。

2) Calinski-Harabasz Score 为 4151.65。Calinski-Harabasz 分数通常是一个较大的正数,代表簇内的数据点足够紧密,并且簇之间的距离足够远。这个结果表明聚类效果比较好,簇内的数据点紧密聚集,而不同簇之间的差异性较大。

3) Davies-Bouldin Score 为 0.740。Davies-Bouldin 分数越接近 0,表示聚类结果越好。这个结果表明聚类效果一般。

综合来看,这些指标结果表明聚类效果一般。

8.9.3 利用 Agglomerative Clustering 算法

1. 利用 Agglomerative Clustering 算法进行建模

```python
from sklearn.cluster import AgglomerativeClustering
from mpl_toolkits.mplot3d import Axes3D
import matplotlib.pyplot as plt
# 创建层次聚类模型
agg_cluster = AgglomerativeClustering(n_clusters=3)    # 设置聚类簇数为3

# 对数据进行聚类
agg_cluster.fit(rfm_df_scaled)

# 获取每个样本所属的簇标签
cluster_labels = agg_cluster.labels_

fig = plt.figure()
ax = fig.add_subplot(111, projection='3d')

x = rfm_df_scaled['Recency']
y = rfm_df_scaled['Frequency']
z = rfm_df_scaled['Amount']

# 根据 cluster_labels 设置不同的颜色
colors = ['r', 'g', 'b']
for cluster_label in np.unique(cluster_labels):
    clustered_x = x[cluster_labels == cluster_label]
    clustered_y = y[cluster_labels == cluster_label]
    clustered_z = z[cluster_labels == cluster_label]
    ax.scatter(clustered_x, clustered_y, clustered_z, c=colors[cluster_label], label=f'Cluster {cluster_label}')

ax.set_xlabel('Recency')
ax.set_ylabel('Frequency')
ax.set_zlabel('Amount')

# 显示图例
ax.legend()

plt.show()
```

运行上述代码,得到当聚类簇数 $K=3$ 时的 Agglomerative Clustering 聚类效果,如图 8-52 所示。

2. 评价 Agglomerative Clustering 算法的聚类质量

```python
from sklearn.metrics import silhouette_score, calinski_harabasz_score, davies_bouldin_score
# 计算轮廓系数
silhouette_avg = silhouette_score(rfm_df_scaled, cluster_labels)
```

```
# 计算 Calinski-Harabasz 指数
ch_score = calinski_harabasz_score(rfm_df_scaled, cluster_labels)

# 计算 Davies-Bouldin 指数
db_score = davies_bouldin_score(rfm_df_scaled, cluster_labels)

print(f"Silhouette Score：{silhouette_avg}")
print(f"Calinski-Harabasz Score：{ch_score}")
print(f"Davies-Bouldin Score：{db_score}")
```

运行结果如图 8-53 所示。

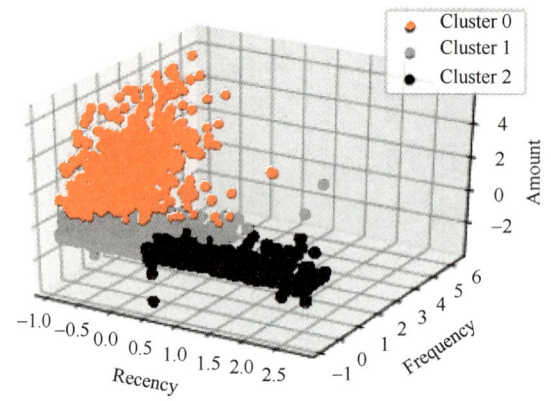

图 8-52　当 $K=3$ 时的 Agglomerative Clustering 聚类效果

```
Silhouette Score: 0.47076514943613684
Calinski-Harabasz Score: 3650.6833512758913
Davies-Bouldin Score: 0.7953216264775969
```

图 8-53　Agglomerative Clustering 算法聚类评价指标

这些指标表明凝聚型层次聚类对客户进行细分的表现一般。

8.10　本章小结

　　本章详细地介绍了聚类分析的理论基础和实际应用。首先，通过介绍聚类的相关概念和聚类与分类的区别，使读者对聚类方法有了清晰的认识。随后，介绍了多种聚类算法，包括基于划分的算法、基于层次的算法、基于密度的算法、谱聚类算法等，对每种算法的原理和步骤进行了详细讲解，帮助读者深入理解各种聚类方法的特点和适用场景。此外，还讲解了聚类评价方法，为读者提供了客观评价聚类结果的手段，有助于选择合适的聚类簇数和评价聚类质量。最后，通过对客户进行细分的实践案例，让读者了解了如何进行数据预处理、如何应用不同的聚类算法，并理解聚类分析在实际业务场景中的应用价值。整体而言，本章内容丰富全面，有助于读者全面掌握聚类分析的方法和技巧。

8.11　习题

　　1. 请解释聚类分析的基本概念，并举例说明聚类分析在实际中的应用场景。

2. 聚类和分类有哪些区别？请详细描述它们之间的异同点，并说明在什么情况下更适合使用聚类分析，以及在什么情况下更适合使用分类分析。

3. 请列举并解释至少三种不同类别的聚类算法，并比较它们之间的优缺点。

4. 什么是相似性度量？请说明在聚类分析中常用的相似性度量指标，并举例说明不同的相似性度量在实际应用中的差异和适用范围。

5. 说明归一化处理在聚类分析中的作用和意义，以及常用的归一化方法。

6. 详细介绍 K-Means 算法的原理和步骤，并结合一个实际数据集进行说明。

7. 请解释基于层次的聚类算法的基本原理，说明 Agglomerative Clustering 算法和 BIRCH 算法的区别，并比较它们的特点。

8. 请解释 DBSCAN 算法的原理和核心概念，说明它相对于 K-Means 算法的优势和适用场景。

9. 什么是谱聚类算法？请详细描述谱聚类算法的步骤和实现过程，并说明谱聚类算法相对于传统聚类算法的优势。

10. 在聚类分析中，如何评价聚类结果的质量？请说明几种常用的聚类评价方法，并举例说明如何利用这些方法评价聚类结果。

11. 自行选择数据集，使用 BIRCH、DBSCAN 和谱聚类算法进行聚类，并分析聚类效果。

第 9 章 降 维 技 术

降维是指在保持尽可能多信息的前提下,减少数据的维度。在高维数据中,每个维度代表一个特征或变量,而数据的维度可能会显著影响数据分析、可视化、模型训练和推理等任务。降维的目标是在尽量减少信息损失的情况下,简化数据,以便更好地理解和处理数据。本章主要讲解降维的重要性、主成分分析(PCA)算法、奇异值分解(SVD)等方面的内容。

▶ **思维导图**

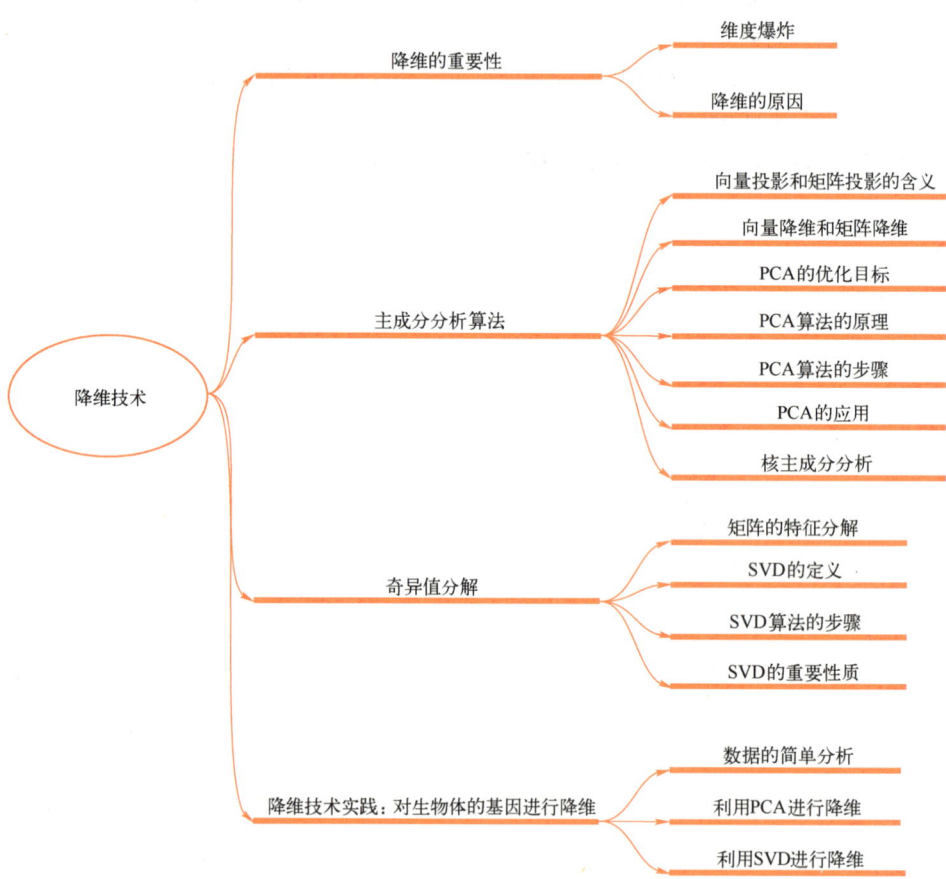

9.1 降维的重要性

为了更好地理解降维的重要性,下面从维度爆炸引起的问题来说明降维的原因。

9.1.1 维度爆炸

维度爆炸通常指的是随着维度数量的增加,数据集的大小呈指数级增长,从而导致数据处理和计算的复杂度急剧增加。以下是一些可能导致维度爆炸的例子。

1）基因表达数据。基因表达数据通常包含成千上万个基因，每个基因在不同的样本中有不同的表达量，因此会形成高维数据集。例如，一个基因表达矩阵大小为 n 行（样本数）× m 列（基因数），当 m 很大时，数据集的大小会呈指数级增长。

2）图像数据。图像可以看作一个像素矩阵，每个像素有 RGB 三个通道，因此一张 1024×1024 像素的彩色图像就包含 3072 维的数据。

3）文本数据。文本数据可以表示为词向量矩阵，每个文档对应一行，每列代表一个词，如果考虑到大量的停用词和词根变化等因素，词汇量可能达到几万甚至几十万级别，从而形成高维数据集。

维度爆炸（Curse of Dimensionality）是指随着维度数量的增加，数据集的大小呈指数级增长，导致数据处理和计算的复杂度急剧增加的现象。简单来说，就是在高维空间中，数据变得非常稀疏，数据点之间的距离变得非常大，从而导致数据分布难以理解和分析，同时会使得数据处理和计算的复杂度急剧增加。

维度爆炸是机器学习、数据挖掘等领域面临的一个重要问题，因为高维数据集通常存在大量的冗余和噪声，对这些数据进行处理和分析需要消除冗余和噪声，从而减少维度数量，降低数据复杂度。因此，降维算法在高维数据处理和分析中具有重要的作用。

9.1.2 降维的原因

大家都知道，在低维情况下，数据更容易处理，但是在通常情况下得到的数据并不是如此的，它们往往会有很多特征，但其中有很多是无用的信息，进而就会出现很多问题。例如：

1）多余的特征会影响或误导学习器。
2）更多特征意味着更多参数需要调整，过拟合风险也越大。
3）数据的维度可能只是虚高，真实维度可能比较小。
4）维度越少意味着训练越快，可以尝试更多，能够得到更好的结果。
5）如果想要可视化数据，就必须限制在两个或三个维度上。

因此，需要通过降维把无关或冗余的特征删除掉。

9.2 主成分分析算法

主成分分析（PCA）算法的基本思想是通过线性变换将原始的高维数据映射到一个新的低维空间，使得在新的低维空间中，数据的方差尽可能大，从而保留数据中最重要的信息。这个线性变换是通过找到数据的主成分（Principal Component）来实现的，所以称为主成分分析。

【例 9-1】假设有一个由三个样本点组成的数据集，样本点有两个特征 x_1 和 x_2，三个样本点的坐标分别为 $(1,1)$、$(2,2)$、$(3,3)$。让两个特征 x_1 和 x_2 分别作为两个坐标轴，然后用二维平面来描述这组数据。现在这组数据每个特征的均值都为 2，每个特征的方差 $x_{1\_var} = x_{2\_var} = \frac{(1-2)^2+(2-2)^2+(3-2)^2}{2} = 1$，方差的总和为 2。

现在目标是：只用一个特征来描述这组数据，即将二维数据降维为一维数据，并且尽可能地保留信息量，即让数据的总方差尽量接近 2。于是，将原本的直角坐标系逆时针旋转 45°，形成新的特征 x_1^* 和 x_2^* 组成的新平面。此变化过程如图 9-1 所示。

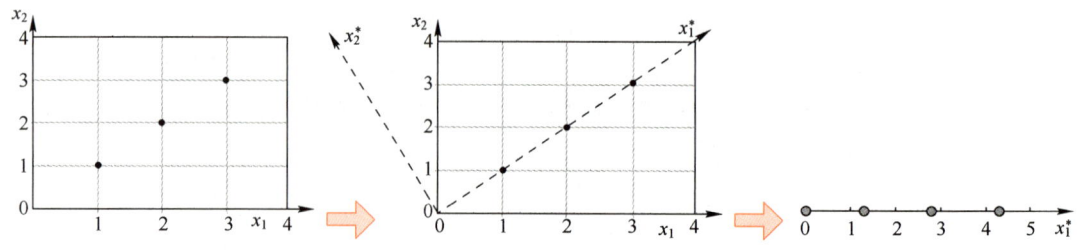

图 9-1　坐标轴旋转 45°

在这个新平面中，三个样本数据的坐标变为$(\sqrt{2},0)$、$(2\sqrt{2},0)$、$(3\sqrt{2},0)$。此时，在x_2^*上的数值都变成了 0，因此x_2^*明显不带有任何有效信息了（此时x_2^*的方差也为 0 了），而x_1^*上的均值是$2\sqrt{2}$，则方差可以表示为

$$x_{2\_var}^* = \frac{(\sqrt{2}-2\sqrt{2})^2+(2\sqrt{2}-2\sqrt{2})^2+(3\sqrt{2}-2\sqrt{2})^2}{2}=2$$

此时，根据信息含量的排序，取信息含量最大的一个特征。由于x_2^*均值为 0 且方差也为 0，已经不携带任何信息了，所以把x_2^*删除，同时也删除图 9-1 中的x_2^*特征，剩下的x_1^*就代表了曾经需要两个特征来代表的三个样本点。通过旋转原有特征向量组成的坐标轴来找到新特征向量和新坐标轴，一次成功的降维就实现了。数据点由$(1,1)$、$(2,2)$、$(3,3)$变成了$\sqrt{2}$、$2\sqrt{2}$、$3\sqrt{2}$。

9.2.1　向量投影和矩阵投影的含义

1. 向量投影

如图 9-2 所示，向量$\boldsymbol{a}$在向量$\boldsymbol{b}$上的投影为$\boldsymbol{a}\times\cos\theta$，其中$\theta$是向量间的夹角。向量$\boldsymbol{a}$在向量$\boldsymbol{b}$上的投影表示向量$\boldsymbol{a}$在向量$\boldsymbol{b}$方向上的信息。当$\theta=90°$时，向量$\boldsymbol{a}$与向量$\boldsymbol{b}$正交，向量$\boldsymbol{a}$无向量$\boldsymbol{b}$信息，即向量间无冗余信息。

向量最简单的表示方法是用基向量表示，如图 9-3 所示，向量$\boldsymbol{OA}$在基向量$(\boldsymbol{e}_1,\boldsymbol{e}_2)$上的投影表示为

$$\boldsymbol{OA}=c_1\times\boldsymbol{e}_1+c_2\times\boldsymbol{e}_2$$

其中，c_1是$\boldsymbol{OA}$在$\boldsymbol{e}_1$方向上的投影；c_2是$\boldsymbol{OA}$在$\boldsymbol{e}_2$方向上的投影；$\boldsymbol{e}_1$和$\boldsymbol{e}_2$是基向量。

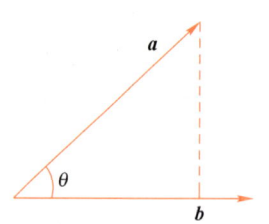
图 9-2　向量$\boldsymbol{a}$在向量$\boldsymbol{b}$上的投影

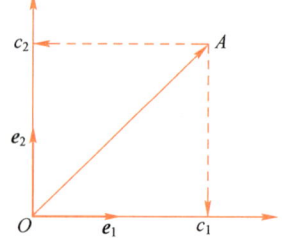
图 9-3　向量$\boldsymbol{OA}$在基向量上的投影

2. 矩阵投影

把向量的表示方法扩展到矩阵，若矩阵$\boldsymbol{A}_{n\times n}$的秩$r(\boldsymbol{A})=n$，其中$\boldsymbol{a}^{(j)}(j=1,2,\cdots,n)$为$n$个维度的列向量，那么矩阵$\boldsymbol{A}$的列向量表示为$\boldsymbol{A}=[\boldsymbol{a}^{(1)},\boldsymbol{a}^{(2)},\cdots,\boldsymbol{a}^{(n)}]$，$\boldsymbol{a}^{(n)}$也可用$\overrightarrow{\boldsymbol{a}^{(n)}}$来表示，

进一步得到

$$\begin{cases} \boldsymbol{a}^{(1)} = c_{11} \times \boldsymbol{e}_1 + c_{12} \times \boldsymbol{e}_2 + \cdots + c_{1n} \times \boldsymbol{e}_n \\ \boldsymbol{a}^{(2)} = c_{21} \times \boldsymbol{e}_1 + c_{22} \times \boldsymbol{e}_2 + \cdots + c_{2n} \times \boldsymbol{e}_n \\ \quad \vdots \\ \boldsymbol{a}^{(n)} = c_{n1} \times \boldsymbol{e}_1 + c_{n2} \times \boldsymbol{e}_2 + \cdots + c_{nn} \times \boldsymbol{e}_n \end{cases} \quad (9\text{-}1)$$

其中，$\boldsymbol{e}_1, \boldsymbol{e}_2, \cdots, \boldsymbol{e}_n$ 为矩阵 $\boldsymbol{A}$ 的特征向量。

若矩阵 $\boldsymbol{A}$ 是对称矩阵，那么特征向量为正交向量，把式（9-1）表示为矩阵的形式，即

$$\boldsymbol{A} = \begin{bmatrix} c_{11} & c_{12} & \cdots & c_{1n} \\ c_{21} & c_{22} & \cdots & c_{2n} \\ \vdots & \vdots & & \vdots \\ c_{n1} & c_{n2} & \cdots & c_{nn} \end{bmatrix} \times \begin{bmatrix} \boldsymbol{e}_1^{\mathrm{T}} \\ \boldsymbol{e}_2^{\mathrm{T}} \\ \vdots \\ \boldsymbol{e}_n^{\mathrm{T}} \end{bmatrix}$$

$$\Rightarrow \boldsymbol{A}[\boldsymbol{e}_1, \boldsymbol{e}_2, \cdots, \boldsymbol{e}_n] = \begin{bmatrix} c_{11} & c_{12} & \cdots & c_{1n} \\ c_{21} & c_{22} & \cdots & c_{2n} \\ \vdots & \vdots & & \vdots \\ c_{n1} & c_{n2} & \cdots & c_{nn} \end{bmatrix} \quad (9\text{-}2)$$

$$\Rightarrow (\boldsymbol{A}\boldsymbol{e}_1, \boldsymbol{A}\boldsymbol{e}_2, \cdots, \boldsymbol{A}\boldsymbol{e}_n) = \begin{bmatrix} c_{11} & c_{12} & \cdots & c_{1n} \\ c_{21} & c_{22} & \cdots & c_{2n} \\ \vdots & \vdots & & \vdots \\ c_{n1} & c_{n2} & \cdots & c_{nn} \end{bmatrix}$$

由式（9-2）可知，对称矩阵 $\boldsymbol{A}$ 在各特征向量的投影等于矩阵列向量展开后的系数，特征向量可理解为基向量。

9.2.2 向量降维和矩阵降维

1. 向量降维

向量降维可以通过投影的方式实现。n 维向量映射是 m 维向量转换为 n 维向量在 m 个基向量的投影。例如，n 维向量 $\boldsymbol{OA} = [a_1, a_2, \cdots, a_n]^{\mathrm{T}}$，$m$ 个基向量分别为 $\boldsymbol{e}_1, \boldsymbol{e}_2, \cdots, \boldsymbol{e}_m$，则 $\boldsymbol{OA}$ 在基向量的投影为

$$\begin{cases} a_1' = \boldsymbol{e}_1^{\mathrm{T}} \boldsymbol{OA} \\ a_2' = \boldsymbol{e}_2^{\mathrm{T}} \boldsymbol{OA} \\ \quad \vdots \\ a_m' = \boldsymbol{e}_m^{\mathrm{T}} \boldsymbol{OA} \end{cases} \quad (9\text{-}3)$$

通过式（9-3）完成了降维，降维后的坐标为 $(a_1', a_2', \cdots, a_m')^{\mathrm{T}}$。

2. 矩阵降维

矩阵是由多个列向量组成的，因此矩阵降维思想与向量降维思想一样，只要求得矩阵在各基向量的投影即可。基向量可以理解为新的坐标系，投影就是降维后的坐标，那么如何选择基向量？

已知样本集的分布如图 9-4 所示。

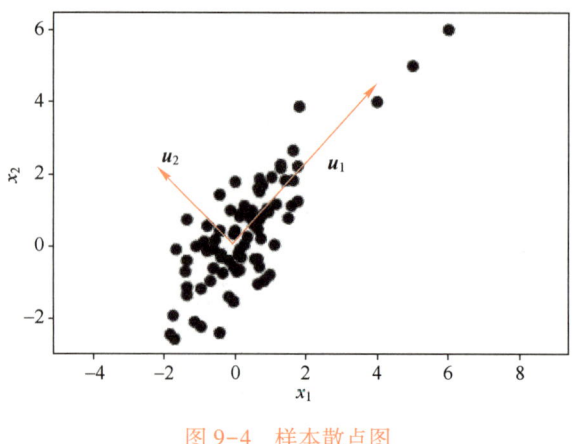

图 9-4 样本散点图

该样本集共有两个特征 x_1 和 x_2，现在要将该样本数据从二维降到一维。图 9-4 中列了两个基向量 u_1 和 u_2，样本集在这两个基向量的投影表示了不同的降维方法，哪种方法好，需要有评判标准。

1）降维前后样本点的总距离足够近，即最小投影距离。
2）降维后的样本点（投影）尽可能散开，即最大投影方差。

根据上面两个评判标准可知，选择基向量 u_1 较好。

9.2.3　PCA 的优化目标

根据前面的理论分析，降维后要满足最小投影距离和最大投影方差，下面从这两个评判标准来推导基向量。

1. 基于最小投影距离

假设有 n 个 n 维数据 $X = \{x^{(1)}, x^{(2)}, \cdots, x^{(n)}\}$，现在将该数据从 n 维降到 m 维，关键是找到 m 个基向量，假设基向量为 $[w_1, w_2, \cdots, w_m]$，记为矩阵 W，矩阵 W 的大小是 $n \times m$。

原始数据在基向量上的投影为

$$z^{(i)} = [z_1^{(i)}, z_2^{(i)}, \cdots, z_m^{(i)}]^{\mathrm{T}} \tag{9-4}$$

投影坐标计算公式为

$$\begin{cases} z_1^{(i)} = w_1^{\mathrm{T}} x^{(i)} \\ z_2^{(i)} = w_2^{\mathrm{T}} x^{(i)} \\ \quad \vdots \\ z_m^{(i)} = w_m^{\mathrm{T}} x^{(i)} \end{cases} \tag{9-5}$$

根据投影坐标和基向量，得到该样本的映射点为

$$\overline{x^{(i)}} = w_1 z_1^{(i)} + w_2 z_2^{(i)} + \cdots + w_m z_m^{(i)}$$

$$\Rightarrow \overline{x^{(i)}} = \sum_{j=1}^{m} w_j z_j^{(i)} \tag{9-6}$$

$$\Rightarrow \overline{x^{(i)}} = W \times z^{(i)}$$

最小化样本和映射点的总距离为

$$\min \left(\sum_{i=1}^{n} \| x^{(i)} - \overline{x^{(i)}} \|_2^2 \right) \tag{9-7}$$

推导式（9-7），得到最小值对应的基向量矩阵 W（推导过程略）。推导结果为：当基向量矩阵 W 为数据集 XX^T 的特征向量时，具有最小投影距离。所以，选择 XX^T 的特征向量作为投影的基向量。

2. 基于最大投影方差

希望降维后的样本点尽可能分散，方差可以表示这种分散程度。样本点在基向量 e 上的投影如图 9-5 所示。

其中，$x^{(i)}$ 表示原始数据；$z^{(i)}$ 表示投影数据；$\overline{z^{(i)}}$ 表示投影数据的平均值。所以，最大投影方差表示为

$$\max\left(\sum_{i=1}^{n} (z^{(i)} - \overline{z^{(i)}})^2 \right) \tag{9-8}$$

推导结果为：基向量矩阵 W 满足

$$XX^T W = -\lambda W \tag{9-9}$$

即当基向量矩阵 W 为数据集 XX^T 的特征向量时，具有最大投影方差。所以，选择 XX^T 的特征向量作为投影的基向量。

通过对主成分分析优化目标的两种情况的推导，得到：降维是通过将样本数据投影到基向量实现的，基向量的个数等于降维的个数，基向量是通过式（9-9）求解的。

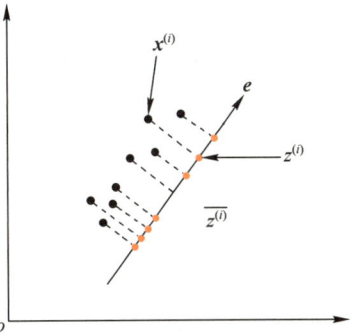

图 9-5　在基向量 e 上的投影

3. 基向量个数的确定

在求解基向量之前，需要确定基向量的个数。首先阐述特征向量和特征值的意义。假设 w_i 和 λ_i 分别为 XX^T 的特征向量和特征值，表达式为

$$XX^T w_i = \lambda_i w_i \tag{9-10}$$

对应的转换如图 9-6 所示。

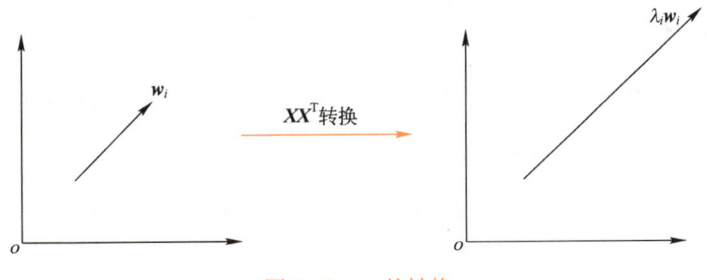

图 9-6　w_i 的转换

由图 9-6 可知，XX^T 没有改变特征向量 w_i 的方向，只在 w_i 的方向上伸缩了 λ_i 倍。特征值代表了 XX^T 在该特征向量的信息分量。特征值越大，包含矩阵 XX^T 的信息分量越大。因此，可以用 λ_i 去选择基向量的个数。设定一个阈值 threshold，该阈值表示降维后的数据保留原始数据的信息量，假设降维后的特征个数为 m，降维前的特征个数为 n，m 应满足条件：

$$\frac{\sum_{i=1}^{m} \lambda_i}{\sum_{i=1}^{n} \lambda_i} \geq \text{threshold} \tag{9-11}$$

因此，通过上式可以求得基向量的个数 m，即取前 m 个最大特征值对应的基向量。投影的基向量构成的矩阵为

$$W = (w_1, w_2, \cdots, w_m) \tag{9-12}$$

投影的数据集为

$$z^{(i)} = W^T x^{(i)} \tag{9-13}$$

4. 中心化的作用

在计算协方差矩阵 XX^T 的特征向量前,需要对样本数据进行中心化。中心化的过程为

$$x^{(i)} = x^{(i)} - \frac{1}{n}\sum_{j=1}^{n} x_j^{(i)} \tag{9-14}$$

中心化数据各特征的平均值为 0,计算过程如下。

对式(9-14)求平均:

$$\begin{aligned}\overline{x^{(i)}} &= \frac{1}{n}\sum_{i=1}^{n}\left(x^{(i)} - \frac{1}{n}\sum_{i=1}^{n} x^{(i)}\right) \\ &= \frac{1}{n}\sum_{i=1}^{n} x^{(i)} - \frac{1}{n}\sum_{i=1}^{n} x^{(i)} \\ &= 0\end{aligned} \tag{9-15}$$

中心化的目的是简化算法,回顾一下协方差矩阵,以说明中心化的作用。

在统计学中,方差用来度量单个随机变量的离散程度,而协方差则一般用来刻画两个随机变量的相似程度。方差的计算公式为

$$\sigma_x^2 = \frac{1}{n-1}\sum_{i=1}^{n}(x_i - \bar{x})^2 \tag{9-16}$$

其中,n 表示样本个数;$\bar{x}$ 表示观测样本的均值。在此基础上,协方差的计算公式被定义为

$$\sigma(x, y) = \frac{1}{n-1}\sum_{i=1}^{n}(x_i - \bar{x})(y_i - \bar{y}) \tag{9-17}$$

其中,$\bar{x}$、$\bar{y}$ 分别表示两个随机变量所对应的观测样本均值。可以发现:方差 σ_x^2 可视作随机变量 x 关于其自身的协方差 $\sigma(x, x)$。

根据方差的定义,给定 d 个随机变量 x_k,$k = 1, 2, \cdots, d$,则这些随机变量的方差为

$$\sigma(x_k, x_k) = \frac{1}{n-1}\sum_{i=1}^{n}(x_{ki} - \bar{x}_k)^2 \tag{9-18}$$

其中,x_{ki} 表示随机变量 x_k 中的第 i 个观测样本;n 表示样本数量,每个随机变量所对应的观测样本数量均为 n。

对于这些随机变量,还可以根据协方差的定义,求出两两之间的协方差,即

$$\sigma(x_m, x_k) = \frac{1}{n-1}\sum_{i=1}^{n}(x_{mi} - \bar{x}_m)(x_{ki} - \bar{x}_k) \tag{9-19}$$

因此,协方差矩阵为

$$\Sigma = \begin{bmatrix} \sigma(x_1, x_1) & \cdots & \sigma(x_1, x_d) \\ \vdots & & \vdots \\ \sigma(x_d, x_1) & \cdots & \sigma(x_d, x_d) \end{bmatrix} \in \mathbf{R}^{d \times d} \tag{9-20}$$

其中,对角线上的元素为各个随机变量的方差,非对角线上的元素为两两随机变量之间的协方差。根据协方差的定义,可以认定:矩阵 Σ 为对称矩阵,其大小为 $d \times d$。假设 X 共有 n 个样本、每个样本包含 n 个特征:

$$X = (x_1, x_2, \cdots, x_n) \tag{9-21}$$

即
$$\boldsymbol{x}_i = (x_i^{(1)}, x_i^{(2)}, \cdots, x_i^{(n)}) \tag{9-22}$$

展开 $\boldsymbol{XX}^\mathrm{T}$：
$$\boldsymbol{XX}^\mathrm{T} = (\boldsymbol{x}_1, \boldsymbol{x}_2, \cdots, \boldsymbol{x}_n)(\boldsymbol{x}_1, \boldsymbol{x}_2, \cdots, \boldsymbol{x}_n)^\mathrm{T}$$

$$= \begin{bmatrix} \boldsymbol{x}_1 \boldsymbol{x}_1^\mathrm{T} & \boldsymbol{x}_1 \boldsymbol{x}_2^\mathrm{T} & \cdots & \boldsymbol{x}_1 \boldsymbol{x}_n^\mathrm{T} \\ \boldsymbol{x}_2 \boldsymbol{x}_1^\mathrm{T} & \boldsymbol{x}_2 \boldsymbol{x}_2^\mathrm{T} & \cdots & \boldsymbol{x}_2 \boldsymbol{x}_n^\mathrm{T} \\ \vdots & \vdots & & \vdots \\ \boldsymbol{x}_n \boldsymbol{x}_1^\mathrm{T} & \boldsymbol{x}_n \boldsymbol{x}_2^\mathrm{T} & \cdots & \boldsymbol{x}_n \boldsymbol{x}_n^\mathrm{T} \end{bmatrix} \tag{9-23}$$

为了方便阅读，只考虑两个特征的协方差矩阵：
$$\mathrm{cov}(\boldsymbol{x}_1, \boldsymbol{x}_2) = E[(\boldsymbol{x}_1 - E(\boldsymbol{x}_1))(\boldsymbol{x}_2 - E(\boldsymbol{x}_2))]$$
$$\Rightarrow \mathrm{cov}(\boldsymbol{x}_1, \boldsymbol{x}_2) = \frac{1}{n} \sum_{i=1}^n [(\boldsymbol{x}_1^{(i)} - \bar{\boldsymbol{x}}_1)(\boldsymbol{x}_2^{(i)} - \bar{\boldsymbol{x}}_2)] \tag{9-24}$$

因为数据经过中心化处理，$\bar{\boldsymbol{x}}_1 = \boldsymbol{0}$，$\bar{\boldsymbol{x}}_2 = \boldsymbol{0}$，所以
$$\mathrm{cov}(\boldsymbol{x}_1, \boldsymbol{x}_2) = \frac{1}{n} \sum_{i=1}^n \boldsymbol{x}_1^{(i)} \boldsymbol{x}_2^{(i)} \tag{9-25}$$

由式（9-25）推导式（9-23）得
$$\boldsymbol{XX}^\mathrm{T} = \frac{1}{n} \begin{bmatrix} \mathrm{cov}(\boldsymbol{x}_1, \boldsymbol{x}_1) & \mathrm{cov}(\boldsymbol{x}_1, \boldsymbol{x}_2) & \cdots & \mathrm{cov}(\boldsymbol{x}_1, \boldsymbol{x}_m) \\ \mathrm{cov}(\boldsymbol{x}_2, \boldsymbol{x}_1) & \mathrm{cov}(\boldsymbol{x}_2, \boldsymbol{x}_2) & \cdots & \mathrm{cov}(\boldsymbol{x}_2, \boldsymbol{x}_m) \\ \vdots & \vdots & & \vdots \\ \mathrm{cov}(\boldsymbol{x}_m, \boldsymbol{x}_1) & \mathrm{cov}(\boldsymbol{x}_m, \boldsymbol{x}_2) & \cdots & \mathrm{cov}(\boldsymbol{x}_m, \boldsymbol{x}_m) \end{bmatrix} \tag{9-26}$$

$\boldsymbol{XX}^\mathrm{T}$ 是样本数据的协方差矩阵，但是，切记必须事先对数据进行中心化处理。

9.2.4　PCA算法的原理

PCA是运用降维思想，把多个指标变换成少数综合指标的多元统计方法，这里的综合指标就是主成分。每个主成分都是原始变量的线性组合，彼此相互独立，并保留了原始变量的绝大部分信息。其本质是通过原始变量的相关性，寻求相关变量的综合替代对象，并且保证在转化过程中信息损失最小。

主成分与原始变量之间的关系如下。
1）主成分是原始变量的线性组合。
2）主成分的数量相对于原始变量的数量更少。
3）主成分保留了原始变量的大部分信息。
4）主成分之间相互独立。

9.2.5　PCA算法的步骤

假设样本数据为 $\boldsymbol{X}$，有 m 个特征，共计 n 个样本。
$$\boldsymbol{X} = \begin{bmatrix} x_{11} & x_{12} & \cdots & x_{1m} \\ x_{21} & x_{22} & \cdots & x_{2m} \\ \vdots & \vdots & & \vdots \\ x_{n1} & x_{n2} & \cdots & x_{nm} \end{bmatrix}$$

1）计算数据 X 的协方差矩阵 $\boldsymbol{XX}^{\mathrm{T}}$。

① 计算每一列的平均值：

$$\mu_i = \frac{1}{n}\sum_{j=1}^{n} x_{ji}$$

② 对数据进行中心化处理。$z_{ji} = x_{ji} - \mu_i$，得到矩阵 $\boldsymbol{Z}$，即

$$\boldsymbol{Z} = \begin{bmatrix} z_{11} & z_{12} & \cdots & z_{1m} \\ z_{21} & z_{22} & \cdots & z_{2m} \\ \vdots & \vdots & & \vdots \\ z_{n1} & z_{n2} & \cdots & z_{nm} \end{bmatrix}$$

③ 根据式（9-25）和式（9-26）计算协方差矩阵 $\boldsymbol{\Sigma}$。

2）计算 $\boldsymbol{\Sigma}$ 的特征值及对应的特征向量。

3）选择主成分个数及主成分对应的向量矩阵。

协方差矩阵 $\boldsymbol{\Sigma}$ 是实对称矩阵，其特征值为非负。根据设定的阈值，确定降维数 p。取前 p 个特征值 $\lambda_1 \geq \lambda_2 \geq \lambda_3 \geq \cdots \geq \lambda_p \geq 0$ 对应的特征向量 $\boldsymbol{w}_i (i \in [1,p])$，则

$$\boldsymbol{W} = (\boldsymbol{w}_1, \boldsymbol{w}_2, \cdots, \boldsymbol{w}_p)$$

4）将样本集的每一个样本 $\boldsymbol{x}_i$ 映射为新的样本 $\boldsymbol{z}_i$。

$$\boldsymbol{z}_i = \boldsymbol{W}^{\mathrm{T}} \boldsymbol{x}_i$$

5）得到映射后的样本集 $\boldsymbol{X}'$。

$$\boldsymbol{X}' = (\boldsymbol{z}_1, \boldsymbol{z}_2, \cdots, \boldsymbol{z}_m)$$

9.2.6 PCA 的应用

假设有一个包含多个生物体的基因表达数据集（见表 9-1）每一行表示一个样本，每一列表示一个基因的表达水平。使用 PCA 对这个高维数据集进行降维，以便于可视化与分析。

表 9-1 多个生物体的基因表达数据集

样本	基因 1	基因 2	基因 3
1	5	7	10
2	6	8	12
3	3	4	6
4	8	10	15
5	2	3	5

1. 中心化数据

计算每个基因的均值，然后将数据进行中心化，即减去均值，实现代码如下。

```
import numpy as np

# 原始数据
original_data = np.array([
    [5,7,10],
    [6,8,12],
    [3,4,6],
```

```
            [8, 10,15],
            [2, 3, 5]
])

# 计算每个特征的均值
feature_means = np.mean(original_data, axis=0)

# 中心化数据
centered_data = original_data - feature_means

print("中心化后的数据:")
print(centered_data)
```

运行结果如图9-7所示。

2. 计算协方差矩阵

通过计算每对基因之间的协方差得到协方差矩阵,实现代码如下。

```
# 计算协方差矩阵
cov_matrix = np.cov(centered_data, rowvar=False)
print("协方差矩阵:")
print(cov_matrix)
```

运行结果如图9-8所示。

```
中心化后的数据:
[[ 0.2  0.6  0.4]
 [ 1.2  1.6  2.4]
 [-1.8 -2.4 -3.6]
 [ 3.2  3.6  5.4]
 [-2.8 -3.4 -4.6]]
```

```
协方差矩阵:
[[ 5.7   6.85  9.9 ]
 [ 6.85  8.3  11.95]
 [ 9.9  11.95 17.3 ]]
```

图9-7 中心化数据　　　　　　　　图9-8 协方差矩阵

3. 计算特征值和特征向量

计算协方差矩阵的特征值和特征向量,实现代码如下。

```
# 计算特征值和特征向量
eigenvalues, eigenvectors = np.linalg.eig(cov_matrix)

# 保留小数点后四位
eigenvalues_decimal = np.round(eigenvalues, 4)
eigenvectors_decimal = np.round(eigenvectors, 4)

# 输出特征值
print("特征值:")
print(eigenvalues_decimal)

# 输出特征向量
print("\n 特征向量:")
print(eigenvectors_decimal)
```

运行结果如图9-9所示。

4. 选择主成分

根据特征值的大小选择保留的主成分数量。假设选择保留第一个和第三个这两个主成分,因为它们的特征值较大，实现代码如下。

```
# 找到前两个最大特征值的索引
top_indices = np.argsort(eigenvalues_decimal)[::-1][:2]

# 提取前两个最大特征值和对应的特征向量
top_eigenvalues = eigenvalues_decimal[top_indices]
top_eigenvectors = eigenvectors_decimal[:, top_indices]

print("前两个最大特征值:")
print(top_eigenvalues)
print("\n对应的特征向量:")
print(top_cigenvectors)
```

运行结果如图9-10所示。

特征值：
[3.12432e+01 2.59000e-02 3.08000e-02]

特征向量：
[[-0.4263 -0.9003   0.0876]
 [-0.5147   0.1618 -0.8419]
 [-0.7438   0.404   0.5324]]

图9-9　特征值和特征向量

前两个最大特征值：
[3.12432e+01 3.08000e-02]

对应的特征向量：
[[-0.4263   0.0876]
 [-0.5147 -0.8419]
 [-0.7438   0.5324]]

图9-10　选择主成分

5. 构建投影矩阵

```
# 构建投影矩阵
projection_matrix = top_eigenvectors

print("投影矩阵:")
print(projection_matrix)
```

运行结果如图9-11所示。

6. 将原始数据映射到新的特征空间

```
# 映射原始数据到新特征空间
projected_data = np.dot(data, projection_matrix)

print("原始数据映射到新特征空间的结果:")
print(projected_data)
```

运行结果如图9-12所示。

投影矩阵：
[[-0.4263   0.0876]
 [-0.5147 -0.8419]
 [-0.7438   0.5324]]

图9-11　构建的投影矩阵

原始数据映射到新特征空间的结果：
[[-13.1724 -0.1313]
 [-15.601   0.1792]
 [-7.8005   0.0896]
 [-19.7144   0.2678]
 [-6.1157   0.3115]]

图9-12　原始数据映射到新特征空间

9.2.7　核主成分分析

核主成分分析（Kernel Principal Component Analysis，KPCA）是一种在非线性数据上进行

主成分分析的技术。与传统的线性 PCA 不同，KPCA 利用核函数将数据映射到一个高维特征空间，从而在这个高维空间中进行主成分分析，以捕获非线性的数据结构。

因为 XX^T 可以用样本数据内积表示，即

$$XX^T = \sum_{i=1}^{n} x^{(i)} x^{(i)T} \tag{9-27}$$

由核函数定义可知，可通过核函数将数据映射成高维数据，并对高维数据进行降维：

$$\sum_{i=1}^{n} \varphi(x_i) \varphi(x_i)^T w = \lambda w \tag{9-28}$$

KPCA 一般用在数据不是线性的、无法直接进行 PCA 降维的情况，需要通过核函数将其映射成高维数据，再进行 PCA 降维。

PCA 是一种非监督学习的降维算法，只需要计算样本数据的协方差矩阵就能实现降维的目的，其算法较易实现，但是降维后特征的可解释性较弱，且降维后信息会丢失一些，可能对后续的处理有重要影响。

9.3 奇异值分解

9.3.1 矩阵的特征分解

先回顾特征值和特征向量的定义：

$$Ax = \lambda x \tag{9-29}$$

其中，A 是一个 $n \times n$ 的实对称矩阵；x 是一个 n 维向量。则说 λ 是矩阵 A 的一个特征值，而 x 是矩阵 A 的特征值 λ 所对应的特征向量。

求出特征值和特征向量有什么好处？好处就是可以将矩阵 A 进行特征分解。如果求出了矩阵 A 的 n 个特征值 $\lambda_1 \leq \lambda_2 \leq \cdots \leq \lambda_n$ 和 n 个特征值所对应的 n 维特征向量 w_i，$i \in [1, n]$，$W = [w_1, w_2, \cdots, w_n]$，那么矩阵 A 就可以用特征分解表示为

$$A = W \Sigma W^{-1} \tag{9-30}$$

其中，$\Sigma = \begin{bmatrix} \lambda_1 & 0 & \cdots & 0 \\ 0 & \lambda_2 & \cdots & 0 \\ \vdots & \vdots & & \vdots \\ 0 & 0 & \cdots & \lambda_n \end{bmatrix}$

注意：要对矩阵 A 进行特征分解，矩阵 A 必须为方阵。如果 A 不是方阵，即行和列不相同时，还可以对矩阵进行分解吗？答案是可以的，用奇异值分解（Singular Value Decomposition，SVD）即可。

9.3.2 SVD 的定义

SVD 也是对矩阵进行分解，但是和特征分解不同，SVD 并不要求要分解的矩阵为方阵。假设矩阵 A 是一个 $m \times n$ 矩阵，那么定义矩阵 A 的 SVD 为

$$A = U \Sigma_{SVD} V^T \tag{9-31}$$

其中，U 是一个 $m \times m$ 的矩阵；Σ_{SVD} 是一个 $m \times n$ 的矩阵，除了主对角线上的元素以外全为 0，主对角线上的每个元素都称为奇异值；V 是一个 $n \times n$ 的矩阵。U 和 V 都是酉矩阵，即满足

$U^TU=I$,$V^TV=I$。图9-13 很形象地展示出 SVD 的定义。

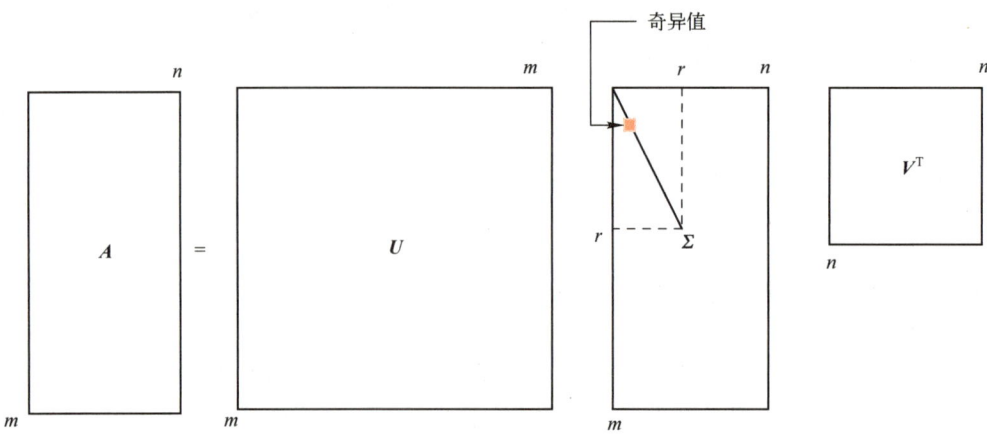

图9-13 奇异值分解

那么如何求出 SVD 分解后的 U、Σ_{SVD}、V 这三个矩阵?

如果将 A 的转置 A^T 和 A 做矩阵乘法,那么会得到一个 $n×n$ 的方阵 A^TA。既然 A^TA 是方阵,那么就可以进行特征分解,得到的特征值和特征向量满足

$$(A^TA)v_i=\lambda_i v_i \tag{9-32}$$

这样就可以得到矩阵 A^TA 的 n 个特征值 λ_i 和对应的 n 个特征向量 v_i 了。将 A^TA 的所有特征向量张成一个 $n×n$ 的矩阵 V,就是 SVD 公式里面的 V 矩阵了。一般将 V 中的每个特征向量叫作 A 的右奇异向量。

如果将 A 和 A 的转置 A^T 做矩阵乘法,那么会得到一个 $m×m$ 的方阵 AA^T。既然 AA^T 是方阵,那么就可以进行特征分解,得到的特征值和特征向量满足

$$(AA^T)u_i=\lambda_i u_i \tag{9-33}$$

这样就可以得到矩阵 AA^T 的 m 个特征值和对应的 m 个特征向量 u 了。将 AA^T 的所有特征向量张成一个 $m×m$ 的矩阵 U,就是 SVD 公式里面的 U 矩阵了。一般将 U 中的每个特征向量叫作 A 的左奇异向量。

U 和 V 都求出来了,现在就剩下奇异值矩阵 Σ 没有求出了。由于 Σ 除了对角线上是奇异值,其他位置都是 0,那么只需要求出每个奇异值 σ 即可。

可以注意到:$A=U\Sigma_{SVD}V^T \Rightarrow AV=U\Sigma_{SVD}V^TV \Rightarrow AV=U\Sigma_{SVD} \Rightarrow Av_i=\sigma_i u_i \Rightarrow \sigma_i=Av_i/u_i$。这样可以求出每个奇异值,进而求出奇异值矩阵 Σ。

为什么说 A^TA 的特征向量组成的矩阵就是 SVD 中的 V 矩阵,而 AA^T 的特征向量组成的矩阵就是 SVD 中的 U 矩阵?下面以 V 矩阵为例给出推导过程。

$$A=U\Sigma_{SVD}V^T \Rightarrow A^T=V(\Sigma_{SVD})^TU^T \Rightarrow A^TA=V(\Sigma_{SVD})^TU^TU\Sigma_{SVD}V^T=V(\Sigma_{SVD})^2V^T$$

其中,$U^TU=I$,$(\Sigma_{SVD})^T(\Sigma_{SVD})=(\Sigma_{SVD})^2$,所以 A^TA 的特征向量组成的矩阵就是 SVD 中的 V 矩阵。同理,可以得到 AA^T 的特征向量组成的矩阵就是 SVD 中的 U 矩阵。

进一步还可以看出,特征值矩阵等于奇异值矩阵的平方,也就是说,特征值和奇异值满足关系:

$$\sigma_i=\sqrt{\lambda_i} \tag{9-34}$$

除了用 $\sigma_i=Av_i/u_i$ 来计算奇异值,也可以通过对 A^TA 的特征值取平方根来求奇异值。

9.3.3 SVD 算法的步骤

给定一个 $m\times n$ 的矩阵 $\boldsymbol{A}$，奇异值分解的步骤如下。

1）计算 $\boldsymbol{AA}^{\mathrm{T}}$ 的特征值和特征向量。求得的特征向量矩阵 $\boldsymbol{U}$ 是 $\boldsymbol{AA}^{\mathrm{T}}$ 的特征向量的标准化形式。

2）计算 $\boldsymbol{A}^{\mathrm{T}}\boldsymbol{A}$ 的特征值和特征向量。求得的特征向量矩阵 $\boldsymbol{V}$ 是 $\boldsymbol{A}^{\mathrm{T}}\boldsymbol{A}$ 的特征向量的标准化形式。

3）从 $\boldsymbol{AA}^{\mathrm{T}}$ 的特征值计算奇异值。$\boldsymbol{\Sigma}_{\mathrm{SVD}}$ 是一个对角矩阵，对角线上的元素是 $\boldsymbol{AA}^{\mathrm{T}}$ 的特征值的平方根。

4）根据求得的 $\boldsymbol{U}$、$\boldsymbol{V}$、$\boldsymbol{\Sigma}_{\mathrm{SVD}}$ 进行奇异值分解。公式为 $\boldsymbol{A}=\boldsymbol{U}\boldsymbol{\Sigma}_{\mathrm{SVD}}\boldsymbol{V}^{\mathrm{T}}$。

9.3.4 SVD 的重要性质

前面对 SVD 的定义和计算做了详细的描述，那么，SVD 有什么重要的性质吗？

对于奇异值，它与特征分解中的特征值类似，在奇异值矩阵中也是按照从大到小排列的，而且奇异值的减少特别快，在很多情况下，前 10% 甚至 1% 的奇异值的和就占了全部的奇异值之和的 99% 以上。也就是说，也可以用最大的 k 个奇异值和对应的左右奇异向量来近似描述矩阵，即

$$\boldsymbol{A}_{m\times n}=\boldsymbol{U}_{m\times m}(\boldsymbol{\Sigma}_{\mathrm{SVD}})_{m\times n}(\boldsymbol{V}_{n\times n})^{\mathrm{T}}\approx \boldsymbol{U}_{m\times k}(\boldsymbol{\Sigma}_{\mathrm{SVD}})_{k\times k}(\boldsymbol{V}_{k\times n})^{\mathrm{T}} \tag{9-35}$$

其中，k 要比 n 小很多，也就是一个大的矩阵 $\boldsymbol{A}$ 可以用三个小的矩阵 $\boldsymbol{U}_{m\times k}$、$\boldsymbol{\Sigma}_{k\times k}$、$(\boldsymbol{V}_{k\times n})^{\mathrm{T}}$ 来表示。如图 9-14 所示，现在矩阵 $\boldsymbol{A}$ 只需要灰色的三个小矩阵就可以近似描述了。

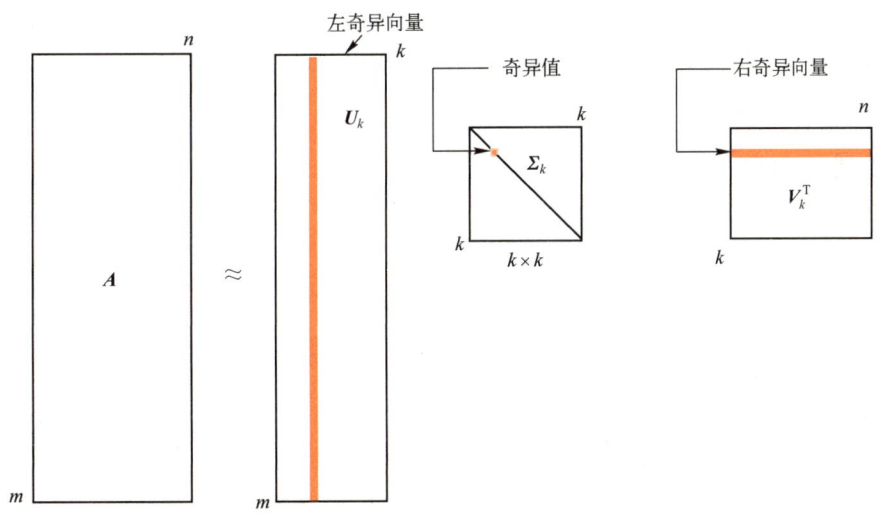

图 9-14 矩阵 $\boldsymbol{A}$ 的分解

由于这个重要的性质，SVD 可以用于 PCA 降维，进行数据压缩和去噪。SVD 也可以用于推荐算法，将用户和其喜好对应的矩阵做特征分解，进而得到隐含的用户需求以进行推荐。SVD 还可以用于 NLP 中的算法，比如潜在语义索引（LSI）。

在主成分分析（PCA）原理总结中，要用 PCA 降维，需要找到样本协方差矩阵 $\boldsymbol{XX}^{\mathrm{T}}$ 最大的 d 个特征向量，然后用这最大的 d 个特征向量张成的矩阵来做低维投影降维。可以看出，在这个过程中需要先求出协方差矩阵 $\boldsymbol{XX}^{\mathrm{T}}$，当样本数多且样本特征数也多的时候，这个计算量是

很大的。

注意到，SVD 也可以得到协方差矩阵 XX^T 最大的 d 个特征向量张成的矩阵，但 SVD 有个好处，有一些 SVD 的实现算法可以不先求出协方差矩阵 XX^T，也能求出右奇异矩阵 V。也就是说，PCA 算法可以不用做特征分解，而是做 SVD 来完成。这个方法在样本量很大的时候很有效。实际上，Scikit-Learn 的 PCA 算法的真正实现就是用的 SVD，而不是用的暴力特征分解。

还可以注意到，PCA 仅使用了 SVD 的右奇异矩阵，没有使用左奇异矩阵，那么左奇异矩阵有什么作用？

假设样本是 $m×n$ 的矩阵 X，如果通过 SVD 找到了矩阵 XX^T 最大的 d 个特征向量张成的 $m×d$ 维矩阵 U，如果进行如下处理：

$$(X')_{d×n} = (U^T)_{d×m} X_{m×n} \tag{9-36}$$

可以得到一个 $d×n$ 的矩阵 X'，这个矩阵和原来的 $m×n$ 的样本矩阵 X 相比，行数从 m 减到了 d，可见对行数进行了压缩，也就是说，左奇异矩阵可以用于行数的压缩。相对的，右奇异矩阵可以用于列数（即特征维度）的压缩，也就是 PCA 降维。

SVD 作为一个基本的算法，在很多机器学习算法中都有它的身影，特别是在现在的大数据时代，由于 SVD 可以实现并行化，更是应用广泛。SVD 的原理不难，只要有基本的线性代数知识就可以理解，实现也很简单，因此值得被仔细研究。当然，SVD 的缺点是分解出的矩阵解释性往往不强，有点"黑盒子"的意味，不过这不影响它的使用。

9.4 降维技术实践：对生物体的基因进行降维

本例用到的基因阵列数据集"data_set_ALL_AML_train"可从网站 https://www.kaggle.com/datasets/ 上下载。

9.4.1 数据的简单分析

查看数据集的基本信息，实现代码如下。

```
# 导入模块
import numpy as np
import pandas as pd
import matplotlib.pyplot as plt
import seaborn as sns

# 读数据集，并显示前五个样本
df = pd.read_csv("d:/data/data_set_ALL_AML_train.csv")
df.head()
```

运行结果如图 9-15 所示。

查看数据集大小，实现代码如下。

```
df.shape
```

运行结果为 (7129, 78)。说明此基因阵列数据集一共有 7129 条数据、78 列。

由上述运行结果可知，有的列含有非数值信息，对于基因表达数据，通常会将非数值型的列排除在主成分分析之外，只对数值型的基因表达数据进行标准化和主成分分析。这样可以确保只关注基因表达数据本身的特征，而不受基因描述等非数值信息的影响。删除非数值型的列，实现代码如下。

	Gene Description	Gene Accession Number	1	call	2	call.1	3	call.2	4	call.3	...	29	call.33	30	call.34	31	call.35	32	call.36	33	call.37
0	AFFX-BioB-5_at (endogenous control)	AFFX-BioB-5_at	-214	A	-139	A	-76	A	-135	A	...	15	A	-318	A	-32	A	-124	A	-135	A
1	AFFX-BioB-M_at (endogenous control)	AFFX-BioB-M_at	-153	A	-73	A	-49	A	-114	A	...	-114	A	-192	A	-49	A	-79	A	-186	A
2	AFFX-BioB-3_at (endogenous control)	AFFX-BioB-3_at	-58	A	-1	A	-307	A	265	A	...	2	A	-95	A	49	A	-37	A	-70	A
3	AFFX-BioC-5_at (endogenous control)	AFFX-BioC-5_at	88	A	283	A	309	A	12	A	...	193	A	312	A	230	P	330	A	337	A
4	AFFX-BioC-3_at (endogenous control)	AFFX-BioC-3_at	-295	A	-264	A	-376	A	-419	A	...	-51	A	-139	A	-367	A	-188	A	-407	A

5 rows × 78 columns

图9-15　基因阵列数据集前五个样本

```
# 提取基因表达数据，假设基因表达数据从第三列开始
gene_data = data.iloc[:, 2:]

# 删除非数值型的列
gene_data_numeric = gene_data.select_dtypes(include=['number'])

# 数据标准化
scaler = StandardScaler()
scaled_data = scaler.fit_transform(gene_data_numeric)
scaled_data
```

运行结果如图9-16所示。

```
array([[-0.3777897 , -0.33591204, -0.3115323 , ..., -0.26221319,
        -0.32867813, -0.34243832],
       [-0.35084785, -0.30917669, -0.30066921, ..., -0.2692815 ,
        -0.31021124, -0.36277969],
       [-0.30888923, -0.28001085, -0.40447202, ..., -0.22853475,
        -0.29297548, -0.31651305],
       ...,
       [-0.26737228, -0.27514987, -0.26445893, ..., -0.25971849,
        -0.26178696, -0.29337973],
       [-0.19891348, -0.2488196 , -0.18922201, ..., -0.19360897,
        -0.15549976,  0.02649823],
       [-0.29961417, -0.2852769 , -0.29745052, ..., -0.26221319,
        -0.27902272, -0.29258203]])
```

图9-16　删除非数值型数据

标准化之后得到的数据都为数值型数据。
可见，再次查看数据集大小，实现代码如下。

```
scaled_data.shape
```

运行结果为：(7129,38)。说明此时数据集有7129条信息，每条信息有38列。

9.4.2　利用PCA进行降维

对数据集利用PCA进行降维，实现代码如下。

```
# 初始化累积方差解释度和维度列表
cumulative_var_exp = []
dimensions = range(1, min(scaled_data.shape[0], scaled_data.shape[1])+1)

# 计算不同维度下的累积方差解释度
for n in dimensions:
    pca = PCA(n_components=n)
    pca.fit(scaled_data)
    cumulative_var_exp.append(sum(pca.explained_variance_ratio_))

# 可视化不同维度下的累积方差解释度
plt.plot(dimensions, cumulative_var_exp, marker='o')
plt.xlabel('Number of Dimensions')
plt.ylabel('Cumulative Variance Explained')
plt.title('Cumulative Variance Explained by Different Dimensions')
plt.show()
```

运行上述代码，得到PCA算法在不同维度下的累积方差解释度，如图9-17所示。

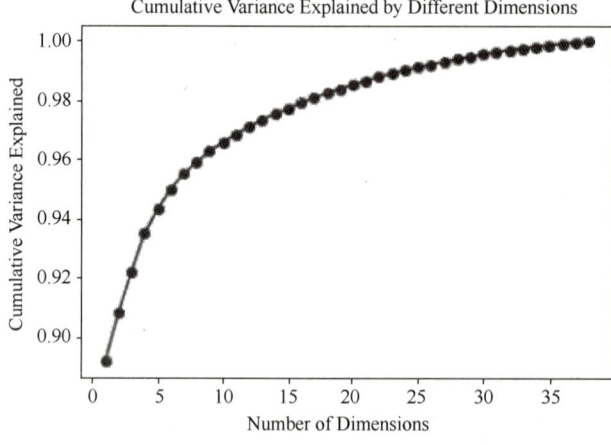

图9-17　PCA算法在不同维度下的累积方差解释度

在代码中，"range(1, min(scaled_data.shape[0], scaled_data.shape[1])+1)"的功能是生成一个从1到行数和列数中较小值的整数序列，这个序列表示要尝试不同的主成分数量。在每次循环迭代中，创建一个PCA模型并指定不同的主成分数量，然后拟合该模型并计算累积方差解释度，最后将结果添加到cumulative_var_exp列表中。由运行结果可见，选择维度为3，累积方差解释度达到了0.92以上，更好地保留了原始数据的特征，同时降低了数据维度。

9.4.3　利用SVD进行降维

对数据集利用SVD进行降维，实现代码如下。

```
import numpy as np
import matplotlib.pyplot as plt

# 进行右奇异值分解
U, s, V = np.linalg.svd(scaled_data, full_matrices=False)

# 计算奇异值的平方和
```

```
total_variance = np.sum(s**2)

# 计算每个奇异值的平方和占总方差的比例
explained_variance_ratio = (s**2) / total_variance

# 计算累积方差的解释度
cumulative_explained_variance_ratio = np.cumsum(explained_variance_ratio)

# 绘制累积方差的解释度图
plt.plot(cumulative_explained_variance_ratio, marker='o')
plt.xlabel('Number of Principal Components')
plt.ylabel('Cumulative Explained Variance Ratio')
plt.title('Cumulative Explained Variance Ratio')
plt.show()
```

在上述代码中,"U, s, V = np.linalg.svd(scaled_data, full_matrices=False)"中的 full_matrices=False 代表的含义是在计算 SVD 时不生成完整的 U 和 V 矩阵。这行代码执行后会返回三个值:

- U,左奇异矩阵,是一个 $m \times m$ 的矩阵,其列向量是数据的左奇异向量。
- s,奇异值向量,包含按照降序排列的奇异值。
- V,右奇异矩阵的转置,是一个 $n \times n$ 的矩阵,其行向量是数据的右奇异向量。

上述代码运行后得到的 SVD 算法在不同维度下的累积方差解释度如图 9-18 所示。

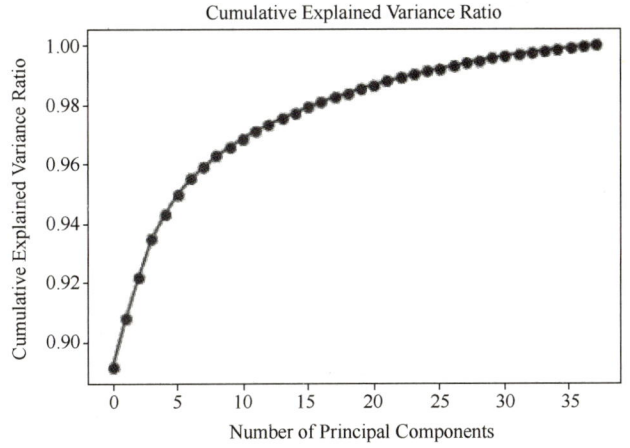

图 9-18 SVD 算法在不同维度下的累积方差解释度

由运行结果可见,当维数为 3 时,累积方差解释度达到了 0.92 以上,说明更好地保留了原始数据的特征,同时也降低了数据维度。

9.5 本章小结

本章介绍了降维技术,主要包括主成分分析(PCA)算法和奇异值分解(SVD)。首先探讨了维度爆炸和降维的原因。接着,详细介绍了 PCA 算法的原理和步骤,包括向量投影和矩阵投影的含义,向量降维和矩阵降维的概念,PCA 的优化目标,又进一步讨论了 PCA 的应用以及核主成分分析(KPCA)。随后,引入了奇异值分解(SVD),讲解了矩阵的特征分解、

SVD 的定义、计算步骤和性质。为了更好地理解降维技术的应用,通过一个实践案例展示了对生物体基因阵列进行降维的过程,利用 PCA 和 SVD 对数据进行简单分析和降维操作。通过学习本章,读者能够掌握 PCA 和 SVD 这两种重要的降维技术,并了解它们在数据分析和模式识别等领域的实际应用。

9.6 习题

1. 什么是维度爆炸?请简要描述其原因和对数据分析的影响。
2. 降维是为了解决什么问题?列举几个降维的应用场景。
3. 解释向量投影和矩阵投影的含义,并指出它们在主成分分析中的作用。
4. 什么是 PCA 算法的优化目标?如何通过优化目标来实现降维操作?
5. 简要介绍 PCA 算法的步骤。
6. 什么是核主成分分析(KPCA)?它与传统 PCA 算法有什么区别?
7. 解释矩阵的特征分解和奇异值分解(SVD)的含义,并指出它们在降维中的应用。
8. 描述 SVD 的计算步骤,并指出 SVD 在数据分析中的优势。
9. 自行选择数据集,分别利用 PCA 和 SVD 两种算法实现数据的降维操作。
10. 本章介绍的降维技术对于解决大数据分析中的问题有何帮助?请给出你的观点。

第 10 章　集 成 学 习

集成学习是一种机器学习方法，旨在通过将多个不同的基本模型组合在一起，以提高整体预测性能和泛化能力。它基于集体智慧的原则，通过将多个模型的预测结果结合起来，从而减少单个模型的偏见和错误。集成学习适用于各种机器学习任务，包括分类、回归和聚类。

集成学习源于一个重要的观察：单个模型可能在某些情况下表现出不足或过拟合，但通过结合多个模型，可以减少这些问题，并获得稳定和准确的预测结果。集成学习的思想类似于"群体的智慧"，不同的模型可能会在不同的方面表现出色，通过将它们的优势结合起来，可以在整体上提升性能。集成学习包括自助聚合算法、可提升算法、堆叠算法和混合算法。

▶ **思维导图**

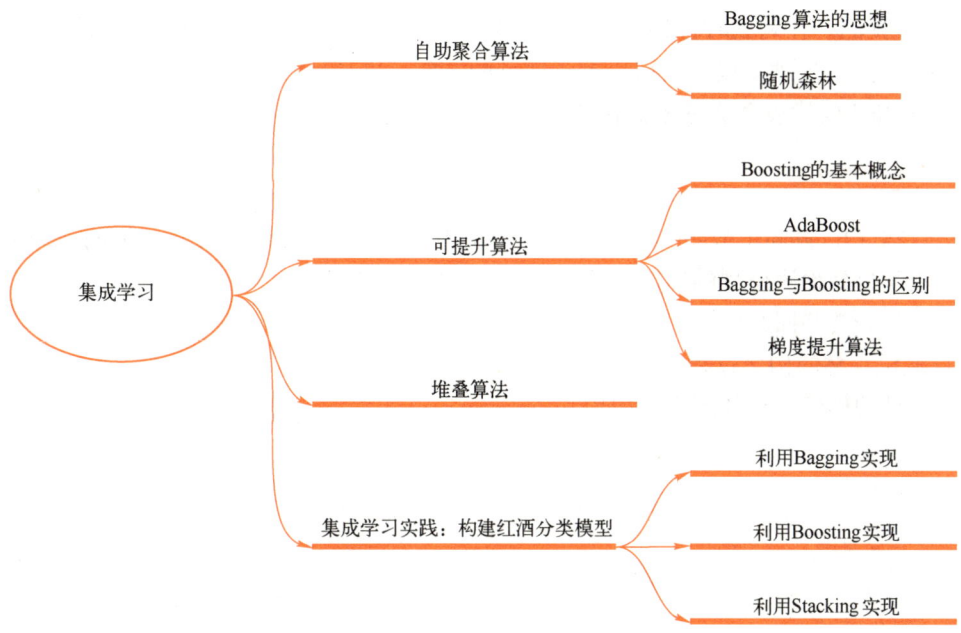

10.1　自助聚合算法

自助聚合（Bootstrap aggregating，Bagging）算法，又称装袋算法，最初由 Leo Breiman 于 1996 年提出，是集成学习中的一种常见方法，旨在提高预测模型的性能和稳定性。Bagging 算法是并行式集成学习方法中最著名的代表。

10.1.1　Bagging 算法的思想

Bagging 算法的核心思想：通过随机有放回地从原始训练数据集中抽取多个不同的子样本，

并在每个子样本上训练独立的基本模型,然后将这些基本模型的预测结果进行平均,从而得到一个更强大的集成模型。Bagging 算法的具体步骤如图 10-1 所示。

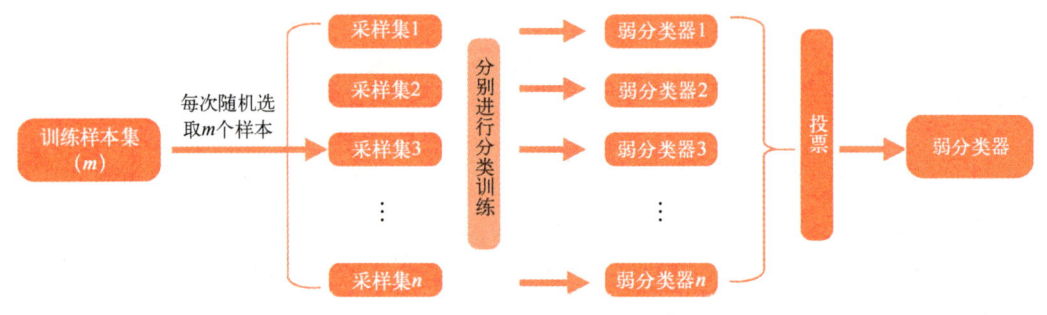

图 10-1　Bagging 算法的具体步骤

1) Bootstrap 抽样。从原始训练数据集中使用有放回的随机抽样,生成多个不同的子样本（n 个）。由于有放回抽样,每个子样本都可能包含重复的样本和遗漏的样本。

2) 独立训练。使用每个子样本训练一个独立的基本模型。每个子样本和其他子样本之间是相互独立的,这意味着每个模型都在稍微不同的数据分布上训练。

3) 集成预测。在测试时,将所有基本模型的预测结果进行平均（对于回归问题）或投票（对于分类问题）。这种集成方法可以减少模型的方差,提高预测的稳定性。

Bagging 算法的代表算法是随机森林。

10.1.2　随机森林

随机森林（Random Forest）是一种基于决策树的集成学习方法,结合了 Bagging 和随机特征选择,用于提高预测模型的性能、鲁棒性和泛化能力。随机森林在许多机器学习任务中都表现出色,包括分类和回归问题。

（1）随机森林的构建过程

随机森林的构建过程如图 10-2 所示。

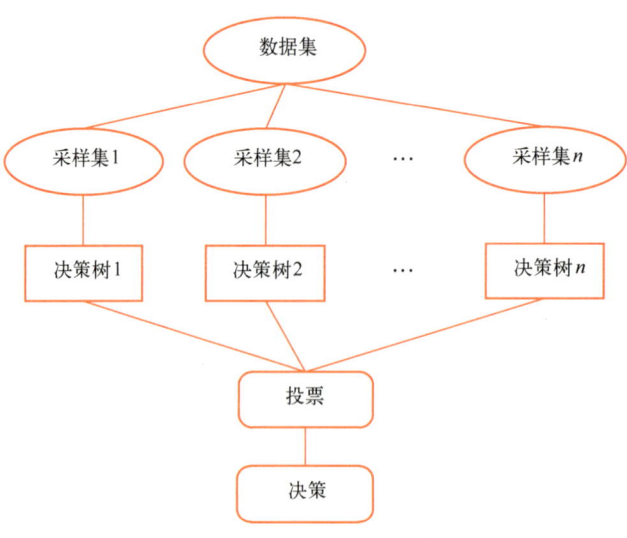

图 10-2　随机森林的构建过程

1）Bootstrap 抽样。从原始训练数据集中使用有放回的随机抽样，生成多个不同的子样本，每个子样本与原始数据集大小相同。

2）随机特征选择。在每个决策树的节点上，不是在所有特征中选择最佳划分特征，而是随机从特征集中选择一部分特征进行划分。这样做有助于增加决策树之间的多样性，避免过于强调某个特定特征。

3）独立训练。使用每个子样本和随机选择的特征训练一个独立的决策树。每个决策树都会尝试将数据按照不同的特征进行划分，形成一个树状的预测模型。

4）集成预测。在测试时，对于分类问题，随机森林中的每个决策树都会对输入数据进行预测，并投票选择最终的预测类别；对于回归问题，决策树的预测结果会被平均，从而得到集成模型的预测结果。

（2）随机森林的优势

1）减少过拟合。通过 Bagging 方法，随机森林减少了模型的方差，从而降低了过拟合的风险。

2）增加模型稳定性。随机森林结合了多个决策树的预测，减少了单个决策树的不稳定性，提高了整体模型的稳定性。

3）处理高维数据。随机森林能够在高维数据集上表现良好，因为它随机选择特征进行划分，避免了特征之间的共线性问题。

4）不易受异常值影响。随机森林对于异常值的影响相对较小，因为集成中的多个决策树能够平衡异常值的影响。

总之，随机森林是集成学习领域中一种强大且应用广泛的方法，适用于多种机器学习任务，能够提高预测模型的性能和鲁棒性。

10.2 可提升算法

Boosting 是集成学习中的一种重要方法，它通过串行训练一系列弱学习器（通常是决策树），逐步提高模型的预测性能。Boosting 的核心思想是让每个新模型专注于之前模型难以预测正确的样本，从而不断改进整体模型的性能。

可提升（Boosting）算法的"提升"具体表现在：

1）改变训练数据的概率分布（训练数据的权值分布）。

2）弱分类器权重的生成。

10.2.1 Boosting 的基本概念

下面对癌症患者和未患癌者做一个定性的分析，目的是理解 Boosting 算法中训练数据权重更新的思想。图 10-3 所示为分类器 $G(1)$ 的分类情况，此时假设样本数量的权重相等。

若将癌症患者误分类成未患癌者很可能会使癌症患者丧失生命，因此一定要避免出现这种误分类情况，若将该误分类点的权重增加到一个极大值，以突出该样本的重要性，此时的分类结果如图 10-4 所示。

增加误分类样本的权重，使分类器向该误分类样本的正确决策边界方向移动，当权重增加到一定值时，误分类样本实现了正确分类。这是因为训练样本的权重和是不变的，增加误分类样本权重的同时，也降低了正确分类样本的权重。这就是 Boosting 算法的样本权重更新思想。

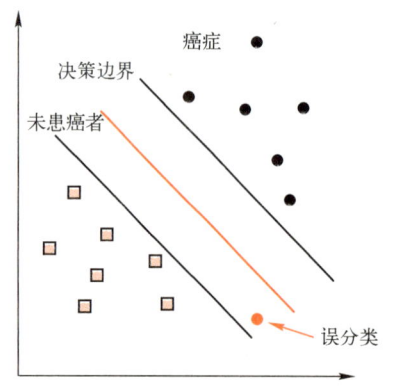 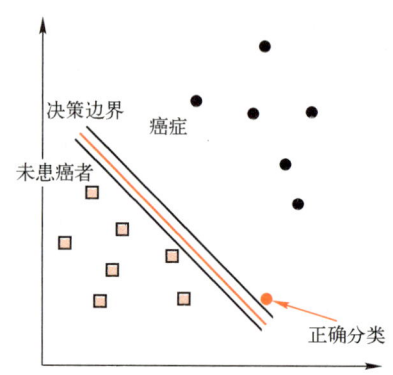

图 10-3 分类器 $G(1)$ 的分类情况　　　图 10-4 分类器 $G(2)$ 的分类情况

Boosting 算法通过迭代生成了一系列的学习器，赋予误差率较低的学习器一个高的权重，赋予误差率高的学习器一个低的权重，结合弱学习器和对应的权重，生成强学习器。弱学习器的权重更新遵循常识，性能越好的弱学习器，权重越大，反映出对该学习器的重视程度。因此，权重越高，表示对弱学习器的重视程度越高。这是 Boosting 算法弱学习器权重更新的核心思想。

（1）Boosting 算法的步骤

1）初始化权重。对于训练数据集中的每个样本，分配一个初始权重，这些权重表示了每个样本的重要性。

2）训练基本模型。使用带权重的训练数据，训练一个弱学习器（通常是决策树）。这个弱学习器的目标是使得模型能够更好地预测具有高权重的样本。

3）计算误差率。计算弱学习器在训练数据上的误差率，即它在预测中出现错误的样本的权重之和。

4）更新样本权重。根据弱学习器的误差率，更新每个样本的权重，增加预测错误的样本的权重，降低预测正确的样本的权重。

5）训练下一个模型。重复步骤 2)~步骤 4)，训练下一个弱学习器，此时的训练数据会根据样本权重发生变化。

6）模型组合。将所有训练好的弱学习器进行加权组合，形成一个更强的集成模型。每个弱学习器的权重取决于它的预测性能。

7）最终预测。在测试时，通过将所有弱学习器的预测结果进行加权平均，得到最终的集成预测结果。

（2）常见的 Boosting 算法

1）AdaBoost（Adaptive Boosting，自适应提升）：逐步改进模型性能，调整样本权重以关注错误样本。

2）GBM（Gradient Boosting，梯度提升）：使用梯度下降法逐步优化损失函数，以减少预测误差。

3）XGBoost（eXtreme Gradient Boosting，极端梯度提升）：在 Gradient Boosting 的基础上引入正则化，提高了模型的性能和效率。

4）LightGBM（Light Gradient Boosting，轻量级梯度提升）：类似于 XGBoost，但使用了一种更高效的决策树分割算法，提升了训练速度。

5）CatBoost（Categorical Features Boosting，类别提升）：专门针对分类问题，能够自动处

理类别特征。

Boosting 算法通过逐步增强弱学习器的预测性能，达到提高整体模型性能的目标，适用于各种机器学习任务。

10.2.2 AdaBoost

AdaBoost（Adaptive Boosting）的全称为自适应增强，于 1996 年由 Yoav Freund 和 Robert Schapire 提出。它是一种迭代算法，其核心思想是针对同一训练集训练不同的分类器（弱分类器），然后把这些弱分类器集合起来，构成一个更强的最终分类器（强分类器）。

AdaBoost 先从初始训练集训练出一个基学习器，再根据基学习器的表现对训练样本分布进行调整，这样使得先前基学习器做错的训练样本在后续受到更多关注，然后基于调整后的样本分布来训练下一个基学习器。如此重复进行，直至基学习器数目达到事先指定的值 T。最终将这 T 个基学习器进行加权结合。具体过程如图 10-5 所示。

假设有 m 个样本的训练集，标签为 $y_i \in \{+1, -1\}$ 的 n 个弱学习器的预测结果分别 $[h_1(x), h_2(x), \cdots, h_n(x)]$。

(1) 计算样本权重

赋予训练集中每个样本一个权重，构成权重向量 $\boldsymbol{D}$，将权重向量 $\boldsymbol{D}$ 初始化为相等值。设定 m 个样本，每个样本的权重都相等，则有 $D_i = 1/m$。

(2) 计算错误率

在训练集上训练出一个弱分类器，并计算分类器的错误率。错误率的计算公式为

$$\varepsilon = \frac{\text{分错的数量}}{\text{样本总数}} \tag{10-1}$$

(3) 计算弱分类器权重

若为当前分类器赋予权重值为 α，则 α 的计算公式为

$$\alpha = \frac{1}{2}\ln\left(\frac{1-\varepsilon}{\varepsilon}\right) \tag{10-2}$$

(4) 调整权重值

根据上一次（用 t 表示）训练结果，调整权重值（上一次分对的权重降低，分错的权重增加），如果第 i 个样本被正确分类，则该样本权重更改为

$$D_i^{(t+1)} = \frac{D_i^{(t)} e^{-\alpha}}{\text{Sum}(\boldsymbol{D})} \tag{10-3}$$

若第 i 个样本被错误分类，则该样本权重更改为

$$D_i^{(t+1)} = \frac{D_i^{(t)} e^{\alpha}}{\text{Sum}(\boldsymbol{D})} \tag{10-4}$$

其中，$\text{Sum}(\boldsymbol{D})$ 表示 $\boldsymbol{D}$ 中样本类别数的总和。

在同一数据集上再一次训练弱分类器，然后循环上述过程，直到训练错误率为 0，或者弱分类器的数目达到指定值。

(5) 获得强分类器结果

循环结束后，可以得到强分类器的预测结果：

$$H(x) = \text{sign}\left(\sum_{i}^{n}(\alpha_t h_t(x))\right) \tag{10-5}$$

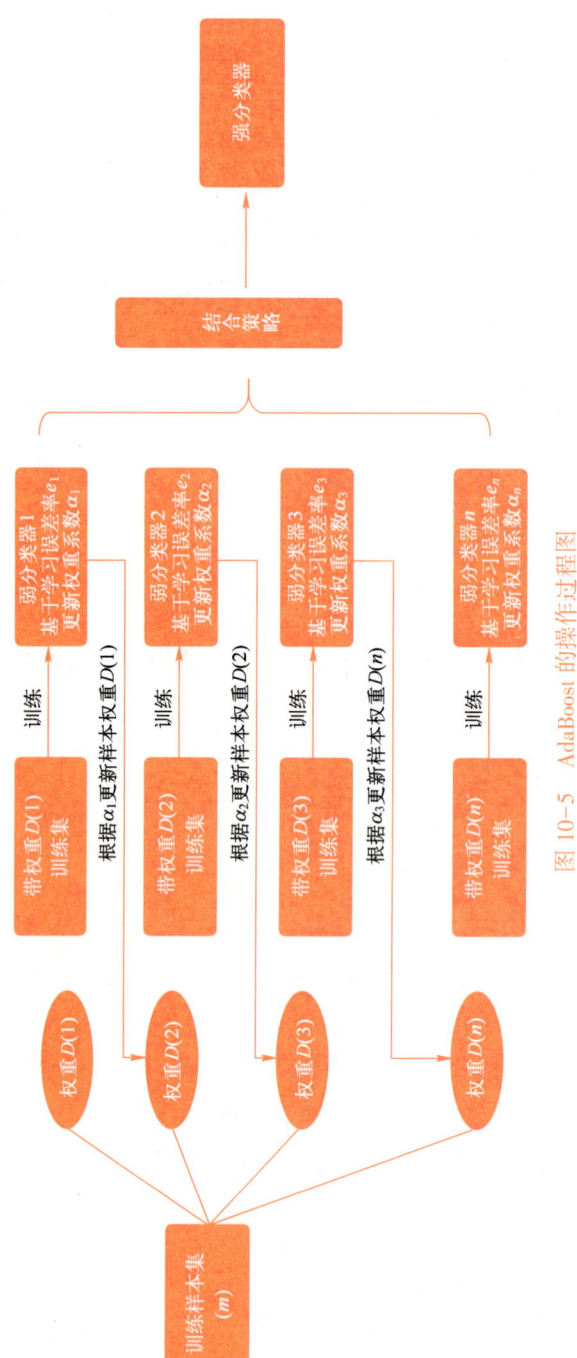

图 10-5 AdaBoost 的操作过程图

【例 10-1】 数据集 D 由两个特征 x_1 和 x_2 组成，对应的信息见表 10-1。

表 10-1　数据集 D 信息表

样　本	x_1	x_2	类　别
1	2	3	1
2	3	4	1
3	4	1	−1
4	2	2	−1

将这 4 个样本作为训练数据，根据特征 x_1、x_2 与 y 的对应关系，可以把这 4 个数据分成两类 1 和−1。在图 10-6 中，圆点代表类别 1，叉代表类别−1。两个弱分类器为

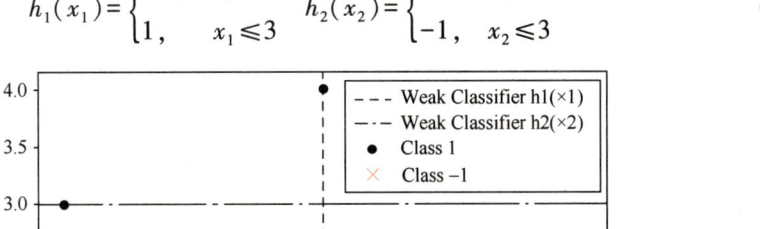
(10-6)

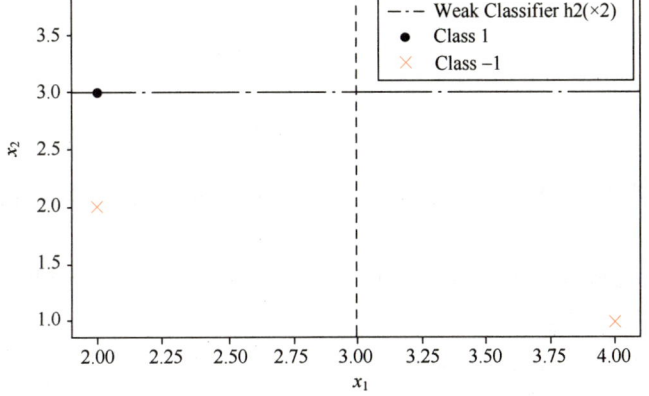

图 10-6　训练样本和弱分类器

弱分类器 $h_1(x_1)$ 对样本点 4 分类错误，弱分类器 $h_2(x_2)$ 对样本点 1 分类错误。
下面给出迭代过程。

(1) 第 1 次迭代（$t=1$）

1) 初始的权值分布 D_1 为 $1/N$（4 个数据，每个数据的权值皆初始化为 0.25），$\boldsymbol{D}^{(1)}=[0.25,0.25,0.25,0.25]$。在权值分布 $\boldsymbol{D}^{(1)}$ 的情况下，取已知的两个弱分类器 h_1 和 h_2 误差率最小的分类器作为第一个基本分类器 H_1。由于两个弱分类器误差率都为 0.25，取第一个弱分类器作为基本分类器。

$$h_1=\begin{cases}-1,&x_1>3\\1,&x_1\leqslant 3\end{cases}$$

2) 计算错误率。

$$\varepsilon_1=\frac{1}{4}=0.25$$

3) 计算弱学习器的权重。

$$\alpha_1=\frac{1}{2}\ln\left(\frac{1-\varepsilon_1}{\varepsilon_1}\right)$$

$$= \frac{1}{2}\ln\left(\frac{1-0.25}{0.25}\right)$$
$$= 0.5493$$

α_1 代表 $H_1(x)$ 在最终的分类函数中所占的权重为 0.5493。

4) 调整权重值。

由于样本 4 分类错误，其他样本分类正确，则有

$$D_1^{(2)} = \frac{D_1^{(1)} e^{-\alpha_1}}{\text{Sum}(D)}$$
$$= \frac{0.25 e^{-0.5493}}{2}$$
$$= 0.1443$$

同理可得

$$D_2^{(2)} = \frac{e^{-0.5493}}{8} = 0.1443$$

$$D_3^{(2)} = \frac{e^{-0.5493}}{8} = 0.1443$$

$$D_4^{(2)} = \frac{e^{0.5493}}{8} = 0.4330$$

分类正确的样本权重由 0.25 变成 0.1443，分类错误的样本 4 的权重由 0.25 提升到 0.4330。

第 1 轮迭代结束后权重更新为 $\boldsymbol{D}^{(2)} = [0.1443, 0.1443, 0.1443, 0.4330]$。

(2) 第 2 次迭代（$t=2$）

取弱分类器 $h_2(x)$ 作为第二个基本分类器，此时样本点 1 分类错误。

1) 初始化样本权重：$\boldsymbol{D}^{(2)} = [0.1443, 0.1443, 0.1443, 0.4330]$。

2) 计算错误率：$\varepsilon_2 = 0.1443$。

3) 计算弱学习器的权重：

$$\alpha_2 = \frac{1}{2}\ln\left(\frac{1-\varepsilon_2}{\varepsilon_2}\right)$$
$$= \frac{1}{2}\ln\left(\frac{1-0.1443}{0.1443}\right)$$
$$= 0.8900$$

α_2 代表 $H_2(x)$ 在最终的分类函数中所占的权重为 0.8900。

4) 调整权重值。

由于样本 1 分类错误，其他样本分类正确，则有

$$D_1^{(3)} = \frac{D_1^{(2)} e^{\alpha_2}}{\text{Sum}(D)}$$
$$= \frac{0.1443 \times e^{0.8900}}{2}$$
$$= 0.1757$$

同理可得

$$D_2^{(3)} = \frac{0.1443e^{-0.8900}}{2} = 0.0296$$

$$D_3^{(3)} = \frac{0.1443e^{-0.8900}}{2} = 0.0296$$

$$D_4^{(3)} = \frac{0.1443e^{-0.8900}}{2} = 0.0296$$

(3) 获得强分类器

最后得到的分类器函数为

$$f(x) = 0.5493 H_1(x) + 0.8900 H_2(x)$$

此时，组合两个基本分类器 $\text{sign}(f(x))$ 作为强分类器，在训练集上有 0 个误分类点。至此，整个训练过程结束。

10.2.3 Bagging 与 Boosting 的区别

Bagging 与 Boosting 之间的区别如下。

1）训练集选取不同。Bagging 是从原训练集中利用 Bootstrap 抽样，每一个训练集相互独立，每一个样本权值相等；Boosting 每一次训练的都是原训练集，但是每次迭代改变了训练集中各个样本的权值。

2）弱分类器权值不同。Bagging 中每个基分类器是等权值的，通过投票的方式得到最终的分类结果；Boosting 中每个分类器拥有不同的权值，其中分类误差率小的分类器的权值大，分类误差率大的分类器的权值小。

3）计算处理不同。Bagging 是并行计算，每个基分类器相互独立；Boosting 是串行计算，由于权值的迭代，各个分类器与其前一分类器相互关联。

4）方差和偏差不同。Bagging 主要减少方差，通常由容易过拟合的弱分类器组成，因为过拟合会导致方差增大，它在不剪枝决策树、神经网络等易受样本扰动的学习器上效用更为明显。Boosting 主要减少偏差，由欠拟合分类器组成。

10.2.4 梯度提升算法

梯度提升（Gradient Boosting）的主要思想是通过迭代地逐步拟合残差，将多个弱学习器的预测进行加权相加，从而逐步改善预测结果。以下是梯度提升的基本过程。

1）初始化。用训练数据集训练第一个弱学习器（通常是一个简单的模型，如决策树），并将其预测结果作为初始预测。

2）计算残差。计算每个样本的实际值与初始预测值之间的残差，即实际值减去初始预测值。这些残差将是下一步弱学习器要学习的目标。

3）训练弱学习器。将计算得到的残差作为目标，训练一个新的弱学习器。这个新的弱学习器将尝试拟合残差，以纠正初始预测的错误。

4）更新预测。将新训练的弱学习器的预测结果加权相加到初始预测上，得到一个新的预测。这个新的预测将会更接近实际值，因为它考虑了之前弱学习器的错误。

5）更新残差。计算每个样本的实际值与新的预测值之间的残差，即实际值减去新的预测值。这些新的残差将成为下一步弱学习器的学习目标。

6）迭代。重复步骤 3）~步骤 5），训练更多的弱学习器，并更新预测和残差，以逐步改善预测效果。

7）集成预测。最终的预测结果是由所有弱学习器的预测结果加权相加得到的。权重通常根据弱学习器的性能来确定。

梯度提升通过迭代实现优化预测，每一次迭代都在之前迭代的基础上逐步减小模型的误差，从而构建出强大的集成模型。与 AdaBoost 不同，梯度提升不是调整样本的权重，而是通过逐步拟合残差来改善预测。这使得梯度提升在许多机器学习问题中表现出色，成为机器学习中重要的技术之一。

10.3　堆叠算法

堆叠（Stacking）算法通过将多个不同的基学习器的预测结果结合在一起来提高模型的性能。Stacking 与其他集成方法（如 Bagging 和 Boosting）不同，它不仅通过加权融合基学习器的结果，还将基学习器的预测结果作为新特征，然后训练一个元学习器（或称为组合模型）来融合这些新特征。

如图 10-7 所示，使用多个不同的分类器对原始数据集进行预测，把预测得到的结果作为一个次级分类器的输入，次级分类器 Stacking C 的输出是整个模型的预测结果。

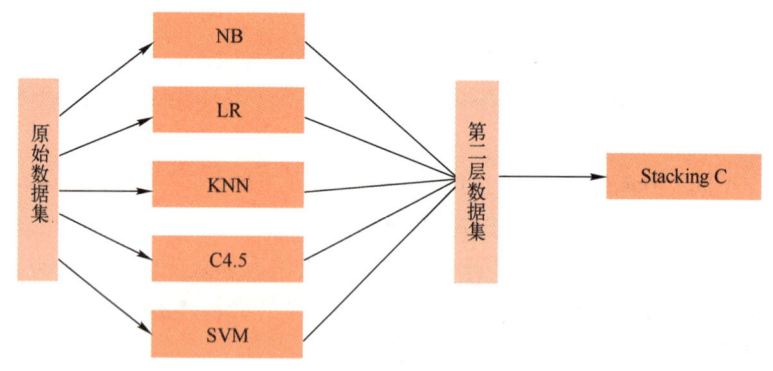

图 10-7　Stacking 集成学习

Stacking 的工作原理如图 10-8 所示。它首先通过基学习器学习数据，然后这几个基学习器（这里为三个 model1、model2、model3）都会对原数据集进行预测输出，然后将这几个模型的输出按照列的方式进行堆叠，构成 (m,p) 维的新数据，其中，m 代表样本数，p 代表基学习器的个数，然后将新的样本交给第二层模型（这里为 model4）进行拟合。

每个模型训练了所有的数据，然后输出 y 形成新的数据作为第二层模型的输入。使用 k 折交叉验证，每次只训练 $k-1$ 折，然后将剩下的 1 折预测值作为新的数据，这样有效地防止了过拟合。对应的过程如图 10-9 所示。

在图 10-9 中，采用 4 折交叉验证，浅红色代表的是训练集，红色代表的是验证集。每组的训练集交给模型进行训练，然后对验证集进行预测，就会得到对应验证集的输出。因为采用 4 折交叉验证，故将数据分成 4 组，会形成 4 个验证集。然后将每个模型对各自组的验证集预测的结果按照行的方式进行堆叠，就会获得完整样本数据的预测值。

这只是针对一个学习器，不同的学习器会获得预测值，然后再将其按照列合并，形成第二层学习器的训练数据，y 作为其标签。

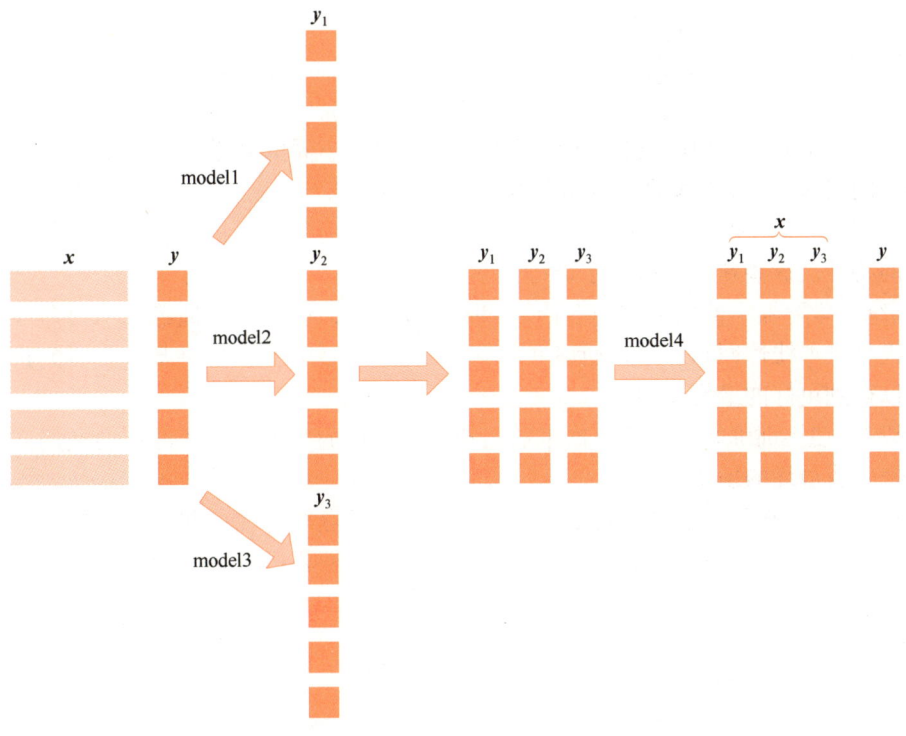

图 10-8　Stacking 的工作原理

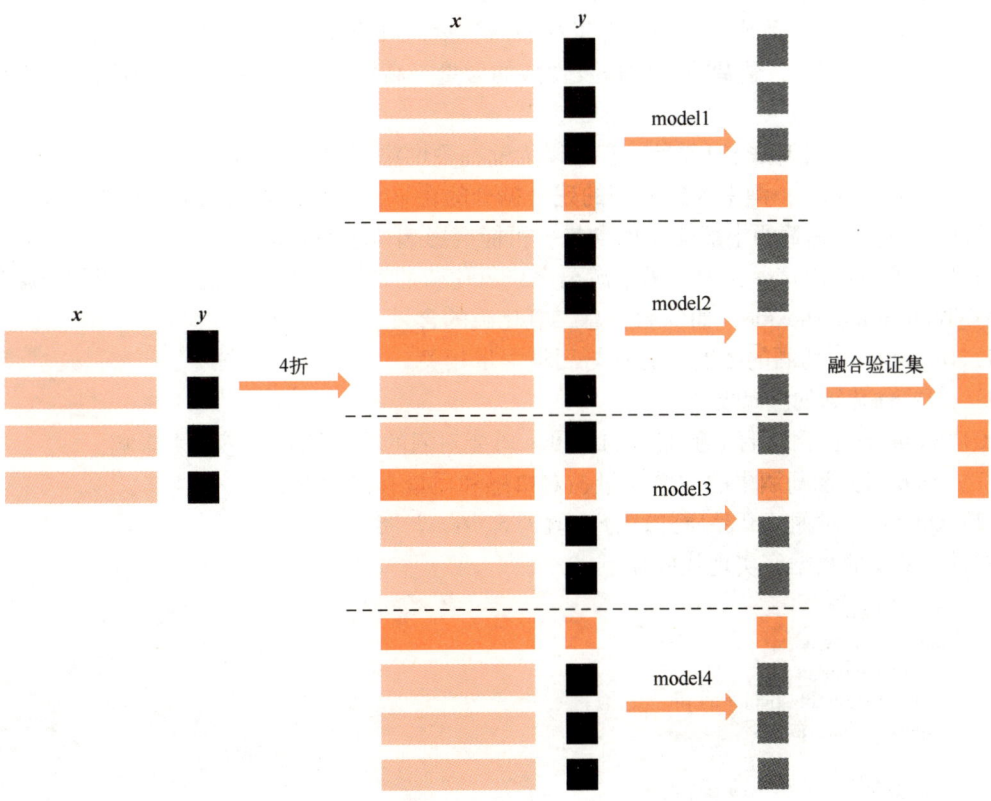

图 10-9　4 折交叉验证获取第二层学习器的数据集

Stacking 的基本训练过程如下。

1）准备数据。将训练数据分成两部分，一部分用于训练基学习器，另一部分用于训练元学习器。通常，两部分的比例可以根据实际情况进行调整。

2）训练基学习器。使用一部分训练数据来训练多个不同的基学习器（如决策树、支持向量机、神经网络等），每个基学习器都会生成预测结果。

3）生成新特征。使用基学习器在未训练过的部分训练数据上进行预测，并将这些预测结果作为新的特征。这些新特征将用于训练元学习器。

4）训练元学习器。使用生成的新特征和剩余部分的训练数据来训练元学习器（通常是一个简单的模型，如线性回归、逻辑斯谛回归等）。元学习器的目标是将基学习器的预测结果进行融合，以得到更好的最终预测。

5）预测。使用训练好的元学习器来预测新的未见过的数据。元学习器会利用基学习器的预测结果来生成最终的预测。

Stacking 的优点在于，它可以将不同的基学习器的优点结合在一起，从而在多个模型之间实现更好的平衡。然而，Stacking 也有一些挑战，例如，需要进行多次训练和预测，以及需要精心调整元学习器的选择和参数。

10.4　集成学习实践：构建红酒分类模型

本例用到的数据集"wineQualityReds"可从网站 https://www.kaggle.com/datasets/ 上下载。此数据集包括 2000 条数据、12 个属性特征。各属性特征对应的含义如下。

1）Fixed Acidity：葡萄酒中的非挥发性酸的含量，对葡萄酒的口感和稳定性有影响。

2）Volatile Acidity：葡萄酒中的挥发性酸的含量，高挥发性酸度可能表明葡萄酒存在质量问题。

3）Citric Acid：柠檬酸的含量，它可以为葡萄酒增添新鲜感和果味。

4）Residual Sugar：酒中未经发酵的残余糖分的含量，对葡萄酒的甜度有影响。

5）Chlorides：葡萄酒中氯化物的含量，可能会影响口感和质量。

6）Free Sulfur Dioxide：葡萄酒中游离态二氧化硫的含量，二氧化硫通常被用作防腐剂。

7）Total Sulfur Dioxide：葡萄酒中总二氧化硫的含量。

8）Density：葡萄酒的密度，通常与酒精含量相关。

9）pH：葡萄酒的酸碱度。

10）Sulphates：葡萄酒中硫酸盐的含量，可能对酒的稳定性和口感产生影响。

11）Alcohol：葡萄酒中的酒精含量，对口感和质量有很大影响。

12）Quality：对葡萄酒品质的评分，值为 5、6、7、8。

查看数据集的数据，实现代码如下。

```python
# 导入模块
import numpy as np
import pandas as pd
import matplotlib.pyplot as plt
import seaborn as sns

# 读数据集，并显示前五个样本
df=pd.read_csv("d:/data/winequality-red.csv")
df.head()
```

运行结果如图 10-10 所示。

	fixed acidity	volatile acidity	citric acid	residual sugar	chlorides	free sulfur dioxide	total sulfur dioxide	density	pH	sulphates	alcohol	quality
0	7.4	0.70	0.00	1.9	0.076	11.0	34.0	0.9978	3.51	0.56	9.4	5
1	7.8	0.88	0.00	2.6	0.098	25.0	67.0	0.9968	3.20	0.68	9.8	5
2	7.8	0.76	0.04	2.3	0.092	15.0	54.0	0.9970	3.26	0.65	9.8	5
3	11.2	0.28	0.56	1.9	0.075	17.0	60.0	0.9980	3.16	0.58	9.8	6
4	7.4	0.70	0.00	1.9	0.076	11.0	34.0	0.9978	3.51	0.56	9.4	5

图 10-10　数据集前五行数据

查看数据集基本信息，实现代码如下。

```
df.info()
```

运行结果如图 10-11 所示。

```
<class 'pandas.core.frame.DataFrame'>
RangeIndex: 1599 entries, 0 to 1598
Data columns (total 12 columns):
 #   Column                Non-Null Count  Dtype
---  ------                --------------  -----
 0   fixed acidity         1599 non-null   float64
 1   volatile acidity      1599 non-null   float64
 2   citric acid           1599 non-null   float64
 3   residual sugar        1599 non-null   float64
 4   chlorides             1599 non-null   float64
 5   free sulfur dioxide   1599 non-null   float64
 6   total sulfur dioxide  1599 non-null   float64
 7   density               1599 non-null   float64
 8   pH                    1599 non-null   float64
 9   sulphates             1599 non-null   float64
 10  alcohol               1599 non-null   float64
 11  quality               1599 non-null   int64
dtypes: float64(11), int64(1)
memory usage: 150.0 KB
```

图 10-11　数据集基本信息

可见，该数据集共有 1599 条信息，不存在空值。下面分别用 Bagging、Boosting 和 Staking 完成对红酒质量的分类。

10.4.1　利用 Bagging 实现

在本例中，使用 Scikit-Learn 库中的 BaggingClassifier 类来初始化 Bagging 分类器，并使用 DecisionTreeClassifier 作为基本分类器。然后，将数据集划分为训练集和测试集，并训练 Bagging 分类器。最后，利用测试集对分类器进行评价，计算分类器的准确率。

```
import pandas as pd
from sklearn.model_selection import train_test_split
from sklearn.ensemble import BaggingClassifier
from sklearn.tree import DecisionTreeClassifier
from sklearn.metrics import accuracy_score, precision_score, recall_score, f1_score

# 读取红酒数据集
data = pd.read_csv('d:/data/winequality-red.csv')
```

```
# 准备特征和标签
X = data.drop('quality', axis=1)
y = data['quality']

# 将数据集划分为训练集和测试集
X_train, X_test, y_train, y_test = train_test_split(X, y, test_size=0.2, random_state=42)

# 初始化基分类器（决策树分类器）
base_classifier = DecisionTreeClassifier()

# 初始化 Bagging 分类器
bagging_classifier = BaggingClassifier(base_classifier, n_estimators=10, random_state=42)

# 训练 Bagging 分类器
bagging_classifier.fit(X_train, y_train)

# 在测试集上进行预测
y_pred = bagging_classifier.predict(X_test)

# 评价分类器性能
accuracy = accuracy_score(y_test, y_pred)
precision = precision_score(y_test, y_pred, average='weighted')
recall = recall_score(y_test, y_pred, average='weighted')
f1 = f1_score(y_test, y_pred, average='weighted')

print("Bagging 分类器的准确率为: {:.2f}%".format(accuracy * 100))
print("Bagging 分类器的查准率为: {:.2f}".format(precision))
print("Bagging 分类器的查全率为: {:.2f}".format(recall))
print("Bagging 分类器的 F1 值为: {:.2f}".format(f1))
```

Bagging 分类器的关键参数如下。

1）base_estimator：基分类器，是用于构建集成模型的单个分类器，可以是任何分类器，默认是决策树。

2）n_estimators：要构建的基分类器的数量。

3）random_state：用于控制随机性的随机种子，选择为 42 可保证结果的可重复性。

在上述代码中，使用了决策树作为基分类器，并设置了 10 个基分类器进行集成。这样，Bagging 分类器就利用了多个决策树的集成预测结果来提高整体的准确性和泛化能力。

上述代码的运行结果如图 10-12 所示。

```
Bagging分类器的准确率为: 63.44%
Bagging分类器的查准率为: 0.61
Bagging分类器的查全率为: 0.63
Bagging分类器的F1值为: 0.62
```

图 10-12 对 Bagging 分类器的评价

10.4.2 利用 Boosting 实现

下面使用 AdaBoost 算法对红酒数据集进行分类，并计算准确率、查准率、查全率和 F1 值等多个性能指标。实现代码如下。

```
import pandas as pd
from sklearn.model_selection import train_test_split
from sklearn.ensemble import AdaBoostClassifier
from sklearn.tree import DecisionTreeClassifier
from sklearn.metrics import accuracy_score, precision_score, recall_score, f1_score
```

```python
# 读取红酒数据集
data = pd.read_csv('d:/data/winequality-red.csv')

# 准备特征和标签
X = data.drop('quality', axis=1)
y = data['quality']

# 将数据集划分为训练集和测试集
X_train, X_test, y_train, y_test = train_test_split(X, y, test_size=0.2, random_state=42)

# 初始化基础分类器(决策树分类器)
base_classifier = DecisionTreeClassifier(max_depth=1)  # 使用决策树桩作为基础分类器

# 初始化 Boosting 分类器(AdaBoost)
boosting_classifier = AdaBoostClassifier(base_classifier, n_estimators=50, random_state=42)

# 训练 Boosting 分类器
boosting_classifier.fit(X_train, y_train)

# 在测试集上进行预测
y_pred = boosting_classifier.predict(X_test)

# 评价分类器的性能
accuracy = accuracy_score(y_test, y_pred)
precision = precision_score(y_test, y_pred, average='weighted')
recall = recall_score(y_test, y_pred, average='weighted')
f1 = f1_score(y_test, y_pred, average='weighted')

print("AdaBoost 分类器的准确率为:{:.2f}%".format(accuracy * 100))
print("AdaBoost 分类器的查准率为:{:.2f}".format(precision))
print("AdaBoost 分类器的查全率为:{:.2f}".format(recall))
print("AdaBoost 分类器的 F1 值为:{:.2f}".format(f1))
```

运行结果如图 10-13 所示。

```
AdaBoost分类器的准确率为:52.81%
AdaBoost分类器的查准率为:0.46
AdaBoost分类器的查全率为:0.53
AdaBoost分类器的F1值为:0.47
```

图 10-13 对 AdaBoost 分类器的评价

10.4.3 利用 Stacking 实现

下面使用随机森林、AdaBoost 和梯度提升分类器作为基学习器,并使用决策树作为元学习器,采用 Stacking 算法实现增强。实现代码如下。

```python
import pandas as pd
from sklearn.model_selection import train_test_split
from sklearn.ensemble import RandomForestClassifier, AdaBoostClassifier, GradientBoostingClassifier
from sklearn.tree import DecisionTreeClassifier
from sklearn.metrics import accuracy_score, precision_score, recall_score, f1_score
```

```python
# 读取红酒数据集
data = pd.read_csv('d:/data/winequality-red.csv')

# 准备特征和标签
X = data.drop('quality', axis=1)
y = data['quality']

# 将数据集划分为训练集和测试集
X_train, X_test, y_train, y_test = train_test_split(X, y, test_size=0.2, random_state=42)

# 初始化基学习器
rf = RandomForestClassifier(n_estimators=10, random_state=42)
ada = AdaBoostClassifier(n_estimators=10, random_state=42)
gb = GradientBoostingClassifier(n_estimators=10, random_state=42)

# 训练基学习器
rf.fit(X_train, y_train)
ada.fit(X_train, y_train)
gb.fit(X_train, y_train)

# 获取基学习器的预测结果
rf_pred = rf.predict(X_test)
ada_pred = ada.predict(X_test)
gb_pred = gb.predict(X_test)

# 将基学习器的预测结果作为新特征
X_meta = pd.DataFrame({'RandomForest': rf_pred, 'AdaBoost': ada_pred, 'GradientBoost': gb_pred})

# 使用决策树作为元学习器
meta_classifier = DecisionTreeClassifier(random_state=42)

# 训练元学习器
meta_classifier.fit(X_meta, y_test)

# 在测试集上进行预测
stacking_pred = meta_classifier.predict(X_meta)

# 评价分类器性能
accuracy = accuracy_score(y_test, stacking_pred)
precision = precision_score(y_test, stacking_pred, average='weighted')
recall = recall_score(y_test, stacking_pred, average='weighted')
f1 = f1_score(y_test, stacking_pred, average='weighted')

print("Stacking 分类器的准确率为：{:.2f}%".format(accuracy * 100))
print("Stacking 分类器的查准率为：{:.2f}".format(precision))
print("Stacking 分类器的查全率为：{:.2f}".format(recall))
print("Stacking 分类器的F1 值为：{:.2f}".format(f1))
```

运行结果如图 10-14 所示。

```
Stacking分类器的准确率为：66.25%
Stacking分类器的查准率为：0.67
Stacking分类器的查全率为：0.66
Stacking分类器的F1值为：0.65
```

图 10-14 对 Stacking 分类器的评价

对比这三种集成聚类方法，Stacking 算法最优。

10.5　本章小结

本章深入研究了三种重要的集成学习方法：自助聚合算法、可提升算法和堆叠算法。首先，探讨了 Bagging 算法的核心思想，即通过对训练集进行有放回抽样来构建多个子模型，并将它们的预测结果进行聚合。详细讨论了随机森林作为 Bagging 算法的一个典型应用，并探究了它在实际问题中的表现。接着，介绍了 Boosting 算法的基本概念，重点关注了 AdaBoost 算法，它通过迭代训练多个弱分类器并调整样本权重来提升模型性能。此外，对比了 Bagging 和 Boosting 两种算法的区别，帮助读者更好地理解它们的异同。最后，介绍了堆叠算法，它通过结合多个基本模型的预测结果训练一个元模型，进一步提升模型性能。在实践中，以构建红酒分类模型为例，分别演示了利用 Bagging、Boosting 和 Stacking 集成学习方法来实现模型的搭建和优化，帮助读者深入理解集成学习方法的应用及选择。

10.6　习题

1. 解释 Bagging 算法的基本思想，并说明它如何通过对训练集进行有放回抽样来提升模型性能。
2. 随机森林是如何与 Bagging 算法相关联的？它的工作原理是什么？
3. 什么是 Boosting 算法？简要描述 Boosting 的基本概念，以及它是如何通过迭代训练多个弱分类器来提升模型性能的。
4. 详细介绍 AdaBoost 算法的原理和实现步骤，说明它是如何根据分类器的表现调整样本权重来改进模型的准确性的。
5. Bagging 与 Boosting 两种集成学习方法有哪些区别？分别阐述它们的核心思想、训练方式和模型组合方式。
6. 什么是堆叠算法？描述它是如何结合多个基本模型的预测结果来训练一个元模型，从而提高模型性能的。
7. 自选数据集，分别利用 Bagging、Boosting、Stacking 算法训练和预测模型。

参 考 文 献

［1］周志华．机器学习［M］．北京：清华大学出版社，2016．
［2］刘袁缘，李圣文，方芳，等．机器学习应用实战［M］．北京：清华大学出版社，2022．
［3］哈灵顿．机器学习实战［M］．李锐，李鹏，曲亚东，等译．北京：人民邮电出版社，2013．
［4］阿尔本．Python 机器学习手册：从数据预处理到深度学习［M］．韩慧昌，林然，徐江，译．北京：电子工业出版社，2019．
［5］拉施卡，米尔贾利利．Python 机器学习：原书第 3 版［M］．陈斌，译．北京：机械工业出版社，2021．
［6］YIN L F, WANG Y F, CHEN H Y, et al. An Improved Density Peak Clustering Algorithm for Multi-Density Data［J］. Sensors, 2022, 22（22）：8814-8840．
［7］YIN L F, HU H T, LI K P, et al. Improvement of DBSCAN algorithm based on K-dist graph for adaptive determining parameters［J］. Electronics, 2023, 12（15）：3213．
［8］YIN L F, LV L, WANG D, et al. Spectral clustering approach with K-nearest neighbor and weighted Mahalanobis distance for data mining［J］. Electronics, 2023, 12（15）：3284．
［9］YIN L F, LI M L, CHEN H, et al. An improved hierarchical clustering algorithm based on the idea of population reproduction and fusion［J］. Electronics, 2022, 11（17）：2735．